電験三種

電力の
過去問題集

オーム社［編］

Ohmsha

読者の皆様へ

　第三種電気主任技術者試験（通称「**電験三種**」）は，**電気技術者の登竜門**ともいわれる国家試験です。2021年度までは年1回9月頃に実施されていましたが，2022年度からは年2回の筆記試験，2023年度からは年2回の筆記試験に加えCBT方式（Computer-Based Testing，コンピュータを用いた試験）による実施が検討されているようです。筆記試験では，理論，電力，機械，法規の4科目の試験が1日で行われます。また，解答方式は五肢択一方式です。受験者は，すべての科目（認定校卒業者は，不足単位の科目）に3年以内に合格すると，免状の交付を受けることができます。

　電験三種は，出題範囲が広いうえに，計算問題では答えを導く確かな計算力と応用力が，文章問題ではその内容に関する深い理解力が要求されます。ここ5年間の**合格率は8.3〜11.5%程度**と低い状態にあり，電気・電子工学の素養のない受験者にとっては，非常に難易度の高い試験といえるでしょう。したがって，ただ闇雲に学習を進めるのではなく，**過去問題の内容と出題傾向を把握**し，**学習計画を立てる**ことから始めなければ，合格は覚束ないと心得ましょう。

　本書は，電験三種「電力」科目の2022年度（令和4年度）上期から2008年度（平成20年度）までの**過去15ヵ年**のすべての試験問題と解答・解説を収録した過去問題集です。より多くの受験者のニーズに応えられるよう，解答では正解までの考え方を詳しく説明し，さらに解説，別解，問題を解くポイントなども充実させています。また，効率的に学習を進められるよう，**出題傾向を掲載**するほか，個々の問題には**難易度と重要度**を表示しています。

　必ずしもすべての収録問題を学習する必要はありません。目標とする得点（合格基準は，60点以上が目安）や，確保できる学習時間に応じて，取り組むべき問題を取捨選択し，**戦略的に学習**を進めながら合格を目指しましょう。

　本書を試験直前まで有効にご活用いただき，読者の皆様が見事に合格されることを心より祈念いたします。

オーム社　編集部

目　　次

●試験問題と解答

※本書は，2016～2019 年版を発行した『電験三種過去問題集』及び 2020～2022 年版を発行した『電験三種
　過去問詳解』を再構成したものです。

第三種電気主任技術者試験について

1 電気主任技術者試験の種類

　電気保安の観点から，事業用電気工作物の設置者(所有者)には，電気工作物の工事，維持及び運用に関する保安の監督をさせるため，**電気主任技術者**を選任しなくてはならないことが，電気事業法で義務付けられています。

　電気主任技術者試験は，電気事業法に基づく国家試験で，この試験に合格すると経済産業大臣より**電気主任技術者免状**が交付されます。電気主任技術者試験には，次の①〜③の3種類があります。

　① 第一種電気主任技術者試験
　② 第二種電気主任技術者試験
　③ **第三種電気主任技術者試験**(以下，「**電験三種試験**」と略して記します。)

2 免状の種類と保安監督できる範囲

　第三種電気主任技術者免状の取得者は，電気主任技術者として選任される電気施設の範囲が**電圧5万V未満の電気施設(出力5千kW以上の発電所を除く)**の保安監督にあたることができます。

　なお，第一種電気主任技術者免状取得者は，電気主任技術者として選任される電気施設の範囲に制限がなく，いかなる電気施設の保安監督にもあたることができます。また，第二種電気主任技術者免状取得者は，電気主任技術者として選任される電気施設の範囲が電圧17万V未満の電気施設の保安監督にあたることができます。

　＊事業用電気工作物のうち，電気的設備以外の水力発電所，火力(内燃力を除く)発電所及び原子力発電所(例えば，ダム，ボイラ，タービン，原子炉等)並びに燃料電池設備の改質器(最高使用圧力が98kPa以上のもの)については，電気主任技術者の保安監督の対象外となります。

3 受験資格

　電気主任技術者試験は，国籍，年齢，学歴，経験に関係なく，**誰でも受験**できます。

4 試験実施日等

　電験三種の筆記試験は，2022年度(令和4年度)以降は年2回，全国47都道府県(約50試験地)で実施される予定です。試験日程の目安は，上期試験が8月下旬，下期試験が翌年3月下旬です。

　なお，受験申込の方法には，インターネットによるものと郵便(書面)によるものの二通りがあります。令和4年度の受験手数料(非課税)は，インターネットによる申込みは7,700円，郵便による申込みは8,100円でした。

5 試験科目，時間割等

　電験三種試験は，電圧 5 万ボルト未満の事業用電気工作物の電気主任技術者として必要な知識について，**筆記試験**を行うものです。「**理論**」「**電力**」「**機械**」「**法規**」の **4 科目**について実施され，出題範囲は主に**表 1** のとおりです。

表 1　4 科目の出題範囲

科目	試験範囲
理論	電気理論，電子理論，電気計測及び電子計測に関するもの
電力	発電所及び変電所の設計及び運転，送電線路及び配電線路(屋内配線を含む)の設計及び運用並びに電気材料に関するもの
機械	電気機器，パワーエレクトロニクス，電動機応用，照明，電熱，電気化学，電気加工，自動制御，メカトロニクス並びに電力システムに関する情報伝送及び処理に関するもの
法規	電気法規(保安に関するものに限る)及び電気施設管理に関するもの

　試験は**表 2** のような時間割で科目別に実施されます。解答方式は，マークシートに記入する**五肢択一方式**で，A 問題(一つの問に解答する問題)と B 問題(一つの問に小問二つを設けた問題)を解答します。

　配点として，「理論」「電力」「機械」科目は，A 問題 14 題は 1 題当たり 5 点，B 問題 3 題は 1 題当たり小問(a)(b)が各 5 点。「法規」科目は，A 問題 10 題は 1 題当たり 6 点，B 問題は 3 題のうち 1 題は小問(a)(b)が各 7 点，2 題は小問(a)が 6 点で(b)が 7 点となります。

　合格基準は，各科目とも 100 点満点の **60 点以上**(年度によってマイナス調整)が目安となります。

表 2　科目別の時間割

時限	1 時限目	2 時限目	昼の休憩	3 時限目	4 時限目
科目名	理論	電力		機械	法規
所要時間	90 分	90 分	80 分	90 分	65 分
出題数	A 問題 14 題 B 問題 3 題※	A 問題 14 題 B 問題 3 題		A 問題 14 題 B 問題 3 題※	A 問題 10 題 B 問題 3 題

備考：1　※印は，選択問題を含む必要解答数です。
　　　2　法規科目には「電気設備の技術基準の解釈について」(経済産業省の審査基準)に関するものを含みます。

　なお，試験では，**四則演算，開平計算($\sqrt{\ }$)を行うための電卓**を使用することができます。ただし，**数式が記憶できる電卓や関数電卓などは使用できません**。電卓の使用に際しては，電卓から音を発することはできませんし，**スマートフォンや携帯電話等を電卓として使用することはできません**。

6 科目別合格制度

　試験は**科目ごとに合否が決定**され，4科目すべてに合格すれば電験三種試験が合格となります。また，4科目中の一部の科目だけに合格した場合は，「**科目合格**」となって，翌年度及び翌々年度の試験では申請によりその科目の試験が免除されます。つまり，**3年間**で4科目に合格すれば，電験三種試験に合格となります。

7 学歴と実務経験による免状交付申請

　電気主任技術者免状を取得するには，主任技術者試験に合格する以外に，認定校を所定の単位を修得して卒業し，所定の実務経験を有して申請する方法があります。

　この申請方法において，認定校卒業者であっても所定の単位を修得できていない方は，その不足単位の試験科目に合格し，実務経験等の資格要件を満たせば，免状交付の申請をすることができます。ただし，この単位修得とみなせる試験科目は，「理論」を除き，「電力と法規」または「機械と法規」の2科目か，「電力」「機械」「法規」のいずれか1科目に限られます。

8 試験実施機関

　一般財団法人　電気技術者試験センターが，国の指定を受けて経済産業大臣が実施する電気主任技術者試験の実施に関する事務を行っています。

一般財団法人　電気技術者試験センター
〒104-8584　東京都中央区八丁堀2-9-1(RBM東八重洲ビル8階)
TEL：03-3552-7691／FAX：03-3552-7847
　＊電話による問い合わせは，土・日・祝日を除く午前9時から午後5時15分まで
URL　https://www.shiken.or.jp/

　以上の内容は，令和4年10月現在の情報に基づくものです。
　試験に関する情報は今後，変更される可能性がありますので，受験する場合は必ず，試験実施機関である電気技術者試験センター等の公表する最新情報をご確認ください。

過去 10 年間の合格率，合格基準等

■1 全 4 科目の合格率

　電験三種試験の過去 10 年間の合格率は，**表 3** のとおりです。ここ数年の合格率は微増傾向にあるように見えますが，それでも 12% 未満です。したがって，電験三種試験は十分な**難関資格試験**であるといえるでしょう。

表3　全 4 科目の合格率

年度	申込者数（A）	受験者数（B）	受験率（B/A）	合格者数（C）	合格率（C/B）
令和 4 年度（上期）	45,695	33,786	73.9%	2,793	8.3%
令和 3 年度	53,685	37,765	70.3%	4,357	11.5%
令和 2 年度	55,408	39,010	70.4%	3,836	9.8%
令和元年度	59,234	41,543	70.1%	3,879	9.3%
平成 30 年度	61,941	42,976	69.4%	3,918	9.1%
平成 29 年度	64,974	45,720	70.4%	3,698	8.1%
平成 28 年度	66,896	46,552	69.6%	3,980	8.5%
平成 27 年度	63,694	45,311	71.1%	3,502	7.7%
平成 26 年度	68,756	48,681	70.8%	4,102	8.4%
平成 25 年度	69,128	49,575	71.7%	4,311	8.7%

　備考：1　率は，小数点以下第 2 位を四捨五入
　　　　2　受験者数は，1 科目以上出席した者の人数

　なお，電気技術者試験センターによる「令和 3 年度電気技術者試験受験者実態調査」によれば，令和 3 年度の電験三種試験受験者について，次の①・②のことがわかっています。

① 受験者の半数近くが複数回（2 回以上）の受験
② 受験者の属性は，就業者数が学生数の 8.5 倍以上
＊なお，②の就業者の勤務先は，「ビル管理・メンテナンス・商業施設保守会社」が最も多く（15.4%），次いで「電気工事会社」（12.8%），「電気機器製造会社」（9.8%），「電力会社」（8.9%）の順です。

　この①・②から，多くの受験者が仕事をしながら長期間にわたって試験勉強をすることになるため，**効率よく持続して勉強をする工夫が必要になる**ことがわかるでしょう。

2 科目別の合格率

　過去10年間の科目別の合格率は，**表4〜7**のとおりです（いずれも，率は小数点以下第2位を四捨五入。合格者数は，4科目合格者を含む）。

　各科目とも合格基準は100点満点の60点以上が目安とされていますが，ほとんどの年度でマイナス調整がされており，受験者にとって，**実際よりもやや難しく感じられる**試験となっています。

　かつては，電力科目と法規科目には合格しやすく，理論科目と機械科目に合格するのは難しいと言われていました。しかし，近年は少し傾向が変わってきているようです。ただし，各科目の試験の難易度には，一概には言えない要因があることに注意が必要です。

表4　理論科目の合格率

年度	受験者数(B)	合格者数(C)	合格率(C/B)	合格基準点
令和4年度（上期）	28,427	6,554	23.1%	60点
令和3年度	29,263	3,030	10.4%	60点
令和2年度	31,936	7,867	24.6%	60点
令和元年度	33,939	6,239	18.4%	55点
平成30年度	33,749	4,998	14.8%	55点
平成29年度	36,608	7,085	19.4%	55点
平成28年度	37,622	6,956	18.5%	55点
平成27年度	37,007	6,707	18.1%	55点
平成26年度	39,977	6,948	17.4%	54.38点
平成25年度	39,982	5,718	14.3%	57.73点

表5　電力科目の合格率

年度	受験者数(B)	合格者数(C)	合格率(C/B)	合格基準点
令和4年度（上期）	23,215	5,610	24.2%	60点
令和3年度	29,295	9,561	32.6%	60点
令和2年度	29,424	5,200	17.7%	60点
令和元年度	30,920	5,646	18.3%	60点
平成30年度	35,351	8,876	25.1%	55点
平成29年度	36,721	4,987	13.6%	55点
平成28年度	35,352	4,381	12.4%	55点
平成27年度	35,260	6,873	19.5%	55点
平成26年度	37,953	8,045	21.2%	58.00点
平成25年度	36,486	4,534	12.4%	56.32点

試験問題の難しさには，いくつもの要因が絡んでいます。例えば，次の①〜③のようなものがあります。

① 複雑で難しい内容を扱っている
② 過去に類似問題が出題された頻度
③ 試験対策の難しさ（出題が予測できない等）

多少難しい内容でも，過去に類似問題が頻出していれば対策は簡単です。逆に，ごく易しい問題でも，新出したばかりであれば，受験者にとっては難しく感じられるでしょう。

表 6　機械科目の合格率

年度	受験者数（B）	合格者数（C）	合格率（C/B）	合格基準点
令和 4 年度（上期）	24,184	2,727	11.3%	55 点
令和 3 年度	27,923	6,365	22.8%	60 点
令和 2 年度	26,636	3,039	11.4%	60 点
令和元年度	29,975	7,989	26.7%	60 点
平成 30 年度	30,656	5,991	19.5%	55 点
平成 29 年度	32,850	5,354	16.3%	55 点
平成 28 年度	36,612	8,898	24.3%	55 点
平成 27 年度	34,126	3,653	10.7%	55 点
平成 26 年度	37,424	6,086	16.3%	54.39 点
平成 25 年度	38,583	6,600	17.1%	54.57 点

表 7　法規科目の合格率

年度	受験者数（B）	合格者数（C）	合格率（C/B）	合格基準点
令和 4 年度（上期）	23,752	3,499	14.7%	54 点
令和 3 年度	28,045	6,761	24.1%	60 点
令和 2 年度	30,828	6,573	21.3%	60 点
令和元年度	33,079	5,858	17.7%	49 点
平成 30 年度	33,594	4,495	13.4%	51 点
平成 29 年度	35,825	5,798	16.2%	55 点
平成 28 年度	35,198	4,985	14.2%	54 点
平成 27 年度	35,047	7,006	20.0%	55 点
平成 26 年度	38,753	6,763	17.5%	58.00 点
平成 25 年度	41,303	8,015	19.4%	58.00 点

電力科目の出題傾向

出題分野・項目		H20	H21	H22	H23	H24	H25	H26	H27	H28	H29	H30	R1	R2	R3	R4
水力発電	発電方式	A2					A1	A1, B15a						A1	A1	
	水車関係	A1	A1	A1	A1			B15b			A2	A2	A1, A2			A1
	出力関係				A1	A1		B15b	A1			B15b		B15b		B15
	ダム・貯水池・調整池										A1	B15a		B15a		
	水圧管・ベルヌーイの定理	A2			A1	A1	A1						A1	A1		A2
	揚水発電									A1	A4		A1			B15
汽力発電	熱サイクル・熱効率	A3, B15b	A3, B15	B15	B15a	B15b	A2, B15a	A2,A3,17a	A2, A3	B15			A3		A3, B15b	A3
	LNG・石炭・石油火力	B15	B15b	B15a	B15	B15		B17			B15				B15	B15
	タービン関係		A2			A2	A3		A3	B15a		A1,A3,A4	A3, B15a		A3	A2
	ボイラ関係								A3	A3			A3			
	復水器				A2		B15b						A3, B15b	A2		
	保護装置			A3	A3	A3	A2							A3		
	コンバインドサイクル							A3								
	環境対策			A2	A3		A2	A3			A3		A5	A3	A4	
原子力発電	PWRとBWR	A4	A4	A4	A4	A4	A4	A4	A4		A4		A4	A4	A5	A4
	核分裂エネルギー				A4	A4		A4					A4			
	核燃料サイクル															
	タービン									A4		A4				
自然エネルギー	各種発電	A5	A5	A5	A5	A5	A5			A5	A5		A7		A6	A7
	太陽光発電											A5		A5		A5
	風力発電								A7	A7			A6	A7, A8	A8	
変電	変電所		A6		A5							A7,A8,A12			A9	A12, B16
	変圧器	A6, A8	A12	A7, B16	B16	B17	A6	A6		A6	A7		A7	A7, A8		A6
	調相設備				A8	A8, B17b	B16				B17				A8	B16a
	開閉装置	A6		B16a		A6	A7			A7			A6		A8	
	避雷器				A10									A9		
	計器用変成器	A6		A9											A7	

出題分野	項目	H20	H21	H22	H23	H24	H25	H26	H27	H28	H29	H30	R1	R2	R3	R4
変電（続き）	保護リレー								A6							A7
	短絡故障												A8	A8		
	電圧降下								B16							
送電	アドミタンス					B16a		B16a								
	π形等価面回路				B16	B16							B16	A10		
	フェランチ効果					A12										A9
	たるみ・張力					A13					A8				B16	
	送電電力		A7			A7						B17b				A8
	百分率インピーダンス											B17a				
	短絡・地絡		B16a				B17a									
	電圧降下		B16b				B17b			B16						A6
	電線の最小断面積	B16, B17				B16b	B16b							B16b		
	並行2回線	B17b							B17					B16a		
	中性点接地方式				A6, A8	A10		B16b		A9			A9	A6, A10		
	架空送電線	A9		A8			A8					A9	A10			
	コロナ	A7		A10		A10	A8	A9	A8				A9	A6		A10
	電線の振動	A9								A8			A9	A6		
	誘導障害					A7										
	雷害対策				A6			A8	A9		A9				A10	
	塩害対策											A10				
	過電圧	A10										A6				
	保護リレー				A7	A7, A9			A6		A6					A7
	直流送電															
地中送電	各種電力ケーブル			A10			A10	A10	A10	A10	A10	A11				
	電力損失・許容電流													A11	A11	
	布設方式		A11										A11		A11	
	故障点標定				A11			B16a			B16a					A11
	静電容量	A11				A11										

分野	出題分野・項目	H20	H21	H22	H23	H24	H25	H26	H27	H28	H29	H30	R1	R2	R3	R4
地中送電（続き）	充電電流										B16b					
	送電容量			A11		A11										
	試験電源容量															
	架空送電との比較	A12												A11		
配電	配電系統									A12						A12, A13
	配電系統構成機材		A8, A13	A12, A13			A11	A13								A12, A13
	ネットワーク方式		A12	A12			A11		A12					A12		
	電気方式				A12		A11	A12			A11		A12	A13	A12	
	単相3線式				A9		A13				A8	B16				
	電圧降下		A10						A13			B16				B17
	電力損失		B17	B17	B17					B17		A13	B17a, B17b	B17a	B17	B17b
	許容負荷電力							A7								
	負荷電流・ループ電流										A8			B17b		
	支線の張力	A13			A13		A9			A13			A13			
	電圧調整										A13				A13	A6
	中性点接地方式		A8	A8	A6											
	過電圧				A7							A10	A11			
	フェランチ効果					A12										
	力率改善															
	保護方式	A12	B17	A6			A12	A11	A11	A11	A12					
	地中配電		A13	A13												A13
電気材料	絶縁材料	A14	A14	A14	A14		A14	A14	A14	A14	A14	A14	A14	A14	A14	A14
	鉄心材料					A14			A14			A14				
	導電材料					A14									A14	
	発電機			A6					B15	A2					A6	A6
	分散型電源								A5							
	二次電池							A5								

備考：1　「A」はA問題、「B」はB問題における出題を示す。また、番号は問題番号を示す。
　　　2　「a」「b」は、B問題の小問(a)(b)のいずれか一方での出題のみ出題されたことを示す。

電力科目の学習ポイント

　ここでは，見落としがちな学習ポイントを中心に解説します。一通り学習が進んだ後に確認すると効果的でしょう。なお，電力科目は法規科目や機械科目とも共通するテーマが多いので，同時受験する場合は併せて確認しておくと効率的です。

＊　　＊　　＊　　＊　　＊　　＊　　＊　　＊　　＊　　＊　　＊　　＊

　「**水力発電**」分野の項目「**水車関係**」で出題される「**比速度**」は，H30-問2(p.128)のように，比速度が小さい水車は高落差用(ペルトン水車)，比速度が大きい水車は低落作用(フランシス水車など)に適することを理解しておくこと。比速度が大き過ぎると(反動水車に用いる)吸出し管の放水速度が大きくなって，キャビテーションが発生しやすくなります。なお，「**水車のキャビテーション**」については，H29-問2(p.148)などで出題されています。

　「**水圧管・ベルヌーイの定理**」では，R3-問2(p.46)のように，「ベルヌーイの定理」$\left(h_1 + \dfrac{v_1{}^2}{2g} + \dfrac{p_1}{\rho g} = h_2 + \dfrac{v_2{}^2}{2g} + \dfrac{p_2}{\rho g}\right)$ や「連続の原理」$(Q = S_1 v_1 = S_2 v_2\,[\mathrm{m^3/s}])$ が重要です。ベルヌーイの定理は，「エネルギー保存の法則」から導かれることを理解しておきたいところです。また，H26-問15(p.226)のように，「**出力関係**」などと併せて出題されることもあるので，その解法をよく理解しておきましょう。

＊　　＊　　＊　　＊　　＊　　＊　　＊　　＊　　＊　　＊　　＊　　＊

　「**汽力発電**」分野では，H28-問15(p.186)，H20-問3(p.348)のように，「ランキンサイクル」における P-V 線図(および T-s 線図)と熱サイクルの対応を理解しておきましょう。「**熱サイクル・熱効率**」については，比エンタルピーを使用した熱効率の計算(H28-問15(p.186))が重要です。併せて，タービン熱消費率と「**復水器**」で冷却水が持ち去る熱量の関係(R1-問15(p.120)，H25-問15(p.250))も重要です。なお，タービン熱消費率 $S[\mathrm{kJ/(kW \cdot h)}]$ は 1 kW·h のタービン出力に対して $S[\mathrm{kJ}]$ の熱量が必要であることを示すものです。言い換えれば，1 kW·h 当たり，$S[\mathrm{kJ}]$ のうち 1 kW·h＝3 600 kJ がタービン出力に変換され，$(S-3\,600)[\mathrm{kJ}]$ が復水器で冷却水が持ち去る熱量になります。

　「**LNG・石炭・石油火力**」における二酸化炭素発生量の計算(H26-問17(p.230)，H21-問15(p.340))は，解法を覚えて対応できるだけではなく，化学知識も含めて理解しておきたいところです。

＊　　＊　　＊　　＊　　＊　　＊　　＊　　＊　　＊　　＊　　＊　　＊

　「**原子力発電**」分野の「**PWRとBWR**」については，H27-問4(p.194)のように，PWR(加圧水型)は蒸気発生器，BWR(沸騰水型)は再循環ポンプを備えていることを覚えておくこと。また，H25-問4(p.236)のように，BWR は炉心からタービン，復水器まで直接つながっているのに対して，PWR は炉心とタービン等は蒸気発生器で分離されているという構造の違いが重要です。

　「**核分裂エネルギー**」では，R1-問4(p.104)のように，$E = mc^2$ の公式を使う問題が定型です。なお，質量欠損に関連して，分裂後の核子(原子核を構成する陽子と中性子)の方が分裂前の原子核より(軽くなっているのではなく)重くなっています。

　「**核燃料サイクル**」では，H28-問4(p.174)のように，使用済み燃料から燃え残りのウラン U やプルトニウム Pu を取り出し，再び核燃料として使用します。「**プルサーマル**」は，使用済みの燃料から回収した Pu と U を混ぜた MOX 燃料(混合酸化物燃料)を再び原子炉で燃やすものです。

＊　＊　＊　＊　＊　＊　＊　＊　＊　＊　＊　＊　＊　＊

「**自然エネルギー**」分野の「**太陽光発電**」では，R2-問 5(p.78)のように，太陽光エネルギーは約 1 kW/m^2，変換効率は 10〜20 ％ 程度であることは必ず覚えておきましょう。なお，電力系統にパワーコンディショナを介して接続される太陽電池アレイは，機械科目の R1-問 12 のように，複数の太陽電池セルを直列接続した太陽電池モジュールを直並列接続したものです。また，機械科目の H28-問 10 のように，常に最大電力を取り出すように MPPT(最大電力追従)運転をしています。

「**風力発電**」では，R4-問 5(p.24)，H30-問 5(p.132)のように，風車の出力 P は風車の半径 r(直径)の 2 乗，風速 v の 3 乗に比例します。風のもつ運動エネルギー $W = \frac{1}{2}mv^2$[J]，1 秒当たりに風車が受ける空気の質量 $\frac{m}{t} = \rho Av = \rho(\pi r^2)v$[kg/s] より，風車の出力(1 秒当たりの風力エネルギー)P は，次のように計算できることをよく理解しておきましょう。

$$P = \frac{W}{t} = \frac{1}{2} \cdot \frac{m}{t} \cdot v^2 = \frac{1}{2}\pi\rho r^2 v^3 [\text{W}] \quad \rightarrow \quad P \propto r^2,\ v^3$$

＊　＊　＊　＊　＊　＊　＊　＊　＊　＊　＊　＊　＊　＊

「**変電**」分野に登場する「**開閉装置**」は，H20-問 6(p.350)のように，「遮断器(CB)」は事故回線の遮断を行い，「断路器(DS)」は点検時の安全確保などのために電路を切り離すものです。また「**避雷器**」は，R2-問 9(p.84)のように，雷サージに代表される外部過電圧や開閉サージに代表される内部過電圧を大地に放電し，過電圧の波高値を低減し，機器の絶縁破壊を防止するものです。

「**短絡故障**」では，R2-問 8(p.82)，R1-問 8(p.110)のように，パーセント(百分率)インピーダンス法や単位法(pu 法：基準量に対する倍率(小数)で表す方法)を用いて解答する必要があります。インピーダンスを百分率や小数(単位法)で表すとき，変圧器の一次側，二次側でのインピーダンス変換をする必要はありませんが，基準容量を統一する必要があります。なお，単位法によるインピーダンス Z_{pu} は，インピーダンスを Z_Ω[Ω]，基準電流を I_n[A]，基準電圧(三相の場合，相電圧)を E_n[V]，基準容量を P_n[V·A]とすると，次式で表されます。

$$Z_{\text{pu}} = Z_\Omega \cdot \frac{I_\text{n}}{E_\text{n}} = Z_\Omega \cdot \frac{P_\text{n}}{3E_\text{n}^2}$$

また，短絡電流 I_S[A]は，次式で表されます。

$$I_\text{S} = \frac{I_\text{n}}{Z_{\text{pu}}}$$

＊　＊　＊　＊　＊　＊　＊　＊　＊　＊　＊　＊　＊　＊

「**送電**」分野の「**短絡・地絡**」では，H28-問 16(p.188)のように，1 線地絡電流 I_g[A]を求める際は「テブナンの定理」を適用して，事故前健全相電圧を E[V]，地絡抵抗を R_g[Ω]，中性点接地抵抗を R[Ω]として，次式で計算することができます。

$$I_\text{g} = \frac{E}{R_\text{g} + R}$$

「**たるみ・張力**」では，H24-問 13(p.270)のように，たるみ $D = \frac{wS^2}{8T}$，電線実長 $L = S + \frac{8D^2}{3S}$ の公式を利用して，導体の温度が変化したときの D や T を求めることができます。

　「架空送電線」に関しては，R4-問 10（p. 30），R2-問 6（p. 80）のような「電線の振動」の種類（微風振動，サブスパン振動，ギャロッピングなど）と防止対策（ダンパ，スペーサ，アーマロッドなど）と併せて，R2-問 10（p. 84）のような架空電線路の特性（D/r 大 → L 大，C 小），H30-問 9（p. 136）のような多導体方式の利点などを押さえておきましょう。

　「過電圧」には，H30-問 10（p. 136），H23-問 7（p. 286）のように，雷に起因する外部過電圧と開閉装置の動作や系統事故などによる内部過電圧があることを覚えてきましょう。

　＊　　＊　　＊　　＊　　＊　　＊　　＊　　＊　　＊　　＊　　＊　　＊

　「地中送電」分野では，R4-問 11（p. 32），H28-問 10（p. 180）のような「故障点標定」の種類（マーレーループ法の原理は H23-問 11（p. 292）），H27-問 10（p. 200），H21-問 11（p. 336）のようなケーブルの損失と誘電体の誘電正接 $\tan\delta$ の関係（「電力損失・許容電流」）などが重要です。H27-問 10（p. 200）のように，誘電体の等価回路は RC 並列回路で表され，誘電損失は R に流れる電流による抵抗損失で，$\delta = \tan^{-1}\dfrac{I_R}{I_C}$ とすると誘電正接 $\tan\delta$ に比例します。「電力損失」には，R3-問 11（p. 58），H25-問 10（p. 242）のように，抵抗損，誘電（体）損，シース損があり，誘電損とシース損は架空送電線にはない損失です。

　「充電電流」では，H29-問 16（p. 166），H24-問 11（p. 268）のように，充電電流 $I_C = \omega CE$ が基本的な公式になります。

　「架空送電線との比較」では，R2-問 11（p. 86），H20-問 12（p. 356）のように，供給信頼性，景観保護などの点ではケーブルの方が勝りますが，建設費が高く事故点発見が困難，復旧に時間を要することではケーブルの方が劣ります。

　「布設方式」には，R1-問 11（p. 114），H26-問 10（p. 220），法規科目の H22-問 7 のように，直接埋設式，管路式，暗きょ式があるので，覚えておくこと。

　＊　　＊　　＊　　＊　　＊　　＊　　＊　　＊　　＊　　＊　　＊　　＊

　「配電」分野では，「電気方式」の「異容量 V 結線」（H26-問 12（p. 222））は，三相動力負荷と単相電灯負荷の両方に供給できる方式です。相順 acb，「遅れ接続」で，三相負荷の力率角を遅れ 30°，単相力率 1 とすると，三相電流と単相電流の位相が同相になり，共用変圧器が最大容量になります。ただし，相順 abc，「進み接続」では，同じ条件で共用変圧器の容量を節約できます。相順を含めて，このことをベクトル図から理解しておきましょう。ここで，「遅れ接続」とは，2 台の変圧器の起電力の遅相側に単相負荷を接続する方式であり，「進み接続」とは，進相側に単相負荷を接続する方式です。相順 acb と相順 abc では，「遅れ接続」と「進み接続」が逆になることに注意が必要です。三相と単相での線路損失の比較（H29-問 11（p. 158））や最大送電電力の比較（H27-問 13（p. 204））などでは，三相の線間電圧と相電圧に注意しましょう。

　「単相 3 線式」のバランサに関する問題（H28-問 17（p. 190））では，バランサ部に流れる電流は互いに逆向きで，大きさは等しく，バランサ接続前の上下の負荷電流の差の半分になります。

　「電圧降下」に関しては，R2-問 17（p. 98），H25-問 13（p. 248）のような定型的な問題が多いので，必ず正答できるようにしておきましょう。

　＊　　＊　　＊　　＊　　＊　　＊　　＊　　＊　　＊　　＊　　＊　　＊

　「電気材料」分野で，「絶縁材料」の劣化原因には，H29-問 14（p. 162），H23-問 14（p. 296）のように，熱的劣化，電気的劣化，機械的・化学的劣化があり，実務的にも重要です。R4-問 14（p. 36），H29-問 14（p. 162），H26-問 14（p. 224），H25-問 14（p. 248）のように，ガス絶縁開閉装置に使用されている六フッ化

硫黄(SF₆)ガスは優れた絶縁性能を有しますが，温室効果ガスであり地球温暖化への影響が大きいので，開閉装置点検などに際して確実に回収，管理して使用しています。

「**鉄心材料**」は，H30-問14(p.140)，H27-問14(p.204)，H20-問14(p.358)のように，電気機器全体で使用する材料ですが，ヒステリシス損を考慮すると，保磁力の小さいものが望ましいことが理解できると思います。

* * * * * * * * * * * * * *

「**その他**」の分野では，法規科目でもよく出題される「**分散型電源**」について，R3-問6(p.52)，H27-問5(p.196)のように，逆潮流による系統電圧の上昇を抑えるために，発電出力を抑制したり，電圧調整器を用いて系統電圧を維持する必要があることを理解しておきましょう。

凡例

　個々の問題の 難易度 と 重要度 の目安を次のように表示しています。ただし，重要度は出題分野どうしを比べたものではなく，**出題分野内で出題項目どうしを比べたものです**（p.11～13 参照）。また，重要度は**出題予想**を一部反映したものです。

難易度

易　★☆☆：易しい問題
↓　★★☆：標準的な問題
難　★★★：難しい問題（奇をてらった問題を一部含む）

　粘り強く学習することも大切ですが，難問や奇問に固執するのは賢明ではありません。ときには，「解けなくても構わない」と割り切ることが必要です。
　逆に，易しい問題は得点のチャンスです。苦手な出題分野であっても，必ず解けるようにしておきましょう。

重要度

稀　★☆☆：あまり出題されない，稀な内容
↓　★★☆：それなりに出題されている内容
頻　★★★：頻繁に出題されている内容

　出題が稀な内容であれば，学習の優先順位を下げても構いません。場合によっては，「学習せずとも構わない」「この出題項目は捨ててしまおう」と決断する勇気も必要です。
　逆に，頻出内容であれば，難易度が高い問題でも一度は目を通しておきましょう。自らの実力で解ける問題なのか，解けない問題なのかを判別する訓練にもなります。

試験問題と解答

●試験時間：90 分
●解 答 数：A問題　14 題
　　　　　　B問題　　3 題
●配　　　点：A問題　各5点
　　　　　　B問題　各10 点((a)5点，(b)5点)

実施年度	合格基準
令和 4 年度（2022 年度）上期	60 点以上
令和 3 年度（2021 年度）	60 点以上
令和 2 年度（2020 年度）	60 点以上
令和元年度（2019 年度）	60 点以上
平成 30 年度（2018 年度）	55 点以上
平成 29 年度（2017 年度）	55 点以上
平成 28 年度（2016 年度）	55 点以上
平成 27 年度（2015 年度）	55 点以上
平成 26 年度（2014 年度）	58 点以上
平成 25 年度（2013 年度）	56.32 点以上
平成 24 年度（2012 年度）	55 点以上
平成 23 年度（2011 年度）	55 点以上
平成 22 年度（2010 年度）	52.75 点以上
平成 21 年度（2009 年度）	55 点以上
平成 20 年度（2008 年度）	60 点以上

電　力 令和4年度（2022年度）上期

A 問 題 （配点は1問題当たり5点）

問1　出題分野＜水力発電＞　難易度 ★★★　重要度 ★★★

水力発電に関する記述として，誤っているものを次の（1）～（5）のうちから一つ選べ。

（1）　水車発電機の回転速度は，汽力発電と比べて小さいため，発電機の磁極数は多くなる。

（2）　水車発電機の電圧の大きさや周波数は，自動電圧調整器や調速機を用いて制御される。

（3）　フランス水車やペルトン水車などで用いられる吸出し管は，水車ランナと放水面までの落差を有効に利用し，水車の出力を増加する効果がある。

（4）　我が国の大部分の水力発電所において，水車や発電機の始動・運転・停止などの操作は遠隔監視制御方式で行われ，発電所は無人化されている。

（5）　カプラン水車は，プロペラ水車の一種で，流量に応じて羽根の角度を調整することができるため部分負荷での効率の低下が少ない。

問2　出題分野＜汽力発電＞　難易度 ★★★　重要度 ★★★

次の文章は，火力発電所のタービン発電機に関する記述である。

火力発電所のタービン発電機は，2極の回転界磁形三相　（ア）　発電機が広く用いられている。　（イ）　強度の関係から，回転子の構造は　（ウ）　で直径が　（エ）　。発電機の大容量化に伴い冷却方式も工夫され，大容量タービン発電機の場合には密封形　（オ）　冷却方式が使われている。

上記の記述中の空白箇所（ア）～（オ）に当てはまる組合せとして，正しいものを次の（1）～（5）のうちから一つ選べ。

	（ア）	（イ）	（ウ）	（エ）	（オ）
（1）	同期	熱的	突極形	小さい	窒素
（2）	誘導	熱的	円筒形	大きい	水素
（3）	同期	機械的	円筒形	小さい	水素
（4）	誘導	機械的	突極形	大きい	窒素
（5）	同期	機械的	突極形	小さい	窒素

令和
4
(2022)

令和
3
(2021)

令和
2
(2020)

令和
元
(2019)

平成
30
(2018)

平成
29
(2017)

平成
28
(2016)

平成
27
(2015)

平成
26
(2014)

平成
25
(2013)

平成
24
(2012)

平成
23
(2011)

平成
22
(2010)

平成
21
(2009)

平成
20
(2008)

問1の解答　　出題項目＜水車関係＞　　　　　答え　（3）

（1）　正。水車の回転速度は，**キャビテーションの発生から制約を受ける**ため，あまり大きくできない。このため，100〜500 min^{-1} 程度のものが多い。発電機は水車と直結され，また，**磁極数は回転速度に反比例する**ので，回転速度の小さい水車発電機は磁極数が多くなる。

（2）　正。自動電圧調整器は，界磁電流を制御して電圧を一定に保つ役割がある。また，調速機は，水車への流入水量を調節して回転速度（周波数）を一定に保つ役割がある。

（3）　誤。**吸出し管は，反動水車**のランナから放水面までの接続管であり，放水面までの残りの落差を有効に利用するために設置する。フランシス水車は反動水車なので，吸出し管を使用する。

一方，衝動水車であるペルトン水車では，バケットに当ってエネルギーを失った後の流水は，大気圧中を自然落下するので吸出し管は使用できない。

（4）　正。ほとんどの水力発電所では**遠隔監視制御方式**が採用され，数箇所から十数箇所の発電所を一つの制御所から**集中制御**する形態になっている。集中制御方式は，電力設備あるいはダムの総合運用を目的として，水力発電所を電力系統別または河川系統別にまとめて一つのシステムとして制御する方式である。

（5）　正。プロペラ水車は，流水がランナを軸方向に通過する水車で，ランナ羽根が固定構造のものと可動構造のものがある。**可動構造のものがカプラン水車**で，ランナ羽根が出力変化に応じて自動的に角度を変えるようになっている。ランナ羽根の数は落差により異なるが，一般に 4〜8 枚程度である。

問2の解答　　出題項目＜タービン関係＞　　　　答え　（3）

タービン発電機を駆動する蒸気タービンは，高温・高圧の蒸気で回転しているため，高速度の方が効率は良い。このため，蒸気タービンと直結するタービン発電機も高速機となっており，通常は 2 極機である。2 極機の場合，50 Hz 系が 3 000 min^{-1}，60 Hz 系が 3 600 min^{-1} になる。

交流電力の発生，輸送および利用に関しては，三相方式が優れているので，発電機も三相発電機が使用される。

また，交流発電機には同期発電機と誘導発電機があるが，次のような特徴から，火力発電所には**三相同期発電機**が使用される。

①　系統投入時の突入電流が小さい。

②　力率の調整が可能である。

③　定速度で運転が可能である。

なお，同期発電機には回転界磁形と回転電機子形があるが，タービン発電機では回転界磁形が使用される。回転界磁形は，回転子が界磁（磁束を発生）で，固定子は電機子（起電力を発生）となる。

タービン発電機は高速機のため，回転子の周辺速度が大きく遠心力も大きいので，**機械的強度の**関係から回転子直径を大きくできない。このため回転子の構造は，**軸方向に長い円筒形で直径が小さい**。一方，水車発電機は，回転速度が比較的低く回転子直径を大きくできるので，設計が容易で経済的な突極形が採用される。（**図 2-1**）

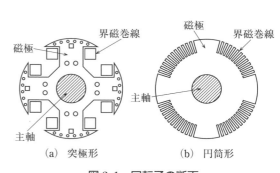

図 2-1　回転子の断面

大容量タービン発電機の冷却方式は，**密封型水素冷却方式**が使用される。水素（圧力 0.1 MPa の場合）は，空気に比べ密度が 0.07 ％ と小さく風損が少ない，熱伝達率が 1.5 倍あり冷却効果が大きい，不活性なガスでコイルに対し酸化・腐食をさせない等の利点がある。

問3　出題分野＜汽力発電＞　　　難易度 ★★★　重要度 ★★★

　ある汽力発電設備が，発電機出力 19 MW で運転している。このとき，蒸気タービン入口における蒸気の比エンタルピーが 3 550 kJ/kg，復水器入口における蒸気の比エンタルピーが 2 500 kJ/kg，使用蒸気量が 80 t/h であった。発電機効率が 95 % であるとすると，タービン効率の値[%]として，最も近いものを次の(1)～(5)のうちから一つ選べ。

(1)　71　　　　(2)　77　　　　(3)　81　　　　(4)　86　　　　(5)　90

問4　出題分野＜原子力発電＞　　　難易度 ★★★　重要度 ★★★

　沸騰水型原子炉(BWR)に関する記述として，誤っているものを次の(1)～(5)のうちから一つ選べ。
(1)　燃料には低濃縮ウランを，冷却材及び減速材には軽水を使用する。
(2)　加圧水型原子炉(PWR)に比べて原子炉圧力が低く，蒸気発生器が無いので構成が簡単である。
(3)　出力調整は，制御棒の抜き差しと再循環ポンプの流量調節により行う。
(4)　制御棒は，炉心上部から燃料集合体内を上下することができる構造となっている。
(5)　タービン系統に放射性物質が持ち込まれるため，タービン等に遮へい対策が必要である。

令和 4 (2022)
令和 3 (2021)
令和 2 (2020)
令和 元 (2019)
平成 30 (2018)
平成 29 (2017)
平成 28 (2016)
平成 27 (2015)
平成 26 (2014)
平成 25 (2013)
平成 24 (2012)
平成 23 (2011)
平成 22 (2010)
平成 21 (2009)
平成 20 (2008)

問3の解答　出題項目＜熱サイクル・熱効率＞　　答え（4）

汽力発電設備の蒸気サイクルと題意に与えられた各量は，図3-1のようになる。

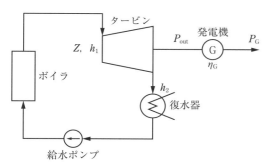

場所	記号	名称	数値
タービン入口	Z	使用蒸気量	80 t/h
	h_1	蒸気の比エンタルピー	3 550 kJ/kg
復水器入口	h_2	蒸気の比エンタルピー	2 500 kJ/kg
発電機	P_G	出力	19 MW
	η_G	効率	95%

図3-1　蒸気サイクル

タービン効率は，タービンで消費される蒸気の熱エネルギーとタービンの機械的出力の比である。

タービンで消費される蒸気の熱エネルギー P_{in} の値は，

$$P_{in}=Z(h_1-h_2)=80\times10^3\times(3\,550-2\,500)=84\times10^6[\text{kJ}]$$

また，タービンの機械的出力 P_{out} の値は，

$$P_{out}=\frac{P_G}{\eta_G}=\frac{19\times10^3\times3\,600}{0.95}=72\times10^6[\text{kJ}]$$

したがって，タービン効率 η_T の値は，

$$\eta_T=\frac{P_{out}}{P_{in}}\times100=\frac{72\times10^6}{84\times10^6}\times100\fallingdotseq86[\%]$$

解説

[kW]は仕事率（単位時間当たりの仕事の大きさ）の単位で，[kJ]は仕事の単位である。したがって，効率を求める際には[kW]を[kJ]に変換しなければならない。

使用蒸気量が1時間当たりの値なので，発電機の出力（仕事）も1時間運転した値にしなければならない。すなわち，1 kW·s＝1 kJ なので，

$$1[\text{kW·h}]=1[\text{kW}]\times3\,600[\text{s}]=3\,600[\text{kJ}]$$

問4の解答　出題項目＜PWRとBWR＞　　答え（4）

沸騰水型原子炉（BWR）は，図4-1のように原子炉圧力容器内で発生した蒸気がそのままタービンに送られる。

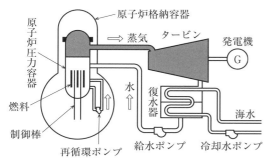

図4-1　沸騰水型原子炉

（1）　正。沸騰水型原子炉は**軽水炉**（冷却材，減速材に軽水を使用）の一種で，燃料には低濃縮ウランを使用する。

（2）　正。加圧水型原子炉（PWR）は，沸騰水型原子炉とは異なり一次冷却水（燃料に直接触れる水）と二次冷却水（沸騰し蒸気となってタービンを回す水）が**蒸気発生器**を介して分離されている。そのため，一次冷却水が沸騰しないよう，**加圧器**で高い圧力がかけられている。

（3）　正。沸騰水型原子炉の出力調整は，**再循環ポンプ**により炉心の冷却水の流量を調節して制御している。また，大幅な出力調整（起動・停止など）は，**制御棒の抜き差し**で行っている。

（4）　誤。沸騰水型原子炉は，炉心の上部に気水分離器や蒸気乾燥器などの複雑な構造物が存在するため，**制御棒を下から挿入**している。上部から上下することができる構造とはなっていない。

（5）　正。沸騰水型原子炉の蒸気は放射性物質を含んでいるため，タービンや復水器についても**放射線の管理**が必要である。

問5　出題分野＜自然エネルギー＞　　難易度 ★★☆　重要度 ★★★

次の文章は，風力発電に関する記述である。

風力発電は，風のエネルギーによって風車で発電機を駆動し発電を行う。風車は回転軸の方向により水平軸風車と垂直軸風車に分けられ，大電力用には主に (ア) 軸風車が用いられる。

風がもつ運動エネルギーは風速の (イ) 乗に比例する。また，プロペラ型風車を用いた風力発電で取り出せる電力は，損失を無視すると風速の (ウ) 乗に比例する。風が得られれば電力を発生できるため，発電するときに二酸化炭素を排出しない再生可能エネルギーであり，また，出力変動の (エ) 電源とされる。

発電機には誘導発電機や同期発電機が用いられる。同期発電機を用いてロータの回転速度を可変とした場合には，発生した電力は (オ) を介して電力系統へ送電される。

上記の記述中の空白箇所(ア)～(オ)に当てはまる組合せとして，正しいものを次の(1)～(5)のうちから一つ選べ。

	(ア)	(イ)	(ウ)	(エ)	(オ)
(1)	水平	2	2	小さい	増速機
(2)	水平	2	3	大きい	電力変換装置
(3)	水平	3	3	大きい	電力変換装置
(4)	垂直	3	2	小さい	増速機
(5)	垂直	2	3	大きい	電力変換装置

令和
4
(2022)

令和
3
(2021)

令和
2
(2020)

令和
元
(2019)

平成
30
(2018)

平成
29
(2017)

平成
28
(2016)

平成
27
(2015)

平成
26
(2014)

平成
25
(2013)

平成
24
(2012)

平成
23
(2011)

平成
22
(2010)

平成
21
(2009)

平成
20
(2008)

問5の解答　　出題項目＜風力発電＞　　　　　　　　　　　　答え　（2）

　風車は回転軸の方向により，**図5-1** のように垂直軸風車と水平軸風車の二種類に分けられる。現在，大型の風力発電機で採用されているのは**水平軸風車**であり，3枚ブレードのものが多い。

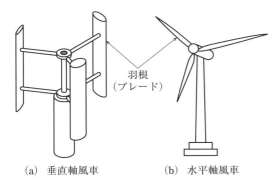

　　(a)　垂直軸風車　　　　(b)　水平軸風車

図 5-1　風車の種類

　風がもつ運動エネルギー E[J]は，空気の質量を m[kg]，風速を v[m/s]とすると次式で表される。

$$E=\frac{1}{2}mv^2 \qquad ①$$

　すなわち，風がもつ運動エネルギー E は風速 v の **2乗に比例**する。

　風車の受風面積を A[m²]，受風時間を t[s]，空気の密度を ρ[kg/m³]とすると，単位時間（1秒）当たりに風車を通過する空気の質量[kg/s]は，

$$\frac{m}{t}=\rho vA$$

$$\rightarrow \quad m=\rho vAt \qquad ②$$

　風力発電で取り出せる電力 P[W]は，

$$P=\frac{E}{t}$$

　この式に①式，②式を代入すると，

$$P=\frac{\frac{1}{2}(\rho vAt)v^2}{t}=\frac{1}{2}\rho Av^3$$

　すなわち，風力発電で取り出せる電力 P は（損失を無視すると）風速 v の**3乗に比例**する。

　なお，再生可能エネルギーの中でも太陽光や風力などを使用した発電は，季節や天候に左右されるため**出力変動の大きい**電源とされる。

　また，同期発電機で風車の回転数が可変の場合には，系統周波数に同期させるため，発電機と系統との間に**電力変換装置**（周波数変換装置）を設置する。

問6　出題分野＜変電，送電，配電＞　難易度 ★★★　重要度 ★★★

電力系統の電圧調整に関する記述として，誤っているものを次の（1）～（5）のうちから一つ選べ。

（1）　線路リアクタンスが大きい送電線路では，受電端において進相コンデンサを負荷に並列することで，受電端での進み無効電流を増加させ，受電端電圧を上げることができる。

（2）　送電線路において送電端電圧と受電端電圧が一定であるとすると，負荷の力率が変化すれば受電端電力が変化する。このため，負荷が変動しても力率を調整することによって受電端電圧を一定に保つことができる。

（3）　送電線路での有効電力の損失は電圧に反比例するため，電圧調整により電圧を高めに運用することが損失を減らすために有効である。

（4）　進相コンデンサは無効電力を段階的にしか調整できないが，静止型無効電力補償装置は無効電力の連続的な調整が可能である。

（5）　電力系統の電圧調整には調相設備と共に，発電機の励磁調整による電圧調整が有効である。

令和
4
(2022)

令和
3
(2021)

令和
2
(2020)

令和
元
(2019)

平成
30
(2018)

平成
29
(2017)

平成
28
(2016)

平成
27
(2015)

平成
26
(2014)

平成
25
(2013)

平成
24
(2012)

平成
23
(2011)

平成
22
(2010)

平成
21
(2009)

平成
20
(2008)

問 6 の解答　　出題項目＜調相設備，電圧降下，電圧調整＞　　答え（3）

（1）　正。線路リアクタンスが大きいと，大きな**遅れ無効電流**が流れるので線路の電圧降下が大きくなる。このため，**進相コンデンサ**を負荷と並列に設置して，**進み無効電流**を流すことにより遅れ無効電流を打ち消す。

（2）　正。送電端電圧と受電端電圧をそれぞれ一定に保ちながら送電する方式を**定電圧送電方式**という。電圧調整は負荷の大きさと力率に応じて，調相設備から**無効電力を供給**して行う。

（3）　誤。負荷電力と力率が同じであれば，線路電流は電圧に反比例する。一方，線路損失は線路電流の 2 乗に比例する。したがって，**線路損失は電圧の 2 乗に反比例**する。**線路損失は電圧に反比例しない**。

（4）　正。静止型無効電力補償装置(SVC)は，**電力用半導体素子**を用いて無効電力制御を行う装置である。

静止型無効電力補償装置の代表的な方式を，**図6-1** に示す。静止型無効電力補償装置は進相から遅相まで無効電力を**高速連続制御**できるので，系統電圧の制御や過電圧抑制などのほか，系統安定度向上にも利用されている。

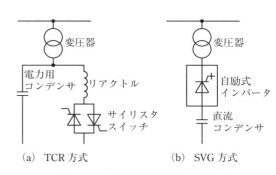

図 6-1　静止型無効電力補償装置

（5）　正。同期発電機の励磁電流を強めると電機子から遅れ電流が，弱めると進み電流が発生する。したがって，同期発電機は励磁電流を**加減**することで，この遅れと進みの両方の**無効電力を供給**することができる。これにより，電圧調整が可能になる。

問7 出題分野＜変電，送電＞　　難易度 ★★★　重要度 ★★★

図に示す過電流継電器の各種限時特性(ア)〜(エ)に対する名称の組合せとして，正しいものを次の(1)〜(5)のうちから一つ選べ。

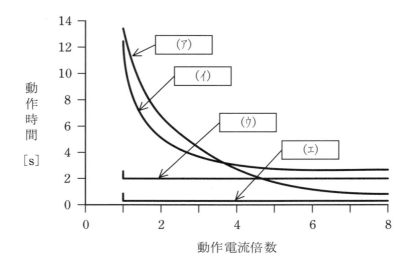

	(ア)	(イ)	(ウ)	(エ)
(1)	反限時特性	反限時定限時特性	定限時特性	瞬時特性
(2)	反限時定限時特性	反限時特性	定限時特性	瞬時特性
(3)	反限時特性	定限時特性	瞬時特性	反限時定限時特性
(4)	定限時特性	反限時定限時特性	反限時特性	瞬時特性
(5)	反限時定限時特性	反限時特性	瞬時特性	定限時特性

問8 出題分野＜送電＞　　難易度 ★★★　重要度 ★★★

受電端電圧が20 kVの三相3線式の送電線路において，受電端での電力が2 000 kW，力率が0.9(遅れ)である場合，この送電線路での抵抗による全電力損失の値[kW]として，最も近いものを次の(1)〜(5)のうちから一つ選べ。

ただし，送電線1線当たりの抵抗値は9 Ωとし，線路のインダクタンスは無視するものとする。

(1) 12.3　　(2) 37.0　　(3) 64.2　　(4) 90.0　　(5) 111

令和4 (2022)
令和3 (2021)
令和2 (2020)
令和元 (2019)
平成30 (2018)
平成29 (2017)
平成28 (2016)
平成27 (2015)
平成26 (2014)
平成25 (2013)
平成24 (2012)
平成23 (2011)
平成22 (2010)
平成21 (2009)
平成20 (2008)

問7の解答　出題項目＜保護リレー＞　答え（1）

過電流継電器は，電路および電気機器の過負荷や短絡を遮断するために使用される保護装置である。

限時特性は，継電器の動作特性を電流値と時間の関係で表したもので，図7-1のような特性がある。

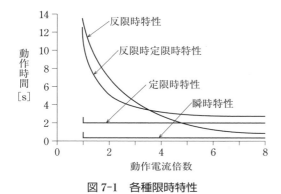

図7-1　各種限時特性

① **反限時特性**　検出レベル以上であれば，電流が大きいほど動作時間が早く，小さいほどゆっくり動作する特性である。

② **定限時特性**　検出レベル以上であれば，電流の大きさに関係無く一定時間で動作する特性である。

③ **反限時定限時特性**　反限時特性と定限時特性を組み合わせたものである。検出レベル以上であれば，電流の少ない範囲では反限時特性で，電流が多くなれば定限時特性となる。

④ **瞬時特性**　検出レベル以上であれば，瞬時に動作する特性である。短絡事故などの遮断に使用する。

問8の解答　出題項目＜送電電力＞　答え（5）

送電の途中で線路の抵抗により消費されてしまう電力が電力損失である。1線当たりの線路抵抗の値を $R[\Omega]$，そこに流れる電流を $I[A]$ とすると，その線路で消費される電力は $I^2R[W]$ になる。

また，三相3線式の電線路の電力損失は，3線の合計を指すので，全電力損失 $P_L[W]$ は次式で求められる。

$$P_L = 3I^2R \qquad ①$$

題意より，受電端電圧 $V=20[kV]$，負荷電力 $P=2\,000[kW]$，力率 $\cos\theta = 0.9$（遅れ）なので，送電線路に流れる電流 I の値は，

$$I = \frac{P}{\sqrt{3}\,V\cos\theta} = \frac{2\,000\times10^3}{\sqrt{3}\times20\times10^3\times0.9}$$
$$\fallingdotseq 64.2[A]$$

送電線1線当たりの抵抗値 $R=9[\Omega]$ なので，送電線路の全電力損失 P_L の値は，①式より，

$$P_L = 3I^2R = 3\times64.2^2\times9$$
$$\fallingdotseq 111\times10^3[W] = 111[kW]$$

解説 ••••••••••••••••••••••••••••••••••

送電線の電力損失（送電損失）の大部分は，導体中の抵抗損である。このほか，高電圧送電線ではコロナ損，地中送電線では誘電損（誘電体損）やシース損なども送電損失になる。また，送電端・受電端の変圧器や調相設備による損失も送電損失に含まれる。

問9　出題分野＜送電＞　難易度 ★★★　重要度 ★★★

送電線路のフェランチ効果に関する記述として，誤っているものを次の（1）〜（5）のうちから一つ選べ。

（1）　受電端電圧の方が送電端電圧よりも高くなる現象である。

（2）　短距離送電線路よりも，長距離送電線路の方が発生しやすい。

（3）　無負荷や軽負荷の場合よりも，負荷が重い場合に発生しやすい。

（4）　フェランチ効果発生時の線路電流の位相は，電圧に対して進んでいる。

（5）　分路リアクトルの運転により防止している。

問10　出題分野＜送電＞　難易度 ★★☆　重要度 ★★☆

次の文章は，架空送電線の振動に関する記述である。

架空送電線が電線と直角方向に毎秒数メートル程度の風を受けると，電線の後方に渦を生じて電線が上下に振動することがある。これを微風振動といい，　（ア）　電線で，径間が　（イ）　ほど，また，張力が　（ウ）　ほど発生しやすい。

多導体の架空送電線において，風速が数〜20 m/s で発生し，10 m/s を超えると激しくなる振動を　（エ）　振動という。

また，その他の架空送電線の振動には，送電線に氷雪が付着した状態で強い風を受けたときに発生する　（オ）　や，送電線に付着した氷雪が落下したときにその反動で電線が跳ね上がる現象などがある。

上記の記述中の空白箇所（ア）〜（オ）に当てはまる組合せとして，正しいものを次の（1）〜（5）のうちから一つ選べ。

	（ア）	（イ）	（ウ）	（エ）	（オ）
（1）	重い	長い	小さい	サブスパン	ギャロッピング
（2）	軽い	長い	大きい	サブスパン	ギャロッピング
（3）	重い	短い	小さい	コロナ	ギャロッピング
（4）	軽い	短い	大きい	サブスパン	スリートジャンプ
（5）	重い	長い	大きい	コロナ	スリートジャンプ

令和 **4** (2022)
令和 **3** (2021)
令和 **2** (2020)
令和 **元** (2019)
平成 **30** (2018)
平成 **29** (2017)
平成 **28** (2016)
平成 **27** (2015)
平成 **26** (2014)
平成 **25** (2013)
平成 **24** (2012)
平成 **23** (2011)
平成 **22** (2010)
平成 **21** (2009)
平成 **20** (2008)

問 9 の解答　　出題項目＜フェランチ効果＞　　　　答え （3）

（1）　正。通常は，電圧降下によって送電端よりも受電端の方が電圧は低くなる。しかし，これとは逆に，送電端電圧よりも**受電端電圧の方が高くなる現象**がフェランチ効果である。

（2）　正。フェランチ効果は進み電流が流れるときに発生するが，送電線の**こう長が長いほど，リアクタンスが大きいほど発生しやすい**。

（3）　誤。**無負荷や軽負荷**の場合，遅れ電流よりも充電電流（進み電流）が大きくなるのでフェランチ効果が発生しやすい。「**負荷が重い場合に発生しやすい**」というのは誤りである。

（4）　正。フェランチ効果は，進み電流が流れるときに発生する。このとき**線路電流の位相は，電圧に対して進んでいる**。

（5）　正。**分路リアクトル**には遅れ電流が流れるので，フェランチ効果の防止に効果がある。

解説

送電線路の 1 相当たりの等価回路は，**図 9-1** のように表される。

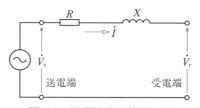

図 9-1　送電線路の等価回路

この回路に進み電流が流れた場合，ベクトル図は**図 9-2** のようになり，送電端電圧よりも受電端電圧の方が高くなる。

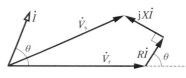

図 9-2　進み力率の場合

問 10 の解答　　出題項目＜電線の振動＞　　　　答え （2）

架空送電線には風や雪などの影響で振動が生じて，短絡事故や電線の損傷・破断等に至る場合がある。振動の種類には次のようなものがある。

①　**微風振動**　電線に対して直角に比較的緩やかな風が当たると，電線の背後にカルマン渦が生じて，電線が上下に振動する。これが電線の固有振動数と等しくなると，電線が共振して定常的な振動が発生する現象である。

微風振動には次のような特徴がある。

・直径に対して重量の**軽い**電線に起こりやすい。

・支持物間の径間が**長い**ほど，電線の張力が**大きい**ほど起こりやすい。

・早朝や日没などで，周囲に山や林のない平たん地で起こりやすい。

②　**サブスパン振動**　多導体の送電線のスペーサ間隔のことをサブスパンという。ここに風速 10 m/s 以上の風が吹いて電線背後にカルマン渦が発生し，電線が振動する現象である。

③　**ギャロッピング**　電線に氷雪が付着して，その断面が非対称になり，これに強い水平風が当

たると浮遊力（揚力）が発生し，電線が振動する現象である。微風振動とは異なり，比較的周波数が低く，振幅が大きい。

④　**スリートジャンプ**　電線に氷雪が付着し，それが脱落する反動で電線が振動する現象である。振幅が大きく，短絡のリスクが高い。

⑤　**コロナ振動**　降雨時や霧が出ているときに発生しやすい。電線から水滴が離れる際，コロナ放電により電線に反発力が生じて，電線が振動する現象である。

解説

電線の振動対策には次のようなものがある。

・ダンパを設置し，振動エネルギーを吸収する。

・電線にアーマロッドを巻き付け，振動の吸収と電線の補強を行う。

・多導体にスペーサを設置し，電線同士の接触を防止する。

・難着雪リングを取り付け，電線の撚りに沿って移動してきた雪をリング部で落下させることによって，氷雪の付着と成長を防止する。

問 11　出題分野＜地中送電＞　　難易度 ★★★　重要度 ★★★

地中送電線路の故障点位置標定に関する記述として，誤っているものを次の（1）～（5）のうちから一つ選べ。

（1）　故障点位置標定は，地中送電線路で地絡事故や断線事故が発生した際に，事故点の位置を標定して地中送電線路を迅速に復旧させるために必要となる。

（2）　パルスレーダ法は，健全相のケーブルと故障点でのサージインピーダンスの違いを利用して，故障相のケーブルの一端からパルス電圧を入力してから故障点でパルス電圧が反射して戻ってくるまでの時間を計測し，ケーブル中のパルス電圧の伝搬速度を用いて故障点を標定する方法である。

（3）　静電容量測定法は，ケーブルの静電容量と長さが比例することを利用し，健全相と故障相のそれぞれのケーブルの静電容量の測定結果とケーブルのこう長から故障点を標定する方法である。

（4）　マーレーループ法は，並行する健全相と故障相の2本のケーブルに対して電気抵抗計測に使われるブリッジ回路を構成し，ブリッジ回路の平衡条件とケーブルのこう長から故障点を標定する方法である。

（5）　測定原理から，地絡事故にはパルスレーダ法とマーレーループ法が適用でき，断線事故には静電容量測定法とマーレーループ法が適用できる。

令和 4 (2022)
令和 3 (2021)
令和 2 (2020)
令和 元 (2019)
平成 30 (2018)
平成 29 (2017)
平成 28 (2016)
平成 27 (2015)
平成 26 (2014)
平成 25 (2013)
平成 24 (2012)
平成 23 (2011)
平成 22 (2010)
平成 21 (2009)
平成 20 (2008)

問 11 の解答　出題項目＜故障点標定＞　　答え　(5)

（1）　正。地中送電線路でケーブル事故が発生した場合，迅速な復旧には速やかな**故障箇所の特定**(故障点位置標定)が必要になる。

（2）　正。パルスレーダ法は，**図 11-1** のように故障ケーブルにパルス電圧を印加し，故障点で反射してくる**パルスの伝搬時間**を計測して故障点までの距離を求める方法である。

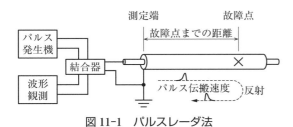

図 11-1　パルスレーダ法

（3）　正。静電容量測定法は，静電容量を測定して故障点を標定する方法である。**ケーブルの静電容量と長さは比例**するので，故障相の静電容量と健全相の静電容量を比較することで，故障点までの距離を求めることができる。

（4）　正。マーレーループ法は，**ホイートストンブリッジの原理**を利用して故障点を標定する方法である。

図 11-2 のように，並行する健全相と故障相の2 本のケーブルの一方の導体端部間にマーレーループ装置を接続し，他方の導体端部間を短絡してブリッジ回路を構成して，ブリッジ回路の平衡条件から故障点までの距離を求める。

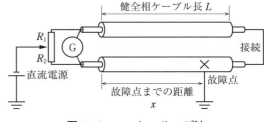

図 11-2　マーレーループ法

図 11-2 のように，装置の抵抗値を R_1, R_2[Ω]，ケーブル長を L[m]（単位長さ当たりの抵抗 r[Ω/m]）とすると，故障点までの距離 x[m]は，

$$R_1 \times rx = R_2 \times r(2L - x)$$

$$\therefore \ x = \frac{2R_2 L}{R_1 + R_2}$$

（5）　誤。測定原理から，マーレーループ法は地絡事故に，静電容量測定法は断線事故に，パルスレーダ法は地絡事故と断線事故の双方に適用できる。**マーレーループ法は，断線事故には適用できない。**

問12 出題分野＜変電，配電＞ 難易度 ★★★ 重要度 ★★★

　次の文章は，配電線路に用いられる柱上変圧器に関する記述である。

　柱上に設置される変圧器としては，容量 （ア） のものが多く使用されている。

　鉄心には，けい素鋼板が多く使用されているが， （イ） のために鉄心にアモルファス金属材料を用いた変圧器も使用されている。

　また，変圧器保護のために， （ウ） を柱上変圧器に内蔵したものも使用されている。

　三相3線式200 Vに供給するときの結線には，Δ結線とV結線がある。V結線は単相変圧器2台によって構成できるため，Δ結線よりも変圧器の電柱への設置が簡素化できるが，同一容量の単相変圧器2台を使用して三相平衡負荷に供給している場合，同一容量の単相変圧器3台を使用したΔ結線と比較して，出力は （エ） 倍となる。

　上記の記述中の空白箇所（ア）～（エ）に当てはまる組合せとして，正しいものを次の（1）～（5）のうちから一つ選べ。

	（ア）	（イ）	（ウ）	（エ）
（1）	10～100 kV・A	小型化	漏電遮断器	$\dfrac{1}{\sqrt{3}}$
（2）	10～30 MV・A	低損失化	漏電遮断器	$\dfrac{\sqrt{3}}{2}$
（3）	10～30 MV・A	低損失化	避雷器	$\dfrac{\sqrt{3}}{2}$
（4）	10～100 kV・A	低損失化	避雷器	$\dfrac{1}{\sqrt{3}}$
（5）	10～100 kV・A	小型化	避雷器	$\dfrac{\sqrt{3}}{2}$

令和**4**(2022)
令和**3**(2021)
令和**2**(2020)
令和**元**(2019)
平成**30**(2018)
平成**29**(2017)
平成**28**(2016)
平成**27**(2015)
平成**26**(2014)
平成**25**(2013)
平成**24**(2012)
平成**23**(2011)
平成**22**(2010)
平成**21**(2009)
平成**20**(2008)

問 12 の解答　出題項目＜変圧器，配電系統構成機材＞　　答え　（4）

柱上変圧器は，電柱の上に取り付けて，配電用に使用する屋外用変圧器である。円筒形の変圧器が一般的で，容量は **10～100 kV·A** が多く使用されている。

図 12-1 は，単相変圧器 2 台を V 結線して電灯と動力を共用で使用する場合の結線図である。

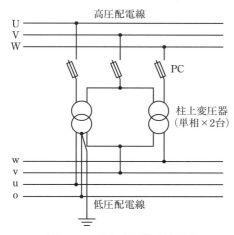

図 12-1　柱上変圧器の結線図

アモルファス金属材料は，非結晶のため磁化されやすく，また，板厚が薄いので渦電流が小さい等の特徴がある。このため，けい素鋼板と比べて鉄損を大幅に小さくできるので，変圧器の**低損失化**に効果がある。

雷害対策として，**避雷器**を柱上変圧器に内蔵したものが使用されている。この場合，外付けの避雷器とは異なり，変圧器巻線と避雷器が直結しているので，保護特性に優れている。

V 結線の場合は，線間電圧と相電圧，線電流と相電流が等しくなる。一方，Δ 結線の場合は，線間電圧と相電圧は等しいが，線電流は相電流の $\sqrt{3}$ 倍になる。したがって，V 結線の出力は Δ 結線の出力の $\frac{1}{\sqrt{3}}$ 倍になる。

問 13　出題分野＜配電＞

難易度 ★★★　重要度 ★★★

　高圧架空配電線路又は高圧地中配電線路を構成する機材として，使用されることのないものを次の（1）～（5）のうちから一つ選べ。

- （1）　柱上開閉器
- （2）　CV ケーブル
- （3）　中実がいし
- （4）　DV 線
- （5）　避雷器

問 14　出題分野＜電気材料＞

難易度 ★★★　重要度 ★★★

　我が国の電力用設備に使用される SF_6 ガスに関する記述として，誤っているものを次の（1）～（5）のうちから一つ選べ。

- （1）　SF_6 ガスは，大気中に排出されると，オゾン層への影響は無視できるガスであるが，地球温暖化に及ぼす影響が大きいガスである。
- （2）　SF_6 ガスは，圧力を高めることで絶縁破壊強度を高めることができ，同じ圧力の空気と比較して絶縁破壊強度が高い。
- （3）　SF_6 ガスは，液体，固体の絶縁媒体と比較して誘電率及び静電正接が小さいため，誘電損が小さい。
- （4）　SF_6 ガスは，遮断器による電流遮断の際に，電極間でアーク放電を発生させないため，消弧能力に優れ，ガス遮断器の消弧媒体として使用されている。
- （5）　SF_6 ガスは，ガス絶縁開閉装置やガス絶縁変圧器の絶縁媒体として使用され，変電所の小型化の実現に貢献している。

問 13 の解答　出題項目＜配電系統構成機材，地中配電＞　答え　（4）

（1）　正。高圧柱上開閉器は，主に高圧配電線路の**作業時の区分用**または**故障時の切り離し用**として使用される。定格電圧は 7.2 kV で，定格電流は 200〜600 A 程度のものが多い。

操作方法は，操作ひもにより開閉操作する手動式と，制御装置を組み合わせた自動式とに区分される。

（2）　正。高圧 CV ケーブルは，主に高圧地中配電線路で使用される。以前は 3 心一括シース型の CV ケーブルが使用されていたが，現在は単心ケーブル 3 条をより合わせた**トリプレックス型 CV ケーブル**が主流になっている。

（3）　正。高圧中実がいしは，電柱で**配電線を支える**とともに，電柱と配電線とを**絶縁する役割**を担っている。がいし頂部または側部の溝に配電線を金属線などで固定して使用する。

高圧中実がいしは，**図 13-1** に示すように通常の高圧ピンがいしと比べて水平断面積が大きいので，折損に強く，また，電線支持部から取り付けボ

ルトまでの距離が長いので，絶縁性能に優れている。

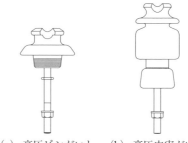

（a）高圧ピンがいし　　（b）高圧中実がいし

図 13-1　高圧がいし

（4）　誤。**DV 線**は「引込み用ビニル絶縁電線」の略称であり，電柱から需要家までの**低圧架空引込み用**として使用される。単心のビニル被覆電線 2 本または 3 本をよりあわせて構成したものであり，耐候性や耐久性に優れ，厳しい環境下で使用できる電線である。

ただし，**高圧電線路では使用できない。**

（5）　正。高圧架空配電線路の雷害対策として，**避雷器や架空地線**が設置される。

問 14 の解答　出題項目＜絶縁材料＞　答え　（4）

（1）　正。SF_6（六フッ化硫黄）ガスは，優れた絶縁性能を持つ気体で，人体に対し安全で，かつ安定しているという特徴を持っている。

SF_6 ガスが大気中に放出されても，**オゾン層は破壊しない**が，**地球温暖化係数が二酸化炭素の 23 900 倍**と大きいので，地球温暖化に及ぼす影響は大きい。

（2）　正。SF_6 ガスは，圧力が大きいほど絶縁破壊強度が大きくなる。**大気圧であれば空気の 3 倍程度**であるが，0.2〜0.3 MPa になると絶縁油に匹敵する絶縁破壊強度がある。

（3）　正。SF_6 ガスの比誘電率はほとんど 1 に等しく，誘電正接も小さいので，**誘電損は無視できるほど小さい。**

（4）　誤。SF_6 ガスは**消弧能力が非常に高く**，空気の約 100 倍ある。これは，SF_6 ガスの電子付着作用によりアークの冷却がきわめて早いからで

ある。

このように，SF_6 ガスは，電流遮断時に発生するアーク放電から絶縁状態へ回復する能力が優れている。「アーク放電を発生させない」というのは誤りである。

（5）　正。SF_6 ガスは，絶縁破壊強度や消弧能力が優れているので，次のような**高電圧大電力機器**に使用されている。

①　**ガス絶縁開閉装置（GIS）**　充電部分が金属容器内に収納されているため，安全性が高い。SF_6 ガスの優れた絶縁性能を利用して，コンパクトな絶縁設計が可能である。

②　**ガス絶縁変圧器**　SF_6 ガスを絶縁・冷却媒体として使用した変圧器である。SF_6 ガスは不燃性のため，消火設備などの防災設備が不要である。また，コンサベータが不要なため，変圧器の高さを低くできる。

B 問 題 （配点は 1 問題当たり（a）5 点，（b）5 点，計 10 点）

問 15 出題分野＜水力発電＞　　　　　　　　　　　難易度 ★★★　重要度 ★★★

揚水発電所について，次の（a）及び（b）の問に答えよ。

ただし，水の密度を 1 000 kg/m³，重力加速度を 9.8 m/s² とする。

（a）　揚程 450 m，ポンプ効率 90 %，電動機効率 98 % の揚水発電所がある。揚水により揚程及び効率は変わらないものとして，下池から 1 800 000 m³ の水を揚水するのに電動機が要する電力量の値[MW·h]として，最も近いものを次の（1）～（5）のうちから一つ選べ。

（1）　1 500　　　　（2）　1 750　　　　（3）　2 000　　　　（4）　2 250　　　　（5）　2 500

（b）　この揚水発電所において，発電電動機が電動機入力 300 MW で揚水運転しているときの流量の値[m³/s]として，最も近いものを次の（1）～（5）のうちから一つ選べ。

（1）　50.0　　　　（2）　55.0　　　　（3）　60.0　　　　（4）　65.0　　　　（5）　70.0

令和 **4** (2022)

令和 **3** (2021)

令和 **2** (2020)

令和 **元** (2019)

平成 **30** (2018)

平成 **29** (2017)

平成 **28** (2016)

平成 **27** (2015)

平成 **26** (2014)

平成 **25** (2013)

平成 **24** (2012)

平成 **23** (2011)

平成 **22** (2010)

平成 **21** (2009)

平成 **20** (2008)

問15 （a）の解答　　出題項目＜出力関係，揚水発電＞　　答え　（5）

揚水運転時の各量の記号を，**図15-1**のように定める。

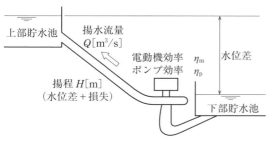

図 15-1　揚水運転

流量 $Q[\mathrm{m^3/s}]$ の水を $H[\mathrm{m}]$ の高さに持ち上げるのに要する動力 $P_0[\mathrm{kW}]$ は，

$$P_0 = 9.8QH$$

ポンプ効率 η_p と電動機効率 η_m を考慮すると，このときの電動機入力 $P_\mathrm{m}[\mathrm{kW}]$ は，

$$P_\mathrm{m} = \frac{9.8QH}{\eta_\mathrm{p}\eta_\mathrm{m}} \qquad ①$$

$Q[\mathrm{m^3/s}]$ で揚水すると，1時間（3 600 秒）の揚水量は $3\,600Q[\mathrm{m^3}]$ になる。したがって，$V[\mathrm{m^3}]$ の水を揚水するのに必要な時間 $t[\mathrm{h}]$ は，

$$t = \frac{V}{3\,600Q} \qquad ②$$

この場合に必要な電力量 $W_\mathrm{m}[\mathrm{kW\cdot h}]$ は，①式×②式より，

$$W_\mathrm{m} = P_\mathrm{m}t = \frac{9.8QH}{\eta_\mathrm{p}\eta_\mathrm{m}} \times \frac{V}{3\,600Q}$$

$$= \frac{9.8HV}{3\,600\eta_\mathrm{p}\eta_\mathrm{m}} \qquad ③$$

③式に各数値を代入すると，

$$W_\mathrm{m} = \frac{9.8 \times 450 \times 1\,800\,000}{3\,600 \times 0.9 \times 0.98}$$

$$= 2\,500 \times 10^3[\mathrm{kW\cdot h}] = 2\,500[\mathrm{MW\cdot h}]$$

問15 （b）の解答　　出題項目＜出力関係，揚水発電＞　　答え　（3）

①式を変形して各数値を代入すると，

$$Q = \frac{P_\mathrm{m}\eta_\mathrm{p}\eta_\mathrm{m}}{9.8H} = \frac{300 \times 10^3 \times 0.9 \times 0.98}{9.8 \times 450}$$

$$= 60[\mathrm{m^3/s}]$$

解説 ••••••••••••••••••••••••••••

揚水運転では，配管の抵抗などがあるので，揚程 $H[\mathrm{m}]$ は上下の貯水池の水位差 $H_0[\mathrm{m}]$ に損失水頭 $h[\mathrm{m}]$ を加えたものになる。

$$H = H_0 + h$$

一方，発電運転でも配管の抵抗などはあるが，その分だけ有効落差が小さくなり，有効落差 $H[\mathrm{m}]$ は上下の貯水池の水位差 $H_0[\mathrm{m}]$ から損失水頭 $h[\mathrm{m}]$ を引いたものになる。

$$H = H_0 - h$$

補足　揚水発電所の総合効率は，揚水に必要な電力量に対する発電電力量の比である。

（1）　揚水に必要な電力量

$V[\mathrm{m^3}]$ を揚水するのに必要な電力量 $W_\mathrm{m}[\mathrm{kW\cdot h}]$ は，③式に $H = H_0 + h$ を代入して，

$$W_\mathrm{m} = \frac{9.8(H_0 + h)V}{3\,600\eta_\mathrm{p}\eta_\mathrm{m}} \qquad ④$$

（2）　発電電力量

$Q[\mathrm{m^3/s}]$ で発電する場合の発電機出力 $P_\mathrm{g}[\mathrm{kW}]$ は，水車効率を η_t，発電機効率を η_g すると，

$$P_\mathrm{g} = 9.8QH\eta_\mathrm{t}\eta_\mathrm{g} = 9.8Q(H_0 - h)\eta_\mathrm{t}\eta_\mathrm{g}$$

$V[\mathrm{m^3}]$ の貯水量で発電できる電力量 $W_\mathrm{g}[\mathrm{kW\cdot h}]$ は，③式と同様に，

$$W_\mathrm{g} = P_\mathrm{g}t = 9.8Q(H_0 - h)\eta_\mathrm{t}\eta_\mathrm{g} \times \frac{V}{3\,600Q}$$

$$= \frac{9.8Q(H_0 - h)\eta_\mathrm{t}\eta_\mathrm{g}V}{3\,600Q} \qquad ⑤$$

（3）　総合効率

⑤式÷④式より，総合効率 η は，

$$\eta = \frac{W_\mathrm{g}}{W_\mathrm{m}} = \frac{9.8(H_0 - h)\eta_\mathrm{t}\eta_\mathrm{g}V}{3\,600} \times \frac{3\,600\eta_\mathrm{p}\eta_\mathrm{m}}{9.8(H_0 + h)V}$$

$$= \frac{(H_0 - h)}{(H_0 + h)}\eta_\mathrm{t}\eta_\mathrm{g}\eta_\mathrm{p}\eta_\mathrm{m}$$

問 16　出題分野＜変電＞　　難易度 ★★★　重要度 ★★★

　定格容量 80 MV・A，一次側定格電圧 33 kV，二次側定格電圧 11 kV，百分率インピーダンス 18.3 ％（定格容量ベース）の三相変圧器 T_A がある。三相変圧器 T_A の一次側は 33 kV の電源に接続され，二次側は負荷のみが接続されている。電源の百分率内部インピーダンスは，1.5 ％（系統基準容量ベース）とする。ただし，系統基準容量は 80 MV・A である。なお，抵抗分及びその他の定数は無視する。次の（a）及び（b）の問に答えよ。

（a）　将来の負荷変動等は考えないものとすると，変圧器 T_A の二次側に設置する遮断器の定格遮断電流の値[kA]として，最も適切なものを次の（1）～（5）のうちから一つ選べ。
（1）　5　　　（2）　8　　　（3）　12.5　　　（4）　20　　　（5）　25

（b）　定格容量 50 MV・A，百分率インピーダンスが 12.0 ％（定格容量ベース）の三相変圧器 T_B を三相変圧器 T_A と並列に接続した。40 MW の負荷をかけて運転した場合，三相変圧器 T_A の負荷分担の値[MV]として，最も近いものを次の（1）～（5）のうちから一つ選べ。ただし，三相変圧器群 T_A と T_B にはこの負荷のみが接続されているものとし，抵抗分及びその他の定数は無視する。
（1）　15.8　　　（2）　19.5　　　（3）　20.5　　　（4）　24.2　　　（5）　24.6

問 16 （a）の解答　出題項目＜変圧器，開閉装置＞　　　答え　（5）

変圧器 T_A の二次側に設置する遮断器の定格遮断電流は，事故時の最大短絡電流以上を選定する必要がある。

したがって，**図 16-1** に示す事故点 A の短絡電流の値を求める。

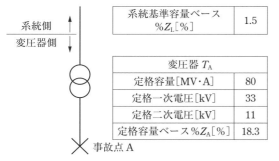

系統基準容量ベース $\%Z_L[\%]$	1.5

変圧器 T_A	
定格容量[MV・A]	80
定格一次電圧[kV]	33
定格二次電圧[kV]	11
定格容量ベース$\%Z_A[\%]$	18.3

図 16-1　変圧器 T_A の仕様

最初に，事故点 A から見た電源側の百分率インピーダンス $\%Z[\%]$ を求める。

電源の百分率インピーダンスも変圧器の百分率インピーダンスも 80 MV・A ベースなので，そのまま足せばよい。

$$\%Z = \%Z_L + \%Z_A = 1.5 + 18.3 = 19.8[\%]$$

基準容量の定格電流 I_n の値は，

$$I_n = \frac{P_n}{\sqrt{3}\,V_n} = \frac{80 \times 10^6}{\sqrt{3} \times 11 \times 10^3} \fallingdotseq 4\,199[A]$$

よって，短絡電流 I_s の値は，

$$I_s = \frac{100}{\%Z} \times I_n = \frac{100}{19.8} \times 4\,199$$

$$\fallingdotseq 21.2 \times 10^3[A] = 21.2[kA]$$

したがって，直近上位の定格遮断電流は 25 kA が答えである。

問 16 （b）の解答　出題項目＜変圧器＞　　　答え　（3）

変圧器を並列運転した場合の負荷分担は，各変圧器のインピーダンスに反比例する。また，インピーダンスと百分率インピーダンスは比例するので，負荷分担は，各変圧器の百分率インピーダンスに逆比例することになる。

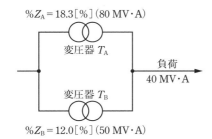

$\%Z_A = 18.3[\%]\ (80\ \text{MV·A})$

変圧器 T_A

負荷
40 MV・A

変圧器 T_B

$\%Z_B = 12.0[\%]\ (50\ \text{MV·A})$

図 16-2　変圧器の並列運転

ただし，各変圧器の百分率インピーダンスは，**図 16-2** のように基準容量が異なるので，どちらかに統一する必要がある。

ここでは，変圧器 T_A の 80 MV・A ベースに統一する。この場合，変圧器 T_A の百分率インピーダンス $\%Z_A$ の値は変わらない

$$\%Z_A = 18.3[\%]$$

変圧器 T_B の百分率インピーダンスは 50 MV・A ベースなので，これを 80 MV・A ベースに変換した $\%Z_B'$ の値は，

$$\%Z_B' = \frac{P_A}{P_B} \times \%Z_B = \frac{80}{50} \times 12 = 19.2[\%]$$

したがって，変圧器 T_A の負荷分担 P_A の値は，

$$P_A = \frac{\%Z_B'}{\%Z_A + \%Z_B'} \times P$$

$$= \frac{19.2}{18.3 + 19.2} \times 40 \fallingdotseq 20.5[MW]$$

解説

変圧器の並列運転では，自己容量ベースの百分率インピーダンスが等しいときに，容量に比例した負荷分担になる。

また，百分率インピーダンスの小さい方の変圧器が先に過負荷になる。

（類題）平成 22 年度問 16 でほぼ同じ問題が出題されている。

令和
4
(2022)

令和
3
(2021)

令和
2
(2020)

令和
元
(2019)

平成
30
(2018)

平成
29
(2017)

平成
28
(2016)

平成
27
(2015)

平成
26
(2014)

平成
25
(2013)

平成
24
(2012)

平成
23
(2011)

平成
22
(2010)

平成
21
(2009)

平成
20
(2008)

問 17　出題分野＜配電＞　　　　難易度 ★★★　重要度 ★★★

　　三相3線式1回線の専用配電線がある。変電所の送り出し電圧が6 600 V，末端にある負荷の端子電圧が6 450 V，力率が遅れの70 %であるとき，次の（a）及び（b）の問に答えよ。

　　ただし，電線1線当たりの抵抗は0.45 Ω/km，リアクタンスは0.35 Ω/km，線路のこう長は5 kmとする。

（a）　この負荷に供給される電力P_1の値[kW]として，最も近いものを次の（1）～（5）のうちから一つ選べ。

　　（1）　180　　　　（2）　200　　　　（3）　220　　　　（4）　240　　　　（5）　260

（b）　負荷が遅れ力率80 %，P_2[kW]に変化したが線路損失は変わらなかった。P_2の値[kW]として，最も近いものを次の（1）～（5）のうちから一つ選べ。

　　（1）　254　　　　（2）　274　　　　（3）　294　　　　（4）　314　　　　（5）　334

問 17 （a）の解答　出題項目＜電圧降下＞　　答え（4）

題意から，三相 3 線式配電線は**図 17-1**のように表される。

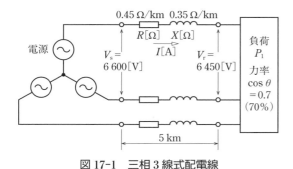

図 17-1　三相 3 線式配電線

線路こう長が 5 km なので，線路の抵抗 R とリアクタンス X の値は，

$$R = 0.45 \times 5 = 2.25 [\Omega]$$
$$X = 0.35 \times 5 = 1.75 [\Omega]$$

また，三相 3 線式線路の電圧降下 $e[\mathrm{V}]$ は，次式で求められる。

$$e = V_\mathrm{s} - V_\mathrm{r} = \sqrt{3} I (R \cos \theta + X \sin \theta)$$

この式を線電流 I について解き，各数値を代入すると，

$$
\begin{aligned}
I &= \frac{V_\mathrm{s} - V_\mathrm{r}}{\sqrt{3}(R \cos \theta + X \sin \theta)} \\
&= \frac{6\,600 - 6\,450}{\sqrt{3}(2.25 \times 0.7 + 1.75 \times 0.714)} \\
&= \frac{150}{\sqrt{3}(1.575 + 1.2495)} \fallingdotseq 30.66 [\mathrm{A}]
\end{aligned}
$$

したがって，負荷に供給される電力 P_1 の値は，

$$
\begin{aligned}
P_1 &= \sqrt{3} V_\mathrm{r} I \cos \theta = \sqrt{3} \times 6\,450 \times 30.66 \times 0.7 \\
&\fallingdotseq 240 \times 10^3 [\mathrm{W}] = 240 [\mathrm{kW}]
\end{aligned}
$$

解説 ....

$\sin \theta$ の値は，$\sin^2 \theta + \cos^2 \theta = 1$ より，

$$
\begin{aligned}
\sin \theta &= \sqrt{1 - \cos^2 \theta} \\
&= \sqrt{1 - 0.7^2} = \sqrt{0.51} \fallingdotseq 0.714
\end{aligned}
$$

問 17 （b）の解答　出題項目＜電圧降下，電力損失＞　　答え（2）

線路損失 $w[\mathrm{kW}]$ は，線路の抵抗を $R[\Omega]$，線電流を $I[\mathrm{A}]$ とすると，

$$w = 3RI^2 \qquad \qquad ①$$

また，線電流 $I[\mathrm{A}]$ は，

$$I = \frac{P}{\sqrt{3} V \cos \theta}$$

これを①式に代入すると，

$$w = 3R \left(\frac{P}{\sqrt{3} V \cos \theta} \right)^2 = \frac{RP^2}{(V \cos \theta)^2} \qquad ②$$

よって，負荷が P_1，力率が $\cos \theta_1$ のときの線路損失 $w_1[\mathrm{kW}]$ は，

$$w_1 = \frac{RP_1{}^2}{(V \cos \theta_1)^2}$$

また，負荷が $P_2[\mathrm{kW}]$，力率が $\cos \theta_2$ のときの線路損失 $w_2[\mathrm{kW}]$ は，

$$w_2 = \frac{RP_2{}^2}{(V \cos \theta_2)^2}$$

題意より，負荷が変化しても線路損失が変わらないので，$w_1 = w_2$ より，

$$\frac{RP_1{}^2}{(V \cos \theta_1)^2} = \frac{RP_2{}^2}{(V \cos \theta_2)^2}$$

$$\rightarrow \quad \frac{P_1}{\cos \theta_1} = \frac{P_2}{\cos \theta_2}$$

この式を負荷 P_2 について解き，各数値を代入すると，

$$P_2 = P_1 \times \frac{\cos \theta_2}{\cos \theta_1} = 240 \times \frac{0.8}{0.7} \fallingdotseq 274 [\mathrm{kW}]$$

解説 ....

②式から，電力損失は負荷電力の 2 乗に比例し，負荷の電圧に反比例し，力率の 2 乗に反比例することがわかる。

令和
4
(2022)

令和
3
(2021)

令和
2
(2020)

令和
元
(2019)

平成
30
(2018)

平成
29
(2017)

平成
28
(2016)

平成
27
(2015)

平成
26
(2014)

平成
25
(2013)

平成
24
(2012)

平成
23
(2011)

平成
22
(2010)

平成
21
(2009)

平成
20
(2008)

電力 令和３年度（2021年度）

問1 出題分野＜水力発電＞　　　　　難易度 ★★★　重要度 ★★★

次の文章は，水力発電所の種類に関する記述である。

水力発電所は (ア) を得る方法により分類すると，水路式，ダム式，ダム水路式があり， (イ) の利用方法により分類すると，流込み式，調整池式，貯水池式，揚水式がある。

一般的に，水路式はダム式，ダム水路式に比べ (ウ) 。貯水ができないので発生電力の調整には適さない。ダム式発電では，ダムに水を蓄えることで (イ) の調整ができるので，電力需要が大きいときにあわせて運転することができる。

河川の自然の流れをそのまま利用して発電する方式を (エ) 発電という。貯水池などを持たない水路式発電所がこれに相当する。

１日又は数日程度の河川流量を調整できる大きさを持つ池を持ち，電力需要が小さいときにその池に蓄え，電力需要が大きいときに放流して発電する方式を (オ) 発電という。自然の湖や人工の湖などを用いてもっと長期間の需要変動に応じて河川流量を調整・使用する方式を貯水池式発電という。

上記の記述中の空白箇所(ア)～(オ)に当てはまる組合せとして，正しいものを次の(1)～(5)のうちから一つ選べ。

	(ア)	(イ)	(ウ)	(エ)	(オ)
(1)	落差	流速	建設期間が長い	調整池式	ダム式
(2)	流速	落差	建設期間が短い	調整池式	ダム式
(3)	落差	流量	高落差を得にくい	流込み式	揚水式
(4)	流量	落差	建設費が高い	流込み式	調整池式
(5)	落差	流量	建設費が安い	流込み式	調整池式

問1の解答　　出題項目<発電方式>　　　　　答え （5）

水力発電所は水の位置エネルギーを利用する発電所であり，**表1-1**のような種類がある。

表1-1　水力発電所の分類と種類

分　類	種　類
落差を得る方法	水路式発電所
	ダム式発電所
	ダム水路式発電所
流量の利用方法	流込み式発電所
	調整池式発電所
	貯水池式発電所
	揚水式発電所

水路式にはダムがないので，一般的に**建設費が安い**。しかし，ダム式やダム水路式のようにダムによる貯水ができないので，流量(発生電力)の調整には適さない。

流込み式は，河川の水を貯めることなく，自然流量をそのまま発電に使用する方式である。水路式がこれに該当する。

調整池式は，河川の流れをせき止めた規模の小さいダムに，夜間や週末といった電力消費の少ないときには発電を控えて河川水を貯め込み，消費量の増加に合わせて水量を調整しながら発電する方式である。1日または数日程度といった短期間の水量を調整する。

貯水池式は，調整池式よりも規模の大きいダムに，水量が豊富で電力の消費量が比較的少ない春・秋などに河川水を貯め込み，電力が多く消費される夏・冬にこれを使用する方式であり，年間を通じて水量の調整が可能である。

令和
4
(2022)

令和
3
(2021)

令和
2
(2020)

令和
元
(2019)

平成
30
(2018)

平成
29
(2017)

平成
28
(2016)

平成
27
(2015)

平成
26
(2014)

平成
25
(2013)

平成
24
(2012)

平成
23
(2011)

平成
22
(2010)

平成
21
(2009)

平成
20
(2008)

| 問2 | 出題分野＜水力発電＞ | | 難易度 ★★★ | 重要度 ★★★ |

　図で，水圧管内を水が充満して流れている。断面 A では，内径 2.2 m，流速 3 m/s，圧力 24 kPa である。このとき，断面 A との落差が 30 m，内径 2 m の断面 B における流速[m/s]と水圧[kPa]の最も近い値の組合せとして，正しいものを次の（1）～（5）のうちから一つ選べ。

　ただし，重力加速度は 9.8 m/s²，水の密度は 1 000 kg/m³，円周率は 3.14 とする。

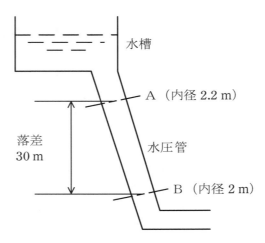

	流速[m/s]	水圧[kPa]
（1）	3.0	318
（2）	3.0	316
（3）	3.6	316
（4）	3.6	310
（5）	4.0	300

問2の解答　　出題項目＜水圧管・ベルヌーイの定理＞　　答え　（3）

図 2-1 のように，断面 A，B の断面積を S_A，$S_B[\text{m}^2]$，流速を $v_A(=3[\text{m/s}])$，$v_B[\text{m/s}]$，圧力を $p_A(=24[\text{kPa}]=24\,000[\text{Pa}])$，$p_B[\text{Pa}]$とする。

また，断面 B の高さ h_B を基準（$=0[\text{m}]$）として，断面 A の高さを $h_A(=30[\text{m}])$とする。

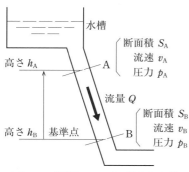

図 2-1　断面 A，B における各値

●断面 B における流速

断面 A と B で水圧管内の流量 $Q[\text{m}^3/\text{s}]$は変わらないので，

$$Q=S_A v_A=S_B v_B$$

これより，断面 B における流速 v_B は，

$$v_B=\frac{S_A}{S_B}v_A$$
$$=\frac{\pi\left(\dfrac{2.2}{2}\right)^2}{\pi\left(\dfrac{2}{2}\right)^2}\times 3=\left(\frac{2.2}{2}\right)^2\times 3$$
$$=3.63\fallingdotseq 3.6[\text{m/s}]$$

補足　「内径」とは（内側の）直径のことで，半径ではないことに注意すること。

また，題意に円周率 $\pi=3.14$ の値が与えられているが，上記のように，本問の計算では使用せずに済む。

●断面 B における水圧

次式で表されるベルヌーイの定理を利用する。

$$\underset{\uparrow}{h}\quad+\quad\underset{\uparrow}{\frac{v^2}{2g}}\quad+\quad\underset{\uparrow}{\frac{p}{\rho g}}=一定[\text{m}]$$

　　位置水頭　速度水頭　圧力水頭

ただし，

h：基準面からの高さ[m]

v：流速[m/s]

g：重力加速度 $=9.8[\text{m/s}^2]$

p：水圧[Pa]

ρ：水の密度 $=1\,000[\text{kg/m}^3]$

ベルヌーイの定理から，断面 A，B における水頭の総和（全水頭）は等しいので，

$$h_A+\frac{v_A{}^2}{2g}+\frac{p_A}{\rho g}=h_B+\frac{v_B{}^2}{2g}+\frac{p_B}{\rho g}$$

$$\frac{p_B}{\rho g}=(h_A-h_B)+\frac{v_A{}^2-v_B{}^2}{2g}+\frac{p_A}{\rho g}$$

$$\therefore\quad p_B=\rho g(h_A-h_B)+\frac{\rho}{2}(v_A{}^2-v_B{}^2)+p_A$$

断面 B における水圧 p_B は，この式に各数値を代入して，

$$p_B=1\,000\times 9.8\times(30-0)+\frac{1\,000}{2}(3^2-3.6^2)$$
$$+24\times 10^3$$
$$=294\,000-1\,980+24\,000$$
$$=316\,020[\text{Pa}]\fallingdotseq 316[\text{kPa}]$$

解説・・・・・・・・・・・・・・・・・・・・・・・・・・・・・

ベルヌーイの定理は，水の質量を $m[\text{kg}]$として，次式で表される。

$$\underset{\uparrow}{mgh}\quad+\quad\underset{\uparrow}{\frac{1}{2}mv^2}\quad+\quad\underset{\uparrow}{m\frac{p}{\rho}}=一定[\text{J}]$$

　位置　　　　運動　　　　圧力
エネルギー　エネルギー　エネルギー

実際には，各項（各エネルギー[J]）を $mg[\text{N}]$で割って，水頭[m]で表した式として利用することが多い。

令和 **4** (2022)

令和 **3** (2021)

令和 **2** (2020)

令和 **元** (2019)

平成 **30** (2018)

平成 **29** (2017)

平成 **28** (2016)

平成 **27** (2015)

平成 **26** (2014)

平成 **25** (2013)

平成 **24** (2012)

平成 **23** (2011)

平成 **22** (2010)

平成 **21** (2009)

平成 **20** (2008)

問3　出題分野＜汽力発電＞　　　難易度 ★★★　重要度 ★★★

汽力発電におけるボイラ設備に関する記述として，誤っているものを次の（1）～（5）のうちから一つ選べ。

（1）　ボイラを水の循環方式によって分けると，自然循環ボイラ，強制循環ボイラ，貫流ボイラがある。

（2）　蒸気ドラム内には汽水分離器が設置されており，蒸発管から送られてくる飽和蒸気と水を分離する。

（3）　空気予熱器は，煙道ガスの余熱を燃焼用空気に回収することによって，ボイラ効率を高めるための熱交換器である。

（4）　節炭器は，煙道ガスの余熱を利用してボイラ給水を加熱することによって，ボイラ効率を高めるためのものである。

（5）　再熱器は，高圧タービンで仕事をした蒸気をボイラに戻して再加熱し，再び高圧タービンで仕事をさせるためのもので，熱効率の向上とタービン翼の腐食防止のために用いられている。

| 問3の解答 | 出題項目＜熱サイクル・熱効率，ボイラ関係＞ | 答え　（5） |

（1）　正。発電用のボイラは，水の循環方式により，図 3-1 のように，**自然循環ボイラ，強制循環ボイラ，貫流ボイラ**に分けられる。

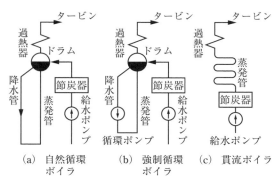

(a) 自然循環
ボイラ　　(b) 強制循環
ボイラ　　(c) 貫流ボイラ

図 3-1　ボイラの種類

（2）　正。自然循環ボイラと強制循環ボイラにはドラムが用いられる。ドラムの内部には**汽水分離器**（気水分離器）が設置され，蒸発管からの気水（飽和蒸気と水）を分離させて，飽和蒸気だけを過熱器に送る。なお，貫流ボイラにドラムはない。

（3）　正。空気予熱器は，節炭器を出た燃焼ガスの余熱を回収して**燃焼用空気を予熱**し，ボイラ効率および燃焼効率を高める装置である。

（4）　正。節炭器は，燃焼ガスの余熱を回収して**給水を予熱**し，ボイラ効率を高める装置である。なお，給水加熱器のあるサイクルを**再生サイクル**という。

（5）　誤。再熱器は，図 3-2 のように，高圧タービンから出た蒸気を再加熱して，低圧タービンに送る装置である。**再熱器からの蒸気を高圧タービンに戻すことはしない**。

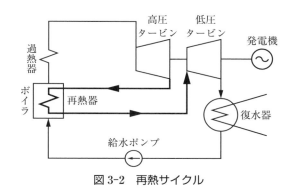

図 3-2　再熱サイクル

| 補 足 | 高圧タービンで膨脹した蒸気は飽和温度に近くになっており，そのまま低圧タービンに送るとタービン翼の腐食や損失が増加する。これを避けるために再熱器で再加熱する。なお，再熱器のあるサイクルを**再熱サイクル**という。

令和
4
(2022)

令和
3
(2021)

令和
2
(2020)

令和
元
(2019)

平成
30
(2018)

平成
29
(2017)

平成
28
(2016)

平成
27
(2015)

平成
26
(2014)

平成
25
(2013)

平成
24
(2012)

平成
23
(2011)

平成
22
(2010)

平成
21
(2009)

平成
20
(2008)

問4　出題分野＜汽力発電＞　難易度 ★★★　重要度 ★★★

次の文章は，電気集じん装置に関する記述である。

火力発電所で発生する灰じんなどの微粒子は，電気集じん装置により除去される。典型的な電気集じん装置は，集じん電極である　(ア)　の間に放電電極である　(イ)　を置いた構造である。電極間の　(ウ)　によって発生した　(エ)　放電により生じたイオンで微粒子を帯電させ，クーロン力によって集じん電極で捕集する。集じん電極に付着した微粒子は一般的に，集じん電極　(オ)　取り除く。

上記の記述中の空白箇所(ア)～(オ)に当てはまる組合せとして，正しいものを次の(1)～(5)のうちから一つ選べ。

	(ア)	(イ)	(ウ)	(エ)	(オ)
(1)	線電極	平板電極	高電圧	コロナ	に風を吹きつけて
(2)	線電極	平板電極	大電流	アーク	を槌でたたいて
(3)	平板電極	線電極	大電流	アーク	に風を吹きつけて
(4)	平板電極	線電極	高電圧	コロナ	を槌でたたいて
(5)	平板電極	線電極	大電流	コロナ	を槌でたたいて

問5　出題分野＜原子力発電＞　難易度 ★★★　重要度 ★★★

原子力発電に関する記述として，誤っているものを次の(1)～(5)のうちから一つ選べ。

(1)　原子力発電は，原子燃料の核分裂により発生する熱エネルギーで水を蒸気に変え，その蒸気で蒸気タービンを回し，タービンに連結された発電機で発電する。

(2)　軽水炉は，減速材に黒鉛，冷却材に軽水を使用する原子炉であり，原子炉圧力容器の中で直接蒸気を発生させる沸騰水型と，別置の蒸気発生器で蒸気を発生させる加圧水型がある。

(3)　軽水炉は，天然ウラン中のウラン235の濃度を3～5％程度に濃縮した低濃縮ウランを原子燃料として用いる。

(4)　核分裂反応を起こさせるために熱中性子を用いる原子炉を熱中性子炉といい，軽水炉は熱中性子炉である。

(5)　沸騰水型原子炉の出力調整は，再循環ポンプによる冷却材再循環流量の調節と制御棒の挿入及び引き抜き操作により行われ，加圧水型原子炉の出力調整は，一次冷却材中のほう素濃度の調節と制御棒の挿入及び引き抜き操作により行われる。

問4の解答　出題項目＜環境対策＞　答え（4）

ばいじん（煤塵）は微細な粒子が多いので，機械的な集じんだけでは捕集が難しく，電気集じん装置が用いられている。

電気集じん装置は，**図4-1**のように，集じん電極である**平板電極**の間に放電電極である**線電極**のピアノ線を置いた構造である。

集じん電極を正，放電電極を負として，40～60 kV程度の直流**高電圧**を印加すると，放電電極付近で**コロナ**放電が起きて，これによりイオンが発生する。

この状態で，集じん電極の間にガスを通すと，ガス中の微粒子に負イオンが付着し，微粒子は負に帯電する。負に帯電した微粒子はクーロン力により集じん電極に引き寄せられ，層状に堆積して

集じんされる。集じん効率は90～99％と高い。

集じん電極で集じんされた微粒子は一般的に，集じん電極を槌でたたいて払い落とす乾式方式により取り除く。

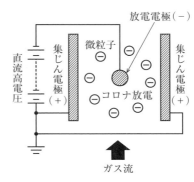

図4-1　電気集じん装置の基本構造

問5の解答　出題項目＜PWRとBWR＞　答え（2）

（1）　正。原子力発電は，**核分裂**で生じる熱を利用して蒸気を作り，蒸気の熱エネルギーを蒸気タービンで機械エネルギーに変えて，発電機を回転させて電気エネルギーを得るシステムである。

（2）　誤。**軽水炉**は，**軽水（普通の水）が減速材と冷却材**に兼用されているのが特徴である。**黒鉛を減速材として使用することはない**（黒鉛を使用するのは黒鉛炉）。

軽水炉は，蒸気を発生させるしくみの違いによって**沸騰水型**（BWR）と**加圧水型**（PWR）に分けられるが，核分裂の方法や減速材として水を使用することは両者に共通である。

（3）　正。天然ウランには，核分裂を起こしやすい**ウラン235**が0.7％程度しか含まれていない。このため，天然ウランを濃縮してウラン235の濃度を**3～5％**程度まで高めた**低濃縮ウラン**を軽水炉の燃料として使用している。

（4）　正。熱中性子炉とは，主に熱中性子によって核分裂の連鎖反応を維持する原子炉である。

核分裂で発生した中性子は高速であり，**高速中性子**と呼ばれる。低濃縮ウランを燃料とする場合には，高速中性子では連鎖反応を維持するのが難しいため，減速材を用いて減速し，核分裂を起こしやすくする。このような中性子を**熱中性子**という。

（5）　正。**沸騰水型**の出力調整は，**図5-1**（a）に示す再循環ポンプによる**冷却材再循環流量**の調節と，**制御棒**の挿入，引き抜き操作により行われる。一方，**加圧水型**の出力調整は，図5-1（b）に示す一次冷却材中の**ほう素濃度**の調節と，**制御棒**の挿入，引き抜き操作により行われる。

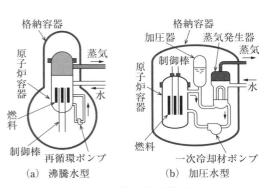

図5-1　軽水炉の構成

令和4 (2022)
令和3 (2021)
令和2 (2020)
令和元 (2019)
平成30 (2018)
平成29 (2017)
平成28 (2016)
平成27 (2015)
平成26 (2014)
平成25 (2013)
平成24 (2012)
平成23 (2011)
平成22 (2010)
平成21 (2009)
平成20 (2008)

問6　出題分野＜自然エネルギー，その他＞　難易度 ★★★　重要度 ★★★

分散型電源に関する記述として，誤っているものを次の（1）～（5）のうちから一つ選べ。

（1）　太陽電池で発生した直流の電力を交流系統に接続する場合は，インバータにより直流を交流に変換する。連系保護装置を用いると，系統の停電時などに電力の供給を止めることができる。

（2）　分散型電源からの逆潮流による系統電圧上昇を抑制する手段として，分散型電源の出力抑制や，電圧調整器を用いた電圧の制御などが行われる。

（3）　小水力発電では，河川や用水路などでの流込み式発電が用いられる場合が多い。

（4）　洋上の風力発電所と陸上の系統の接続では，海底ケーブルによる直流送電が用いられることがある。ケーブルでの直流送電のメリットとして，誘電損を考慮しなくてよいことなどが挙げられる。

（5）　一般的な燃料電池発電は，水素と酸素との吸熱反応を利用して電気エネルギーを作る発電方式であり，負荷変動に対する応答が早い。

問7　出題分野＜変電＞　難易度 ★★★　重要度 ★★★

次の文章は，変電所の計器用変成器に関する記述である。

計器用変成器は，　（ア）　と変流器とに分けられ，高電圧あるいは大電流の回路から計器や　（イ）　に必要な適切な電圧や電流を取り出すために設置される。変流器の二次端子には，常に　（ウ）　インピーダンスの負荷を接続しておく必要がある。また，一次端子のある変流器は，その端子を被測定線路に　（エ）　に接続する。

上記の記述中の空白箇所（ア）～（エ）に当てはまる組合せとして，正しいものを次の（1）～（5）のうちから一つ選べ。

	（ア）	（イ）	（ウ）	（エ）
（1）	主変圧器	避雷器	高	縦続
（2）	CT	保護継電器	低	直列
（3）	計器用変圧器	遮断器	中	並列
（4）	CT	遮断器	高	縦続
（5）	計器用変圧器	保護継電器	低	直列

問6の解答　　出題項目＜各種発電，分散型電源＞　　　答え　（5）

（1）　正。太陽電池の直流出力を交流系統に接続するためには，通常**パワーコンディショナ**（以下，「パワコン」と略す）を使用する。パワコンには，直流を交流に変換する**インバータ機能，最大電力点追従機能，系統連系保護機能**などがある。

（2）　正。分散型電源の発電量が多くなると，系統への**逆潮流**により系統電圧が上昇する。これを抑制するため，パワコンの**出力抑制機能**により発電量を低下させる，あるいは，配電線の**電圧調整器**（SVR や SVC など）で電圧を制御するなどが行われる。

（3）　正。**小水力発電**とは，一般河川，農業用水，砂防ダム，上下水道などの水のエネルギーを利用し，水車を回すことで発電する方法である。一般的には，河川に流れる水をダムに貯めることなく，直接取水し利用する**流込み式**の発電方式が採用される。

（4）　正。**洋上風力発電**では，大容量の電力を陸上まで海底ケーブルで送電する必要がある。このため，送電ロスの低減，系統の安定化・信頼性などで有利とされる**直流送電**を採用することがある。

（5）　誤。燃料電池では，図6-1のように，燃料（**水素**）と空気中の**酸素**を**化学反応**させて電気を発生させる。この反応によって，熱を生じる発熱反応が起こるが，**吸熱反応は起こらない**。

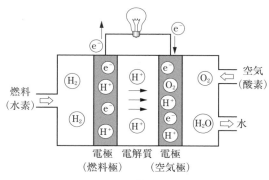

図6-1　燃料電池

問7の解答　　出題項目＜計器用変成器＞　　　答え　（5）

計器用変成器は，交流回路の高電圧・大電流を低電圧・小電流に変換（変成）する機器であり，**計器用変圧器**（VT）および**変流器**（CT）の総称である。計器用変成器は，指示電気計器，電力量計，**保護継電器**などと組み合わせて使用される。

変流器の二次側を開放すると，鉄心内の磁束が飽和状態となって鉄心が過熱するので，常に**低**インピーダンスの負荷を接続しておかなければならない。

また，変流器の一次側は，図7-1のように，被測定線路に**直列**に接続する。

補足　変流器の二次側を開放できない理由

変流器は計器用変圧器とは異なり，図7-1のように，一次側の電流は負荷電流なので，二次側に関係なく流れる。このとき，二次側を開放すると，一次側の電流による磁束が打ち消されず，すべて励磁のために使用されるので，鉄心は磁気飽和して二次側に高電圧を生じるとともに，鉄損が増し，焼損することがある。

逆に，二次側を短絡した場合には，二次電流は定格値（通常は5 A）を超えることはない。つまり，変流比以上の電流は流れない。

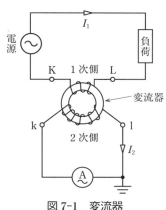

図7-1　変流器

令和4(2022)　令和3(2021)　令和2(2020)　令和元(2019)　平成30(2018)　平成29(2017)　平成28(2016)　平成27(2015)　平成26(2014)　平成25(2013)　平成24(2012)　平成23(2011)　平成22(2010)　平成21(2009)　平成20(2008)

問8 出題分野＜変電＞ 難易度 ★★★ 重要度 ★★★

変電所の断路器に関する記述として，誤っているものを次の（1）〜（5）のうちから一つ選べ。

（1） 断路器は消弧装置をもたないため，負荷電流の遮断を行うことはできない。

（2） 断路器は機器の点検や修理の際，回路を切り離すのに使用する。断路器で回路を開く前に，まず遮断器で故障電流や負荷電流を切る必要がある。

（3） 断路器を誤って開くと，接触子間にアークが発生し，焼損や短絡事故を生じることがある。

（4） 断路器の種類によっては，短い線路や母線の地絡電流の遮断が可能な場合がある。

（5） 断路器の誤操作防止のため，一般にインタロック装置が設けられている。

問9 出題分野＜変電＞ 難易度 ★★★ 重要度 ★★★

1台の定格容量が20 MV·A の三相変圧器を3台有する配電用変電所があり，その総負荷が55 MW である。変圧器1台が故障したときに，残りの変圧器の過負荷運転を行い，不足分を他の変電所に切り換えることにより，故障発生前と同じ電力を供給したい。この場合，他の変電所に故障発生前の負荷の何％を直ちに切り換える必要があるか，最も近いものを次の（1）〜（5）のうちから一つ選べ。ただし，残りの健全な変圧器は，変圧器故障時に定格容量の120％の過負荷運転をすることとし，力率は常に95％（遅れ）で変化しないものとする。

（1） 6.2 　　（2） 10.0 　　（3） 12.1 　　（4） 17.1 　　（5） 24.2

令和 4 (2022)
令和 3 (2021)
令和 2 (2020)
令和 元 (2019)
平成 30 (2018)
平成 29 (2017)
平成 28 (2016)
平成 27 (2015)
平成 26 (2014)
平成 25 (2013)
平成 24 (2012)
平成 23 (2011)
平成 22 (2010)
平成 21 (2009)
平成 20 (2008)

問8の解答　出題項目＜開閉装置＞　　　答え　（4）

（1）　正。断路器とは，高電圧の電気回路に使われるスイッチのことである。図8-1のような構造であり，電流を遮断する際に発生するアークを消す**消弧装置をもたない**ので，負荷電流の遮断を行うことができない。

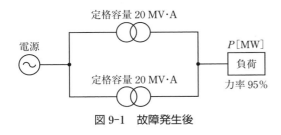

　　　　　　図 8-1　断路器

（2）　正。断路器は，変電所などで送電系統の切り替え，保守点検，修理などの際に，機器を回路から確実に切り離すために使用される。

電流を遮断する機能をもたないので，**遮断器の一次側に設置**し，遮断器で電流を遮断してから断路器を開放する必要がある。

（3）　正。断路器の操作は，ディスコン棒と呼ばれるフック棒を断路器に引っ掛けて行う。

断路器で負荷電流を開放すると，端子間にアークが発生するが，断路器はこれを消弧する機構を備えていないため，飛散したアークにより**短絡事故や地絡事故**を生じることがあり大変危険である。

（4）　誤。断路器は消弧装置をもたないので，短い線路や母線であっても，**地絡電流の遮断を行うことができない**。

ただし，一部の断路器には，無負荷変圧器の励磁電流や無負荷電路の充電電流程度の電流であれば，開閉可能なものがある。

（5）　正。負荷電流が流れている状態で断路器を開放すると大変危険なので，断路器の二次側にある**遮断器とインタロック**を組む。

インタロックは，「遮断器が投入されている状態では断路器を操作できない」という安全装置である。遮断器が開放状態でない限り，断路器は物理的に操作をロックされる。

問9の解答　出題項目＜変圧器＞　　　答え　（4）

変圧器が1台故障した後の回路は，図9-1のようになる。

定格容量 20 MV·A

電源

定格容量 20 MV·A

P[MW]
負荷
力率 95%

　　図 9-1　故障発生後

故障時に，健全な変圧器は定格容量の120%の過負荷運転をするので，このときに供給可能な負荷の電力 P は，

$$P = 定格容量 \times 過負荷率 \times 台数 \times 力率$$
$$= 20 \times 1.2 \times 2 \times 0.95$$
$$= 45.6 [\mathrm{MW}]$$

故障前の負荷は55 MWなので，他の変電所に切り換えなければならない負荷の電力 P_t は，

$$P_t = 55 - 45.6 = 9.4 [\mathrm{MW}]$$

したがって，他の変電所に切り換える負荷の比率 R は，

$$R = \frac{9.4}{55} \times 100 \fallingdotseq 17.1 [\%]$$

問 10　　出題分野＜送電＞　　　　　　難易度 ★★★　　重要度 ★★★

次の文章は，がいしの塩害とその対策に関する記述である。

風雨などによってがいし表面に塩分が付着すると，　(ア)　が発生することがあり，可聴雑音や電波障害，フラッシオーバの原因となる。これをがいしの塩害という。がいしの塩害対策は，塩害の少ない送電ルートの選定，がいしの絶縁強化，がいしの洗浄，がいし表面への　(イ)　性物質の塗布が挙げられる。

懸垂がいしにおいて，絶縁強化を図るには，がいしを　(ウ)　に連結する個数を増やす方法や，がいしの表面漏れ距離を　(エ)　する方法が用いられる。

また，懸垂がいしと異なり，棒状磁器の両端に連結用金具を取り付けた形状の　(オ)　がいしは，雨洗効果が高く，塩害に対し絶縁性が高い。

上記の記述中の空白箇所(ア)〜(オ)に当てはまる組合せとして，正しいものを次の(1)〜(5)のうちから一つ選べ。

	(ア)	(イ)	(ウ)	(エ)	(オ)
(1)	漏れ電流	はっ水	直列	長く	長幹
(2)	過電圧	吸湿	直列	短く	ピン
(3)	漏れ電流	吸湿	並列	短く	長幹
(4)	過電圧	はっ水	並列	長く	長幹
(5)	漏れ電流	はっ水	直列	短く	ピン

令和4 (2022)
令和3 (2021)
令和2 (2020)
令和元 (2019)
平成30 (2018)
平成29 (2017)
平成28 (2016)
平成27 (2015)
平成26 (2014)
平成25 (2013)
平成24 (2012)
平成23 (2011)
平成22 (2010)
平成21 (2009)
平成20 (2008)

問10の解答　　出題項目＜塩害対策＞　　　　答え　（1）

　台風や季節風などにより，がいし表面に塩分が付着すると，がいし表面の絶縁が低下して，**漏れ電流**が流れる。これにより，可聴雑音や電波障害の発生，あるいはフラッシオーバによる地路事故などが発生することがある。

　がいしの塩害対策としては，①送配電線路のルートに，塩分の付着しにくいルートを選定，②がいしの絶縁強化，③がいしの洗浄，④がいし表面への**はっ水性物質**（シリコンコンパウンド類）の塗布などの方法がある。

　がいしの耐電圧特性は，がいしの表面漏れ距離にほぼ比例する。したがって，がいしの絶縁強化を図るため，<u>直列</u>に連結するがいしの個数を増やす方法や，表面漏れ距離を<u>長く</u>した耐塩用がいしを使用する方法がある。

　また，<u>長幹</u>がいしは，円柱形の中実磁器体の両端に連結用金具を取り付けたがいしであり，ひだが浅く雨洗効果が大きいので，塩害地域に適している。ただし，横方向からの衝撃荷重に弱いので，使用する箇所の選定には注意を要する。

解説

① 耐塩用がいしの構造

　通常がいし（**図 10-1**（a））に比べて耐塩用がいし（図 10-1（ b ））の方が下面のひだが深くなっている。これにより，がいしの表面漏れ距離が長くなり，耐塩性能が向上する。

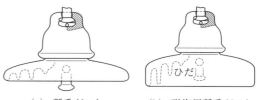

(a) 懸垂がいし　　(b) 耐塩用懸垂がいし
図 10-1　懸垂がいしの構造

② 活線洗浄

　活線洗浄を行う場合には，洗浄に対する汚損管理限界を定め，常にがいしの汚損状態を把握し，余裕をもって洗浄を行う必要がある。活線洗浄の方式には，洗浄ノズルの形式により，ジェット洗浄，固定スプレイ洗浄などがある。また，台風のような場合，海からの強風による塩害を遮へいする水幕式洗浄がある。

③ はっ水性物質の塗布

　シリコンコンパウンドには，表面にかかる雨水をはじく性質や，飛来し付着した物体をアメーバ効果により内部に取り込む作用があり，表面を常にはっ水性物質により覆うことができる。これにより，がいしの表面抵抗を常に高く保ち，フラッシオーバ電圧が低下するのを防止する。

　ただし，塗布物質の寿命が短い（約 0.5〜2 年）ため，そのつど設備を停止し，清掃・塗布を行う必要がある。

地中送電線路に使用される電力ケーブルの許容電流に関する記述として，誤っているものを次の（1）～（5）のうちから一つ選べ。

（1） 電力ケーブルの絶縁体やシースの熱抵抗，電力ケーブル周囲の熱抵抗といった各部の熱抵抗を小さくすることにより，ケーブル導体の発熱に対する導体温度上昇量を低減することができるため，許容電流を大きくすることができる。

（2） 表皮効果が大きいケーブル導体を採用することにより，導体表面側での電流を流れやすくして導体全体での電気抵抗を低減することができるため，許容電流を大きくすることができる。

（3） 誘電率，誘電正接の小さい絶縁体を採用することにより，絶縁体での発熱の影響を抑制することができるため，許容電流を大きくすることができる。

（4） 電気抵抗率の高い金属シース材を採用することにより，金属シースに流れる電流による発熱の影響を低減することができるため，許容電流を大きくすることができる。

（5） 電力ケーブルの布設条数（回線数）を少なくすることにより，電力ケーブル相互間の発熱の影響を低減することができるため，1条当たりの許容電流を大きくすることができる。

問 11 の解答　出題項目＜電力損失・許容電流＞　　答え　（2）

（1）　正。ケーブルの**許容電流**は導体の**温度上昇**により決まる。発熱が小さく放熱が大きいほど温度上昇が小さくなるので，許容電流を大きくできる。

ケーブルの構造を，**図 11-1** に示す。放熱は，ケーブルの絶縁体やシース，ケーブル周囲の物質を通して半径方向に行われる。したがって，これらの**熱抵抗**が小さいほど熱が放散しやすく，温度上昇は小さくなる。

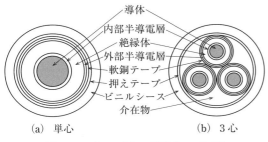

図 11-1　ケーブルの構造（CV の例）

（2）　誤。**表皮効果**は，導体に交流電流を流したとき電流が導体内部を均等に流れず，表面付近に集中する現象である。これは，断面積が減ったのと同じことであり，導体の**実効抵抗が増す**ので**許容電流は小さくなる**。

（3）　正。絶縁体に交流電圧を加えたとき，絶縁体内で発生する損失が**誘電体損（誘電損）**である。誘電体損は，ケーブル絶縁体の**誘電率**と**誘電正接**との積に比例して大きくなる。

（4）　正。**シース損**は，ケーブルの金属シースで発生する損失である。シース損には，ケーブルの長手方向に金属シースを流れる電流によって発生する**シース回路損**と，金属シース内の渦電流によって発生する**渦電流損**とがある。

シース回路損の低減には**クロスボンド接地方式**の採用，渦電流損の低減には**電気抵抗率の高い**金属シース材を使用するなどが行われる。

（5）　正。電力ケーブルの布設条数が多いと，周囲温度が上昇し放熱しにくくなる。すると，ケーブル温度が上昇し，許容電流は減少する。

令和4(2022)
令和3(2021)
令和2(2020)
令和元(2019)
平成30(2018)
平成29(2017)
平成28(2016)
平成27(2015)
平成26(2014)
平成25(2013)
平成24(2012)
平成23(2011)
平成22(2010)
平成21(2009)
平成20(2008)

問 12　出題分野＜配電＞　　　　　　　難易度 ★★★　重要度 ★★★

　単相3線式配電方式は，1線の中性線と，中性線から見て互いに逆位相の電圧である2線の電圧線との3線で供給する方式であり，主に低圧配電線路に用いられる。100/200 V 単相3線式配電方式に関する記述として，誤っているものを次の（1）～（5）のうちから一つ選べ。

（1）　電線1線当たりの抵抗が等しい場合，中性線と各電圧線の間に負荷を分散させることにより，単相2線式と比べて配電線の電圧降下を小さくすることができる。

（2）　中性線と各電圧線の間に接続する各負荷の容量が不平衡な状態で中性線が切断されると，容量が大きい側の負荷にかかる電圧は低下し，反対に容量が小さい側の負荷にかかる電圧は高くなる。

（3）　中性線と各電圧線の間に接続する各負荷の容量が不平衡であると，平衡している場合に比べて電力損失が増加する。

（4）　単相100 V 及び単相200 V の2種類の負荷に同時に供給することができる。

（5）　許容電流の大きさが等しい電線を使用した場合，電線1線当たりの供給可能な電力は，単相2線式よりも小さい。

令和 **4** (2022)
令和 **3** (2021)
令和 **2** (2020)
令和 **元** (2019)
平成 **30** (2018)
平成 **29** (2017)
平成 **28** (2016)
平成 **27** (2015)
平成 **26** (2014)
平成 **25** (2013)
平成 **24** (2012)
平成 **23** (2011)
平成 **22** (2010)
平成 **21** (2009)
平成 **20** (2008)

問 12 の解答　出題項目＜単相 3 線式＞　　　　答え　（5）

（1）　正。単相 3 線式で各相間（電圧線と中性線との間）の負荷が等しい場合，線路電流が $\frac{1}{2}$ になるので電圧降下は $\frac{1}{2}$ になる。また，中性線には電流が流れないので，電圧降下は 1 線分のみとなる。したがって，**単相 3 線式の電圧降下は単相 2 線式の $\frac{1}{4}$ になる。**

（2）　正。中性線が切断（欠相）された場合，**図 12-1** のように，200 V が**負荷抵抗により分圧**されるので，容量の小さい負荷にかかる電圧が高くなる。

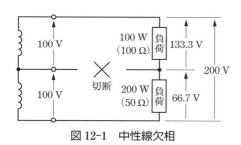

図 12-1　中性線欠相

（3）　正。負荷が不平衡の場合，中性線に電流が流れるので，これにより損失が発生する。

（4）　正。中性線と電圧線で単相 100 V の負荷，電圧線間で単相 200 V の負荷に電力を供給できる。

（5）　誤。**図 12-2** に示す単相 2 線式，単相 3 線式の電線 1 線当たりの供給可能な電力 P_2, P_3 [W]は，

$$P_2 = \frac{VI}{2} = 0.5\,VI$$

$$P_3 = \frac{2}{3}VI \fallingdotseq 0.67\,VI$$

このように，**単相 2 線式よりも単相 3 線式の方が大きい。**

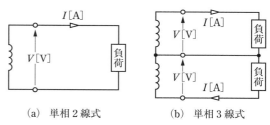

（a）　単相 2 線式　　　（b）　単相 3 線式

図 12-2　供給電力

問 13　出題分野＜配電＞　　　　難易度 ★★★　重要度 ★★★

次の文章は，我が国の高低圧配電系統における保護に関する記述である。

6.6 kV 高圧配電線に短絡や地絡などの事故が生じたとき，直ちに事故の発生した高圧配電線を切り離すために，　　(ア)　　と保護継電器が配電用変電所の高圧配電線引出口に設置されている。

樹枝状方式の高圧配電線で事故が生じた場合，事故が発生した箇所の変電所側直近及び変電所から離れた側の　　(イ)　　開閉器を開放することにより，事故が発生した箇所を高圧配電線系統から切り離す。

柱上変圧器には，変圧器内部及び低圧配電系統内での短絡事故による過電流保護のために高圧カットアウトが設けられているほか，落雷などによる外部異常電圧から保護するために，避雷器を変圧器に対して　　(ウ)　　に設置する。

　　(エ)　　は低圧配電線から低圧引込線への接続点などに設けられ，低圧引込線で生じた短絡事故などを保護している。

上記の記述中の空白箇所(ア)～(エ)に当てはまる組合せとして，正しいものを次の(1)～(5)のうちから一つ選べ。

	(ア)	(イ)	(ウ)	(エ)
(1)	高圧ヒューズ	区分	直列	配線用遮断器
(2)	遮断器	区分	並列	ケッチヒューズ（電線ヒューズ）
(3)	遮断器	区分	直列	配線用遮断器
(4)	高圧ヒューズ	連系	並列	ケッチヒューズ（電線ヒューズ）
(5)	遮断器	連系	直列	ケッチヒューズ（電線ヒューズ）

問 14　出題分野＜電気材料＞　　　　難易度 ★★★　重要度 ★★★

送電線路に用いられる導体に関する記述として，誤っているものを次の(1)～(5)のうちから一つ選べ。

(1)　導体の導電率は，温度が高くなるほど小さくなる傾向があり，20℃での標準軟銅の導電率を100 % として比較した百分率で表される。

(2)　導体の材料特性としては，導電率や引張強さが大きく，質量や線熱膨張率が小さいことが求められる。

(3)　導体の導電率は，不純物成分が少ないほど大きくなる。また，単金属と比較して，同じ金属元素を主成分とする合金の方が，一般に導電率は小さくなるが，引張強さは大きくなる。

(4)　地中送電ケーブルの銅導体には，伸びや可とう性に優れる軟銅より線が用いられ，架空送電線の銅導体には引張強さや耐食性の優れる硬銅より線が用いられている。一般に導電率は，軟銅よりも硬銅の方が大きい。

(5)　鋼心アルミより線は，中心に亜鉛めっき鋼より線を配置し，その周囲に硬アルミより線を配置した構造を有している。この構造は，必要な導体の電気抵抗に対して，アルミ導体を使用する方が，銅導体を使用するよりも断面積が大きくなるものの軽量にできる利点と，必要な引張強さを鋼心で補強して得ることができる利点を活用している。

問13 の解答　出題項目＜保護方式＞　　　　　　　　　　　　答え　（2）

　6.6 kV 高圧配電線に短絡や地絡などの事故が発生したときには，その高圧配電線を切り離さなければならない。このため，高圧配電線の引出口には，**遮断器**と保護継電器が設置されている。保護継電器には，過電流継電器，地絡方向継電器，地絡過電圧継電器，再閉路継電器などがある。

　図 13-1 のような樹枝状配電方式の場合，引出口で遮断器を開放すると，高圧配電線全体が停電してしまう。

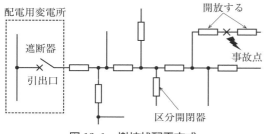

図 13-1　樹枝状配電方式

　このため，事故点の両端（変電所側および変電所から離れた側）の**区分**開閉器を開放して，事故区間以外（健全区間）に送電する。

　落雷などによる外部異常電圧から変圧器を保護するためには，**図 13-2** のように，変圧器に対して**並列**に避雷器を設置する。

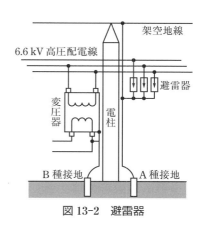

図 13-2　避雷器

　低圧引込線で短絡故障が生じた際の保護装置として，**ケッチヒューズ（電線ヒューズ）**が低圧引込線の電柱側のホルダーに設けられる。

問14 の解答　出題項目＜導電材料＞　　　　　　　　　　　　答え　（4）

（1）　正。導体の導電率は電流の流れやすさを表すもので，単位はジーメンス毎メートル[S/m]である。

　20℃での標準軟銅の導電率との比を百分率で表したものが**パーセント導電率**である。

（2）　正。導体材料は電線やケーブルに使用されるので，電力損失は小さい方がよい。このため，抵抗率が小さく，その逆数の導電率が大きいことが望ましい。さらに実用面からは，引張強さが大きく，質量や線熱膨張率が小さいことが求められる。

（3）　正。導体の導電率は，不純物の影響を大きく受け，**不純物が多いほど低下する**。よって，単金属よりも合金の方が導電率は小さい。ただし，合金の強度（引張強さ）と導電率は反比例しており，強度を上げると導電率が下がり，導電率を上げると強度は下がる。

（4）　誤。銅導体には，**硬銅線**と**軟銅線**とがあ

る。硬銅線は電気銅（電気分解により製造）を圧延・伸線加工したもので，強度が大きい。このため，架空送電線など引張強さを必要とするものに用いられる。一方，軟銅線は硬銅線を 350～500℃で焼きなまししたもので，硬銅線より軟らかく伸びが大きい。このため，機械的強度をあまり必要としない場所や，可とう性を必要とするケーブルなどに用いられる。

　一般に，**導電率は硬銅線よりも軟銅線の方が大きい**。

（5）　正。**鋼心アルミより線（ACSR）**は，中心に亜鉛めっき鋼より線，その周囲に硬アルミ線をより合わせた電線である。アルミニウムの**導電率は銅の約 60 %** しかなく，銅線と同じ抵抗にするには**銅線の約 1.6 倍**の**断面積**を必要とするが，それだけ太くなってもまだ軽く，しかも補強の鋼線によって引張強さは大きくなるので，鉄塔間隔を長くできて経済的である。

B 問 題 （配点は1問題当たり（a）5点，（b）5点，計10点）

問15 出題分野＜汽力発電＞　　　　難易度 ★★★　重要度 ★★★

　ある火力発電所にて，定格出力350 MWの発電機が下表に示すような運転を行ったとき，次の（a）及び（b）の問に答えよ。ただし，所内率は2％とする。

発電機の運転状態

時刻	発電機出力[MW]
0時～7時	130
7時～12時	350
12時～13時	200
13時～20時	350
20時～24時	130

（a）　0時から24時の間の送電端電力量の値[MW・h]として，最も近いものを次の（1）～（5）のうちから一つ選べ。

（1）　4 660　　　（2）　5 710　　　（3）　5 830　　　（4）　5 950　　　（5）　8 230

（b）　0時から24時の間に発熱量54.70 MJ/kgのLNG（液化天然ガス）を770 t消費したとすると，この間の発電端熱効率の値[%]として，最も近いものを次の（1）～（5）のうちから一つ選べ。

（1）　44　　　（2）　46　　　（3）　48　　　（4）　50　　　（5）　52

問 15 （ a ）の解答　　出題項目＜LNG・石炭・石油火力＞　　答え　（2）

火力発電所の運転状況をグラフで表すと，**図 15-1** のようになる。

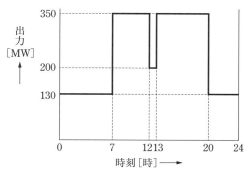

図 15-1　運転状況（出力の時間変化）

24 時間の発電電力量 W_G は，

$$W_G = 130 \times (7-0) + 350 \times (12-7)$$
$$+ 200 \times (13-12) + 350 \times (20-13)$$
$$+ 130 \times (24-20)$$
$$= 5\,830\,[\text{MW·h}]$$

したがって，24 時間の送電端電力量 W_S は，題意より所内率が 2 % なので，

$$W_S = W_G \times \left(1 - \frac{2}{100}\right)$$
$$= 5\,830 \times (1 - 0.02)$$
$$= 5\,713.4 \fallingdotseq 5\,710\,[\text{MW·h}]$$

問 15 （ b ）の解答　　出題項目＜熱サイクル・熱効率, LNG・石炭・石油火力＞　　答え　（4）

24 時間に供給した燃料（LNG）の発熱量 Q は，

$$Q = 54.7 \times 770 \times 10^3 = 42.119 \times 10^6\,[\text{MJ}]$$

発電電力量 W_G を熱量に換算した値 Q_G は，

$$Q_G = W_G \times 3\,600 = 5\,830 \times 3\,600$$
$$= 20.988 \times 10^6\,[\text{MJ}]$$

したがって，発電端熱効率 η_P は，

$$\eta_P = \frac{Q_G}{Q} \times 100 = \frac{20.988 \times 10^6}{42.119 \times 10^6} \times 100$$
$$= 49.83 \cdots \fallingdotseq 50\,[\%]$$

解説 ∙∙∙∙∙∙∙∙∙∙∙∙∙∙∙∙∙∙∙∙∙∙∙∙∙∙∙∙∙∙∙∙∙∙∙∙∙

図 15-2 のような火力発電所の熱サイクルを考えると，それぞれの熱効率は以下のようになる。

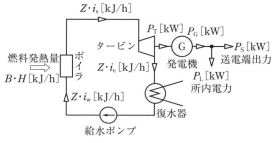

図 15-2　火力発電所の効率

① **ボイラ効率**

$$\eta_B = \frac{Z(i_s - i_w)}{BH} \times 100\,[\%]$$

② **熱サイクル効率**

$$\eta_C = \frac{(i_s - i_e)}{(i_s - i_w)} \times 100\,[\%]$$

③ **タービン効率**

$$\eta_T = \frac{3\,600 P_T}{Z(i_s - i_e)} \times 100\,[\%]$$

④ **発電端熱効率**

$$\eta_P = \frac{3\,600 P_G}{BH} \times 100\,[\%]$$

⑤ **送電端熱効率**

$$\eta_S = \frac{3\,600(P_G - P_L)}{BH} \times 100\,[\%]$$

ただし，

B：燃料使用量[kg/h]

H：燃料の発熱量[kJ/kg]

Z：蒸気・給水の流量[kg/h]

i_s：ボイラ出口蒸気の比エンタルピー[kJ/kg]

i_w：ボイラ入口給水の比エンタルピー[kJ/kg]

i_e：タービン排気の比エンタルピー[kJ/kg]

令和4 (2022)
令和3 (2021)
令和2 (2020)
令和元 (2019)
平成30 (2018)
平成29 (2017)
平成28 (2016)
平成27 (2015)
平成26 (2014)
平成25 (2013)
平成24 (2012)
平成23 (2011)
平成22 (2010)
平成21 (2009)
平成20 (2008)

問 16 出題分野＜送電＞ 難易度 ★★★ 重要度 ★★★

支持点の高さが同じで径間距離 150 m の架空電線路がある。電線の質量による荷重が 20 N/m，線膨張係数は 1℃につき 0.000 018 である。電線の導体温度が －10℃のとき，たるみは 3.5 m であった。次の（a）及び（b）の問に答えよ。ただし，張力による電線の伸縮はないものとし，その他の条件は無視するものとする。

（a）電線の導体温度が 35℃のとき，電線の支持点間の実長の値[m]として，最も近いものを次の（1）～（5）のうちから一つ選べ。

（1）150.18 　　（2）150.23 　　（3）150.29 　　（4）150.34 　　（5）151.43

（b）（a）と同じ条件のとき，電線の支持点間の最低点における水平張力の値[N]として，最も近いものを次の（1）～（5）のうちから一つ選べ。

（1）6 272 　　（2）12 863 　　（3）13 927 　　（4）15 638 　　（5）17 678

問 16 （a）の解答　出題項目＜たるみ・張力＞　　答え　（4）

図 16-1 のように，電線の描く曲線をカテナリー曲線という。この曲線において，電線の支持点の高さが等しい場合，電線のたるみ D[m]，実長 L[m]は，次の①式，②式で表される。

$$D=\frac{WS^2}{8T} \qquad ①$$

$$L=S+\frac{8D^2}{3S} \qquad ②$$

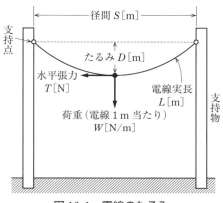

図 16-1　電線のたるみ

また，温度が変化すると，電線は膨張または収縮して長さが変わる。この場合の温度と電線の実長の関係は，次の③式で表される。

$$L_2=L_1\{1+\alpha(t_2-t_1)\} \qquad ③$$

ただし，

L_2：温度 t_2[℃]における電線の実長[m]

L_1：基準温度 t_1[℃]における電線の実長[m]

α：電線の線膨張係数[℃$^{-1}$]

題意より，導体温度 $t_1=-10$[℃]のときの電線のたるみ $D_1=3.5$[m]である。このときの電線の実長 L_1 は，②式と題意の数値（径間距離 $S=150$[m]）から，

$$L_1=S+\frac{8D_1^2}{3S}=150+\frac{8\times3.5^2}{3\times150}≒150.218[m]$$

したがって，導体温度 $t_2=35$[℃]のときの電線の実長 L_2 は，③式と題意（線膨張係数 $\alpha=0.000\,018$）の数値から，

$$\begin{aligned}L_2&=L_1\{1+\alpha(t_2-t_1)\}\\&=150.218\times[1+0.000\,018\{35-(-10)\}]\\&=150.218\times(1+0.000\,81)\\&≒150.34[m]\end{aligned}$$

問 16 （b）の解答　出題項目＜たるみ・張力＞　　答え　（2）

導体温度 $t_2=35$[℃]のときの電線のたるみ D_2 は，②式を D_2 について解いた後，各数値（$S=150$[m]，$L_2=150.34$[m]）を代入して，

$$\begin{aligned}D_2&=\sqrt{\frac{3S(L_2-S)}{8}}\\&=\sqrt{\frac{3\times150\times(150.34-150)}{8}}≒4.373[m]\end{aligned}$$

したがって，電線の水平張力 T_2 は，①式を T_2 について解いた後，各数値（$W=20$[N/m]，$S=150$[m]，$D_2=4.373$[m]）を代入して，

$$T_2=\frac{WS^2}{8D_2}=\frac{20\times150^2}{8\times4.373}≒12\,863[N]$$

補足　ここで，導体温度 $t_1=-10$[℃]のときの水平張力 T_1 を求めてみると，

$$T_1=\frac{WS^2}{8D_1}=\frac{20\times150^2}{8\times3.5}≒16\,071[N]$$

各導体温度における水平張力とたるみを表にまとめると，次のようになる。

導体温度	−10℃	35℃
たるみ	3.5 m	4.373 m
水平張力	16071N	12863N

上表から，以下のようなことが分かる。

・高温時にはたるみが大きくなり，低温時には小さくなる。

・たるみが小さいと電線張力が大きくなるので，電線や支持物の強度を大きくしなければならない。

・たるみが大きいと電線の地上高を確保するため，支持物の高さを高くしなければならない。

令和 4 (2022)
令和 3 (2021)
令和 2 (2020)
令和元 (2019)
平成 30 (2018)
平成 29 (2017)
平成 28 (2016)
平成 27 (2015)
平成 26 (2014)
平成 25 (2013)
平成 24 (2012)
平成 23 (2011)
平成 22 (2010)
平成 21 (2009)
平成 20 (2008)

問 17　出題分野＜配電＞　　難易度 ★★★　重要度 ★★★

　図のように，高圧配電線路と低圧単相２線式配電線路が平行に施設された設備において，１次側が高圧配電線路に接続された変圧器の２次側を低圧単相２線式配電線路のＳ点に接続して，Ａ点及びＢ点の負荷に電力を供給している。Ｓ点における線間電圧を 107 V，電線１線当たりの抵抗及びリアクタンスをそれぞれ 0.3 Ω/km 及び 0.4 Ω/km としたとき，次の（ a ）及び（ b ）の問に答えよ。なお，計算においては各点における電圧の位相差が十分に小さいものとして適切な近似を用いること。

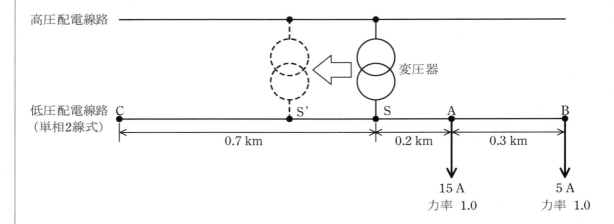

（ a ）　Ｂ点におけるＳ点に対する電圧降下率の値[%]として，最も近いものを次の（ 1 ）～（ 5 ）のうちから一つ選べ。ただし，電圧降下率はＢ点受電端電圧基準によるものとする。

（ 1 ）　1.57　　　（ 2 ）　3.18　　　（ 3 ）　3.30　　　（ 4 ）　7.75　　　（ 5 ）　16.30

（次々頁に続く）

問 17（a）の解答　出題項目＜電圧降下＞　答え　（2）

まず，各区間(S-A 間，A-B 間)の電線 1 線当たりの抵抗とリアクタンスを求める。

S-A 間の抵抗 R_{SA} とリアクタンス X_{SA} は，

$R_{SA} = 0.2[\text{km}] \times 0.3[\Omega/\text{km}] = 0.06[\Omega]$

$X_{SA} = 0.2[\text{km}] \times 0.4[\Omega/\text{km}] = 0.08[\Omega]$

A-B 間の抵抗 R_{AB} とリアクタンス X_{AB} は，

$R_{AB} = 0.3[\text{km}] \times 0.3[\Omega/\text{km}] = 0.09[\Omega]$

$X_{AB} = 0.3[\text{km}] \times 0.4[\Omega/\text{km}] = 0.12[\Omega]$

また，S-A 間には A 点と B 点の負荷の合成電流が流れるので，電流の分布は**図 17-1** のようになる。

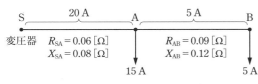

図 17-1　各区間の電流の分布

一般に，単相 2 線式線路の電圧降下 $v[\text{V}]$ は，電流を $I[\text{A}]$，抵抗を $R[\Omega]$，リアクタンスを $X[\Omega]$，負荷の力率を $\cos\theta$ とすると，次式で表される。

$v = 2I(R\cos\theta + X\sin\theta)$

ただし，本問では力率が 100 % なので，$\cos\theta = 1$，$\sin\theta = 0$ となることから，

$v = 2IR$

この式から，S-A 間の電圧降下 v_{SA} は，

$v_{SA} = 2IR = 2 \times 20 \times 0.06 = 2.4[\text{V}]$

さらに，A-B 間の電圧降下 v_{AB} は，

$v_{AB} = 2IR = 2 \times 5 \times 0.09 = 0.9[\text{V}]$

よって，S-B 間の電圧降下 v_{SB} は，

$v_{SB} = v_{SA} + v_{AB} = 2.4 + 0.9 = 3.3[\text{V}]$

電圧降下率は，受電端電圧 $V_r[\text{V}]$ に対する電圧降下 $v[\text{V}]$ の比であり，次式で表される。

$$電圧降下率 = \frac{v}{V_r} \times 100[\%]$$

B 点の受電端電圧 V_r は，S 点の電圧から S-B 間の電圧降下 v_{SB} を引いた値である。したがって，B 点における S 点に対する電圧降下率は，

$$\frac{v_{SB}}{107 - v_{SB}} = \frac{3.3}{107 - 3.3} \times 100$$
$$\fallingdotseq 3.18[\%]$$

令和
4
(2022)

令和
3
(2021)

令和
2
(2020)

令和
元
(2019)

平成
30
(2018)

平成
29
(2017)

平成
28
(2016)

平成
27
(2015)

平成
26
(2014)

平成
25
(2013)

平成
24
(2012)

平成
23
(2011)

平成
22
(2010)

平成
21
(2009)

平成
20
(2008)

(続き)

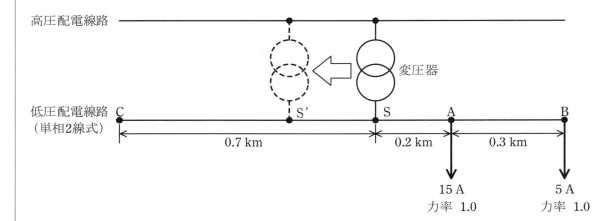

（b）　C点に電流20 A，力率0.8(遅れ)の負荷が新設されるとき，変圧器を移動して単相2線式配電線路への接続点をS点からS'点に変更することにより，B点及びC点における線間電圧の値が等しくなるようにしたい。このときのS点からS'点への移動距離の値[km]として，最も近いものを次の（1）～（5）のうちから一つ選べ。

（1）　0.213　　　　（2）　0.296　　　（3）　0.325　　　（4）　0.334　　　（5）　0.528

問 17 （b）の解答　　出題項目＜電圧降下＞　　　　　　　　　　答え　（3）

変圧器の S 点から S′ 点への移動距離を L[km] とすると，各区間の距離と電流の分布は**図 17-2** のようになる。

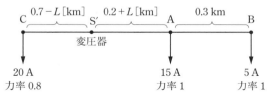

図 17-2　変圧器を S 点から S′ 点へ移動したとき

S′-A 間の抵抗 $R_{S'A}$ は，

$$R_{S'A}=(0.2+L)[\text{km}]\times0.3[\Omega/\text{km}]$$
$$=0.06+0.3L[\Omega]$$

よって，S′-A 間の電圧降下 $v_{S'A}$ は，

$$v_{S'A}=2IR_{S'A}=2\times20\times(0.06+0.3L)$$
$$=2.4+12L[\text{V}]$$

また，A–B 間の電圧降下 v_{AB} は，

$$v_{AB}=2IR=2\times5\times0.09=0.9[\text{V}]$$

したがって，S′-B 間の電圧降下 $v_{S'B}$ は，

$$v_{S'B}=v_{S'A}+v_{AB}=2.4+12L+0.9$$
$$=3.3+12L[\text{V}]$$

次に，S′-C 間の電圧降下 $v_{S'C}$ を求める。

S′-C 間の抵抗 $R_{S'C}$，リアクタンス $X_{S'C}$ は，

$$R_{S'C}=(0.7-L)[\text{km}]\times0.3[\Omega/\text{km}]$$
$$=0.21-0.3L[\Omega]$$
$$X_{S'C}=(0.7-L)[\text{km}]\times0.4[\Omega/\text{km}]$$
$$=0.28-0.4L[\Omega]$$

よって，S′-C 間の電圧降下 $v_{S'C}$ は，

$$v_{S'C}=2I(R\cos\theta+X\sin\theta)$$
$$=2\times20\times\{(0.21-0.3L)\times0.8$$
$$+(0.28-0.4L)\times0.6\}$$
$$=13.44-19.2L[\text{V}]$$

B 点と C 点の線間電圧は等しいので，S′-B 間と S′-C 間の電圧降下 $v_{S'C}$ と $v_{S'C}$ は等しくなる。したがって，

$$v_{S'B}=v_{S'C}$$
$$3.3+12L=13.44-19.2L$$
$$\therefore\ L=0.325[\text{km}]$$

電 力 令和２年度（2020年度）

問1 出題分野＜水力発電＞ 難易度 ★★☆ 重要度 ★★★

ダム水路式発電所における水撃作用とサージタンクに関する記述として，誤っているものを次の（1）～（5）のうちから一つ選べ。

（1） 発電機の負荷を急激に遮断又は急激に増やした場合は，それに応動して水車の使用水量が急激に変化し，流速が減少又は増加するため，水圧管内の圧力の急上昇又は急降下が起こる。このような圧力の変動を水撃作用という。

（2） 水撃作用は，水圧管の長さが長いほど，水車案内羽根あるいは入口弁の閉鎖時間が短いほど，いずれも大きくなる。

（3） 水撃作用の発生による影響を緩和する目的で設置される水圧調整用水槽をサージタンクという。サージタンクにはその構造・動作によって，差動式，小孔式，水室式などがあり，いずれも密閉構造である。

（4） 圧力水路と水圧管との接続箇所に，サージタンクを設けることにより，水槽内部の水位の昇降によって，水撃作用を軽減することができる。

（5） 差動式サージタンクは，負荷遮断時の圧力増加エネルギーをライザ（上昇管）内の水面上昇によってすばやく吸収し，そのあとで小穴を通してタンク内の水位をゆっくり通常のタンク内水位に戻す作用がある。

問1の解答	出題項目＜発電方式，水圧管・ベルヌーイの定理＞	答え　（3）

（1）　正。水撃作用は，水圧管内を流れる水の速度が急激に変化することで，水圧管内の圧力が過度に上昇・下降する現象である。

（2）　正。水撃作用は，速度エネルギーが圧力エネルギーに変換されて発生する。したがって，閉鎖時間が短いほど速度変化が大きくなり，水撃作用も大きくなる。また，水圧管の長さが長いほど，水撃作用は大きくなる。

（3）　誤。**図1-1**のように，入口弁の直前で発生した水撃圧は，圧力波として上流に伝わる。この圧力を開放するために設置するのが，サージタンクである。

したがって，サージタンクの上方は**開放構造**である。また，サージタンクには，圧力水路と水圧管を切り離し，圧力管全体の長さを短かくして，水撃圧を小さくする効果もある。

（4）　正。サージタンクは，内部の水位の昇降により水のエネルギーを吸収する。これにより，圧力変動を防止する。

（5）　正。**図1-1**に示すサージタンクは単動式であるが，このほか**図1-2**に示すような種類もある。差動式はタンクの内部にライザ（上昇管）を立てたもので，タンクの水位変化が小さく，容量を小さくできる。

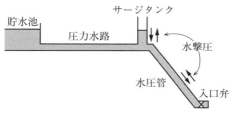

図1-1　サージタンクの設置

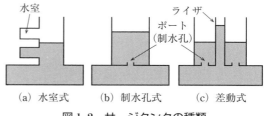

図1-2　サージタンクの種類

令和4 (2022)
令和3 (2021)
令和2 (2020)
令和元 (2019)
平成30 (2018)
平成29 (2017)
平成28 (2016)
平成27 (2015)
平成26 (2014)
平成25 (2013)
平成24 (2012)
平成23 (2011)
平成22 (2010)
平成21 (2009)
平成20 (2008)

問2 出題分野＜汽力発電＞ | 難易度 ★★★ | 重要度 ★★★

次の文章は，汽力発電所の復水器の機能に関する記述である。

汽力発電所の復水器は蒸気タービン内で仕事を取り出した後の (ア) 蒸気を冷却して凝縮させる装置である。復水器内部の真空度を (イ) 保持してタービンの (ア) 圧力を (ウ) させることにより， (エ) の向上を図ることができる。なお，復水器によるエネルギー損失は熱サイクルの中で最も (オ) 。

上記の記述中の空白箇所(ア)～(オ)に当てはまる組合せとして，正しいものを次の(1)～(5)のうちから一つ選べ。

	(ア)	(イ)	(ウ)	(エ)	(オ)
(1)	抽気	低く	上昇	熱効率	大きい
(2)	排気	高く	上昇	利用率	小さい
(3)	排気	高く	低下	熱効率	大きい
(4)	抽気	高く	低下	熱効率	小さい
(5)	排気	低く	停止	利用率	大きい

問2の解答　　出題項目＜復水器＞　　　　　　　　　　　答え　（3）

復水器は，蒸気タービン内で仕事をした後の**排気**蒸気(排出される蒸気)を冷却して凝縮させ，水に戻す装置である。蒸気は凝縮すると体積が著しく減少するので，復水器内部は高真空になる。

復水器内部の真空度を**高く**保持すれば，タービンの**排気**圧力(復水器の器内圧力)が**低下**するので**熱効率**が向上する。汽力発電所の熱損失の45〜50 % は復水器の損失であり，熱サイクルの中で最も**大きい**損失である。

解　説

復水器には表面接触式と直接接触式があるが，一般に使用されているのは表面接触式である(**図2-1**)。胴は蒸気を凝縮して真空を生じさせる部分で，下部にはホットウェルと呼ばれる復水タンクが設けられている。冷却管はその内部を冷却水が流れ，蒸気と熱交換が行われるので，機能上最も重要な部分である。通常，汽力発電所の冷却管にはアルミニウムか黄銅が用いられるが，特に腐食しやすい部位にはチタンが用いられる場合もある。

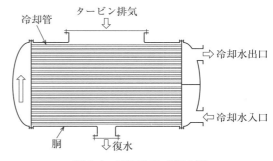

図2-1　表面接触式復水器

補　足

真空度は，大気圧より低い圧力を表すときに使用される単位で，標準気圧との差を水銀柱の高さ[mm]で表す。標準気圧(1 atm)は水銀柱 760 mm に相当するので，絶対真空は 760 mmHg となる。復水器の真空度は，一般に 722 mmHg(絶対圧では 38 mmHg)が標準である。

令和
4
(2022)

令和
3
(2021)

令和
2
(2020)

令和
元
(2019)

平成
30
(2018)

平成
29
(2017)

平成
28
(2016)

平成
27
(2015)

平成
26
(2014)

平成
25
(2013)

平成
24
(2012)

平成
23
(2011)

平成
22
(2010)

平成
21
(2009)

平成
20
(2008)

問3　出題分野＜汽力発電＞　　　難易度 ★★★　重要度 ★★★

次のa）〜e）の文章は，汽力発電所の保護装置に関する記述である。

これらの文章の内容について，適切なものと不適切なものの組合せとして，正しいものを次の（1）〜（5）のうちから一つ選べ。

a）　蒸気タービンの回転速度が定格を超える一定値以上に上昇すると，自動的に蒸気止弁を閉じて，タービンを停止する非常調速機が設置されている。

b）　ボイラ水の循環が円滑に行われないとき，水管の焼損事故を防止するため，燃料を遮断してバーナを消火させる燃料遮断装置が設置されている。

c）　負荷の緊急遮断等によって，ボイラ内の蒸気圧力が一定限度を超えたとき，蒸気を放出させて機器の破損を防ぐため，蒸気加減弁が設置されている。

d）　蒸気タービンの軸受油圧が異常低下したとき，タービンを停止させるトリップ装置が設置されている。

e）　発電機固定子巻線の内部短絡を検出・保護するために，比率差動継電器が設置されている。

	a	b	c	d	e
（1）	適切	適切	不適切	適切	適切
（2）	不適切	不適切	不適切	不適切	適切
（3）	適切	適切	不適切	適切	不適切
（4）	不適切	適切	適切	不適切	適切
（5）	不適切	不適切	適切	適切	不適切

問3の解答　出題項目＜保護装置＞　　　答え　（1）

　a）　適切。通常時，蒸気タービンの回転速度は調速機により一定に保たれている。しかし，調速機の不具合や事故などにより回転速度が急上昇すると，大事故になるおそれがある。このため調速機とは別に，回転速度が定格速度の111%以下で動作する**非常調速機**が設けられており，タービンへの蒸気の流入を自動的に遮断し，タービンを停止させる。

　b）　適切。ボイラを運転中，給水ポンプなどが故障してボイラ水の循環が円滑に行われないと，水管の焼損事故となる。このため，直ちに燃料を遮断し，バーナを消火させてボイラを停止させるのが，**燃料遮断装置**である。このほか空気系統異常，ボイラ燃焼不安定，火炉圧異常などでも燃料遮断装置は動作する。

　c）　不適切。負荷の緊急遮断などによって，ボイラ内の蒸気圧が一定限度を超えたとき，自動的に蒸気を大気に放出し，内部圧力を低下させて機器の破損を防止するのは，**安全弁**である。この弁は，ボイラドラム，過熱器，再熱器などに必要個数が取り付けられ，技術基準でも設置が義務づけられている。

　d）　適切。軸受油圧が異常低下したときに動作し，タービンを停止（トリップ）させる装置が，**油圧低下トリップ装置**である。

　e）　適切。固定子巻線の短絡保護には，主保護に**比率差動継電器**，後備保護に距離継電器が用いられている。比率差動継電器は，発電機の中性点側電流と出口端子側電流の差で動作するが，変流器誤差による誤動作防止のため比率特性（負荷電流により動作域が変わる性質）を持っている。

解説

　c）　**蒸気加減弁**とは，蒸気量を調整する弁である。調速機で検出した回転数と発電機負荷に基づく制御信号を受けて，タービンへの蒸気量を調整し，タービンの回転数および負荷の調整を行う。

補足

　汽力発電所では，高温・高圧の蒸気や高速度のタービンを取り扱うとともに，大電流で，しかも爆発の危険性のある水素を冷却に使用している発電機もある。このため，さまざまな保護装置が設置してある。解答に記した以外の主要な保護装置には，以下のようなものがある。

① ボイラの保護装置
・ボイラパージインタロック
② タービンの保護装置
・真空低下トリップ装置
・スラスト摩耗トリップ装置
・振動異常トリップ装置
・排気室温度上昇トリップ装置
③ 発電機の保護装置
・固定子巻線の地絡保護
・界磁喪失，逆電力，過電圧，逆相電流保護

令和4(2022) 令和3(2021) 令和2(2020) 令和元(2019) 平成30(2018) 平成29(2017) 平成28(2016) 平成27(2015) 平成26(2014) 平成25(2013) 平成24(2012) 平成23(2011) 平成22(2010) 平成21(2009) 平成20(2008)

問 4　出題分野＜原子力発電＞　　難易度 ★★★　重要度 ★★★

次の文章は，原子燃料に関する記述である。

核分裂は様々な原子核で起こるが，ウラン 235 などのように核分裂を起こし，連鎖反応を持続できる物質を　(ア)　といい，ウラン 238 のように中性子を吸収して　(ア)　になる物質を　(イ)　という。天然ウラン中に含まれるウラン 235 は約　(ウ)　％で，残りは核分裂を起こしにくいウラン 238 である。ここで，ウラン 235 の濃度が天然ウランの濃度を超えるものは，濃縮ウランと呼ばれており，濃縮度 3 ％から 5 ％程度の　(エ)　は原子炉の核燃料として使用される。

上記の記述中の空白箇所(ア)～(エ)に当てはまる組合せとして，正しいものを次の(1)～(5)のうちから一つ選べ。

	(ア)	(イ)	(ウ)	(エ)
(1)	核分裂性物質	親物質	1.5	低濃縮ウラン
(2)	核分裂性物質	親物質	0.7	低濃縮ウラン
(3)	核分裂生成物	親物質	0.7	高濃縮ウラン
(4)	核分裂生成物	中間物質	0.7	低濃縮ウラン
(5)	放射性物質	中間物質	1.5	高濃縮ウラン

問 5　出題分野＜自然エネルギー＞　　難易度 ★★★　重要度 ★★★

次の文章は，太陽光発電に関する記述である。

太陽光発電は，太陽電池の光電効果を利用して太陽光エネルギーを電気エネルギーに変換する。地球に降り注ぐ太陽光エネルギーは，1 m² 当たり 1 秒間に約　(ア)　kJ に相当する。太陽電池の基本単位はセルと呼ばれ，　(イ)　V 程度の直流電圧が発生するため，これを直列に接続して電圧を高めている。太陽電池を系統に接続する際は，　(ウ)　により交流の電力に変換する。

一部の地域では太陽光発電の普及によって　(エ)　に電力の余剰が発生しており，余剰電力は揚水発電の揚水に使われているほか，大容量蓄電池への電力貯蔵に活用されている。

上記の記述中の空白箇所(ア)～(エ)に当てはまる組合せとして，正しいものを次の(1)～(5)のうちから一つ選べ。

	(ア)	(イ)	(ウ)	(エ)
(1)	10	1	逆流防止ダイオード	日中
(2)	10	10	パワーコンディショナ	夜間
(3)	1	1	パワーコンディショナ	日中
(4)	10	1	パワーコンディショナ	日中
(5)	1	10	逆流防止ダイオード	夜間

令和4 (2022)
令和3 (2021)
令和2 (2020)
令和元 (2019)
平成30 (2018)
平成29 (2017)
平成28 (2016)
平成27 (2015)
平成26 (2014)
平成25 (2013)
平成24 (2012)
平成23 (2011)
平成22 (2010)
平成21 (2009)
平成20 (2008)

問4の解答　出題項目＜核分裂エネルギー＞　　　答え （2）

ウラン235やプルトニウム239などのように，その原子核に中性子がぶつかると核分裂し，連鎖反応を持続できる物質を**核分裂性物質**という。天然に存在する核分裂性物質はウラン235のみである。人工のものとしては，ウラン233，プルトニウム239などがある。

それ自身は核分裂性物質ではないが，原子炉などの中で中性子を吸収し，ウラン233，プルトニウム239などの核分裂性物質に変わる物質を**親物質**いう。これには，トリウム232やウラン238などがある。

天然に存在するウランには，核分裂性物質であるウラン235が約**0.7**％，核分裂性物質ではない

ウラン238が約99.3％混在する。核分裂性物質であるウラン235の比率を高めることを，ウラン濃縮という。原子炉の型式によるが，軽水炉（LWR）ではウラン235を3〜5％程度に濃縮した**低濃縮ウラン**を使用している。なお，濃縮度が20％未満のものを低濃縮ウラン，20％以上のものを高濃縮ウランという。

補足　核分裂生成物は，核分裂によって中性子と同時に生成する物質である。核分裂によって生じた中性子（高速中性子）は，減速材によって熱中性子となり，別の原子核を核分裂させることができる。このような反応が次々と起こる現象を連鎖反応という。

問5の解答　出題項目＜太陽光発電＞　　　答え （3）

地表が受ける単位面積当たりの太陽放射強度は，1 m²当たり約1 kWである。したがって，その太陽エネルギーは，1 m²当たり1秒間に約1 kW・s＝**1** kJに相当する。

太陽電池の最小の基本単位は15 cm×15 cm程度の太陽電池素子で，この基本単位をセルという。このセルの直流出力電圧は，約**1** V（0.6〜1 V）程度である。

図5-1のように，セルを必要枚数配列して，屋外で利用できるよう樹脂や強化ガラスなどで保護し，パッケージ化したものがモジュールである。モジュールは，一般に太陽電池パネルと呼ばれている。また，モジュールを直列に接続した回路をストリングといい，ストリングを並列に組み合わせたものをアレイという。

パワーコンディショナは，太陽電池で発電した直流の電気を，交流に変換するための機器である。インバータ（逆変換装置）の一種であるが，太陽光発電システム全体を効果的・効率的に稼働させるための機能や，系統連系保護機能などを内蔵している。

太陽光発電や風力発電は，気象条件によって出力が変動する。このため，電力需要の小さい季節や時間帯に発電電力が大きくなる気象条件がそろうと，調整可能な他の電源の発電出力を抑制しても供給が需要を上回る状態，すなわち余剰電力が発生する。太陽光発電では，特に4〜5月の**日中**に余剰電力が発生することが多い。この余剰分を揚水発電の揚水で利用したり，大容量の蓄電池に充電したりして，需給バランスを調整することが行われている。

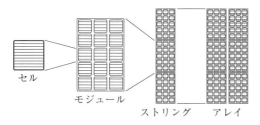

図5-1　太陽光電池の構成単位

問6 出題分野＜送電＞

難易度 ★★☆ 重要度 ★★★

架空送電線路に関連する設備に関する記述として，誤っているものを次の（1）～（5）のうちから一つ選べ。

（1） 電線に一様な微風が吹くと，電線の背後に空気の渦が生じて電線が上下に振動するサブスパン振動が発生する。振動エネルギーを吸収するダンパを電線に取り付けることで，この振動による電線の断線防止が図られている。

（2） 超高圧の架空送電線では，スペーサを用いた多導体化により，コロナ放電の抑制が図られている。スペーサはギャロッピングの防止にも効果的である。

（3） 架空送電線を鉄塔などに固定する絶縁体としてがいしが用いられている。アークホーンをがいしと併設することで，雷撃等をきっかけに発生するアーク放電からがいしを保護することができる。

（4） 架空送電線への雷撃を防止するために架空地線が設けられており，遮へい角が小さいほど雷撃防止の効果が大きい。

（5） 鉄塔又は架空地線に直撃雷があると，鉄塔から送電線へ逆フラッシオーバが起こることがある。埋設地線等により鉄塔の接地抵抗を小さくすることで，逆フラッシオーバの抑制が図られている。

問6の解答　出題項目＜架空送電線，電線の振動，雷害対策＞　答え（1）

（1）　誤。電線に一様な微風が吹いて発生するのは**微風振動**であり，電線で最も起きやすい振動である。微風振動が長期間続くと，電線の支持点であるクランプ（取付金具）付近で繰り返し応力を受け，疲労劣化して断線に至る。

微風振動は，長径間で電線の張力が大きく，軽い電線ほど発生しやすい。防止対策としては，電線を保持しているクランプにアーマロッドという金具を用いて電線支持点を強化する，ダンパ（制動子）を電線に取り付けて，電線の振動エネルギーを吸収させる，などがある。

一方，**サブスパン振動**は多導体固有の振動現象で，電線のサブスパン（スペーサとスペーサの間隔）内で生じる。電線の背後に生じる空気の渦（カルマン渦）による上下の交番力（時間的に交互に反対を向く力）と，サブスパン内の電線の固有振動数とが共振して発生するものである。

（2）　正。スペーサを用いた多導体は，同一断面積の単線に比べてコロナ臨界電圧が15〜20％程度上昇するので，ほとんどの超高圧の架空送電線で使用されている。なお，ルーズスペーサや相間スペーサは，ギャロッピングの防止にも効果がある。

（3）　正。雷撃によってがいしにフラッシオーバが発生したとき，がいしに併設したアークホーンにアークを移して（アークをアークホーン間で発生させて），がいしや電線の損傷を防止する。

（4）　正。遮へい角とは，架空地線と送電線とを結ぶ直線と，架空地線から下ろした鉛直線との間の角度である。遮へい角が小さいほど，撃雷から架空送電線を遮へいする効果が大きい。主要な送電線では架空地線を2条施設し，遮へい角も15°以下としている。

（5）　正。逆フラッシオーバとは，鉄塔や架空地線が雷撃を受け，鉄塔の電位が著しく上昇して，鉄塔（接地側）から送電線へフラッシオーバする（雷電圧が侵入する）現象である。したがって，逆フラッシオーバを避けるためには，埋設地線や連接接地を採用して，鉄塔の塔脚接地抵抗をできるだけ小さくする必要がある。

補足　（2）　電線に氷雪が付着し，その断面が非対称になると，風が当たることで揚力が発生し，電線が振動する。この現象を**ギャロッピング**という。防止対策としては，スペーサのほかにダンパが用いられる。

（3）　強い発光とともに大電流が流れる放電現象をアークという。非常に高い電圧（フラッシオーバ電圧）により，がいしの絶縁が保たれなくなって，周囲の空気を通してアークが発生することをフラッシオーバという。

問7　出題分野＜変電＞　　　　　難易度 ★★★　重要度 ★★★

真空遮断器に関する記述として，誤っているものを次の（1）～（5）のうちから一つ選べ。

（1）　真空遮断器は，高真空状態のバルブの中で接点を開閉し，真空の優れた絶縁耐力を利用して消弧するものである。

（2）　真空遮断器の開閉サージが高いことが懸念される場合，避雷器等を用いて，真空遮断器に接続される機器を保護することがある。

（3）　真空遮断器は，小形軽量で電極の寿命が長く，保守も容易である。

（4）　真空遮断器は，消弧媒体として SF_6 ガスや油を使わない機器であり，多頻度動作にも適している。

（5）　真空遮断器は経済性に優れるが，空気遮断器に比べて動作時の騒音が大きい。

問8　出題分野＜変電＞　　　　　難易度 ★★★　重要度 ★★★

定格容量 20 MV·A，一次側定格電圧 77 kV，二次側定格電圧 6.6 kV，百分率インピーダンス 10.6 ％（基準容量 20 MV·A）の三相変圧器がある。三相変圧器の一次側は 77 kV の電源に接続され，二次側は負荷のみが接続されている。三相変圧器の一次側から見た電源の百分率インピーダンスは，1.1 ％（基準容量 20 MV·A）である。抵抗分及びその他の定数は無視する。三相変圧器の二次側に設置する遮断器の定格遮断電流の値[kA]として，最も近いものを次の（1）～（5）のうちから一つ選べ。

（1）　1.5　　　（2）　2.6　　　（3）　6.0　　　（4）　20.0　　　（5）　260.0

問7の解答　出題項目＜開閉装置＞　答え (5)

（1）正。交流電路を遮断すると，接触子間にアークが発生する。真空遮断器は，真空の優れた絶縁耐力と強い拡散作用によって消弧を行う遮断器である（真空バルブの中では，アークを構成する粒子や電子が急激に拡散する）。

（2）正。真空遮断器は遮断能力が大きいので，変圧器の励磁電流（遅れ小電流）などの遮断では，電流が零になる前に強制遮断（電流裁断現象）してしまう。これにより開閉サージを生じやすいので，サージアブソーバ（避雷器）を設置することがある。

（3）正。真空遮断器は，絶縁性能に優れ接点間隔を小さくできるので，小形軽量にできる。また，主回路の接点は真空バルブ内にあり，構造も簡単なので，寿命が長く保守も容易である。

（4）正。真空遮断器は，アーク電圧が低く電極の消耗が少ないので，多頻度の開閉動作に適している。

（5）誤。真空遮断器の真空バルブは密閉構造であり，動作時の**騒音は小さい**。

解説

遮断器は，高電圧・大電流回路に使用される開閉器である。平常時は負荷電流や線路充電電流，変圧器励磁電流などの開閉を行うが，故障時は保護継電器の動作信号を受けて，短絡電流や地絡電流などの遮断を行う（短絡電流は非常に大きな電流なので，通常の開閉器では遮断できない）。

遮断器の種類は，遮断時に生じる接点間のアークを消す（消弧）ための物質の種類により異なる。主な遮断器を**表7-1**に示す。なお現在の主流は，ガス遮断器，真空遮断器である。

表7-1　遮断器の分類

名称	特徴
空気遮断器（ABB）	遮断時のアークに圧縮空気を吹き付けて消弧する他力形の遮断器。火災の心配はないが，遮断時の騒音が大きい。
ガス遮断器（GCB）	遮断時のアークに絶縁性能に優れるSF$_6$ガスを吹き付けて消弧する他力形の遮断器。空気遮断器に比べて構造が簡単，遮断性能に優れ，騒音が小さいなどの利点がある。
真空遮断器（VCB）	高真空中の優れた絶縁耐力，強い拡散作用により消弧する自力形の遮断器。小形軽量で火災の心配がない。保守も容易で，広く使用されている。
油遮断器（OCB）	アークによる油の加熱・分解により消弧する自力形の遮断器。火災の心配や油の保守が必要なので，大容量のものはガス遮断器，小容量のものは真空遮断器への置き換えが進み，ほとんど使用されていない。
磁気遮断器（MBB）	遮断電流の電磁力によりアークを引き伸ばして消弧する自力形の遮断器。主として6kV以下用であるが，真空遮断器に置き換わり，ほとんど使用されていない。

問8の解答　出題項目＜短絡故障，開閉装置＞　答え (4)

電源側と三相変圧器の百分率インピーダンスはどちらも20 MV·A基準で与えられているので，基準容量を20 MV·Aにする。

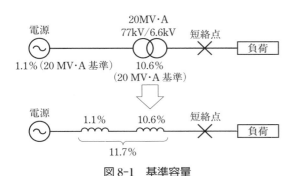

図8-1　基準容量

図8-1から，短絡点から電源側を見たときの合成百分率インピーダンス%Z＝11.7[%]である。

短絡点（変圧器二次側）の電圧は6.6 kVなので，基準容量の定格電流I_nは，

$$I_n=\frac{20\times10^6}{\sqrt{3}\times6.6\times10^3}\fallingdotseq1\,750[A]$$

したがって，三相短絡電流I_Sは，

$$I_S=\frac{100}{\%Z}\times I_n=\frac{100}{11.7}\times1\,750$$
$$\fallingdotseq14\,957[A]\quad\rightarrow\quad15.0\,kA$$

遮断器は，三相短絡電流I_Sよりも大きい定格遮断電流のものを選定しなければならないので，答えは直近上位の20.0 kAとなる。

問9　出題分野＜変電＞ 難易度 ★★★ 重要度 ★★★

次の文章は，避雷器に関する記述である。

避雷器は，雷又は回路の開閉などに起因する過電圧の　(ア)　がある値を超えた場合，放電により過電圧を抑制して，電気施設の絶縁を保護する装置である。特性要素としては　(イ)　が広く用いられ，その　(ウ)　の抵抗特性により，過電圧に伴う電流のみを大地に放電させ，放電後は　(エ)　を遮断することができる。発変電所用避雷器では，　(イ)　の優れた電圧−電流特性を利用し，放電耐量が大きく，放電遅れのない　(オ)　避雷器が主に使用されている。

上記の記述中の空白箇所(ア)〜(オ)に当てはまる組合せとして，正しいものを次の(1)〜(5)のうちから一つ選べ。

	(ア)	(イ)	(ウ)	(エ)	(オ)
(1)	波頭長	SF_6	非線形	続流	直列ギャップ付き
(2)	波高値	ZnO	非線形	続流	ギャップレス
(3)	波高値	SF_6	線形	制限電圧	直列ギャップ付き
(4)	波高値	ZnO	線形	続流	直列ギャップ付き
(5)	波頭長	ZnO	非線形	制限電圧	ギャップレス

問10　出題分野＜送電＞ 難易度 ★★★ 重要度 ★★★

次の文章は，架空送電線路に関する記述である。

架空送電線路の線路定数には，抵抗，作用インダクタンス，作用静電容量，　(ア)　コンダクタンスがある。線路定数のうち，抵抗値は，表皮効果により　(イ)　のほうが増加する。また，作用インダクタンスと作用静電容量は，線間距離 D と電線半径 r の比 D/r に影響される。D/r の値が大きくなれば，作用静電容量の値は　(ウ)　なる。

作用静電容量を無視できない中距離送電線路では，作用静電容量によるアドミタンスを1か所又は2か所にまとめる　(エ)　定数回路が近似計算に用いられる。このとき，送電端側と受電端側の2か所にアドミタンスをまとめる回路を　(オ)　形回路という。

上記の記述中の空白箇所(ア)〜(オ)に当てはまる組合せとして，正しいものを次の(1)〜(5)のうちから一つ選べ。

	(ア)	(イ)	(ウ)	(エ)	(オ)
(1)	漏れ	交流	小さく	集中	π
(2)	漏れ	交流	大きく	集中	π
(3)	伝達	直流	小さく	集中	T
(4)	漏れ	直流	大きく	分布	T
(5)	伝達	直流	小さく	分布	π

問9の解答　出題項目＜避電器＞　　　　　　　　答え　（2）

　避雷器は，雷や回路の開閉などによって発生したサージの**波高値**がある一定の値を超えた場合に，これを大地に放電して電気設備の絶縁を保護する装置である。なお，雷による過電圧のように，過渡的に短時間発生する電圧をインパルス電圧という。インパルス電圧を抑制することは，最大値である波高値を下げることである。

　特性要素は避雷器の中で最も重要な部分であるが，最近は**ZnO**（酸化亜鉛）がよく使用されている。ZnO は**非線形**の抵抗特性を持っており，通常の使用電圧のような低い電圧領域ではほとんど電流が流れず，雷サージのような過電圧では容易に電流を通過させる。このため，過電圧を放電した後に，引き続き流れようとする商用周波の電流（**続流**）を遮断できる。また，直列ギャップが不要な**ギャップレス**避雷器も製造可能になり，多く使用されている。

　特性要素に SiC（炭化ケイ素）などを使用した従来の避雷器では，通常の使用電圧でも多少の電流が流れてしまうので，特性要素だけでなく避雷器内部にギャップを必要とした（ギャップ付き避雷器）。

　補足　避雷器が動作した場合，避雷器設置点の対地電圧 V_t は，**図9-1**のようになる。

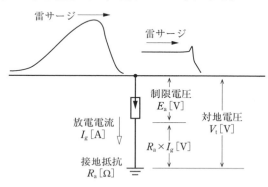

図9-1　避雷器の抑制効果

問10の解答　出題項目＜架空送電線，π形等価回路＞　　答え　（1）

　架空送電線路の線路定数には，抵抗，作用インダクタンス，作用静電容量，**漏れ**コンダクタンスの四つがある。

　導体抵抗は，その材料，長さ，断面積によって決まるが，温度が高くなれば若干大きくなる。また，電線に交流を流すと，電線の中心部より外側（表皮）に多く流れる表皮効果により，**交流**のほうが抵抗は大きくなる。なお，表皮効果は電線が太いほど，周波数が高いほど大きくなる。

　三相線路の線間距離を D[m]，電線半径を r[m]とすると，作用インダクタンス L と作用静電容量 C は次式で表される。

$$L \fallingdotseq 0.05 + 0.4605 \log_{10} \frac{D}{r} \ [\mathrm{mH/km}]$$

$$C \fallingdotseq \frac{0.02413}{\log_{10} \dfrac{D}{r}} \ [\mathrm{\mu F/km}]$$

　これらの式から，D/r の値が大きくなれば作用インダクタンスの値は大きくなり，作用静電容量の値は**小さく**なることがわかる。

　送電線路の電力，電圧，電流などは，等価回路を使用して計算を行うが，線路こう長によって線路定数の取扱いが異なる（①〜③参照）。

　①　こう長が数 10 km 程度の短距離送電線路では，線路定数のうち，作用静電容量と漏れコンダクタンスを無視し，抵抗と作用インダクタンスが1か所に集中している回路（集中定数回路）で表す。

　②　こう長が 100 km 程度の中距離送電線路では，線路定数のうち，抵抗，作用インダクタンス，作用静電容量が1か所に集中している回路（**集中**定数回路）で表す。その場合，作用静電容量が線路の中央に集中している回路（T 形回路）と作用静電容量が両側に集中している回路（π 形回路）の二つがある。

　③　こう長が数 100 km の長距離送電線路では，線路定数のうち，抵抗，作用インダクタンス，作用静電容量，漏れコンダクタンスが送電端から受電端まで一様に分布している回路（分布定数回路）で表す。

令和4（2022）
令和3（2021）
令和2（2020）
令和元（2019）
平成30（2018）
平成29（2017）
平成28（2016）
平成27（2015）
平成26（2014）
平成25（2013）
平成24（2012）
平成23（2011）
平成22（2010）
平成21（2009）
平成20（2008）

問 11 　出題分野＜地中送電＞　　難易度 ★★★　重要度 ★★★

　我が国における架空送電線路と比較した地中送電線路の特徴に関する記述として，誤っているものを次の(1)～(5)のうちから一つ選べ。

(1)　地中送電線路は，同じ送電容量の架空送電線路と比較して建設費が高いが，都市部においては保安や景観などの点から地中送電線路が採用される傾向にある。

(2)　地中送電線路は，架空送電線路と比較して気象現象に起因した事故が少なく，近傍の通信線に与える静電誘導，電磁誘導の影響も少ない。

(3)　地中送電線路は，同じ送電電圧の架空送電線路と比較して，作用インダクタンスは小さく，作用静電容量が大きいため，充電電流が大きくなる。

(4)　地中送電線路の電力損失では，誘電体損とシース損を考慮するが，コロナ損は考慮しない。一方，架空送電線路の電力損失では，コロナ損を考慮するが，誘電体損とシース損は考慮しない。

(5)　絶縁破壊事故が発生した場合，架空送電線路では自然に絶縁回復することは稀であるが，地中送電線路では自然に絶縁回復して再送電できる場合が多い。

問 11 の解答　　出題項目＜架空送電との比較，電力損失・許容電流＞　　答え　（5）

（1）　正。架空送電線路よりも建設費は高いが，都市部においては，新たに鉄塔を建てる用地がない，景観を壊すことなく環境との調和が容易である，天候に左右されることが少ない，感電リスクが小さいなどの理由により，地中送電線路が採用される傾向にある。

（2）　正。地中送電線路は，ほとんどが地中に布設されているので，台風や積雪など自然災害の影響を受けにくい。また，ケーブルは3線がほぼ平衡しており，ケーブル周辺の電界や磁界が小さく，他の通信線への影響も少ない。

（3）　正。地中送電線路は，架空送電線路に比べて作用インダクタンスは小さく，作用静電容量は大きい。これは，架空線が空気絶縁で線間距離が大きいのに対して，ケーブルでは線間距離が小さく，しかも誘電体で満たされているためである。このため，地中送電線路は充電電流が大きい。

（4）　正。誘電体損はケーブルの絶縁体に流れる電流による損失，シース損はケーブル外側の金属シースに流れる電流による損失である。一方，コロナ損はコロナ放電(空気の絶縁が局部的に破壊される現象)による損失である。したがって，地中送電線路ではコロナ損を考慮せず，架空送電線路では誘電体損とシース損を考慮しない。

（5）　誤。架空送電線路の主な事故原因は雷による**フラッシオーバ**なので，事故箇所を遮断すればほとんどの場合，**絶縁は回復する**。一方，地中送電線路では絶縁体に事故が発生すると，その部分の**絶縁能力は永久に失われ**，その事故部分を取り替えるまでは壊れたままである。

解 説

表 11-1　地中送電線路と架空送電線路の比較

項目	地中送電線路	架空送電線路
送電容量	小	大
事故	雷，風雨，氷雪などによる事故は少ないが，事故が発生すると復旧に時間がかかる。	雷，風雨，氷雪など自然現象の影響を受けやすく，事故が多い。事故発見は容易で，短時間で復旧できる。
安全	直接人に触れないので安全である。	樹木やクレーンなどに接触しやすい。
保守	距離も比較的短く，作業時に送電停止がなく，点検，保守が比較的容易である。	気中絶縁のため，点検，保守がやりにくい。
建設費	大	用地事情によるが，一般に小
環境調和	良好	困難

令和 4 (2022)
令和 3 (2021)
令和 2 (2020)
令和 元 (2019)
平成 30 (2018)
平成 29 (2017)
平成 28 (2016)
平成 27 (2015)
平成 26 (2014)
平成 25 (2013)
平成 24 (2012)
平成 23 (2011)
平成 22 (2010)
平成 21 (2009)
平成 20 (2008)

問 12　出題分野＜配電＞　　　　　　　　　難易度 ★★★　重要度 ★★★

高圧架空配電線路を構成する機材とその特徴に関する記述として，誤っているものを次の（1）～（5）のうちから一つ選べ。

（1）　支持物は，遠心成形でコンクリートを締め固めた鉄筋コンクリート柱が一般的に使用されている。

（2）　電線に使用される導体は，硬銅線が用いられる場合もあるが，鋼心アルミ線なども使用されている。

（3）　柱上変圧器は，単相変圧器2台をV結線とし，200Vの三相電源として用い，同時に変圧器から中性線を取り出した単相3線式による100/200V電源として使用するものもある。

（4）　柱上開閉器は，気中形，真空形などがあり，手動操作による手動式と制御器による自動式がある。

（5）　高圧カットアウトは，柱上変圧器の一次側に設けられ，形状は箱形の一種類のみである。

問12 の解答　　出題項目＜配電系統構成機材＞　　　　　　　　　答え　（5）

（1）　正。高圧架空配電線路の支持物は，主に遠心成形による鉄筋コンクリート柱が使用される。なお，遠心成形とは，コンクリートを型枠に注入した後，型枠を高速回転させて遠心力で締め固め，中空のコンクリート柱にする製法である。

（2）　正。硬銅線は導電率が97％と高く，機械的強度も大きいので，従来から広く使用されている。鋼心アルミ線は，硬銅線に比べて導電率は小さいが，機械的強度が大きく価格も安いため使用されるようになった。

（3）　正。低圧配電には，**図12-1** のように単相変圧器2台を V 結線した電灯動力共用の配電方式がある。この方式では，単相3線式（100/200 V）で電灯負荷，三相3線式（200 V）で動力負荷に供給する。通常，共用変圧器のほうの容量を大きくするので，異容量 V 結線ともいう。

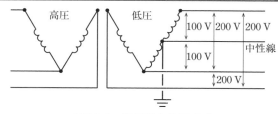

図12-1　電灯動力共用方式

（4）　正。柱上開閉器には，開閉部の絶縁材料の違いにより，気中開閉器，ガス開閉器，真空開閉器などがある。操作方式には，手動式と自動式がある。

（5）　誤。高圧カットアウトは，変圧器の一次側に設置して，変圧器の開閉動作や過負荷保護用として使用される。磁器製の箱と蓋で構成されている**箱形**と，円筒状をした**円筒形**がある。

令和4（2022）
令和3（2021）
令和2（2020）
令和元（2019）
平成30（2018）
平成29（2017）
平成28（2016）
平成27（2015）
平成26（2014）
平成25（2013）
平成24（2012）
平成23（2011）
平成22（2010）
平成21（2009）
平成20（2008）

問13　出題分野＜配電＞　　難易度 ★★★　重要度 ★★★

次の文章は，スポットネットワーク方式に関する記述である。

スポットネットワーク方式は，22 kV 又は 33 kV の特別高圧地中配電系統から 2 回線以上で受電する方式の一つであり，負荷密度が極めて高い都心部の高層ビルや大規模工場などの大口需要家の受電設備に適用される信頼度の高い方式である。

スポットネットワーク方式の一般的な受電系統構成を特別高圧地中配電系統側から順に並べると，　(ア)　・　(イ)　・　(ウ)　・　(エ)　・　(オ)　となる。

上記の記述中の空白箇所(ア)～(オ)に当てはまる組合せとして，正しいものを次の(1)～(5)のうちから一つ選べ。

	(ア)	(イ)	(ウ)	(エ)	(オ)
(1)	断路器	ネットワーク母線	プロテクタ遮断器	プロテクタヒューズ	ネットワーク変圧器
(2)	ネットワーク母線	ネットワーク母線	プロテクタヒューズ	プロテクタ遮断器	断路器
(3)	プロテクタ遮断器	プロテクタヒューズ	ネットワーク変圧器	ネットワーク母線	断路器
(4)	断路器	プロテクタ遮断器	プロテクタヒューズ	ネットワーク変圧器	ネットワーク母線
(5)	断路器	ネットワーク変圧器	プロテクタヒューズ	プロテクタ遮断器	ネットワーク母線

問 13 の解答　出題項目＜ネットワーク方式＞　　答え　（5）

　スポットネットワーク受電方式は，**図 13-1** に示すように，受電部，変圧器部，プロテクタ部，テイクオフ部の四つの部位で構成されている。

　電源系統側から順に機器類を並べると，**断路器・ネットワーク変圧器・プロテクタヒューズ・プロテクタ遮断器・ネットワーク母線**となる。

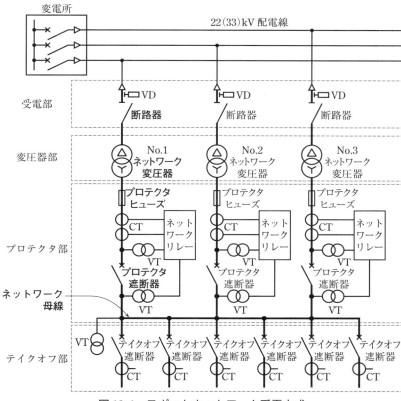

図 13-1　スポットネットワーク受電方式

令和
4
(2022)

令和
3
(2021)

令和
2
(2020)

令和
元
(2019)

平成
30
(2018)

平成
29
(2017)

平成
28
(2016)

平成
27
(2015)

平成
26
(2014)

平成
25
(2013)

平成
24
(2012)

平成
23
(2011)

平成
22
(2010)

平成
21
(2009)

平成
20
(2008)

問 14 　出題分野＜電気材料＞ 　難易度 ★★★ 　重要度 ★★★

　我が国のコンデンサ，電力ケーブル，変圧器などの電力用設備に使用される絶縁油に関する記述として，誤っているものを次の（1）～（5）のうちから一つ選べ。

（1）　絶縁油の誘電正接は，変圧器，電力ケーブルに使用する場合には小さいものが，コンデンサに使用する場合には大きいものが適している。

（2）　絶縁油には，一般に熱膨張率，粘度が小さく，比熱，熱伝導率が大きいものが適している。

（3）　電力用設備の絶縁油には，一般に古くから鉱油系絶縁油が使用されているが，難燃性や低損失性など，より優れた特性が要求される場合には合成絶縁油が採用されている。また，環境への配慮から植物性絶縁油の採用も進められている。

（4）　絶縁油は，電力用設備内を絶縁するために使用される以外に，絶縁油の流動性を利用して電力用設備内で生じた熱を外部へ放散するために使用される場合がある。

（5）　絶縁油では，不純物や水分などが含まれることにより絶縁性能が大きく影響を受け，部分放電の発生によって分解ガスが生じる場合がある。このため，電力用設備から採油した絶縁油の水分量測定やガス分析等を行うことにより，絶縁油の劣化状態や電力用設備の異常を検知することができる。

問 14 の解答　　出題項目＜絶縁材料＞　　　　　　　　答え　（1）

（1）　誤。誘電正接は，誘電体内での損失の程度を表す数値であり，その定義から $\tan\delta$（略称：タンデルタ）と呼ばれる。変圧器，電力ケーブル，コンデンサのいずれに**使用する場合も，絶縁油の誘電正接は小さいほうが損失は小さい**。

（2）　正。熱膨張率が小さいと温度による体積変化が小さいので，これを補う装置（コンサベータなど）を小さくできる。また，粘度が低いほど絶縁油の対流が促進され，冷却効果が大きくなる。さらに，比熱，熱伝導率がそれぞれ大きいほど，冷却効果が大きくなる。

（3）　正。鉱油系絶縁油は原油を精製したもので，炭化水素を主成分とした高分子化合物であり，広く使用されている。

合成絶縁油はシリコーン油，ポリブデンなどの合成化合物が主成分であり，鉱油に比べて化学的に安定している。難燃性で，電気的特性もよいので，難燃性変圧器などに使用されている。

最近は環境への配慮から，パームヤシ油や菜種油，大豆油などの生分解性を持つ植物性絶縁油を使用した変圧器が使用されるようになった。

（4）　正。変圧器内の損失により巻線や鉄心の温度が上昇するが，この熱は絶縁油の流動性により，対流してラジエタから外部に放出される。

（5）　正。絶縁油中の水分は絶縁破壊電圧に大きく影響するので，定期的に油中水分量を測定する。また，変圧器内部での放電や加熱により，絶縁油や絶縁体が熱分解すると，分解ガスとして水素，メタン，エチレン，アセチレンなどを放出するので，油中ガス量の分析を行う。

補足　コンデンサや電力ケーブルの等価回路を，図 14-1（a）に示す。また，相電圧 $\dot{E}$ を基準にした充電電流 $\dot{I}$ のベクトル図を，図 14-1（b）に示す。

$\dot{I}$ はわずかに $\dot{E}$ と同相分の電流 $\dot{I}_R$ を含む。このとき，進み電流成分 $\dot{I}_C$ と $\dot{I}$ のなす角 δ を**誘電損角**といい，誘電正接 $\tan\delta$ は次式で表される。

$$\tan\delta = \frac{|\dot{I}_R|}{|\dot{I}_C|}$$

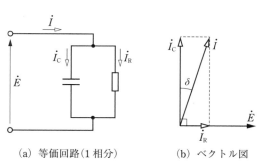

（a）等価回路（1 相分）　　　（b）ベクトル図

図 14-1　誘電正接

令和4 (2022)
令和3 (2021)
令和2 (2020)
令和元 (2019)
平成30 (2018)
平成29 (2017)
平成28 (2016)
平成27 (2015)
平成26 (2014)
平成25 (2013)
平成24 (2012)
平成23 (2011)
平成22 (2010)
平成21 (2009)
平成20 (2008)

B 問 題 （配点は１問題当たり（a）5点，（b）5点，計10点）

問15 出題分野＜水力発電＞ 難易度 ★★★ 重要度 ★★☆

　ある河川のある地点に貯水池を有する水力発電所を設ける場合の発電計画について，次の（a）及び（b）の問に答えよ。

（a）　流域面積を15 000 km²，年間降水量750 mm，流出係数0.7とし，年間の平均流量の値[m³/s]として，最も近いものを次の（1）～（5）のうちから一つ選べ。

（1）25　　（2）100　　（3）175　　（4）250　　（5）325

（b）　この水力発電所の最大使用水量を小問（a）で求めた流量とし，有効落差100 m，水車と発電機の総合効率を80 %，発電所の年間の設備利用率を60 %としたとき，この発電所の年間発電電力量の値[kW·h]に最も近いものを次の（1）～（5）のうちから一つ選べ。

年間発電電力量[kW・h]	
（1）	100 000 000
（2）	400 000 000
（3）	700 000 000
（4）	1 000 000 000
（5）	1 300 000 000

問15（a）の解答　　出題項目<ダム・貯水池・調整池>　　　　答え　（4）

流域面積は，**図 15-1** のように，ある水源に対する各分水嶺（れい）をつらねて得られる。

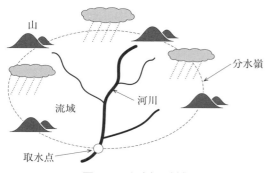

図 15-1　河川と流域

そして，河川の流量は，その河川の流域面積とその流域内の降水量によって決まる。ただし，降った水は地中に浸透したり蒸発したりするので，地表を流れる量は降水量より少なくなる。その流域全体に降った雨の水量のうち，どの程度が河川流量となって流出するかを示す係数が，流出係数である。

流域面積を $A\,[\mathrm{km^2}]$，年降水量を $h\,[\mathrm{mm}]$，流出係数を k とすると，年平均流量 $Q\,[\mathrm{m^3/s}]$ は次式で表される。

$$Q = \frac{h \times A \times 10^3}{365 \times 24\,時間 \times 60\,分 \times 60\,秒} \times k$$

この式に題意の数値を代入すると，

$$Q = \frac{750 \times 15\,000 \times 10^3}{365 \times 24 \times 60 \times 60} \times 0.7 \fallingdotseq 250\,[\mathrm{m^3/s}]$$

解説 ••••••••••••••••••••••••••••••

降水量は季節によって変化するため，河川の流量も一定ではなく，日によって異なる。**図 15-2** に示す流況曲線は，毎日の流量を大きいものから順に 1 年分を並べたものである。

なお，豊水量とは 1 年 365 日のうち，95 日はこれより下がらない流量を表す。同様に，平水量は 185 日，低水量は 275 日，渇水量は 355 日，これより下がらない流量を表している。たとえば，使用流量を渇水量にとれば，355 日は渇水量に相当する発電が可能となる。

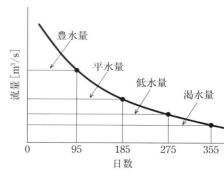

図 15-2　流況曲線

問15（b）の解答　　出題項目<出力関係>　　　　答え　（4）

発電機（発電所）の最大出力 $P_\mathrm{G}\,[\mathrm{kW}]$ は，水車の最大使用水量を $Q\,[\mathrm{m^3/s}]$，有効落差を $H\,[\mathrm{m}]$，水車の効率を η_T，発電機の効率を η_G とすると，次式で表される。

$$P_\mathrm{G} = 9.8\,QH\eta_\mathrm{T}\eta_\mathrm{G}$$

この式に各数値を代入すると，

$$P_\mathrm{G} = 9.8 \times 250 \times 100 \times 0.8 = 196\,000\,[\mathrm{kW}]$$

ここで，設備利用率とは，設備の利用の程度を表すものである。発電所であれば，実際の発電量が，仮にフル稼働していたとした発電量の何 % なのかを示す数値となる。この数値が高ければ高いほど，その設備を有効に利用できているという

ことを意味する。

発電機の最大出力を $P_\mathrm{G}\,[\mathrm{kW}]$ とすると，発電機の年間設備利用率 $\alpha\,[\%]$ は次式で表される。

$$\alpha = \frac{年間発電電力量}{P_\mathrm{G} \times 365\,日 \times 24\,時間} \times 100\,\%$$

したがって，年間発電電力量は，

$$
\begin{aligned}
年間発電電力量 &= \frac{P_\mathrm{G} \times 365 \times 24 \times \alpha}{100} \\
&= \frac{196\,000 \times 365 \times 24 \times 60}{100} = 1\,030\,176\,000 \\
&\fallingdotseq 1\,000\,000\,000\,[\mathrm{kW \cdot h}]
\end{aligned}
$$

問 16 出題分野＜送電＞ 難易度 ★★★ 重要度 ★★★

こう長 25 km の三相3線式2回線送電線路に，受電端電圧が 22 kV，遅れ力率 0.9 の三相平衡負荷 5 000 kW が接続されている。次の（a）及び（b）の問に答えよ。ただし，送電線は2回線運用しており，与えられた条件以外は無視するものとする。

（a） 送電線1線当たりの電流の値[A]として，最も近いものを次の（1）～（5）のうちから一つ選べ。ただし，送電線は単導体方式とする。

（1） 42.1 　　（2） 65.6 　　（3） 72.9 　　（4） 126.3 　　（5） 145.8

（b） 送電損失を三相平衡負荷に対し5%以下にするための送電線1線の最小断面積の値[mm²]として，最も近いものを次の（1）～（5）のうちから一つ選べ。ただし，使用電線は，断面積 1 mm²，長さ 1 m 当たりの抵抗を $\frac{1}{35}$ Ω とする。

（1） 31 　　（2） 46 　　（3） 74 　　（4） 92 　　（5） 183

問 16（a）の解答　出題項目＜並行2回線＞　答え（3）

図 16-1 のように，送電線 2 回線で 5 000 kW の負荷に電力を供給しているので，1 回線当たりは 2 500 kW を分担することになる。

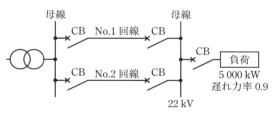

図 16-1　平行 2 回線送電線

三相回路の線間電圧を $V[\text{kV}]$，負荷電力を $P[\text{kW}]$，力率を $\cos\theta$ とすると，線電流 $I[\text{A}]$ は次式で表される。

$$I = \frac{P}{\sqrt{3} \times V \times \cos\theta}$$

この式に各数値を代入すると，

$$I = \frac{2\,500}{\sqrt{3} \times 22 \times 0.9} \fallingdotseq 72.9[\text{A}]$$

送電線は単導体なので，送電線 1 線当たりの電流の値は，72.9 A である。

問 16（b）の解答　出題項目＜電線の最小断面積＞　答え（4）

送電損失が負荷の 5 %（上限）に対して，送電線の本数が 2 回線で 6 本なので，電線 1 本当たりの送電損失 P_L は，

$$P_\text{L} = \frac{5\,000 \times 0.05}{6} \fallingdotseq 41.67[\text{kW}]$$

ここで，この送電損失を発生させる電線の抵抗 R を求める。$P_\text{L} = I^2 R$ なので，

$$R = \frac{P_\text{L}}{I^2} = \frac{41.67 \times 10^3}{72.9^2} \fallingdotseq 7.841[\Omega]$$

図 16-2 のように，電線の抵抗率を $\rho[\Omega \cdot \text{mm}^2/\text{m}]$，電線の長さを $L[\text{m}]$，電線の断面積を $S[\text{mm}^2]$ とすると，電線の抵抗 $R[\Omega]$ は次式で表される。

$$R = \rho\frac{L}{S}$$

この式を変形して，断面積 S を求めると，

$$S = \rho\frac{L}{R} = \frac{1}{35} \times \frac{25 \times 10^3}{7.841} \fallingdotseq 91.1[\text{mm}^2]$$

したがって，答えは直近上位の 92 mm² となる。

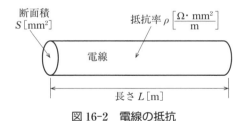

図 16-2　電線の抵抗

解説 ・・・・・・・・・・・・・・・・・・・・・・・・

送電線の損失には，以下のようなものがある。

① **抵抗損**　架空電線路で生じる電力損失の大部分は，導体の抵抗損である。抵抗損は，線路抵抗に比例，線路電流と負荷電力の 2 乗に比例，負荷電圧と負荷力率の 2 乗に反比例する。

② **コロナ損**　公称電圧 77 kV 以下の送電線では，通常の電線太さや線間距離ではコロナはほとんど発生しない。したがって，超高圧以上の送電線以外はこれを考慮しなくてもよい。

③ **その他の損失**　がいし漏れ損はがいし表面の漏れ電流に基づく損失で，特に著しく汚損された部分以外はきわめてわずかである。そのほか変電所内設備では，変圧器および調相設備の損失などがある。

地中電線路では，導体の抵抗損のほか，金属シースに発生するシース損（渦電流損，シース回路損）および絶縁体中の誘電損がある。

補足　この問題では，電線の抵抗が断面積 1 mm²，長さ 1 m で与えられているので，抵抗率 ρ の単位は $[\Omega \cdot \text{mm}^2/\text{m}]$ となる。電線の断面積の単位を $[\text{m}^2]$ とすると，抵抗率 ρ の単位は次のようになる。

$$\rho = \frac{RS}{L} \quad \Rightarrow \quad \frac{\Omega \times \text{m}^2}{\text{m}} = \Omega \cdot \text{m}$$

令和 4 (2022)
令和 3 (2021)
令和 2 (2020)
令和元 (2019)
平成 30 (2018)
平成 29 (2017)
平成 28 (2016)
平成 27 (2015)
平成 26 (2014)
平成 25 (2013)
平成 24 (2012)
平成 23 (2011)
平成 22 (2010)
平成 21 (2009)
平成 20 (2008)

問 17 出題分野＜配電＞ 難易度 ★★★ 重要度 ★★★

　図のような系統構成の三相3線式配電線路があり，開閉器Sは開いた状態にある。各配電線のB点，C点，D点には図のとおり負荷が接続されており，各点の負荷電流はB点40A，C点30A，D点60A一定とし，各負荷の力率は100%とする。

　各区間のこう長はA-B間1.5km，B-S(開閉器)間1.0km，S(開閉器)-C間0.5km，C-D間1.5km，D-A間2.0kmである。

　ただし，電線1線当たりの抵抗は0.2Ω/kmとし，リアクタンスは無視するものとして，次の(a)及び(b)の問に答えよ。

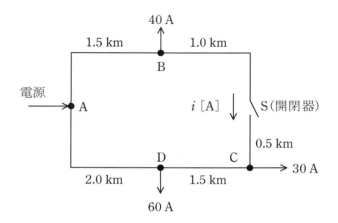

（a）　電源A点から見たC点の電圧降下の値[V]として，最も近いものを次の(1)～(5)のうちから一つ選べ。ただし，電圧は線間電圧とする。

（1）　41.6　　　（2）　45.0　　　（3）　57.2　　　（4）　77.9　　　（5）　90.0

（一部改題）

（b）　開閉器Sを投入した場合，開閉器Sを流れる電流 i の値[A]として，最も近いものを次の(1)～(5)のうちから一つ選べ。

（1）　20.0　　　（2）　25.4　　　（3）　27.5　　　（4）　43.8　　　（5）　65.4

令和 4 (2022)
令和 3 (2021)
令和 2 (2020)
令和 元 (2019)
平成 30 (2018)
平成 29 (2017)
平成 28 (2016)
平成 27 (2015)
平成 26 (2014)
平成 25 (2013)
平成 24 (2012)
平成 23 (2011)
平成 22 (2010)
平成 21 (2009)
平成 20 (2008)

問 17 （ a ）の解答　出題項目＜電圧降下＞　　答え（4）

A-D 間，D-C 間の 1 線当たりの抵抗は，

A-D 間：2.0[km]×0.2[Ω/km]＝0.4[Ω]

D-C 間：1.5[km]×0.2[Ω/km]＝0.3[Ω]

また，A-D 間には D 点と C 点の負荷電流の和が流れるので（キルヒホッフの第 1 法則），A-C 間の各部の抵抗と電流は，図 17-1 のようになる。

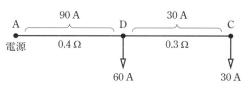

図 17-1　A-C 間の抵抗と電流

通常，三相回路の電圧降下 V_d[V]は，電流を I [A]，抵抗を R[Ω]，リアクタンスを X[Ω]，力率を $\cos\theta$ とすると，次式で表される。

$$V_d = \sqrt{3}\,I(R\cos\theta + X\sin\theta)$$

ただし，題意からリアクタンスは無視し，力率が 100 % なので，電圧降下の式は次のようになる。

$$V_d = \sqrt{3}\,IR$$

この式を用いて，A-D 間の電圧降下 V_{AD}，D-C 間の電圧降下 V_{DC} を求めると，

$$V_{AD} = \sqrt{3} \times 90 \times 0.4 \fallingdotseq 62.35\,[V]$$
$$V_{DC} = \sqrt{3} \times 30 \times 0.3 \fallingdotseq 15.59\,[V]$$

したがって，A-C 間の電圧降下 V_{AC} は，

$$V_{AC} = V_{AD} + V_{DC} = 62.35 + 15.59$$
$$= 77.94 \fallingdotseq 77.9\,[V]$$

問 17 （ b ）の解答　出題項目＜負荷電流・ループ電流＞　　答え（2）

A-B 間，B-S 間，S-C 間の 1 線当たりの抵抗は，

A-B 間：1.5[km]×0.2[Ω/km]＝0.3[Ω]

B-S 間：1.0[km]×0.2[Ω/km]＝0.2[Ω]

S-C 間：0.5[km]×0.2[Ω/km]＝0.1[Ω]

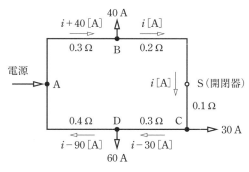

図 17-2　S を投入したときの各部の抵抗と電流

また，キルヒホッフの第 1 法則（電流則）により，分岐点での電流の流入と流出は等しくなる。このため，開閉器 S を流れる電流を i[A]とすると，A 点から B 点へ流れる電流は $i+40$[A]となる。同様に，C 点から D 点へは $i-30$[A]，D 点から A 点へは $i-90$[A]の電流が流れる。したがって，各部の抵抗と電流は，図 17-2 のようになる。

次に，この配電線路の各部の電圧降下を求める。A-B 間の電圧降下 V_{AB}，B-C 間の電圧降下 V_{BC}，C-D 間の電圧降下 V_{CD}，D-A 間の電圧降下 V_{DA} は，

$$V_{AB} = \sqrt{3} \times (i+40) \times 0.3\,[V]$$
$$V_{BC} = \sqrt{3} \times i \times (0.2+0.1)\,[V]$$
$$V_{CD} = \sqrt{3} \times (i-30) \times 0.3\,[V]$$
$$V_{DA} = \sqrt{3} \times (i-90) \times 0.4\,[V]$$

ここで，このループ（閉回路）を一周する電圧降下 V_{AA} を求める。この場合，キルヒホッフの第 2 法則（電圧則）により，ループを一巡したときの電圧降下は零になる。したがって，

$$V_{AA} = V_{AB} + V_{BC} + V_{CD} + V_{DA}$$
$$= \sqrt{3} \times (i+40) \times 0.3 + \sqrt{3} \times i \times 0.3$$
$$+ \sqrt{3} \times (i-30) \times 0.3 + \sqrt{3} \times (i-90) \times 0.4$$
$$= 0$$

これより，

$$0.3i + 12 + 0.3i + 0.3i - 9 + 0.4i - 36$$
$$= 1.3i - 33 = 0$$

$$\therefore\ i = \frac{33}{1.3} = 25.38 \fallingdotseq 25.4\,[A]$$

電力 令和元年度（2019年度）

A 問題 （配点は1問題当たり5点）

問1　出題分野＜水力発電＞　難易度 ★★☆　重要度 ★★☆

　我が国の水力発電所（又は揚水発電所）に用いられる水車（又はポンプ水車）及び発電機（又は発電電動機）に関する記述として，誤っているものを次の（1）～（5）のうちから一つ選べ。

（1）　ガイドベーン（案内羽根）は，その開度によってランナに流入する水の流量を変え，水車の出力を調整することができる水車部品である。

（2）　同一出力のフランシス水車を比較すると，一般に落差が高い地点に適用する水車の方が低い地点に適用するものより比速度が小さく，ランナの形状が扁平になる。

（3）　揚水発電所には，別置式，タンデム式，ポンプ水車式がある。発電機と電動機を共用し，同一軸に水車とポンプをそれぞれ直結した方式がポンプ水車式であり，水車の性能，ポンプの性能をそれぞれ最適に設計できるため，国内で建設される揚水発電所はほとんどこの方式である。

（4）　水車発電機には突極形で回転界磁形の三相同期発電機が主に用いられている。落差を有効に利用するために，水車を発電機の下方に直結した立軸形にすることも多い。

（5）　調速機は水車の回転速度を一定に保持する機能を有する装置である。また，自動電圧調整器は出力電圧の大きさを一定に保持する機能を有する装置である。

問1の解答　出題項目＜水車関係，揚水発電＞　　　答え　（3）

（1）　正。ガイドベーンは案内羽根とも呼ばれ，ランナの外周に通常十数個配列されている。ガイドベーンはリンク機構によりその取付角度を可変できるようになっており，開口面積を調整して流入水量を調節する。

（2）　正。比速度の式からもわかるように，同一出力であれば落差が高いほど比速度は小さくなる。また，比速度が小さいほどランナ径に対して流路幅が狭くなるので扁平な形状となる。

補足　比速度 N_s は，水車の回転速度を N $[\mathrm{min}^{-1}]$，ランナ1個当たりの出力を $P[\mathrm{kW}]$，有効落差を $H[\mathrm{m}]$ として，次式で表される。

$$N_s = N\frac{\sqrt{P}}{H^{\frac{5}{4}}}$$

（3）　誤。揚水発電所を機械形式上で分類すると，**図 1-1** のようになる。

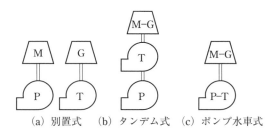

（a）別置式　（b）タンデム式　（c）ポンプ水車式

M：電動機，G：発電機，P：ポンプ，T：水車
M-G：発電電動機，P-T：ポンプ水車

図 1-1　揚水発電所の分類

（a）　別置式は，水車と発電機で構成される発電専用機とは別に，ポンプと電動機で構成される揚水専用機を設置する方式である。

（b）　タンデム式は，発電電動機（発電機と電動機を共用したもの）とポンプおよび水車を同一軸に結合した方式である。

（c）　ポンプ水車式は，水車としてもポンプとしても利用できる**ポンプ水車と発電電動機を直結した方式**である。ポンプ水車式は揚水発電所の主機を少なくでき，経済性に優れているので広く採用されている。ただし，ポンプ水車は1台でポンプと水車の性能を持つので，それぞれの性能は**最適設計とならない**。

（4）　正。水車発電機は回転速度が低く回転子直径を大きくできるので，極数の多い突極形の回転子が使用される。また，立軸形は据付け面積が少なくてすみ，かつ落差を有効に利用できるので大型機に適している。

（5）　正。調速機は負荷の変動にかかわらず水車の回転数を一定に保つよう，水車への流入水量を調節する装置である。また，定常運転時に発電機電圧を一定に保持するためと，負荷遮断など電圧急変時の速やかな電圧回復を図るために，自動電圧調整器が設置される。

問2　出題分野＜水力発電＞　　難易度 ★★★　重要度 ★★★

　次の文章は，水車の構造と特徴についての記述である。

　　(ア)　を持つ流水がランナに流入し，ここから出るときの反動力により回転する水車を反動水車という。　(イ)　は，ケーシング（渦形室）からランナに流入した水がランナを出るときに軸方向に向きを変えるように水の流れをつくる水車である。一般に，落差 40 m〜500 m の中高落差用に用いられている。

　プロペラ水車ではランナを通過する流水が軸方向である。ランナには扇風機のような羽根がついている。流量が多く低落差の発電所で使用される。　(ウ)　はプロペラ水車の羽根を可動にしたもので，流量の変化に応じて羽根の角度を変えて効率がよい運転ができる。

　一方，水の落差による　(ア)　を　(エ)　に変えてその流水をランナに作用させる構造のものが衝動水車である。　(オ)　は，水圧管路に導かれた流水が，ノズルから噴射されてランナバケットに当たり，このときの衝動力でランナが回転する水車である。高落差で流量の比較的少ない地点に用いられる。

　上記の記述中の空白箇所(ア)，(イ)，(ウ)，(エ)及び(オ)に当てはまる組合せとして，正しいものを次の(1)〜(5)のうちから一つ選べ。

	(ア)	(イ)	(ウ)	(エ)	(オ)
(1)	圧力水頭	フランシス水車	カプラン水車	速度水頭	ペルトン水車
(2)	速度水頭	ペルトン水車	フランシス水車	圧力水頭	カプラン水車
(3)	圧力水頭	カプラン水車	ペルトン水車	速度水頭	フランシス水車
(4)	速度水頭	フランシス水車	カプラン水車	圧力水頭	ペルトン水車
(5)	圧力水頭	ペルトン水車	フランシス水車	速度水頭	カプラン水車

問3　出題分野＜汽力発電＞　　難易度 ★★★　重要度 ★★★

汽力発電所における熱効率向上方法として，正しいものを次の(1)〜(5)のうちから一つ選べ。
(1)　タービン入口蒸気として，極力，温度が低く，圧力が低いものを採用する。
(2)　復水器の真空度を高くすることで蒸気はタービン内で十分に膨張して，タービンの羽根車に大きな回転力を与える。
(3)　節炭器を設置し，排ガス温度を上昇させる。
(4)　高圧タービンから出た湿り飽和蒸気をボイラで再熱させないようにする。
(5)　高圧及び低圧のタービンから蒸気を一部取り出し，給水加熱器に導いて給水を加熱させ，復水器に捨てる熱量を増加させる。

問 2 の解答　　出題項目＜水車関係＞　　答え（1）

　水車は，水の保有するエネルギーを機械的仕事に変える回転機械である。現在，発電に使用されている水車は反動水車と衝動水車に大別される。

　反動水車は，**圧力水頭**を持つ流水をランナに作用させる水車である。この水車には，流水が半径方向に流入し，ランナ内において軸方向に向きを変えて流出する構造の**フランシス水車**，ランナを通過する流水の方向が斜めになる斜流水車，ランナを通過する流水が軸方向に流れるプロペラ水車がある。

　なお，プロペラ水車は水を受けるランナ羽根が固定であるが，これを出力変化に応じて角度を変えられるようにしたのが**カプラン水車**である。

　衝動水車は，落差の**圧力水頭**を**速度水頭**に変えた流水を，大気中においてランナに作用させる水車である。この水車には**ペルトン水車**があり，ノ

ズルから流出する噴射水（ジェット）をバケットに作用させる構造をしている。

解説

　フランシス水車は横軸，立軸いずれも採用でき，構造も簡単なので最も多く使用されている。その特徴は次のとおりである。

　①　適用落差の範囲は 50〜500 m と広く，容量も小容量から大容量のものを製作できる。

　②　吸出し管により，落差を有効に利用できる。

　③　最高効率は高いが，部分負荷や低落差領域など，定格点から離れた運転では効率低下が著しい。

　④　ペルトン水車に比べて，高落差での比速度を大きくとれる。

問 3 の解答　　出題項目＜熱サイクル・熱効率，タービン関係，ボイラ関係，復水器＞　　答え（2）

　（1）　誤。汽力発電の基本サイクルであるランキンサイクルでは，**蒸気の温度と圧力を上げるほど熱効率が良くなる**。

　（2）　正。復水器圧力を低く（真空度を高く）するほどタービンの入口と出口の圧力差が大きくなる。これによりタービン内の蒸気が十分膨張できるので，熱効率が良くなる。

　（3）　誤。節炭器は排ガスの余熱を利用してボイラ給水を加熱することにより，ボイラ効率を高める装置である。したがって，節炭器を設置すると**排ガス温度は下がる**。

　（4）　誤。蒸気タービンで使用する蒸気は過熱蒸気であるが，膨張して仕事をすると温度が低下して飽和蒸気（湿り蒸気）になる。飽和蒸気は，摩擦を増加させ効率が低下するとともにタービンの腐食の原因となる。これを防ぐため，蒸気タービ

ンの膨張過程の**蒸気をボイラで再熱して，再びタービンに送り返して残りの膨張を行わせる**。これを再熱サイクルという。

　（5）　誤。ランキンサイクルでは，復水器で蒸発熱を放出するので，冷却水に与える熱量が多く，このための熱損失が多い。これを軽減するため，蒸気の一部を途中から抽出して給水の加熱に使用して，この蒸発熱を回収する。これにより**復水器に捨てる熱量が減少する**。これを再生サイクルという。

解説

　汽力発電所における熱効率向上対策として，さらに空気予熱器が使用される。空気予熱器は，節炭器を出た排ガスの熱を回収して，ボイラの燃焼用空気を予熱する装置である。これにより，ボイラ効率および燃焼効率が高まる。

令和4 (2022) 令和3 (2021) 令和2 (2020) 令和元 (2019) 平成30 (2018) 平成29 (2017) 平成28 (2016) 平成27 (2015) 平成26 (2014) 平成25 (2013) 平成24 (2012) 平成23 (2011) 平成22 (2010) 平成21 (2009) 平成20 (2008)

| 問 4 | 出題分野＜原子力発電＞ | 難易度 ★★★ | 重要度 ★★★ |

1 g のウラン 235 が核分裂し，0.09 ％ の質量欠損が生じたとき，これにより発生するエネルギーと同じだけの熱量を得るのに必要な石炭の質量の値[kg]として，最も近いものを次の（1）～（5）のうちから一つ選べ。

ただし，石炭の発熱量は 2.51×10^4 kJ/kg とし，光速は 3.0×10^8 m/s とする。

（1）　16　　　　（2）　80　　　　（3）　160　　　　（4）　3 200　　　　（5）　48 000

問4の解答　　出題項目＜核分裂エネルギー＞　　　　　　答え　(4)

　核分裂では，分裂前の原子核の質量よりも，分裂後の原子核と中性子の質量の総和がわずかに大きくなる。この差を質量欠損といい，質量がエネルギーに変換されたものである。質量欠損を m [kg]，光速を c[m/s]とすると，核分裂によって放出されるエネルギー E[J]は次式で求められる。

$$E = mc^2$$

　1gのウラン235の質量欠損が0.09%の場合は，

$$m = 1 \times 10^{-3} \times \frac{0.09}{100} = 9 \times 10^{-7} [\text{kg}]$$

なので，放出エネルギー E[J]は，

$$E = mc^2 = 9 \times 10^{-7} \times (3 \times 10^8)^2$$
$$= 8.1 \times 10^{10} [\text{J}]$$

　一方，質量 m_c[kg]の石炭が燃焼することによる発熱量 E_c[J]は，

$$E_c = m_c \times 2.51 \times 10^4 \times 10^3$$
$$= 2.51 \times 10^7 \times m_c [\text{J}]$$

　放出エネルギーと発熱量が等しい（$E = E_c$）ので，

$$8.1 \times 10^{10} = 2.51 \times 10^7 \times m_c$$

$$\therefore \ m_c = \frac{8.1 \times 10^{10}}{2.51 \times 10^7} \doteqdot 3\,220 [\text{kg}]$$

解説

　原子は中心に原子核があり，その周りを負の電荷を持つ電子が運動している。原子核は正の電荷を持つ陽子と，電気的に中性の中性子から構成され，核力によりこれらの粒子は強く結合されている。原子核を構成する陽子と中性子の個数の和を質量数という。また，陽子の個数を原子番号という。原子番号は同じであるが質量数の異なる原子を同位体または同位元素という。原子番号92のウランで天然に存在するものには，図4-1のように質量数が234，235，238の3種類がある。

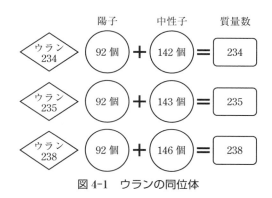

図4-1　ウランの同位体

　このうち，軽水炉で使用する燃料はウラン235であるが，天然ウランの中に0.7%程度しか含まれていない。このため，燃料としては3〜5%程度に濃縮したものを使用する。また，天然ウランの大部分を占めるウラン238に中性子を吸収させることで，核分裂性物質のプルトニウム239を生成することができる。

令和4 (2022)
令和3 (2021)
令和2 (2020)
令和元 (2019)
平成30 (2018)
平成29 (2017)
平成28 (2016)
平成27 (2015)
平成26 (2014)
平成25 (2013)
平成24 (2012)
平成23 (2011)
平成22 (2010)
平成21 (2009)
平成20 (2008)

問5 出題分野＜汽力発電＞ 難易度 ★★★ 重要度 ★★★

　ガスタービンと蒸気タービンを組み合わせたコンバインドサイクル発電に関する記述として，誤っているものを次の（1）～（5）のうちから一つ選べ。

（1） 燃焼用空気は，空気圧縮機，燃焼器，ガスタービン，排熱回収ボイラ，蒸気タービンを経て，排ガスとして煙突から排出される。

（2） ガスタービンを用いない同容量の汽力発電に比べて，起動停止時間が短く，負荷追従性が高い。

（3） ガスタービンを用いない同容量の汽力発電に比べて，復水器の冷却水量が少ない。

（4） ガスタービン入口温度が高いほど熱効率が高い。

（5） 部分負荷に対応するための，単位ユニットの運転台数の増減が可能なため，部分負荷時の熱効率の低下が小さい。

問6 出題分野＜変電＞ 難易度 ★★★ 重要度 ★★★

ガス絶縁開閉装置に関する記述として，誤っているものを次の（1）～（5）のうちから一つ選べ。

（1） ガス絶縁開閉装置の充電部を支持するスペーサにはエポキシ等の樹脂が用いられる。

（2） ガス絶縁開閉装置の絶縁ガスは，大気圧以下のSF_6ガスである。

（3） ガス絶縁開閉装置の金属容器内部に，金属異物が混入すると，絶縁性能が低下することがあるため，製造時や据え付け時には，金属異物が混入しないよう，細心の注意が払われる。

（4） 我が国では，ガス絶縁開閉装置の保守や廃棄の際，絶縁ガスの大部分は回収されている。

（5） 絶縁性能の高いガスを用いることで装置を小形化でき，気中絶縁の装置を用いた変電所と比較して，変電所の体積と面積を大幅に縮小できる。

問5の解答　　出題項目＜コンバインドサイクル＞　　　　答え （1）

（1）　誤。コンバインドサイクル発電の燃焼用空気の流れは，図5-1のように空気圧縮機，燃焼器，ガスタービン，排熱回収ボイラを経て，排ガスとして煙突から排出されるので，**蒸気タービンは通らない**。蒸気タービンには，排熱回収ボイラで発生させた蒸気が送られる。

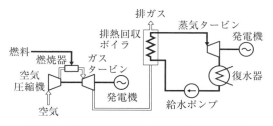

図5-1　コンバインドサイクル（排熱回収式）

（2）　正。コンバインドサイクルはガスタービンを使用しているので，短時間での起動停止が可能である。また，負荷変化率が大きくとれるので（約5%/分）負荷追従性がよい。

（3）　正。同じ容量であれば，ガスタービンの分だけ復水器の冷却水量が少なくなる。

（4）　正。コンバインドサイクルの熱効率を上げるには，ガスタービン入口のガス温度を上昇させて入熱量を大きくすればよい。これにより，蒸気タービンへの入熱量も大きくなり熱効率が向上する。

（5）　正。ガスタービンと蒸気タービンを組合わせたコンバインドサイクルの単位ユニットが多数あれば，負荷に応じて単位ユニットの運転台数の増減が可能になる。これにより，部分負荷でも単位ユニットを定格状態で運転できるので，熱効率の低下が小さい。

問6の解答　　出題項目＜開閉装置＞　　　　答え （2）

（1）　正。ガス絶縁開閉装置には母線などの充電部が収納されているが，これらの充電部はスペーサと呼ばれる絶縁物で支持されている。スペーサは通常，エポキシ樹脂などの注型により製作される。

（2）　誤。ガス絶縁開閉装置で使用する絶縁ガスは，無害で絶縁性能や消弧性能に優れた不活性ガスのSF_6（六フッ化硫黄）ガスである。SF_6ガスは圧力が高いほど絶縁性能が高く，0.2〜0.3 MPa程度で絶縁油と同等になる。ガス絶縁開閉装置では，通常0.5 MPa程度の圧力で使用するので，**大気圧以下では使用しない**。

（3）　正。ガス絶縁開閉装置の容器内部に金属異物が存在すると，金属異物の先端で部分放電が発生し，最悪の場合には絶縁破壊するおそれがある。したがって，組立てや運搬，据え付け，内部点検の際に金属異物が混入しないように細心の注意が必要である。

（4）　正。SF_6ガスは優れた絶縁性能を持つ反面，温室効果ガスとしての性質があるので，フロン系のガスとともに排出削減目標の対象ガスとなっている。このため，開放点検時や廃棄時に

は，回収装置を使用してほとんどのSF_6ガスを回収して再利用を行っている。

（5）　正。SF_6ガスの優れた絶縁性能により，従来の気中絶縁開閉装置に比べて機器面積で約10〜15%，機器体積で約3〜7%程度と大幅に縮小化できる。

解説

ガス絶縁開閉装置を使用すると気中絶縁開閉装置に比べて大幅に省スペース化が図れるが，これ以外にも次のような長所がある。

①　充電部が完全に接地された金属容器内に収納されているので，外部環境の影響を受けない。このため，汚損や劣化がほとんどなく保守点検が簡単で，長期間にわたり高信頼性が確保できる。

②　充電部が完全に接地された金属容器内に収納されているので，感電のおそれがなく，安全性に優れている。

③　工場でユニットを組み立てて輸送できるので，現地での据付け工期が大幅に短縮できる。

④　外観がシンプルなので，環境との調和を取りやすい。

令和4 (2022)
令和3 (2021)
令和2 (2020)
令和元 (2019)
平成30 (2018)
平成29 (2017)
平成28 (2016)
平成27 (2015)
平成26 (2014)
平成25 (2013)
平成24 (2012)
平成23 (2011)
平成22 (2010)
平成21 (2009)
平成20 (2008)

問7 出題分野＜変電＞　　　　　難易度 ★★★　重要度 ★★★

次の文章は，変電所の主な役割と用途上の分類に関する記述である。

変電所は，主に送電効率向上のための昇圧や需要家が必要とする電圧への降圧を行うが，進相コンデンサや　(ア)　などの調相設備や，変圧器のタップ切り換えなどを用い，需要地における負荷の変化に対応するための　(イ)　調整の役割も担っている。また，送変電設備の局所的な過負荷運転を避けるためなどの目的で，開閉装置により系統切り換えを行って　(ウ)　を調整する。さらに，送電線において，短絡又は地絡事故が生じた場合，事故回線を切り離すことで事故の波及を防ぐ系統保護の役割も担っている。

変電所は，用途の面から，送電用変電所，配電用変電所などに分類されるが，東日本と西日本の間の連系に用いられる　(エ)　や北海道と本州の間の連系に用いられる　(オ)　も変電所の一種として分類されることがある。

上記の記述中の空白箇所（ア），（イ），（ウ），（エ）及び（オ）に当てはまる組合せとして，正しいものを次の（1）～（5）のうちから一つ選べ。

	(ア)	(イ)	(ウ)	(エ)	(オ)
(1)	分路リアクトル	電圧	電力潮流	周波数変換所	電気鉄道用変電所
(2)	負荷開閉器	周波数	無効電力	自家用変電所	中間開閉所
(3)	分路リアクトル	電圧	電力潮流	周波数変換所	交直変換所
(4)	負荷時電圧調整器	周波数	無効電力	自家用変電所	電気鉄道用変電所
(5)	負荷時電圧調整器	周波数	有効電力	中間開閉所	交直変換所

令和4 (2022)
令和3 (2021)
令和2 (2020)
令和元 (2019)
平成30 (2018)
平成29 (2017)
平成28 (2016)
平成27 (2015)
平成26 (2014)
平成25 (2013)
平成24 (2012)
平成23 (2011)
平成22 (2010)
平成21 (2009)
平成20 (2008)

問7の解答　　出題項目＜変電所，調相設備＞　　　　　　答え　（3）

●変電所の役割

変電所には，高電圧で送られてきた電気を降圧，あるいは昇圧して，送電線や配電線に送り出す役割がある。しかし，変電所には電圧変換以外にも次のような役割がある。

① 電圧調整

負荷は常に一定ではなく変動するので，これに伴い電圧も変動する。このため，送受電端電圧を一定に保持するために，**電圧**を調整する役割がある。

電圧調整には，調相設備を使用して無効電力を制御する方法や負荷時タップ切り替え変圧器のタップを切り換える方法がある。なお，調相設備には，進相コンデンサや**分路リアクトル**，静止形無効電力補償装置（SVC）などがある。

② 電力潮流調整

電力系統の効率的な運用のため，あるいは送配電線や変圧器の過負荷防止などのために，開閉装置により系統切り換えを行って**電力潮流**を調整する役割がある。

なお，電力潮流とは電力系統内の有効電力および無効電力の流れを総称したものである。

③ 系統保護

電力系統を構成する設備や送配電線に事故が発生した場合に，保護リレーと遮断器で事故箇所を切り離す。これにより，健全箇所を安定に保ち，また，事故の継続による被害を最小限にする役割がある。

●変電所の種類

変電所を用途により分類すると，送電用変電所と配電用変電所がある。さらに，次のような変電所もある。

① 周波数変換所

日本の電力周波数は，富士川を境に東日本は50 Hz，西日本は60 Hzと異なっている。このため，双方の電力を融通しあうためには，送電線の接続箇所において周波数の調整を行う必要があり，この調整所を**周波数変換所**という。

② 交直変換所

直流で系統連系する場合や直流送電の場合には，交流を直流に，あるいは直流を交流に変換する必要がある。このような変電所を**交直変換所**という。

問8　出題分野＜変電＞　難易度 ★★★　重要度 ★★★

　図1のように，定格電圧66 kVの電源から三相変圧器を介して二次側に遮断器が接続された三相平衡系統がある。三相変圧器は定格容量7.5 MV·A，変圧比66 kV/6.6 kV，百分率インピーダンスが自己容量基準で9.5 %である。また，三相変圧器一次側から電源側をみた百分率インピーダンスは基準容量10 MV·Aで1.9 %である。過電流継電器（OCR）は変流比1 000 A/5 Aの計器用変流器（CT）の二次側に接続されており，整定タップ電流値5 A，タイムレバー位置1に整定されている。図1のF点で三相短絡事故が発生したとき，過電流継電器の動作時間[s]として，最も近いものを次の（1）～（5）のうちから一つ選べ。

　ただし，三相変圧器二次側からF点までのインピーダンス及び負荷は無視する。また，過電流継電器の動作時間は図2の限時特性に従い，計器用変流器の磁気飽和は考慮しないものとする。

（1）　0.29　　　　（2）　0.34　　　　（3）　0.38　　　　（4）　0.46　　　　（5）　0.56

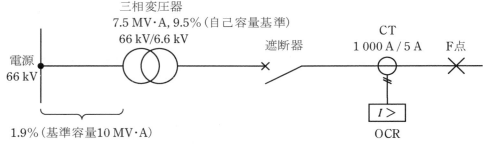

図1　系統図

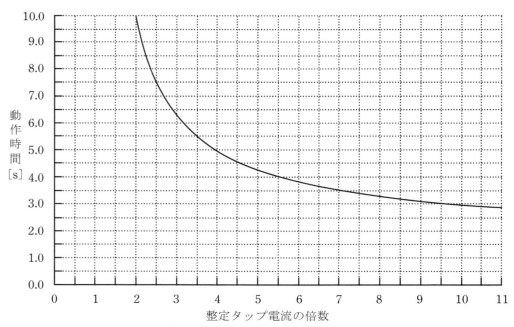

図2　過電流継電器の限時特性（タイムレバー位置10）

問 8 の解答　　出題項目＜短絡故障＞　　　　　答え　（3）

● F 点の短絡電流

変圧器容量である 7.5 MV・A を基準容量とする。

電源側の百分率インピーダンス 1.9 %（10 MV・A 基準）を基準容量（7.5 MV・A）に変換すると，

$$1.9 \times \frac{7.5}{10} = 1.425 [\%]$$

変圧器は基準容量なので与えられた数値を使用すると，F 点から電源側の合成の百分率インピーダンス %Z は，

$$\%Z = 1.425 + 9.5 = 10.925 [\%]$$

基準電流 I_n は，

$$I_n = \frac{7.5 \times 10^6}{\sqrt{3} \times 6.6 \times 10^3} \fallingdotseq 656 [A]$$

したがって，F 点の短絡電流 I_s は，

$$I_s = \frac{100}{\%Z} \times I_n = \frac{100}{10.925} \times 656 \fallingdotseq 6\,005 [A]$$

CT 比が 1 000 A/5 A なので，短絡時の OCR 入力電流は，

$$I_s \times \frac{5}{1\,000} = 6\,005 \times \frac{5}{1\,000} \fallingdotseq 30 [A]$$

●動作時間

整定タップ電流値が 5 A なので，特性図の横軸は，

$$整定タップ電流の倍数 = \frac{30}{5} = 6 [倍]$$

このとき，縦軸の動作時間は 3.8 秒である。ただし，この特性図はタイムレバーが 10 の場合なので，タイムレバー 1（整定値）の動作時間は，

$$動作時間 = 3.8 \times \frac{1}{10} = 0.38 [s]$$

解説

基準容量を 10 MV・A にした場合の例を以下に示す。

変圧器の百分率インピーダンスを 10 MV・A に換算すると，

$$9.5 \times \frac{10}{7.5} \fallingdotseq 12.67 [\%]$$

F 点から電源側の合成の百分率インピーダンスは %Z′ は，

$$\%Z' = 12.67 + 1.9 = 14.57 [\%]$$

基準電流 I_n'[Z] は，

$$I_n' = \frac{10 \times 10^6}{\sqrt{3} \times 6.6 \times 10^3} \fallingdotseq 875 [A]$$

したがって，F 点の短絡電流 I_s'[A] は，

$$I_s' = \frac{100}{\%Z'} \times I_n' = \frac{100}{14.57} \times 875 \fallingdotseq 6\,005 [A]$$

となって，解答の I_s と同じ値になることがわかる。

令和4(2022) 令和3(2021) 令和2(2020) 令和元(2019) 平成30(2018) 平成29(2017) 平成28(2016) 平成27(2015) 平成26(2014) 平成25(2013) 平成24(2012) 平成23(2011) 平成22(2010) 平成21(2009) 平成20(2008)

問9　出題分野＜送電＞

難易度 ★★★　重要度 ★★★

架空送電線路の構成部品に関する記述として，誤っているものを次の(1)～(5)のうちから一つ選べ。

(1) 鋼心アルミより線は，アルミ線を使用することで質量を小さくし，これによる強度の不足を，鋼心を用いることで補ったものである。

(2) 電線の微風振動やギャロッピングを抑制するために，電線にダンパを取り付け，振動エネルギーを吸収する方法がとられる。

(3) がいしは，電線と鉄塔などの支持物との間を絶縁するために使用する。雷撃などの異常電圧による絶縁破壊は，がいし内部で起こるように設計されている。

(4) 送電線やがいしを雷撃などの異常電圧から保護するための設備に架空地線がある。架空地線には，光ファイバを内蔵し電力用通信線として使用されるものもある。

(5) 架空送電線におけるねん架とは，送電線各相の作用インダクタンスと作用静電容量を平衡させるために行われるもので，ジャンパ線を用いて電線の配置を入れ替えることができる。

令和
4
(2022)

令和
3
(2021)

令和
2
(2020)

令和
元
(2019)

平成
30
(2018)

平成
29
(2017)

平成
28
(2016)

平成
27
(2015)

平成
26
(2014)

平成
25
(2013)

平成
24
(2012)

平成
23
(2011)

平成
22
(2010)

平成
21
(2009)

平成
20
(2008)

| 問 9 の解答 | 出題項目＜架空送電線，電線の振動，誘導障害，雷害対策＞ | 答え　（3） |

（1）　正。鋼心アルミより線（ACSR）は亜鉛メッキ鋼線を中心に配置し，その周囲を硬アルミ線でより合わせた電線である。

アルミニウムの導電率は銅の約 61 %，重さは約 30 % である。したがって，銅線と同じ抵抗にするには銅線より大きい断面積を必要とするが，それでもまだ軽く，しかも鋼線によって引張り強さは大きくなるので，鉄塔間隔を長くできて経済的である。

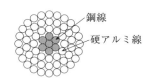

図 9-1　鋼心アルミより線の断面構造

（2）　正。微風振動による素線切れ，ギャロッピングによる短絡事故などを防止するために，ダンパを設置する。ダンパは振動エネルギーを吸収するので，振動の軽減効果がある。

（3）　誤。がいしは，電線を支持物から絶縁するために使用するが，雷などによるフラッシオーバ（絶縁破壊）を完全になくすことは難しい。しかし，がいし表面での放電はがいし自身の損傷につながるので，**放電はがいし外部で起こるようにしている**。

そのため，がいしの両端にアークホーンを設置し，フラッシオーバが発生してもアークホーン間で放電するようにしている。

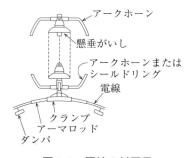

図 9-2　電線の付属品

（4）　正。架空地線は送電線や配電線の上部に電線を遮へいするように敷設された金属線であり，支持物を通じて接地されている。架空地線は，線路への直撃雷の防止，誘導雷サージの低減，電磁誘導障害の軽減などの目的で設置される。

最近は，この架空地線の内部に光ファイバを挿入した OPGW と呼ばれる架空地線が多く使用されている。光ファイバは落雷や送電線電圧による誘導の影響を受けないので，安定した通信ができ，かつ，架空地線の内部に収容できるので新たな工事が必要ない。

（5）　正。インダクタンスや静電容量は，電線相互の配置によって変化する。そのため，三相 3 線式の架空電線路では，各相の電線を等距離に配置しないと，各相によって線路定数に違いが生じてしまう。そこで**図 9-3** のように，ある区間ごとに各相の線路の配置替えを行い，各相の線路定数がなるべく同じになるようにする。これをねん架という。

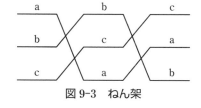

図 9-3　ねん架

問 10　出題分野＜送電＞　難易度 ★★★　重要度 ★★★

次の文章は，コロナ損に関する記述である。

送電線に高電圧が印加され，　(ア)　がある程度以上になると，電線からコロナ放電が発生する。コロナ放電が発生するとコロナ損と呼ばれる電力損失が生じる。そこで，コロナ放電の発生を抑えるために，電線の実効的な直径を　(イ)　するために　(ウ)　する，線間距離を　(エ)　する，などの対策がとられている。コロナ放電は，気圧が　(オ)　なるほど起こりやすくなる。

上記の記述中の空白箇所(ア)，(イ)，(ウ)，(エ)及び(オ)に当てはまる組合せとして，正しいものを次の(1)～(5)のうちから一つ選べ。

	(ア)	(イ)	(ウ)	(エ)	(オ)
(1)	電流密度	大きく	単導体化	大きく	低く
(2)	電線表面の電界強度	大きく	多導体化	大きく	低く
(3)	電流密度	小さく	単導体化	小さく	高く
(4)	電線表面の電界強度	小さく	単導体化	大きく	低く
(5)	電線表面の電界強度	大きく	多導体化	小さく	高く

問 11　出題分野＜地中送電＞　難易度 ★★★　重要度 ★★★

我が国の電力ケーブルの布設方式に関する記述として，誤っているものを次の(1)～(5)のうちから一つ選べ。

(1) 直接埋設式には，掘削した地面の溝に，コンクリート製トラフなどの防護物を敷き並べて，防護物内に電力ケーブルを引き入れてから埋設する方式がある。

(2) 管路式には，あらかじめ管路及びマンホールを埋設しておき，電力ケーブルをマンホールから管路に引き入れ，マンホール内で電力ケーブルを接続して布設する方式がある。

(3) 暗きょ式には，地中に洞道を構築し，床上や棚上あるいはトラフ内に電力ケーブルを引き入れて布設する方式がある。電力，電話，ガス，上下水道などの地下埋設物を共同で収容するための共同溝に電力ケーブルを布設する方式も暗きょ式に含まれる。

(4) 直接埋設式は，管路式，暗きょ式と比較して，工事期間が短く，工事費が安い。そのため，将来的な電力ケーブルの増設を計画しやすく，ケーブル線路内での事故発生に対して復旧が容易である。

(5) 管路式，暗きょ式は，直接埋設式と比較して，電力ケーブル条数が多い場合に適している。一方，管路式では，電力ケーブルを多条数布設すると送電容量が著しく低下する場合があり，その場合には電力ケーブルの熱放散が良好な暗きょ式が採用される。

令和
4
(2022)

令和
3
(2021)

令和
2
(2020)

令和
元
(2019)

平成
30
(2018)

平成
29
(2017)

平成
28
(2016)

平成
27
(2015)

平成
26
(2014)

平成
25
(2013)

平成
24
(2012)

平成
23
(2011)

平成
22
(2010)

平成
21
(2009)

平成
20
(2008)

問10 の解答　出題項目＜コロナ＞　　答え　（2）

　空気の絶縁耐力には限界があり，気温20℃，気圧1013 hPaの標準状態において，波高値で約30 kV/cm，実効値で約21 kV/cmの電界強度に達すると空気の絶縁は失われる。

　架空送電線は絶縁を施さない裸電線を使用しており，その絶縁は空気に頼っているため，**電線表面の電界強度**がこの値を超えると，電線表面から放電がはじまる。これをコロナ放電と呼ぶ。

　細い電線は表面の曲率がきついので，電界が集中してコロナ放電が発生しやすい。したがって，太い電線を使用するか，等価的な電線直径を**大きく**するために電線を**多導体化**すれば，電界強度が小さくなってコロナ放電を抑えられる。

　また，電線の太さが同じであれば，線間距離が小さいほどコロナ放電が発生しやすいので，線間距離を**大きく**すればコロナ放電を抑えられる。

　コロナ放電は，気圧が**低く**なるほど発生しやすくなる。

> **解説** ⋯⋯⋯⋯⋯⋯⋯⋯⋯⋯⋯⋯⋯⋯⋯⋯⋯

　コロナが発生する最小の電圧をコロナ臨界電圧といい，これが低いほどコロナは発生しやすい。コロナ臨界電圧E_0は次式で求められる。

$$E_0 = 48.8 m_0 m_1 \delta^{\frac{2}{3}} \left(1 + \frac{0.301}{\sqrt{r\delta}} \right) r \log_{10} \frac{D}{r} \,[\mathrm{kV}]$$

　ただし，m_0：電線の表面係数（みがかれた単線1.0，7本より線0.85），m_1：天候係数（晴天時1.0，雨天時0.8），r：電線の半径[cm]，D：線間距離[cm]，δ：相対空気密度（気圧1013 hPa，気温20℃で1.0）である。

問11 の解答　出題項目＜布設方式＞　　答え　（4）

　（1）　正。直接埋設式には，図11-1（a）のように幅200〜350 mm程度の鉄筋コンクリート製トラフなどを布設し，その中にケーブルを収納する方式がある。低圧または高圧線路で車両その他の圧力を受けるおそれのない場所では，ケーブル上部を堅牢な板または樋（とい）で覆って布設することによりトラフを省略することもできる。

　（2）　正。管路式は，図11-1（b）のように鉄筋コンクリート管，鋼管，合成樹脂管などの管を埋設し，所定の長さごとにマンホールを設けておいて，ケーブルはマンホールから引き入れて接続する方式である。

　（3）　正。暗きょ式は，図11-1（c）のようにコンクリート造りの暗きょ（洞道）の中に，支持金具などでケーブルを布設する方式である。なお，共同溝は暗きょ式の一種で，電力，電話，ガス，上下水道などを共同の地下溝に布設するものである。

　（4）　誤。直接埋設式は，管路式，暗きょ式に比べて工事期間が短く，工事費が安い。しかし，ケーブル布設の都度地面を掘削する必要があるので，**増設の見込みの少ない場所に採用される**。また，ケーブルが直接埋設されているので，**事故時の復旧作業には時間がかかる**。

　（5）　正。直接埋設式は布設条数が少ないので，ケーブル条数が多い場合は管路式や暗きょ式が適している。しかし，管路式はケーブルを管路内に布設するので熱放散が悪く，ケーブル条数の増加に伴い許容電流の減少が大きい。その場合は，熱放散が良好な暗きょ式が採用される。

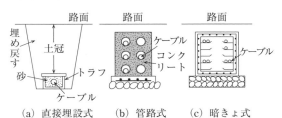

（a）直接埋設式　　（b）管路式　　（c）暗きょ式

図11-1　電力ケーブル布設方式

問 12　出題分野＜配電＞　難易度 ★★★　重要度 ★★★

配電線路に用いられる電気方式に関する記述として，誤っているものを次の(1)～(5)のうちから一つ選べ。

(1)　単相2線式は，一般住宅や商店などに配電するのに用いられ，低圧側の1線を接地する。

(2)　単相3線式は，変圧器の低圧巻線の両端と中点から合計3本の線を引き出して低圧巻線の両端から引き出した線の一方を接地する。

(3)　単相3線式は，変圧器の低圧巻線の両端と中点から3本の線で2種類の電圧を供給する。

(4)　三相3線式は，高圧配電線路と低圧配電線路のいずれにも用いられる方式で，電源用変圧器の結線には一般的にΔ結線とV結線のいずれかが用いられる。

(5)　三相4線式は，電圧線の3線と接地した中性線の4本の線を用いる方式である。

令和 **4** (2022)
令和 **3** (2021)
令和 **2** (2020)
令和 **元** (2019)
平成 **30** (2018)
平成 **29** (2017)
平成 **28** (2016)
平成 **27** (2015)
平成 **26** (2014)
平成 **25** (2013)
平成 **24** (2012)
平成 **23** (2011)
平成 **22** (2010)
平成 **21** (2009)
平成 **20** (2008)

問 12 の解答　　出題項目＜電気方式＞　　　　　　　答え　（2）

配電線路の電気方式では，どの方式においても高低圧混触時に低圧側の電圧上昇を抑えるという保安上の理由から，1 線または中性線が接地される。

（1）　正。単相 2 線式は，**図 12-1（a）**のように電線 2 本で配電するもので，工事や保守が簡単な方式である。低圧側の 1 線は接地される。

（2）　誤。単相 3 線式は，電源の単相変圧器の中点から中性線を引き出し，両外線の電圧線と合わせて電線 3 本で配電する。**接地するのは，図 12-1（b）のように中性線である。**

（3）　正。単相 3 線式は，図 12-1（b）のように中性線と両外線の間の電圧が 100 V，両外線間の電圧が 200 V である。

（4）　正。三相 3 線式は，高圧配電線路と低圧配電線路のいずれにも用いられる。電源変圧器の結線は図 12-1（c）の Δ 結線と，図 12-1（d）の V 結線とがある。どちらも低圧側の 1 線は接地される。なお，V 結線は単相変圧器 2 台で三相負荷に供給できる。

（5）　正。三相 4 線式は，図 12-1（e）のように電圧線の 3 線に加えて Y 結線の中性点から引き出した中性線と合わせて 4 本の電線で配電する。なお，中性線は接地する。この方式は，大規模なビルなどに採用され，電圧線 3 線には三相負荷を電圧線と中性線の間には単相負荷を接続する。

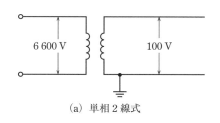

（a）単相 2 線式

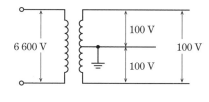

（b）単相 3 線式

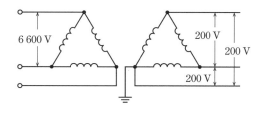

（c）三相 3 線式（Δ 結線）

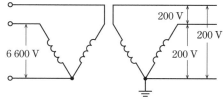

（d）三相 3 線式（V 結線）

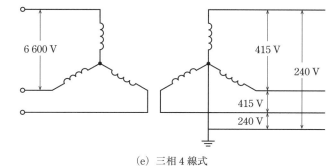

（e）三相 4 線式

図 12-1　電気方式

問 13 出題分野＜配電＞   難易度 ★★★ 重要度 ★★☆

　図に示すように，電線A，Bの張力を，支持物を介して支線で受けている。電線A，Bの張力の大きさは等しく，その値を T とする。支線に加わる張力 T_1 は電線張力 T の何倍か。最も近いものを次の（1）～（5）のうちから一つ選べ。

　なお，支持物は地面に垂直に立てられており，各電線は支線の取付け高さと同じ高さに取付けられている。また，電線A，Bは地面に水平に張られているものとし，電線A，B及び支線の自重は無視する。

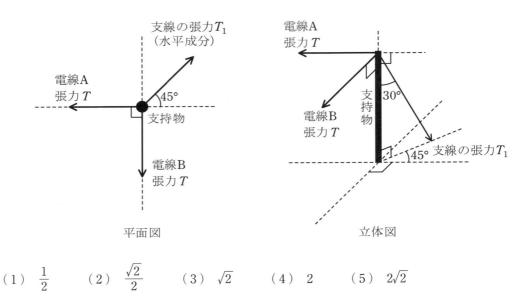

平面図　　　　　　　　　　　　立体図

（1） $\dfrac{1}{2}$ 　　　（2） $\dfrac{\sqrt{2}}{2}$ 　　　（3） $\sqrt{2}$ 　　　（4） 2 　　　（5） $2\sqrt{2}$

問 14 出題分野＜電気材料＞   難易度 ★★☆ 重要度 ★★★

電気絶縁材料に関する記述として，誤っているものを次の（1）～（5）のうちから一つ選べ。
（1）　気体絶縁材料は，液体，固体絶縁材料と比較して，一般に電気抵抗率及び誘電率が低いため，固体絶縁材料内部にボイド（空隙，空洞）が含まれると，ボイド部での電界強度が高められやすい。
（2）　気体絶縁材料は，液体，固体絶縁材料と比較して，一般に絶縁破壊強度が低いが，気圧を高めるか，真空状態とすることで絶縁破壊強度を高めることができる性質がある。
（3）　内部にボイドを含んだ固体絶縁材料では，固体絶縁材料の絶縁破壊が生じなくても，ボイド内の気体が絶縁破壊することで部分放電が発生する場合がある。
（4）　固体絶縁材料は，熱や電界，機械的応力などが長時間加えられることによって，固体絶縁材料内部に微小なボイドが形成されて，部分放電が発生する場合がある。
（5）　固体絶縁材料内部で部分放電が発生すると，短時間に固体絶縁材料の絶縁破壊が生じることはなくても，長時間にわたって部分放電が継続的又は断続的に発生することで，固体絶縁材料の絶縁破壊に至る場合がある。

問13の解答　出題項目＜支線の張力＞　　　　答え（5）

●水平面の力

図13-1のように，電線A，Bの張力の大きさは等しく，かつ，角度が90°なので，電線の合成張力 T_s は次のようになる。

$$T_s = \sqrt{T^2 + T^2} = \sqrt{2T^2} = \sqrt{2}\,T \qquad ①$$

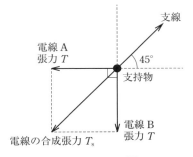

図13-1　平面図

●垂直面の力

図13-1から合成張力 T_s は支線と180°反対方向の力で，また，支線の引き下げ角度は30°なので，垂直面の力は**図13-2**のようになる。

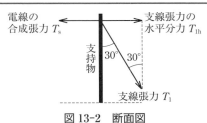

図13-2　断面図

ここで，合成張力 T_s と支線張力の水平分力 T_{1h} はつり合うので，

$$T_s = T_{1h} \qquad ②$$

また，支線張力の水平分力 T_{1h} と支線張力 T_1 との関係は次式のようになる。

$$T_{1h} = T_1 \sin 30° = \frac{1}{2}T_1 \qquad ③$$

①～③式より，支線張力 T_1 は，

$$T_1 = 2T_{1h} = 2T_s = 2 \times \sqrt{2}\,T = 2\sqrt{2}\,T$$

したがって，支線張力は電線張力の $2\sqrt{2}$ 倍になる。

問14の解答　出題項目＜絶縁材料＞　　　　答え（1）

（1）誤。気体絶縁材料の**電気抵抗率**はほぼ無限大に近く，**液体，固体絶縁材料に比べて高い**。しかし，比誘電率はほとんど1に近く液体，固体絶縁材料に比べて低いので，固体絶縁材料の中にボイド（気体部分）があると，その部分の電界強度は高くなる。

（2）正。気体絶縁材料は，圧力により絶縁破壊強度が大きく変化する。一般に，気体の圧力が高くなるほど絶縁破壊強度は高くなるが，逆に，極端に圧力を下げて真空状態にしても絶縁破壊強度は高くなる。

（3）正。部分放電は固体絶縁材料の内部の欠損やボイド，異物などに電界が集中して起こる局所的な放電なので，固体絶縁材料が直ちに絶縁破壊することはない。

（4）正。固体絶縁材料に，熱や電界，機械的応力などの厳しいストレスが長時間加わると，クラックや変形，はく離，ボイドなどが発生する。これらの劣化により，部分放電が発生する。

（5）正。部分放電により，固体絶縁材料は熱的，化学的に侵食されるので，これが長時間継続すると全路貫通して絶縁破壊に至る。

解説 ⋯⋯⋯⋯⋯⋯⋯⋯⋯⋯⋯⋯⋯⋯⋯⋯⋯⋯

通常，固体絶縁物より気体であるボイドの絶縁破壊電圧のほうが低い。また，**図14-1**で C_a を絶縁体の静電容量，C_b をボイド，C_c をボイド以外の静電容量とすると $C_b < C_c$ なので，ボイドのほうに，より高い電圧が印加される。

これらの理由から，固体絶縁物よりボイドのほうが先に絶縁破壊する。このように絶縁体の一部分（ボイド）で放電が起きるが，電極間を完全に橋絡しないので部分放電と呼ばれる。

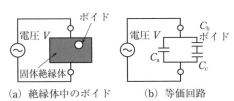

(a) 絶縁体中のボイド　　(b) 等価回路

図14-1　部分放電の原理

B 問 題 (配点は1問題当たり(a)5点, (b)5点, 計10点)

問 15 出題分野＜汽力発電＞ 難易度 ★★★ 重要度 ★★★

復水器の冷却に海水を使用し, 運転している汽力発電所がある。このときの復水器冷却水流量は30 m³/s, 復水器冷却水が持ち去る毎時熱量は$3.1×10^9$ kJ/h, 海水の比熱容量は4.0 kJ/(kg・K), 海水の密度は$1.1×10^3$ kg/m³, タービンの熱消費率は8000 kJ/(kW・h)である。

この運転状態について, 次の(a)及び(b)の問に答えよ。

ただし, 復水器冷却水が持ち去る熱以外の損失は無視するものとする。

(a) タービン出力の値[MW]として, 最も近いものを次の(1)～(5)のうちから一つ選べ。

(1) 350 (2) 500 (3) 700 (4) 800 (5) 1 000

(b) 復水器冷却水の温度上昇の値[K]として, 最も近いものを次の(1)～(5)のうちから一つ選べ。

(1) 3.3 (2) 4.7 (3) 5.3 (4) 6.5 (5) 7.9

問 15 （a）の解答　　出題項目＜タービン関係＞　　答え　（3）

タービンの熱消費率が 8 000 kJ/(kW·h) ということは，1 kW·h のタービン出力に対して 8 000 kJ の熱量が必要ということになる。

ただし，1 kW·h を熱量に換算すると，1 W·s＝1 J なので 1 kW·s＝1 kJ となり，

1 kW·h＝3 600 kW·s＝3 600 kJ

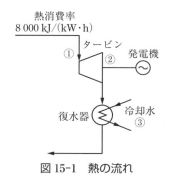

図 15-1　熱の流れ

また，復水器で冷却水が持ち去る熱以外の損失は無視するので，図 15-1 から，タービン入力①からタービン出力②を引いたものが冷却水の持ち去る熱③になる。

したがって，タービン出力 1 kW·h 当たりのそれぞれの熱量は表 15-1 のようになる。

表 15-1　熱量（1 kW·h 当たり）

①	8 000 kJ
②	3 600 kJ
③＝①−②	8 000 kJ−3 600 kJ＝4 400 kJ

表 15-1 より，タービン出力 1 kW·h 当たりでは，復水器で冷却水が持ち去る熱量は 4 400 kJ である。

したがって，実際の毎時熱量である $3.1×10^9$ kJ/h のときのタービン出力 P_T は，

$$P_T=\frac{3.1×10^9}{4\,400}≒700×10^3[kW]$$
$$=700[MW]$$

問 15 （b）の解答　　出題項目＜復水器＞　　答え　（4）

海水の比熱を c[kJ/(kg·K)]，海水の密度を ρ[kg/m³]，復水器の冷却水流量を W[m³/s]，冷却水の温度上昇を ΔT[K] とすると，復水器で冷却水が持ち去る熱量 q は次式で求められる。

$q=c\rho W\Delta T$[kJ/s]

この式を変形して ΔT を求める式にすると，

$$\Delta T=\frac{q}{c\rho W}[K]$$

この式に，与えられた数値を代入すると，

$$\Delta T=\frac{q}{c\rho W}=\frac{\dfrac{3.1×10^9}{3\,600}}{4.0×1.1×10^3×30}≒6.5[K]$$

【注意】　復水器で冷却水が持ち去る熱量が 1 時間当たりの値になっているので，これを 1 秒当たりの値に変換して計算しなければならない。

解説

汽力発電で最も大きな損失を生じるのは復水器である。タービン自体の効率は 85～90% 程度であるが，復水器損失も含めた効率（タービン室効率）は 40～45% 程度になってしまう。

① タービン効率 η_t

$$\eta_t=\frac{タービン軸から得られるエネルギー}{タービンで消費するエネルギー}$$
$$=\frac{3\,600×P_T}{Z(i_1-i_2)}×100[\%]$$

ただし，P_T：タービン出力[kW]，Z：タービンへの流入蒸気量[kg/h]，i_1：タービン入口の蒸気エンタルピー[kJ/kg]，i_2：タービン出口の蒸気エンタルピー[kJ/kg]である。

② タービン室効率 η_h

$$\eta_h=\frac{タービン軸から得られるエネルギー}{タービンと復水器内で消費するエネルギー}$$
$$=\frac{3\,600×P_T}{Z(i_1-i_3)}×100[\%]$$

ただし，i_1：タービン入口の蒸気エンタルピー[kJ/kg]，i_3：復水のエンタルピー[kJ/kg]である。

問 16　出題分野＜送電＞　難易度 ★★★　重要度 ★★★

　送電線のフェランチ現象に関する問である。三相3線式1回線送電線の一相が図のπ形等価回路で表され，送電線路のインピーダンス $jX＝j200\,\Omega$，アドミタンス $jB＝j0.800\,\mathrm{mS}$ とし，送電端の線間電圧が $66.0\,\mathrm{kV}$ であり，受電端が無負荷のとき，次の(a)及び(b)の問に答えよ。

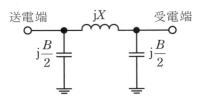

（a）　受電端の線間電圧の値[kV]として，最も近いものを次の(1)～(5)のうちから一つ選べ。

　　（1）　66.0　　　　（2）　71.7　　　　（3）　78.6　　　　（4）　114　　　　（5）　132

（b）　1線当たりの送電端電流の値[A]として，最も近いものを次の(1)～(5)のうちから一つ選べ。

　　（1）　15.2　　　　（2）　16.6　　　　（3）　28.7　　　　（4）　31.8　　　　（5）　55.1

問 16 （a）の解答　出題項目＜π形等価回路＞　答え （2）

π形等価回路で送電線の電圧と電流を求める問題である。

図 16-1 のように，送受電端の相電圧を $\dot{E}_s$，$\dot{E}_r$，線電流を $\dot{I}_s$，送受電端の充電電流を $\dot{I}_{cs}$，$\dot{I}_{cr}$ とする。

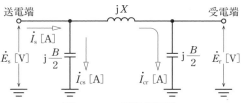

図 16-1　π形等価回路

送電端の相電圧 $\dot{E}_s$ から送電線路のインピーダンス jX による電圧降下を引いたものが受電端の相電圧 $\dot{E}_r$ なので，

$$\dot{E}_s - jX \cdot \dot{I}_{cr} = \dot{E}_r \qquad ①$$

また，受電端の充電電流 $\dot{I}_{cr}$ は，受電端の相電圧 $\dot{E}_r$ を用いて次のように表せる。

$$\dot{I}_{cr} = j\frac{B}{2} \cdot \dot{E}_r \qquad ②$$

②式を①式に代入して $\dot{E}_r$ を求める。

$$\dot{E}_s - jX\left(j\frac{B}{2} \cdot \dot{E}_r\right) = \dot{E}_r$$

$$\dot{E}_s + \frac{B \cdot X}{2}\dot{E}_r = \dot{E}_r$$

$$\dot{E}_r\left(1 - \frac{B \cdot X}{2}\right) = \dot{E}_s$$

$$\dot{E}_r = \frac{\dot{E}_s}{\left(1 - \frac{B \cdot X}{2}\right)}$$

$\dot{E}_r$ と $\dot{E}_s$ が同相なので，この式に題意の数値を代入して，

$$\dot{E}_r = \frac{\dot{E}_s}{\left(1 - \frac{B \cdot X}{2}\right)} = \frac{\frac{66}{\sqrt{3}}}{\left(1 - \frac{0.8 \times 10^{-3} \times 200}{2}\right)}$$

$$= \frac{\frac{66}{\sqrt{3}}}{1 - 0.08} \fallingdotseq 41.4 [\mathrm{kV}]$$

したがって，受電端の線間電圧の値は，

$$41.4 \times \sqrt{3} \fallingdotseq 71.7 [\mathrm{kV}]$$

問 16 （b）の解答　出題項目＜π形等価回路＞　答え （4）

図 16-1 から，

$$\dot{I}_s = \dot{I}_{cs} + \dot{I}_{cr} \qquad ③$$

$$\dot{I}_{cs} = j\frac{B}{2} \cdot \dot{E}_s \qquad ④$$

③式に④式と②式を代入すると，

$$\dot{I}_s = j\frac{B}{2} \cdot \dot{E}_s + j\frac{B}{2} \cdot \dot{E}_r = j\frac{B}{2}(\dot{E}_s + \dot{E}_r)$$

$\dot{E}_s$ と $\dot{E}_r$ が同相なので，この式に題意の数値を代入すると，

$$\dot{I}_s = j\frac{B}{2}(\dot{E}_s + \dot{E}_r)$$

$$= j\frac{0.8 \times 10^{-3}}{2}\left(\frac{66}{\sqrt{3}} + \frac{71.7}{\sqrt{3}}\right) \times 10^3$$

$$= j31.8 [\mathrm{A}]$$

解説 ‥‥‥‥‥‥‥‥‥‥‥‥‥‥‥

図 16-2 は，各電圧および電流のフェーザ図である。

与えられた線路定数は，線路インピーダンス（リアクタンス）と線路アドミタンス（サセプタンス）のみで，かつ，無負荷なので，各電流は送受電端電圧より 90° 進みの充電電流となる。

受電端側の充電電流は，電源から線路インピーダンスを通して供給されるので送電端より受電端電圧のほうが高電圧になる。

このように，受電端が無負荷の線路の対地静電容量を充電すると，フェランチ効果により受電端電圧が上昇する。

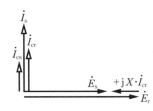

図 16-2　各電圧・電流のフェーザ図

令和4 (2022)
令和3 (2021)
令和2 (2020)
令和元 (2019)
平成30 (2018)
平成29 (2017)
平成28 (2016)
平成27 (2015)
平成26 (2014)
平成25 (2013)
平成24 (2012)
平成23 (2011)
平成22 (2010)
平成21 (2009)
平成20 (2008)

問 17　出題分野＜配電＞　　　　　難易度 ★★★　重要度 ★★★

　　三相3線式配電線路の受電端に遅れ力率0.8の三相平衡負荷60 kW（一定）が接続されている。次の（ a ）及び（ b ）の問に答えよ。

　　ただし，三相負荷の受電端電圧は6.6 kV一定とし，配電線路のこう長は2.5 km，電線1線当たりの抵抗は0.5 Ω/km，リアクタンスは0.2 Ω/kmとする。なお，送電端電圧と受電端電圧の位相角は十分小さいものとして得られる近似式を用いて解答すること。また，配電線路こう長が短いことから，静電容量は無視できるものとする。

（ a ）　この配電線路での抵抗による電力損失の値[W]として，最も近いものを次の（1）～（5）のうちから一つ選べ。

　　（1）　22　　　　（2）　54　　　　（3）　65　　　　（4）　161　　　　（5）　220

（ b ）　受電端の電圧降下率を2.0 %以内にする場合，受電端でさらに増設できる負荷電力（最大）の値[kW]として，最も近いものを次の（1）～（5）のうちから一つ選べ。ただし，負荷の力率（遅れ）は変わらないものとする。

　　（1）　476　　　　（2）　536　　　　（3）　546　　　　（4）　1 280　　　　（5）　1 340

問 17 （a）の解答　出題項目＜電力損失＞　　答え　（4）

三相3線式配電線路の1線当たりの抵抗 r およびリアクタンス x は，配電線路のこう長が2.5 km なので，

$$r=0.5\times2.5=1.25[\Omega]$$
$$x=0.2\times2.5=0.5[\Omega]$$

したがって，問題の回路は**図17-1**のようになる。ここで，線路電流 I は，

$$I=\frac{P}{\sqrt{3}\times V\times\cos\theta}$$
$$=\frac{60\times10^3}{\sqrt{3}\times6.6\times10^3\times0.8}\fallingdotseq6.56[A]$$

（ただし，負荷電力 $P[W]$，線間電圧 $V[V]$，力率 $\cos\theta$ とする。）

配電線路での抵抗による電力損失 w は，線路電流 I の2乗と線路抵抗 r に比例するので，3線分の電力損失 w は，

$$w=3\times I^2\times r=3\times(6.56)^2\times1.25\fallingdotseq161[W]$$

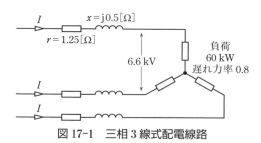

図17-1　三相3線式配電線路

問 17 （b）の解答　出題項目＜許容負荷電力＞　　答え　（1）

配電線の電圧降下率 $\varepsilon[\%]$ とは，配電線の電圧降下と受電端電圧との比率である。したがって，送電端電圧を $V_s[V]$，受電端電圧を $V_r[V]$，電圧降下を $v[V]$ とすると，次式で求められる。

$$\varepsilon=\frac{V_s-V_r}{V_r}\times100=\frac{v}{V_r}\times100[\%]$$

この式を変形して，電圧降下 v を求める式にする。

$$v=\frac{\varepsilon\times V_r}{100}[V]$$

この式から，電圧降下率が2%の場合の電圧降下 v を求める。

$$v=\frac{\varepsilon\times V_r}{100}=\frac{2\times6.6\times10^3}{100}=132[V]$$

次に，電圧降下が132Vのときの線路電流 I を求める。三相回路の電圧降下 v は，

$$v=\sqrt{3}\times I(r\cos\theta+x\sin\theta)[V]$$

で求められるので，この式を線路電流 I を求める式に変形して，題意の数値を代入すると，

$$I=\frac{v}{\sqrt{3}\times(r\cos\theta+x\sin\theta)}$$
$$=\frac{132}{\sqrt{3}\times(1.25\times0.8+0.5\times\sqrt{1-0.8^2})}$$
$$=\frac{132}{\sqrt{3}\times(1+0.3)}\fallingdotseq58.6[A]$$

線路電流 I が58.6 A の時の負荷電力 P を求める。

$$P=\sqrt{3}\times V\times I\times\cos\theta$$
$$=\sqrt{3}\times6.6\times58.6\times0.8\fallingdotseq536[kW]$$

したがって，増設できる負荷電力は最初の負荷と電圧降下率が2%のときの負荷との差なので，

$$536-60=476[kW]$$

解 説

（a）の場合の電圧降下 $v[V]$ は，

$$v=\sqrt{3}\times I(r\cos\theta+x\sin\theta)$$
$$=\sqrt{3}\times6.56(1.25\times0.8+0.5\times0.6)\fallingdotseq14.8[V]$$

したがって，電圧降下率 ε は，

$$\varepsilon=\frac{v}{V_r}\times100=\frac{14.8}{6.6\times10^3}\times100\fallingdotseq0.224[\%]$$

つまり，負荷が60 kW から536 kW になると電圧降下率が0.224%から2%へと約8.9倍になる（線路電流，電圧降下も同様）。

また，（b）の場合の電力損失は，

$$w=3\times I^2\times r=3\times58.6^2\times1.25\fallingdotseq12\,877[W]$$

となるので，負荷が60 kW から536 kW になると配電線路の電力損失が161 W から12 877 W と大幅に増加する。これは約80倍であり，電圧降下率の2乗（8.9²）で増加していることになる。

令和4 (2022)　令和3 (2021)　令和2 (2020)　令和元 (2019)　平成30 (2018)　平成29 (2017)　平成28 (2016)　平成27 (2015)　平成26 (2014)　平成25 (2013)　平成24 (2012)　平成23 (2011)　平成22 (2010)　平成21 (2009)　平成20 (2008)

電力 | 平成30年度（2018年度）

A 問 題 （配点は1問題当たり5点）

問1 出題分野＜汽力発電＞　　難易度 ★★★　重要度 ★★★

次の文章は，タービン発電機の水素冷却方式の特徴に関する記述である。

水素ガスは，空気に比べ （ア） が大きいため冷却効率が高く，また，空気に比べ （イ） が小さいため風損が小さい。

水素ガスは， （ウ） であるため，絶縁物への劣化影響が少ない。水素ガス圧力を高めると大気圧の空気よりコロナ放電が生じ難くなる。

水素ガスと空気を混合した場合は，水素ガス濃度が一定範囲内になると爆発の危険性があるので，これを防ぐため自動的に水素ガス濃度を （エ） 以上に維持している。

通常運転中は，発電機内の水素ガスが軸に沿って機外に漏れないように軸受の内側に （オ） によるシール機能を備えており，機内からの水素ガスの漏れを防いでいる。

上記の記述中の空白箇所(ア)，(イ)，(ウ)，(エ)及び(オ)に当てはまる組合せとして，正しいものを次の(1)～(5)のうちから一つ選べ。

	(ア)	(イ)	(ウ)	(エ)	(オ)
(1)	比熱	比重	活性	90%	窒素ガス
(2)	比熱	比重	活性	60%	窒素ガス
(3)	比熱	比重	不活性	90%	油膜
(4)	比重	比熱	活性	60%	油膜
(5)	比重	比熱	不活性	90%	窒素ガス

問1の解答　　出題項目＜タービン関係＞　　　　答え　（3）

水素冷却方式の特徴は次のとおりである。

①　水素ガスは，**比熱**が空気の 14 倍と大きく，かつ熱伝導率も大きいので，冷却効果が高い。

②　水素ガスは，**比重**が空気の 0.07 倍と小さいため，風損を約 1/10 に減少することができる。

③　水素ガスは，化学的に**不活性**であるため，絶縁物への劣化影響が少ない（絶縁物が化学変化しにくい）。

④　水素ガスに空気が混入し，水素純度が 4～75 % に低下すると，引火・爆発の危険がある。このため，自動的に水素濃度を **90 %** 以上に維持している。

⑤　水素ガスが軸に沿って，発電機外に漏れないように軸受の内側に**油膜**によるシール機能（軸とシールリングの隙間に機内ガス圧力より高い圧力の油を流す）を備えている。

解説

冷却方式を冷却冷媒の種類によって分類すると，空気冷却方式，水素冷却方式，水冷却方式に分けられる。**表 1-1** にそれぞれの冷媒の特性比較を示す。

表 1-1　各種冷媒の特性比較

冷媒／特性	空気	水素 (0.1 MPa)	水素 (0.6 MPa)	水
熱伝導率	1.0	7.1	7.1	23
比重	1.0	0.07	0.42	840
比熱	1.0	14	14	4.2
熱容量	1.0	1.0	5.9	3 500
熱伝導率	1.0	1.5	6.2	680

（注 1）0.1 MPa，20 ℃での空気の特性を 1.0 とする
（注 2）熱容量は同一流量，熱伝導率は同一流速での比較

水素ガスは，大気圧では熱容量，熱伝達率とも空気と大差はないが，加圧することにより，空気より大きな冷却能力を発揮できる。したがって，水素ガスは大気圧より高い 0.3～0.6 MPa（絶対圧）で使用される。

なお，水は空気や水素と比べて熱容量，熱伝達率ともはるかに大きい。

問2 出題分野＜水力発電＞ | 難易度 ★★☆ | 重要度 ★★★

次の文章は，水車の比速度に関する記述である。

比速度とは，任意の水車の形(幾何学的形状)と運転状態(水車内の流れの状態)とを □(ア)□ 変えたとき，□(イ)□ で単位出力(1 kW)を発生させる仮想水車の回転速度のことである。

水車では，ランナの形や特性を表すものとしてこの比速度が用いられ，水車の □(ウ)□ ごとに適切な比速度の範囲が存在する。

水車の回転速度を $n[\text{min}^{-1}]$，有効落差を $H[\text{m}]$，ランナ1個当たり又はノズル1個当たりの出力を $P[\text{kW}]$ とすれば，この水車の比速度 n_s は，次の式で表される。

$$n_\text{s} = n \cdot \frac{P^{\frac{1}{2}}}{H^{\frac{5}{4}}}$$

通常，ペルトン水車の比速度は，フランシス水車の比速度より □(エ)□。

比速度の大きな水車を大きな落差で使用し，吸出し管を用いると，放水速度が大きくなって，□(オ)□ やすくなる。そのため，各水車には，その比速度に適した有効落差が決められている。

上記の記述中の空白箇所(ア)，(イ)，(ウ)，(エ)及び(オ)に当てはまる組合せとして，正しいものを次の(1)～(5)のうちから一つ選べ。

	(ア)	(イ)	(ウ)	(エ)	(オ)
(1)	一定に保って有効落差を	単位流量(1 m³/s)	出力	大きい	高い効率を得
(2)	一定に保って有効落差を	単位落差(1 m)	種類	大きい	キャビテーションが生じ
(3)	相似に保って大きさを	単位流量(1 m³/s)	出力	大きい	高い効率を得
(4)	相似に保って大きさを	単位落差(1 m)	種類	小さい	キャビテーションが生じ
(5)	相似に保って大きさを	単位流量(1 m³/s)	出力	小さい	高い効率を得

令和4(2022)
令和3(2021)
令和2(2020)
令和元(2019)
平成30(2018)
平成29(2017)
平成28(2016)
平成27(2015)
平成26(2014)
平成25(2013)
平成24(2012)
平成23(2011)
平成22(2010)
平成21(2009)
平成20(2008)

問2の解答　出題項目＜水車関係＞　　答え （4）

　幾何学的にランナ形状が相似の水車は，その寸法の大小にかかわらずほぼ同様な特性をもっている。そこで，ランナの形状と特性を表す指標として比速度が使用される。

　比速度は，任意の水車を幾何学的に**相似に保って大きさを**変え，**単位落差(1 m)**において単位出力(1 kW)を発生するようにしたときの回転速度である。

　比速度は，水車の**種類**ごとに適切な範囲があり，ペルトン水車で18〜26，フランシス水車で80〜370，斜流水車で150〜380，プロペラ水車で250〜1 000程度である。したがって，ペルトン水車の比速度はフランシス水車よりも**小さい**。

　なお，比速度の大きい水車を大きな落差で使用すると，回転速度が大きくなりすぎて，**キャビテーション**が**生じ**やすくなる。

解　説

　比速度は水車の種類，落差などによってその値が定まる。一般に，与えられた落差に対して，水車の比速度を大きくした方が機器の寸法が小さくなり，価格も安くなる。しかし，あまり大きくするとキャビテーションが発生しやすくなり，効率の低下や壊食などの問題が生じる。したがって，水車の種類によって比速度の限界がある。**表2-1**に水車の限界式と適用落差を示す。

表2-1　比速度の限界式と適用落差[1]

水車の種類	比速度(m・kW)	適用落差(m)
ペルトン	$n_s \leqq \dfrac{4\,500}{H+150}+14$	150〜800
フランシス	$n_s \leqq \dfrac{33\,000}{H+55}+30$	40〜500
斜流（デリア）	$n_s \leqq \dfrac{21\,000}{H+20}+40$	40〜180
プロペラ（軸流）	$n_s \leqq \dfrac{21\,000}{H+13}+50$	5〜80

[1] JEC4001「水車及びポンプ水車」(2018)

問3 出題分野＜汽力発電＞ 難易度 ★★★ 重要度 ★★★

汽力発電所の蒸気タービン設備に関する記述として，誤っているものを次の(1)～(5)のうちから一つ選べ。

(1) 衝動タービンは，蒸気が回転羽根(動翼)に衝突するときに生じる力によって回転させるタービンである。

(2) 調速装置は，蒸気加減弁駆動装置に信号を送り，蒸気流量を調整することで，タービンの回転速度制御を行う装置である。

(3) ターニング装置は，タービン停止中に高温のロータが曲がることを防止するため，ロータを低速で回転させる装置である。

(4) 反動タービンは，固定羽根(静翼)で蒸気を膨張させ，回転羽根(動翼)に衝突する力と回転羽根(動翼)から排気するときの力を利用して回転させるタービンである。

(5) 非常調速装置は，タービンの回転速度が運転中に定格回転速度以下となり，一定値以下まで下降すると作動して，タービンを停止させる装置である。

問4 出題分野＜原子力発電，汽力発電＞ 難易度 ★★★ 重要度 ★★★

次の文章は，我が国の原子力発電所の蒸気タービンの特徴に関する記述である。

原子力発電所の蒸気タービンは，高圧タービンと低圧タービンから構成され，くし形に配置されている。

原子力発電所においては，原子炉又は蒸気発生器によって発生した蒸気が高圧タービンに送られ，高圧タービンにて所定の仕事を行った排気は， (ア) 分離器に送られて，排気に含まれる (ア) を除去した後に低圧タービンに送られる。

高圧タービンの入口蒸気は， (イ) であるため，火力発電所の高圧タービンの入口蒸気に比べて，圧力・温度ともに (ウ) ，そのため，原子力発電所の熱効率は，火力発電所と比べて (ウ) なる。また，原子力発電所の高圧タービンに送られる蒸気量は，同じ出力に対する火力発電所と比べて (エ) 。

低圧タービンの最終段翼は，35～54インチ(約89cm～137cm)の長大な翼を使用し， (ア) による翼の浸食を防ぐため翼先端周速度を減らさなければならないので，タービンの回転速度は (オ) としている。

上記の記述中の空白箇所(ア)，(イ)，(ウ)，(エ)及び(オ)に当てはまる組合せとして，正しいものを次の(1)～(5)のうちから一つ選べ。

	(ア)	(イ)	(ウ)	(エ)	(オ)
(1)	空気	過熱蒸気	高く	多い	$1\,500\ \mathrm{min^{-1}}$ 又は $1\,800\ \mathrm{min^{-1}}$
(2)	湿分	飽和蒸気	低く	多い	$1\,500\ \mathrm{min^{-1}}$ 又は $1\,800\ \mathrm{min^{-1}}$
(3)	空気	飽和蒸気	低く	多い	$750\ \mathrm{min^{-1}}$ 又は $900\ \mathrm{min^{-1}}$
(4)	湿分	飽和蒸気	高く	少ない	$750\ \mathrm{min^{-1}}$ 又は $900\ \mathrm{min^{-1}}$
(5)	空気	過熱蒸気	高く	少ない	$750\ \mathrm{min^{-1}}$ 又は $900\ \mathrm{min^{-1}}$

問 3 の解答　　出題項目＜タービン関係＞

（1）　正。衝動タービンは，蒸気の圧力降下が主としてノズルで行われ，ノズルから噴出する蒸気の衝動力でロータを回転させるタービンである。

（2）　正。回転速度は出力や蒸気条件の変動により変化する。調速装置は，蒸気加減弁を調整して回転速度を一定に保つための装置である。

（3）　正。ターニング装置は，タービンの停止直後や始動前に毎分数回転の低速度で回転させる装置である。回転軸に取り付けられ，歯車を通してモータで駆動する。

（4）　正。反動タービンは，静翼で圧力降下させるとともに，動翼でも圧力降下させ，動翼から噴出する蒸気の反動力でロータを回転させるタービンである。

（5）　誤。非常調速装置は，緊急負荷遮断時などでタービンの回転速度が定格速度の $110 \pm 1\%$ に**上昇したとき**，タービンへの蒸気流入を遮断する保安装置である。

解説・・・・・・・・・・・・・・・・・・・・・・・・

蒸気タービンは，蒸気のもつ熱エネルギーを機械的仕事（回転運動）に変換する外燃機関であり，火力・原子力・地熱などによる発電に利用される。高温高圧の蒸気をノズルまたは固定羽根（静翼）により噴出膨張あるいは方向変化させて，高速の蒸気流をつくり，これを回転羽根（動翼）に吹きつけて回転させることにより動力を得る。回転羽根での蒸気の作動方法によって衝動タービンと反動タービンがある。

また，蒸気タービンは機能上からは次のような形式のものがある。

① 復水タービン：発電用のタービンであり，復水器で蒸気を凝縮して利用する。

② 再生タービン：熱効率の向上のために，タービンの膨張途中から一部の蒸気を抽出し，給水を加熱するタービン。

③ 背圧タービン：タービンで使用した蒸気をプロセス用として工場などに送気するタービン。復水器はない。

問 4 の解答　　出題項目＜タービン，タービン関係＞

原子力発電所の高圧タービンの排気は**湿分**を多く含んでいるので，そのまま低圧タービンで使用すると，動翼の浸食が著しくなるばかりでなく，タービン効率を大幅に低下させる原因となる。そのため，高圧タービンと低圧タービンの連絡管の途中に，**図 4-1** のように**湿分**分離器を設けて，乾き蒸気に近い状態にする。

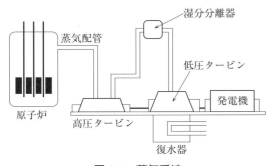

図 4-1　蒸気系統

原子力発電所の蒸気条件は核燃料や他の材料の温度制約などにより制限を受けるので，**飽和蒸気**が使用される。このため，火力発電所（過熱蒸気を使用）の蒸気に比べて圧力・温度が**低く**，熱効率も**低く**なるので**多く**の蒸気を必要とする。同じ出力であれば，原子力用タービンの蒸気量は火力用タービンの約 2 倍となる。

多量の蒸気を処理する大出力の原子力発電用タービンには，回転数の低い **$1\,500 \text{ min}^{-1}$（50 Hz）** または **$1\,800 \text{ min}^{-1}$（60 Hz）** が用いられ，4 極の発電機と結合される。

補足　軽水炉では，タービン入口蒸気は 50～70 気圧の飽和蒸気であるため，タービン熱効率は 33～35 % 前後である。蒸気がタービン内部で膨張する仕事量（熱落差）も小さいため，蒸気消費量は同一出力の火力用タービンに比べ 1.6～1.8 倍である。また入口蒸気圧力が低いため，タービン入口蒸気の体積流量は火力タービンの 4～5 倍となる。

令和 **4** (2022)
令和 **3** (2021)
令和 **2** (2020)
令和 **元** (2019)
平成 **30** (2018)
平成 **29** (2017)
平成 **28** (2016)
平成 **27** (2015)
平成 **26** (2014)
平成 **25** (2013)
平成 **24** (2012)
平成 **23** (2011)
平成 **22** (2010)
平成 **21** (2009)
平成 **20** (2008)

問 5　出題分野＜自然エネルギー＞　難易度 ★★☆　重要度 ★★★

　ロータ半径が 30 m の風車がある。風車が受ける風速が 10 m/s で，風車のパワー係数が 50 % のとき，風車のロータ軸出力[kW]に最も近いものを次の（1）～（5）のうちから一つ選べ。ただし，空気の密度を 1.2 kg/m³ とする。ここでパワー係数とは，単位時間当たりにロータを通過する風のエネルギーのうちで，風車が風から取り出せるエネルギーの割合である。

（1）　57　　　　（2）　85　　　　（3）　710　　　　（4）　850　　　　（5）　1 700

問 6　出題分野＜送電＞　難易度 ★★★　重要度 ★☆☆

　次の文章は，保護リレーに関する記述である。

　電力系統において，短絡事故や地絡事故が発生した場合，事故区間は速やかに系統から切り離される。このとき，保護リレーで異常を検出し，　（ア）　を動作させる。架空送電線は特に距離が長く，事故発生件数も多い。架空送電線の事故の多くは　（イ）　による気中フラッシオーバに起因するため，事故区間を高速に遮断し，フラッシオーバを消滅させれば，絶縁は回復し，架空送電線は通電可能な状態となる。このため，事故区間の遮断の後，一定時間（長くて 1 分程度）を経て，　（ウ）　が行われる。一般に，主保護の異常に備え，　（エ）　保護が用意されており，動作の確実性を期している。

　上記の記述中の空白箇所（ア），（イ），（ウ）及び（エ）に当てはまる組合せとして，正しいものを次の（1）～（5）のうちから一つ選べ。

	（ア）	（イ）	（ウ）	（エ）
（1）	遮断器	落雷	保守	常備
（2）	断路器	落雪	再閉路	常備
（3）	変圧器	落雷	点検	後備
（4）	断路器	落雪	点検	後備
（5）	遮断器	落雷	再閉路	後備

問5の解答　　出題項目＜風力発電＞

風は空気の流れであり，そのエネルギーは運動エネルギーである。空気の質量を m_0[kg]，風速を v[m/s] とすると，風のエネルギー P[J] は，

$$P = \frac{1}{2}m_0 v^2 \text{[J]}$$

風車の半径を r[m] とすると受風面積 $A = \pi r^2$[m²] なので，風速を v[m/s]，空気密度を ρ[kg/m³] とすると，単位時間当たりに通過する空気の質量 m[kg/s] は，

$$m = \rho A v = \rho \pi r^2 v \text{[kg/s]}$$

したがって，単位時間(1s)当たりの風のエネルギー P[W]($=$[J/S]) は，

$$P = \frac{1}{2}mv^2 = \frac{1}{2}(\rho \pi r^2 v)v^2 = \frac{1}{2}\rho \pi r^2 v^3 \text{[W]}$$

ここで，風車が風から取り出せるエネルギーの割合(パワー係数)を C_p とすると，風車のロータ軸出力 P_0[W] は，

$$P_0 = \frac{1}{2}C_p \rho \pi r^2 v^3 \text{[W]}$$

この式に題意の数値を代入すると，

$$P_0 = \frac{1}{2} \times 0.5 \times 1.2 \times \pi \times 30^2 \times 10^3$$

$$\fallingdotseq 848\,230\text{[W]} \quad \rightarrow \quad 850\,\text{kW}$$

解説

発電用には，**図5-1** のような水平軸形の3枚翼プロペラ形風車が最も多く使用されている。

単位時間当たりの風のエネルギーの式からわかるように，風車の出力は，<u>直径(半径)の2乗と風速の3乗に比例</u>する。

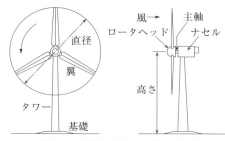

図5-1　発電用風車の基本形式

問6の解答　　出題項目＜保護リレー＞

保護リレーは発変電所や開閉所に設置され，**図6-1** のように計器用変圧器(VT)や変流器(CT)と組み合わせて使用される。事故発生時には保護リレーが直ちに動作して，その接点を閉じ，**遮断器**(CB)の引き外しコイルを励磁して遮断器を開放し，事故区間を遮断する。

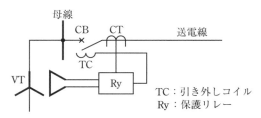

TC：引き外しコイル
Ry：保護リレー

図6-1　保護リレー回路

架空送電線の絶縁は碍子(がいし)を使用した気中絶縁なので，事故は**落雷**，塩害，飛来物の接触などによる気中フラッシオーバがほとんどである。このため，いったん故障箇所を遮断すればほとんどの場合，絶縁は回復するので，**再閉路**方式が採用される。

電力系統の保護には，一般的に主保護と**後備**保護が設けられている。後備保護とは，主保護が何らかの原因で保護し損じた場合または保護し得ない場合に動作するバックアップの保護リレー方式である。

補足　再閉路方式を再投入する時間で区分すると，1秒程度以下で再投入する高速再閉路，1～15秒で行う中速再閉路，1分程度で行う低速再閉路がある。

高速再閉路方式は停電回避を目的とするもので，重要度の大きい超高圧の基幹送電線に採用されている。事故相のみ遮断する単相再閉路方式や多相再閉路方式と，回線一括で遮断する三相再閉路方式とがある。また低速再閉路方式と中速再閉路方式は，停電時間の短縮または省力化のために，手動による再送電を自動化したものである。

令和4(2022) 令和3(2021) 令和2(2020) 令和元(2019) 平成30(2018) 平成29(2017) 平成28(2016) 平成27(2015) 平成26(2014) 平成25(2013) 平成24(2012) 平成23(2011) 平成22(2010) 平成21(2009) 平成20(2008)

問7　出題分野＜変電＞
難易度 ★★★　　重要度 ★★★

変圧器の保全・診断に関する記述として，誤っているものを次の（1）～（5）のうちから一つ選べ。

（1）　変圧器の予防保全は，運転の維持と事故の防止を目的としている。

（2）　油入変圧器の絶縁油の油中ガス分析は内部異常診断に用いられる。

（3）　部分放電は，絶縁破壊が生じる前ぶれである場合が多いため，異常診断技術として，部分放電測定が用いられることがある。

（4）　変圧器巻線の絶縁抵抗測定と誘電正接測定は，鉄心材料の経年劣化を把握することを主な目的として実施される。

（5）　ガスケットの経年劣化に伴う漏油の検出には，目視点検に加え，油面計が活用される。

問8　出題分野＜変電＞
難易度 ★★★　　重要度 ★★★

　図のように，単相の変圧器3台を一次側，二次側ともにΔ結線し，三相対称電源とみなせる配電系統に接続した。変圧器の一次側の定格電圧は 6 600 V，二次側の定格電圧は 210 V である。二次側に三相平衡負荷を接続したときに，一次側の線電流 20 A，二次側の線間電圧 200 V であった。負荷に供給されている電力［kW］として，最も近いものを次の（1）～（5）のうちから一つ選べ。ただし，負荷の力率は 0.8 とする。なお，変圧器は理想変圧器とみなすことができ，線路のインピーダンスは無視することができる。

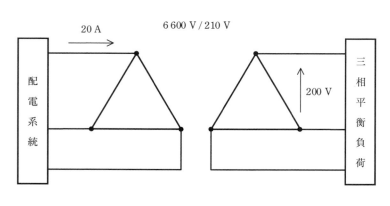

（1）　58　　　（2）　101　　　（3）　174　　　（4）　218　　　（5）　302

問7の解答　　出題項目＜変圧器＞　　　　　　　　　　答え　（4）

（1）　正。変圧器の予防保全の目的は，性能維持と不具合や事故の未然防止である。そのために，定期的・計画的に検査・試験を行い，劣化や異常がないかチェックする。

（2）　正。変圧器の内部で局部過熱や部分放電が発生すると，絶縁材料の種類と異常部の温度によって特有の分解ガスが発生し，大部分は絶縁油中に溶解する。油中ガス分析は，この溶解ガスを分析することにより内部異常の有無やその状況を推定する手法である。

（3）　正。部分放電とは，絶縁材料中に欠陥箇所（欠損やボイド等）があると，その箇所へ電界が集中し，微弱な放電を発生する現象である。この局所的な部分放電が，絶縁劣化あるいは絶縁破壊の発端となることがあるので，部分放電測定によりこれを検出する。

（4）　誤。変圧器巻線の絶縁抵抗測定と誘電正接（tan δ）測定は，巻線の絶縁性能を把握するために行うもので，**鉄心材料の劣化は検出できな**い。

（5）　正。漏油は，通常，目視により点検するが，量が多い場合は絶縁油の油面が低下するので，油面計でも発見できる場合がある。

解説

油入変圧器を構成する材料のうち，導体材料（銅線など）や磁性材料（鉄心など）のような金属材料は，絶縁油中で使用される場合は経年劣化がほとんどない。

一方，変圧器の寿命に大きく影響するのは，絶縁材料である巻線絶縁紙やプレスボード，絶縁油であり，これらは劣化とともに電気的および機械的な特性が低下していく。このうち，絶縁油は劣化しても比較的簡単に交換できるが，巻線絶縁紙やプレスボードなどの交換は容易ではないので，これらが変圧器の寿命を左右することになる。

変圧器の事故防止や劣化状況を把握するために，異常診断や劣化診断が行われる。

問8の解答　　出題項目＜変圧器＞　　　　　　　　　　答え　（3）

変圧器の一次側の定格電圧が 6 600 V，二次側の定格電圧が 210 V なので，二次側の線間電圧が 200 V の場合の一次側の線間電圧 V_1[V] は，

$$V_1 = \frac{6\,600}{210} \times 200 \fallingdotseq 6\,286\,[\mathrm{V}]$$

一次側の線電流 $I_1 = 20$[A]，力率 $\cos\theta_1 = 0.8$ なので，一次側の電力 P_1[kW] は，

$$P_1 = \sqrt{3} \times V_1 \times I_1 \times \cos\theta_1 \times 10^{-3}$$
$$= \sqrt{3} \times 6\,286 \times 20 \times 0.8 \times 10^{-3} \fallingdotseq 174\,[\mathrm{kW}]$$

理想変圧器では損失がなく，一次側の電力 P_1[kW] と二次側の電力 P_2[kW]（負荷電力）は等しいので，

$$P_2 = P_1 = 174\,[\mathrm{kW}]$$

【別解】　変圧器の変流比は巻数比（電圧比）に反比例するので，一次側の線電流 I_1[A] と二次側の線電流 I_2[A] も巻数比（電圧比）に反比例する。したがって，二次側の線電流 I_2[A] は，

$$I_2 = \frac{6\,600}{210} \times 20 \fallingdotseq 629\,[\mathrm{A}]$$

二次側の電力 P_2[kW] は，

$$P_2 = \sqrt{3} \times V_2 \times I_2 \times \cos\theta_2 \times 10^{-3}$$
$$= \sqrt{3} \times 200 \times 629 \times 0.8 \times 10^{-3} \fallingdotseq 174\,[\mathrm{kW}]$$

解説

理想変圧器は巻線の抵抗や鉄心の損失がなく，磁束は全て鉄心を通り外に漏れないなどの性質があり，電源から供給された電力はそのまま二次側に変換される。したがって，**図 8-1** において次式が成り立つ（a は巻数比）。

$$\frac{E_1}{E_2} = \frac{V_1}{V_2} = \frac{N_1}{N_2} = a, \quad \frac{I_1}{I_2} = \frac{V_2}{V_1} = \frac{N_2}{N_1} = \frac{1}{a}$$

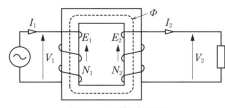

図 8-1　理想変圧器

令和
4
(2022)

令和
3
(2021)

令和
2
(2020)

令和
元
(2019)

平成
30
(2018)

平成
29
(2017)

平成
28
(2016)

平成
27
(2015)

平成
26
(2014)

平成
25
(2013)

平成
24
(2012)

平成
23
(2011)

平成
22
(2010)

平成
21
(2009)

平成
20
(2008)

問 9　　出題分野＜送電＞　　　　難易度 ★★★　　重要度 ★★★

次の文章は，架空送電線の多導体方式に関する記述である。

送電線において，1 相に複数の電線を　(ア)　を用いて適度な間隔に配置したものを多導体と呼び，主に超高圧以上の送電線に用いられる。多導体を用いることで，電線表面の電位の傾きが　(イ)　なるので，コロナ開始電圧が　(ウ)　なり，送電線のコロナ損失，雑音障害を抑制することができる。

多導体は合計断面積が等しい単導体と比較すると，表皮効果が　(エ)　。また，送電線の　(オ)　が減少するため，送電容量が増加し系統安定度の向上につながる。

上記の記述中の空白箇所(ア)，(イ)，(ウ)，(エ)及び(オ)に当てはまる組合せとして，正しいものを次の(1)〜(5)のうちから一つ選べ。

	(ア)	(イ)	(ウ)	(エ)	(オ)
(1)	スペーサ	大きく	低く	大きい	インダクタンス
(2)	スペーサ	小さく	高く	小さい	静電容量
(3)	シールドリング	大きく	高く	大きい	インダクタンス
(4)	スペーサ	小さく	高く	小さい	インダクタンス
(5)	シールドリング	小さく	低く	大きい	静電容量

問 10　　出題分野＜送電，配電＞　　　　難易度 ★★☆　　重要度 ★★☆

送配電系統における過電圧の特徴に関する記述として，誤っているものを次の(1)〜(5)のうちから一つ選べ。

(1) 鉄塔又は架空地線が直撃雷を受けたとき，鉄塔の電位が上昇し，逆フラッシオーバが起きることがある。

(2) 直撃でなくても電線路の近くに落雷すれば，電磁誘導や静電誘導で雷サージが発生することがある。これを誘導雷と呼ぶ。

(3) フェランチ効果によって生じる過電圧は，受電端が開放又は軽負荷のとき，進み電流が線路に流れることによって起こる。この現象は，送電線のこう長が長いほど著しくなる。

(4) 開閉過電圧は，遮断器や断路器などの開閉操作によって生じる過電圧である。

(5) 送電線の 1 線地絡時，健全相に現れる過電圧の大きさは，地絡場所や系統の中性点接地方式に依存する。直接接地方式の場合，非接地方式と比較すると健全相の電圧上昇倍率が低く，地絡電流を小さくすることができる。

問9の解答　出題項目＜架空送電線＞　　答え　（4）

多導体は**図 9-1** のように，送電線で 1 相に 2 本以上の電線を適度な間隔に配置したものである。通常は，2〜6 本の導体を数十 m ごとに設けられた**スペーサ**で 30〜50 cm 程度の間隔で並列に配置する。主に，超高圧以上の送電線に多く用いられており，特に，1 相が 2 本で構成された電線は複導体と呼んでいる。

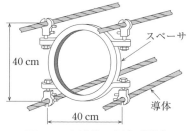

図 9-1　多導体の例（4 導体）

多導体は同一断面積の単導体に比べて等価半径が大きくなるので，次のような利点がある。

①　電線表面の電位傾度が**小さく**なるので，コロナ開始電圧が**高く**なり，コロナ損失，雑音障害を抑制できる（同一太さの電線でのコロナ開始電圧は，単導体に比べ複導体で約 1.1 倍，4 導体で約 1.3 倍となる）。

②　単導体と合計断面積が等しい多導体は，表皮効果が**小さい**ので，電流容量が多くとれ，送電容量が増加する。

③　**インダクタンス**が小さくなるので，系統安定度が向上する。

補足　多導体方式は非常にメリットの大きい方式で，超高圧送電線のほとんどに採用されているが，次のような欠点もある。

①　スペーサの取付けなど込み入った構造となるため機械的挙動が複雑となり，風圧や氷雪荷重が増加する。

②　架線金具および電線付属品など鉄塔部材が大きくなり，建設費が増加する。

③　静電容量が増加するので，軽負荷時に受電電圧が過大になるおそれがある。

問10の解答　出題項目＜過電圧＞　　答え　（5）

（1）　正。鉄塔または架空地線が雷の直撃を受けると，雷電流は鉄塔を通して大地に流れる。この時，鉄塔の電位が上昇するが，これが碍子（がいし）のフラッシオーバ電圧よりも高い場合には鉄塔から電線にフラッシオーバを生じる。これが逆フラッシオーバである。逆フラッシオーバは塔脚の接地抵抗が大きいと起こりやすいので，塔脚の接地抵抗はできるだけ小さい方が良い。

（2）　正。誘導雷とは，送電線の近くに落雷したときに発生する雷サージである。雷電流の電磁誘導によるものと，雷雲の電荷による静電誘導によるものがある。

（3）　正。送電線を無負荷あるいは軽負荷で充電するときに，受電端電圧が送電端電圧より高くなる現象がフェランチ現象である。フェランチ現象は進み電流が流れることにより発生するので，静電容量が大きいほど（ケーブル線路など），送電線のこう長が長いほど，著しくなる。

（4）　正。電流を開閉した際に生じる異常電圧が開閉過電圧である。開閉過電圧は，誘導性または容量性の小電流を開閉するときに発生しやすいため，無負荷の送電線や変圧器，コンデンサなどの開閉時に発生しやすい。

（5）　誤。直接接地方式の場合，中性点が大地と接続されているので，中性点の電位は常にほぼ一定であり，1 線地絡時の健全相の電位上昇は最小限に抑えられる。ただし，1 線地絡時は地絡相の一相短絡と同じなので，故障点には**大きな地絡電流が流れ**，通信線に発生する電磁誘導電圧も大きくなる。

補足　送電系統の過電圧には，発生原因が系統の内部にある内部過電圧と，外部にある外部過電圧とがある。内部過電圧には，開閉過電圧や地絡時の電位上昇，フェランチ現象によるものなどがある。外部過電圧は主として雷が原因で，直撃雷と誘導雷があり，最も過酷な過電圧となる。

令和4 (2022)　令和3 (2021)　令和2 (2020)　令和元 (2019)　平成30 (2018)　平成29 (2017)　平成28 (2016)　平成27 (2015)　平成26 (2014)　平成25 (2013)　平成24 (2012)　平成23 (2011)　平成22 (2010)　平成21 (2009)　平成20 (2008)

問 11 出題分野＜地中送電＞ 難易度 ★★★ 重要度 ★★★

地中送電線路に使用される各種電力ケーブルに関する記述として，誤っているものを次の（1）～（5）のうちから一つ選べ。

（1） OF ケーブルは，絶縁体として絶縁紙と絶縁油を組み合わせた油浸紙絶縁ケーブルであり，油通路が不要であるという特徴がある。給油設備を用いて絶縁油に大気圧以上の油圧を加えることでボイドの発生を抑制して絶縁強度を確保している。

（2） POF ケーブルは，油浸紙絶縁の線心 3 条をあらかじめ布設された防食鋼管内に引き入れた後に，絶縁油を高い油圧で充てんしたケーブルである。地盤沈下や外傷に対する強度に優れ，電磁遮蔽効果が高いという特徴がある。

（3） CV ケーブルは，絶縁体に架橋ポリエチレンを使用したケーブルであり，OF ケーブルと比較して絶縁体の誘電率，熱抵抗率が小さく，常時導体最高許容温度が高いため，送電容量の面で有利である。

（4） CVT ケーブルは，ビニルシースを施した単心 CV ケーブル 3 条をより合わせたトリプレックス形 CV ケーブルであり，3 心共通シース形 CV ケーブルと比較してケーブルの熱抵抗が小さいため電流容量を大きくできるとともに，ケーブルの接続作業性がよい。

（5） OF ケーブルや POF ケーブルは，油圧の常時監視によって金属シースや鋼管の欠陥，外傷などに起因する漏油を検知できるので，油圧の異常低下による絶縁破壊事故の未然防止を図ることができる。

問 12 出題分野＜変電＞ 難易度 ★★★ 重要度 ★★★

変圧器の V 結線方式に関する記述として，誤っているものを次の（1）～（5）のうちから一つ選べ。

（1） 単相変圧器 2 台で三相が得られる。

（2） 同一の変圧器 2 台を使用して三相平衡負荷に供給している場合，Δ 結線変圧器と比較して，出力は $\frac{\sqrt{3}}{2}$ 倍となる。

（3） 同一の変圧器 2 台を使用して三相平衡負荷に供給している場合，変圧器の利用率は $\frac{\sqrt{3}}{2}$ となる。

（4） 電灯動力共用方式の場合，共用変圧器には電灯と動力の電流が加わって流れるため，一般に動力専用変圧器の容量と比較して共用変圧器の容量の方が大きい。

（5） 単相変圧器を用いた Δ 結線方式と比較して，変圧器の電柱への設置が簡素化できる。

問 11 の解答　出題項目＜各種電力ケーブル＞　答え（1）

（1）誤。OF ケーブルは，**図 11-1** のようにケーブル内に**油通路を設けている**。また，負荷変動によりケーブル内の油量が変化するが，付属の給油槽でこれを補償するので，ケーブルの内圧は常に一定に保たれる。このためボイドの発生がなく，高電圧用に適している。

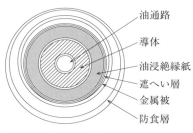

図 11-1　OF ケーブルの構造（単心）

（2）正。OF ケーブルは圧力を高くすると絶縁耐力が向上する特性があることから，OF ケーブルの線心三相 3 条を防食鋼管に引き入れ，2 MPa 程度の圧力

で絶縁油を充てんしたものが POF ケーブルである。

（3）正。CV ケーブルは OF ケーブルと比較して，①ケーブルの発生損失が小さい，②導体の最高許容温度が高い（90 ℃）ため電流容量が大きい，③軽量のため取扱いが容易，④給油槽等の付帯設備を必要としない，などの利点がある。

（4）正。CVT ケーブルは単心の CV ケーブルを 3 本撚（よ）り合わせて作られたケーブルである。CV ケーブルと比較して，①3 本撚りのため曲げ易い，②撚りをほどくと端末処理が容易になる，③それぞれの電線が個別にシース保護されているので，事故が発生した場合でも短絡に移行しにくい，などの利点がある。

（5）正。OF ケーブルや POF ケーブルは，絶縁油の供給が正常であれば信頼度の高いケーブルである。正常に給油されているかどうかは，給油槽に設置された油圧計や油量計で確認できる。

問 12 の解答　出題項目＜変圧器＞　答え（2）

（1）正。V 結線は変圧器の結線方式のひとつで，単相変圧器 2 台によって三相変圧を行う。

（2）誤。**図 12-1** のように電圧 $V[\text{V}]$，電流 $I[\text{A}]$ の単相変圧器を使用した場合の出力を考える。

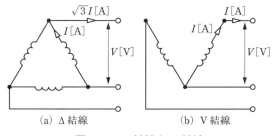

（a）Δ 結線　　（b）V 結線

図 12-1　Δ 結線と V 結線

① Δ 結線の場合（変圧器 3 台）

相電流が $I[\text{A}]$ なので，線電流は $\sqrt{3}I[\text{A}]$ になる。したがって，三相出力 $P_\Delta[\text{V}\cdot\text{A}]$ は，

$$P_\Delta = \sqrt{3} \times V \times \sqrt{3}I = 3VI[\text{V}\cdot\text{A}]$$

② V 結線の場合（変圧器 2 台）

相電流と線電流は等しく $I[\text{A}]$ なので，三相出力 $P_V[\text{V}\cdot\text{A}]$ は，

$$P_V = \sqrt{3}VI[\text{V}\cdot\text{A}]$$

③ 出力比は，

$$\frac{P_V}{P_\Delta} = \frac{\sqrt{3}VI}{3VI} = \frac{\sqrt{3}}{3} \fallingdotseq 0.577$$

（3）正。図 12-1（b）より，2 台の変圧器の合計容量 $P_\Sigma[\text{V}\cdot\text{A}]$ は，

$$P_\Sigma = 2VI[\text{V}\cdot\text{A}]$$

したがって，変圧器の利用率は，

$$\frac{P_V}{P_\Sigma} = \frac{\sqrt{3}VI}{2VI} = \frac{\sqrt{3}}{2} \fallingdotseq 0.866$$

（4）正。電灯動力共用方式の場合，変圧器の容量が異なるので，一般に異容量 V 結線と呼ばれる。

（5）正。変圧器が 2 台で済み，柱上に設ける場合は電柱を中心にして左右にバランスして配置できる。

令和 4（2022）
令和 3（2021）
令和 2（2020）
令和 元（2019）
平成 30（2018）
平成 29（2017）
平成 28（2016）
平成 27（2015）
平成 26（2014）
平成 25（2013）
平成 24（2012）
平成 23（2011）
平成 22（2010）
平成 21（2009）
平成 20（2008）

問13　　出題分野＜配電＞　　　　　　難易度 ★★★　　重要度 ★★☆

　三相3線式高圧配電線で力率 $\cos\phi_1 = 0.76$（遅れ），負荷電力 P_1[kW] の三相平衡負荷に電力を供給している。三相平衡負荷の電力が P_2[kW]，力率が $\cos\phi_2$（遅れ）に変化したが線路損失は変わらなかった。P_1 が P_2 の 0.8 倍であったとき，負荷電力が変化した後の力率 $\cos\phi_2$（遅れ）の値として，最も近いものを次の（1）～（5）のうちから一つ選べ。ただし，負荷の端子電圧は変わらないものとする。

　（1）　0.61　　　　（2）　0.68　　　（3）　0.85　　　　（4）　0.90　　　　（5）　0.95

問14　　出題分野＜電気材料＞　　　　　難易度 ★★★　　重要度 ★★☆

　変圧器に使用される鉄心材料に関する記述として，誤っているものを次の（1）～（5）のうちから一つ選べ。

（1）　鉄は，炭素の含有量を低減させることにより飽和磁束密度及び透磁率が増加し，保磁力が減少する傾向があるが，純鉄や低炭素鋼は電気抵抗が小さいため，一般に交流用途の鉄心材料には適さない。

（2）　鉄は，けい素含有量の増加に伴って飽和磁束密度及び保磁力が減少し，透磁率及び電気抵抗が増加する傾向がある。そのため，けい素鋼板は交流用途の鉄心材料に広く使用されているが，けい素含有量の増加に伴って加工性や機械的強度が低下するという性質もある。

（3）　鉄心材料のヒステリシス損は，ヒステリシス曲線が囲む面積と交番磁界の周波数に比例する。

（4）　厚さの薄い鉄心材料を積層した積層鉄心は，積層した鉄心材料間で電流が流れないように鉄心材料の表面に絶縁破膜が施されており，鉄心材料の積層方向（厚さ方向）と磁束方向とが同一方向となるときに顕著な渦電流損の低減効果が得られる。

（5）　鉄心材料に用いられるアモルファス磁性材料は，原子配列に規則性がない非結晶構造を有し，結晶構造を有するけい素鋼材と比較して鉄損が少ない。薄帯形状であることから巻鉄心形の鉄心に適しており，柱上変圧器などに使用されている。

問 13 の解答　　出題項目＜電力損失＞　　　　　　　　　答え　（5）

　線路損失は電流の 2 乗に比例するが，電流は皮相電力に比例するので，結局，線路損失は皮相電力の 2 乗に比例することになる。

　題意より，負荷電力と力率が変化しても線路損失が変わらないので，皮相電力が変わらないことがわかる。したがって，

$$皮相電力 = \frac{P_1}{\cos\phi_1} = \frac{P_2}{\cos\phi_2} [kV\cdot A]$$

この式を変形して，

$$\cos\phi_2 = \frac{P_2}{P_1} \times \cos\phi_1 = \frac{P_2}{P_1} \times 0.76$$

ここで，$P_1 = 0.8 P_2$ なので，

$$\cos\phi_2 = \frac{P_2}{0.8 P_2} \times 0.76 = 0.95$$

解説

架空送電線で生じる線路損失の大部分は導体の抵抗損である。**図 13-1** のように，受電端電圧を $V[V]$，負荷電力を $P[W]$，力率を $\cos\phi$ とすると，線路電流 $I[A]$ は，

$$I = \frac{P}{\sqrt{3}\,V\cos\phi}[A]$$

したがって，線路損失 $W[W]$ は，

$$W = 3I^2 R = 3\left(\frac{P}{\sqrt{3}\,V\cos\phi}\right)^2 R = \frac{P^2 R}{V^2 \cos^2\phi}[W]$$

この式から，線路損失は**線路抵抗に比例**するとともに，**負荷電力の 2 乗に比例**し，**受電端電圧と力率の 2 乗に反比例**することがわかる。

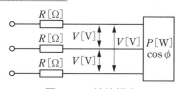

図 13-1　線路損失

問 14 の解答　　出題項目＜鉄心材料＞　　　　　　　　　答え　（4）

（1）　正。鉄に不純物（炭素，硫黄，窒素，酸素などの化合物）が含まれると磁気特性が低下する。特に炭素の影響が大きいので，炭素の含有量を低減させると，透磁率を大きく，保磁力を低くできる。ただし，純鉄は電気抵抗が小さいので渦電流損が大きくなり，一般に交流用には使われない。

（2）　正。鉄に少量のけい素(Si)を加えることにより純鉄の特性を著しく改善したのが，けい素鋼板である。また，電気抵抗が純鉄の 7 倍程度（約 5 ％Si）と大きいので，交流用の鉄心として広く使用されている。しかし，けい素の含有量が多いと硬さと脆性が増し，加工性が悪くなる。

（3）　正。ヒステリシス損は鉄心内の磁束の大きさ，方向の変動により鉄心中の磁気分子の方向，配列が変化し，分子相互間の摩擦損を生ずることによるもので，ヒステリシス曲線の囲む面積と周波数に比例する。

（4）　誤。渦電流は磁束の変化を妨げる方向に発生する。このため，磁束方向が**図 14-1**（a）のような**積層方向では渦電流が流れやすく渦電流損を低減できない**。したがって，磁束方向は図 14-1(b)のような方向にする必要がある。

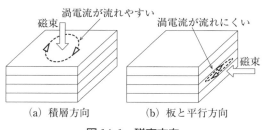

（a）積層方向　　　（b）板と平行方向

図 14-1　磁束方向

（5）　正。アモルファス磁性材料は，透磁率が高い，電気抵抗が大きい，ヒステリシス損失や渦電流損が少ない，などの特徴があり，変圧器の鉄心として使われている。従来のけい素鋼板を利用した変圧器に比べて，低損失であるが，重い，価格が高い，加工性が悪いなどの短所もある。

B 問 題 （配点は 1 問題当たり(a)5 点，(b)5 点，計 10 点）

問15　出題分野＜水力発電＞　難易度 ★★★　重要度 ★★★

　調整池の有効貯水量 $V[\text{m}^3]$，最大使用水量 $10\,\text{m}^3/\text{s}$ であって，発電機 1 台を有する調整池式発電所がある。

　図のように，河川から調整池に取水する自然流量 Q_N は $6\,\text{m}^3/\text{s}$ で一日中一定とする。この条件で，最大使用水量 $Q_\text{P}=10\,\text{m}^3/\text{s}$ で 6 時間運用（ピーク運用）し，それ以外の時間は自然流量より低い一定流量で運用（オフピーク運用）して，一日の自然流量分を全て発電運用に使用するものとする。

　ここで，この発電所の一日の運用中の使用水量を変化させても，水車の有効落差，水車効率，発電機効率は変わらず，それぞれ $100\,\text{m}$，$90\,\%$，$96\,\%$ で一定とする。

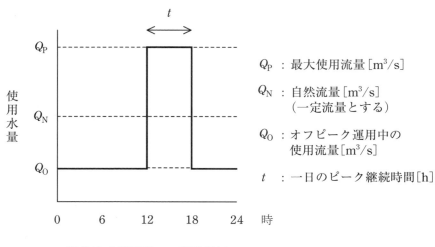

Q_P：最大使用流量 $[\text{m}^3/\text{s}]$

Q_N：自然流量 $[\text{m}^3/\text{s}]$
　　　（一定流量とする）

Q_O：オフピーク運用中の
　　　使用流量 $[\text{m}^3/\text{s}]$

t　：一日のピーク継続時間 $[\text{h}]$

調整池式発電所の日調整運用

この条件において，次の（ a ）及び（ b ）の問に答えよ。

（ a ）　このときの運用に最低限必要な有効貯水量 $V[\text{m}^3]$ として，最も近いものを次の（1）〜（5）のうちから一つ選べ。

（1）　86 200　　　（2）　86 400　　　（3）　86 600　　　（4）　86 800　　　（5）　87 000

（ b ）　オフピーク運用中の発電機出力 $[\text{kW}]$ として，最も近いものを次の（1）〜（5）のうちから一つ選べ。

（1）　2 000　　　（2）　2 500　　　（3）　3 000　　　（4）　3 500　　　（5）　4 000

問15（a）の解答　出題項目＜ダム・貯水池・調整池＞　　答え　（2）

　自然流量を超える流量が必要になるのは12時から18時の6時間であり，そのときの自然流量を超える流量 $[m^3/s]$ は，

$$Q_P - Q_N = 10 - 6 = 4 [m^3/s]$$

　したがって，運用に最低限必要な有効貯水量 $V [m^3]$ は，**図15-1** の斜線部の面積となるので，

$$V = (Q_P - Q_N)t = 4 \times 6 \times 3\,600$$
$$= 86\,400 [m^3]$$

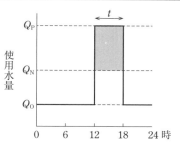

図15-1　最低限必要な有効貯水量

問15（b）の解答　出題項目＜出力関係＞　　答え　（5）

　問題文に「一日の自然流量分を全て発電運用に使用するものとする」とあるが，これは自然流量による合計水量 $24Q_N$ が，オフピーク運用時の必要水量 $18Q_0$ とピーク運用時の必要水量 $6Q_P$ との和に等しいということを意味する。つまり，

$$24Q_N = 18Q_0 + 6Q_P$$

の関係が成り立つ。これより，オフピーク運用時の使用流量 $Q_0 [m^3/s]$ は

$$24 \times 6 = 18Q_0 + 6 \times 10$$
$$\therefore Q_0 \fallingdotseq 4.667 [m^3/s]$$

　水力発電における発電機出力 $P [kW]$ は，使用流量を $Q [m^3/s]$，有効落差を $H [m]$，水車効率を η_w，発電機効率を η_g とすると，

$$P = 9.8 QH\eta_w\eta_g$$

　したがって，求めるオフピーク運用中の発電機出力 $P_0 [kW]$ は，この式に各値を代入すると，

$$P_0 = 9.8 \times 4.667 \times 100 \times 0.90 \times 0.96$$
$$= 3\,951.6 \fallingdotseq 4\,000 [kW]$$

解説

　水力発電所の出力に関して，有効落差，水車効率，発電機効率について解説する（**図15-2**）。

　水と水圧管の摩擦等によって，水のもつ運動エネルギーの一部は損失となってしまうが，これを高さの単位 [m] で表したものが損失水頭である。したがって，**有効落差**とは，実際の落差から損失水頭を差し引いた，実際に水車に入力可能なエネルギーを，高さの単位 [m] で表したものである。

　水力発電所では，水のもつ運動エネルギーや圧力エネルギーを，水車を介することによって発電機の軸を回転させるための回転エネルギーに変換する。このとき，どの程度効率的にエネルギーを変換できるかを表す指標が**水車効率**である。

　発電機効率も同様で，水車から発電機に入力された機械エネルギー（回転エネルギー）のうち，発電機出力としての電気エネルギーにどの程度効率的に変換できるかという変換効率を表す指標が**発電機効率**である。

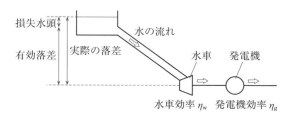

図15-2　有効落差・水車効率・発電機効率

問16 出題分野<配電>

難易度 ★★★　重要度 ★★★

図のように，電圧線及び中性線の各部の抵抗が0.2Ωの単相3線式低圧配電線路において，末端のAC間に太陽光発電設備が接続されている。各部の電圧及び電流が図に示された値であるとき，次の（a）及び（b）の問に答えよ。ただし，負荷は定電流特性で力率は1，太陽光発電設備の出力（交流）は電流 I[A]，力率1で一定とする。また，線路のインピーダンスは抵抗とし，図示していないインピーダンスは無視するものとする。

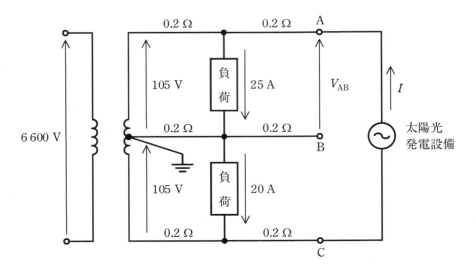

（a） 太陽光発電設備を接続する前のAB間の端子電圧 V_{AB} の値[V]として，最も近いものを次の（1）～（5）のうちから一つ選べ。

（1） 96　　（2） 99　　（3） 100　　（4） 101　　（5） 104

（b） 太陽光発電設備を接続したところ，AB間の端子電圧 V_{AB}[V] が107Vとなった。このときの太陽光発電設備の出力電流（交流） I の値[A]として，最も近いものを次の（1）～（5）のうちから一つ選べ。

（1） 5　　（2） 15　　（3） 20　　（4） 25　　（5） 30

令和
4
(2022)

令和
3
(2021)

令和
2
(2020)

令和
元
(2019)

平成
30
(2018)

平成
29
(2017)

平成
28
(2016)

平成
27
(2015)

平成
26
(2014)

平成
25
(2013)

平成
24
(2012)

平成
23
(2011)

平成
22
(2010)

平成
21
(2009)

平成
20
(2008)

問16（a）の解答　出題項目＜単相3線式＞　　　答え　（2）

　題意より，負荷と太陽光発電設備はともに力率が1なので，位相を考慮する必要がなく，ほとんど直流と同様に取り扱うことが可能である。この考え方に基づくと，太陽光発電設備を接続しない場合における回路内の電流・電圧分布は，**図16-1**のようになる。

　図16-1に図示した閉路Ⅰについて，キルヒホッフの第二法則（電圧則）を立式すると，

$$105 = \Delta V_1 + V_{AB} + \Delta V_2 \qquad ①$$

　ここで，ΔV_1[V]およびΔV_2[V]は配電線路における電圧降下を表しており，

$$\Delta V_1 = 25 \times 0.2 = 5 \,[\text{V}]$$
$$\Delta V_2 = 5 \times 0.2 = 1 \,[\text{V}]$$

と求められる。

　したがって，①式に$\Delta V_1 = 5$[V]，$\Delta V_2 = 1$[V]を代入すると，求める端子電圧V_{AB}[V]は，

$$105 = \Delta V_1 + V_{AB} + \Delta V_2 = 5 + V_{AB} + 1$$
$$\therefore \ V_{AB} = 99 \,[\text{V}]$$

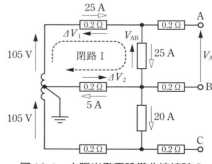

図16-1　太陽光発電設備非接続時の
電流・電圧分布

問16（b）の解答　出題項目＜単相3線式＞　　　答え　（3）

　太陽光発電設備を接続した場合における回路内の電流・電圧分布は，**図16-2**のようになる。

　図16-2に図示した閉路Ⅱについて，キルヒホッフの第二法則を立式すると，

$$105 + \Delta V_1' + \Delta V_3 = V_{AB} + \Delta V_2 \qquad ②$$

　ここで，$\Delta V_1'$[V]，ΔV_2[V]，ΔV_3[V]は配電線路における電圧降下を表しており，

$$\Delta V_1' = (I - 25) \times 0.2 \,[\text{V}] \qquad ③$$
$$\Delta V_2 = 5 \times 0.2 = 1 \,[\text{V}] \qquad ④$$
$$\Delta V_3 = 0.2I \,[\text{V}] \qquad ⑤$$

と表すことができる。これら③～⑤式，および題意の$V_{AB} = 107$[V]をそれぞれ②式に代入すると，求める太陽光発電設備からの出力電流I[A]は，

$$105 + (I - 25) \times 0.2 + 0.2I = 107 + 1$$
$$0.4I = 8$$
$$\therefore \ I = 20 \,[\text{A}]$$

Point 本問は電流分布を正しく把握することがポイントである。

（a）の場合は太陽光発電設備が接続されていな

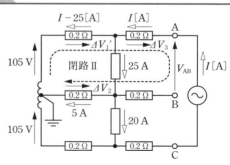

図16-2　太陽光発電設備接続時の
電流・電圧分布

いので，端子A，B側に接続された配電線の抵抗（0.2Ω）には電流が流れないが，（b）の場合は太陽光発電設備が接続されているので，端子A側に接続された配電線の抵抗には電流が流れ，相変わらず開放状態である端子B側に接続された配電線の抵抗には電流が流れない。したがって，キルヒホッフの第二法則を適用する閉路も，（a）と（b）で異なることに注意が必要である。

問 17　出題分野＜送電＞　　難易度 ★☆★　重要度 ★★★

　図のように，抵抗を無視できる一回線短距離送電線路のリアクタンスと送電電力について，次の（a）及び（b）の問に答えよ。ただし，一相分のリアクタンス $X=11\,\Omega$，受電端電圧 V_r は66kVで常に一定とする。

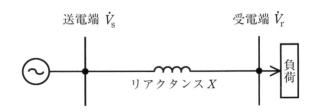

（a）　基準容量を100MV·A，基準電圧を受電端電圧 V_r としたときの送電線路のリアクタンスをパーセント法で示した値[%]として，最も近いものを次の（1）～（5）のうちから一つ選べ。

（1）　0.4　　　（2）　2.5　　　（3）　25　　　（4）　40　　　（5）　400

（b）　送電電圧 V_s を66kV，相差角（送電端電圧 $\dot{V}_s$ と受電端電圧 $\dot{V}_r$ の位相差）δ を30°としたとき，送電電力 P_s の値[MW]として，最も近いものを次の（1）～（5）のうちから一つ選べ。

（1）　22　　　（2）　40　　　（3）　198　　　（4）　343　　　（5）　3 960

問 17 （a）の解答　　出題項目＜百分率インピーダンス＞　　答え　（3）

基準容量を $P[\mathrm{MV\cdot A}]$，基準電圧（線間電圧）を $V[\mathrm{kV}]$ としたとき，あるインピーダンス $Z[\Omega]$ をパーセント法で表した値 $\%Z[\%]$ は，

$$\%Z = \frac{ZP}{V^2} \times 100[\%] \qquad ①$$

の式で表される。したがって，リアクタンス $X[\Omega]$ をパーセント法で表した値 $\%X[\%]$ は，$V=66[\mathrm{kV}]$，$P=100[\mathrm{MV\cdot A}]$，$X=11[\Omega]$ を ① 式に代入して，

$$\%X = \frac{XP}{V^2} \times 100 = \frac{11 \times 100}{66^2} \times 100$$
$$\fallingdotseq 25[\%]$$

インピーダンス $Z[\Omega]$ をパーセント法で表した値 $\%Z[\%]$ のことをパーセントインピーダンスという。**図 17-1** に示すような 1 相分の回路を考えるとき，定格電圧（相電圧）を $E[\mathrm{V}]$，インピーダンスを $Z[\Omega]$，定格電流を $I[\mathrm{A}]$ とすると，パーセントインピーダンス $\%Z[\%]$ は，

$$\%Z = \frac{ZI}{E} \times 100[\%] \qquad ②$$

というように，定格電圧に対する，そのインピーダンスにおける電圧降下の比で定義される。

ここで，定格電圧（線間電圧）を $V[\mathrm{V}]$ とすると，線間電圧 V と相電圧 E の間には $V=\sqrt{3}E$ という関係が成り立つ。したがって，②式の右辺の分母と分子にともに $\sqrt{3}V$ を乗じると，

$$\%Z = \frac{Z\cdot\sqrt{3}VI}{\sqrt{3}EV} \times 100 = \frac{ZP}{V^2} \times 100[\%]$$

と変形できて，①式と確かに一致することがわかる。ここで，$P=\sqrt{3}VI$ は定格容量 $[\mathrm{kV\cdot A}]$ である。

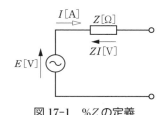

図 17-1　$\%Z$ の定義

問 17 （b）の解答　　出題項目＜送電電力＞　　答え　（3）

送電端電圧を $V_\mathrm{s}[\mathrm{kV}]$，受電端電圧を $V_\mathrm{r}[\mathrm{kV}]$，相差角を $\delta[°]$，1 相分のリアクタンスを $X[\Omega]$ としたとき，送電電力 $P_\mathrm{s}[\mathrm{MW}]$ は，

$$P_\mathrm{s} = \frac{V_\mathrm{s}V_\mathrm{r}}{X} \sin\delta[\mathrm{MW}] \qquad ③$$

したがって，求める送電電力 $P_\mathrm{s}[\mathrm{MW}]$ は，③式に $V_\mathrm{s}=V_\mathrm{r}=66[\mathrm{kV}]$，$\delta=30[°]$，$X=11[\Omega]$ を代入して，

$$P_\mathrm{s} = \frac{V_\mathrm{s}V_\mathrm{r}}{X} \sin\delta = \frac{66^2}{11} \times \frac{1}{2} = 198[\mathrm{MW}]$$

解説 ……………………………………

送電電力 $P_\mathrm{s} = \dfrac{V_\mathrm{s}V_\mathrm{r}}{X} \sin\delta$ の式を導出する。

負荷に流れる電流を $I[\mathrm{A}]$，負荷の力率を $\cos\theta$，送電端と受電端の相電圧をそれぞれ E_s，E_r とすると，送電電力 $P_\mathrm{s}[\mathrm{MW}]$ は，

$$P_\mathrm{s} = 3E_\mathrm{r}I\cos\theta \qquad ④$$

ここで，**図 17-2** に示すベクトル図より，次の関係が成り立つ。

$$E_\mathrm{s}\sin\delta = XI\cos\theta$$

$$\therefore I = \frac{E_\mathrm{s}\sin\delta}{X\cos\theta}$$

この I を④式に代入すると，

$$P_\mathrm{s} = 3E_\mathrm{r}\cos\theta \cdot \frac{E_\mathrm{s}\sin\delta}{X\cos\theta} = \frac{3E_\mathrm{s}E_\mathrm{r}}{X}\sin\delta$$

$$= \frac{V_\mathrm{s}V_\mathrm{r}}{X}\sin\delta$$

となり，③式と一致する。

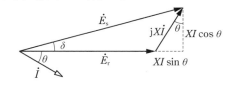

図 17-2　ベクトル図

電　力 | 平成 29 年度（2017 年度）

A 問 題 （配点は 1 問題当たり 5 点）

問 1　出題分野＜水力発電＞　難易度 ★★☆　重要度 ★★★

　水力発電所に用いられるダムの種別と特徴に関する記述として，誤っているものを次の（1）～（5）のうちから一つ選べ。

（1）　重力ダムとは，コンクリートの重力によって水圧などの外力に耐えられるようにしたダムであって，体積が大きくなるが構造が簡単で安定性が良い。我が国では，最も多く用いられている。

（2）　アーチダムとは，水圧などの外力を両岸の岩盤で支えるようにアーチ型にしたダムであって，両岸の幅が狭く，岩盤が丈夫なところに作られ，コンクリートの量を節減できる。

（3）　ロックフィルダムとは，岩石を積み上げて作るダムであって，内側には，砂利，アスファルト，粘土などが用いられている。ダムは大きくなるが，資材の運搬が困難で建設地付近に岩石や砂利が多い場所に適している。

（4）　アースダムとは，土壌を主材料としたダムであって，灌漑用の池などを作るのに適している。基礎の地質が，岩などで強固な場合にのみ採用される。

（5）　取水ダムとは，水路式発電所の水路に水を導入するため河川に設けられるダムであって，ダムの高さは低く，越流形コンクリートダムなどが用いられている。

問 2　出題分野＜水力発電＞　難易度 ★★☆　重要度 ★★★

　次の文章は，水車のキャビテーションに関する記述である。

　運転中の水車の流水経路中のある点で　（ア）　が低下し，そのときの　（イ）　以下になると，その部分の水は蒸発して流水中に微細な気泡が発生する。その気泡が　（ア）　の高い箇所に到達すると押し潰され消滅する。このような現象をキャビテーションという。水車にキャビテーションが発生すると，ランナやガイドベーンの壊食，効率の低下，　（ウ）　の増大など水車に有害な現象が現れる。

　吸出し管の高さを　（エ）　することは，キャビテーションの防止のため有効な対策である。

　上記の記述中の空白箇所（ア），（イ），（ウ）及び（エ）に当てはまる組合せとして，正しいものを次の（1）～（5）のうちから一つ選べ。

	（ア）	（イ）	（ウ）	（エ）
（1）	流速	飽和水蒸気圧	吸出し管水圧	低く
（2）	流速	最低流速	吸出し管水圧	高く
（3）	圧力	飽和水蒸気圧	吸出し管水圧	低く
（4）	圧力	最低流速	振動や騒音	高く
（5）	圧力	飽和水蒸気圧	振動や騒音	低く

問1の解答　出題項目＜ダム・貯水池・調整池＞　　答え（4）

（1）正。重力ダムは，我が国で最も多く用いられているダムで，コンクリートの重量によって貯水した水圧，堆積した土砂の圧力，その他の荷重に耐えられるようにしたもので，体積が大きく多量のコンクリートを必要とするが，構造が簡単で，安定性が良い特徴がある。基礎岩盤は，重量が大きいため堅固でなければならない。

（2）正。アーチダムは，水圧などの外力を両岸の岩壁に支えるようにアーチ型にしたダムで，両岸の幅が狭く，基礎および両岸の岩盤が堅固なところに作られる。ダムの長さが高さに比較して小さい場合に適し，ダムの体積が小さく，コンクリート量が少ない特徴がある。地震に対する考慮が必要で，基礎の処理に要する費用が大きい。

（3）正。ロックフィルダムは，岩石を積み上げて作るダムで，内側には砂利，アスファルト，粘土などが用いられる。ダムは大きくなるが，資材の運搬が困難で，岩石や砂利が付近から採取できるところに適している。

（4）誤。アースダムは，土壌を主材料としたダムで，灌漑用の池などを作るのに適しており，コンクリートダムに比較して荷重を広い地盤に伝えるため，**基礎の地質が強固でなくても構築する**ことができる。越流に弱いので非越流部の高さを大きくする必要があり，不等沈下に注意しなければならない。

（5）正。取水ダムは，水路式発電所の水路に水を導入するために河川に設けられるダムで，ダムの高さは低く，越流形コンクリートダムなどが用いられる。

問2の解答　出題項目＜水車関係＞　　答え（5）

水車のキャビテーションは，ランナ羽根の裏面，吸出し管入口などの水に触れる機械部分の表面および表面近くにおいて，水に満たされない空洞（気泡）が生じる現象で，この空洞は，水車の流水中のある点の**圧力**が低下して，そのときの水温の**飽和水蒸気圧以下**に低下することにより，その部分の水が蒸発して水蒸気となり，その結果，流水中に微細な気泡が生じることにより発生する。

キャビテーションによって発生した気泡は流水とともに流れ，**圧力**の高い箇所に到達すると押し潰されて崩壊し，大きな衝撃力が生じる。

キャビテーションが発生すると，流水に接するランナ，ガイドベーン，バケット，ケーシング，吸出し管などの金属面を壊食（浸食）や，水車の効率や出力の低下，また，水車に**振動**や**騒音**を発生させるなどの有害な現象が現れる。

キャビテーションの防止対策は次のとおりで，吸出し管の吸出し高さを**低く**することはキャビテーションの防止のための有効な対策である。

①　吸出し管が設置される反動水車では，流水中に過大な圧力降下が生じないよう，吸出し管の吸出し高さをあまり高くしないようにする。

②　ランナと流水との相対速度が過大とならないよう，比速度を大きくとりすぎない。

③　吸出し管上部に適当な量の空気を注入し，真空部の発生を防止する。

④　キャビテーションが発生しやすい部分負荷運転や過負荷運転を避ける

⑤　ランナなどに壊食に強い材料を使用する。

解説

キャビテーションは，水車内のある点における圧力水頭を $H_P[\mathrm{m}]$，ある水温における飽和蒸気圧に相当する圧力水頭を $H_V[\mathrm{m}]$ とすると，$H_P < H_V$ になった場合に発生する。ここで，放水面の大気圧を $H_a[\mathrm{m}]$，水車の吸出し高さを $H_S[\mathrm{m}]$，吸出し管出口の平均流速を $v[\mathrm{m/s}]$，重力加速度を $g[\mathrm{m/s^2}]$ とすると，$H_P = H_a - H_S + \dfrac{v^2}{2g}[\mathrm{m}]$ と表されるので，

$$H_a - H_S + \frac{v^2}{2g} < H_V \rightarrow H_a - H_S - H_V + \frac{v^2}{2g} < 0$$

令和4 (2022) / 令和3 (2021) / 令和2 (2020) / 令和元 (2019) / 平成30 (2018) / 平成29 (2017) / 平成28 (2016) / 平成27 (2015) / 平成26 (2014) / 平成25 (2013) / 平成24 (2012) / 平成23 (2011) / 平成22 (2010) / 平成21 (2009) / 平成20 (2008)

問3 出題分野＜汽力発電＞ 難易度 ★★★ 重要度 ★★☆

火力発電所の環境対策に関する記述として，誤っているものを次の(1)～(5)のうちから一つ選べ。

(1) 接触還元法は，排ガス中にアンモニアを注入し，触媒上で窒素酸化物を窒素と水に分解する。

(2) 湿式石灰石(石灰)－石こう法は，石灰と水との混合液で排ガス中の硫黄酸化物を吸収・除去し，副生品として石こうを回収する。

(3) 二段燃焼法は，燃焼用空気を二段階に分けて供給し，燃料過剰で一次燃焼させ，二次燃焼域で不足分の空気を供給し燃焼させ，窒素酸化物の生成を抑制する。

(4) 電気集じん器は，電極に高電圧をかけ，コロナ放電で放電電極から放出される負イオンによってガス中の粒子を帯電させ，分離・除去する。

(5) 排ガス混合(再循環)法は，燃焼用空気に排ガスの一部を再循環，混合して燃焼温度を上げ，窒素酸化物の生成を抑制する。

問4 出題分野＜水力発電，原子力発電＞ 難易度 ★★☆ 重要度 ★★☆

原子力発電に用いられる M[g]のウラン235を核分裂させたときに発生するエネルギーを考える。ここで想定する原子力発電所では，上記エネルギーの30%を電力量として取り出すことができるものとし，この電力量をすべて使用して，揚水式発電所で揚水できた水量は90 000 m³であった。このときの M の値[g]として，最も近い値を次の(1)～(5)のうちから一つ選べ。

ただし，揚水式発電所の揚程は240 m，揚水時の電動機とポンプの総合効率は84%とする。また，原子力発電所から揚水式発電所への送電で生じる損失は無視できるものとする。

なお，計算には必要に応じて次の数値を用いること。

核分裂時のウラン235の質量欠損 0.09%

ウランの原子番号 92

真空中の光の速度 $3.0×10^8$ m/s

(1) 0.9　　(2) 3.1　　(3) 7.3　　(4) 8.7　　(5) 10.4

問3の解答　出題項目<環境対策>　　答え（5）

（1）　正。接触還元法は、排ガス中にアンモニアを注入し、触媒上で窒素酸化物を窒素と水に分解する方法である。

（2）　正。湿式石灰石（石灰）－石こう法排煙脱硫プロセスは、排ガス中の亜硫酸ガス（SO_2）を、気液接触により石灰石の懸濁液などのアルカリ性の吸収スラリーに吸収させ、さらに酸化空気との反応により石こうを生成させ、石こうを含む吸収スラリー中の水分を分離し、副生品として石こうを回収する方式である。

（3）　正。二段燃焼法は、燃焼用空気を二段階に分けて供給し、まず燃料過剰で一次燃焼させ、二次燃焼で不足分の空気を供給して燃焼させ、窒素酸化物の生成を抑制する方法である。

（4）　正。電気集じん器は、電極に直流の高電圧を加え、コロナ放電で放電電極から放出される負イオンによってガス中の粒子を帯電させ、存在する電界とのクーロン力（静電力）によって集じん極に吸引・捕集する。

（5）　誤。排ガス混合（再循環）法は、排ガスの一部を二次空気に混合して供給したり、直接バーナ付近に供給したりして燃焼用空気の酸素（O_2）濃度低減を図り、**燃焼温度を下げて窒素酸化物の生成を抑制する方法**である。

Point 高温で燃焼を行う装置は、燃焼用空気に含まれる窒素と酸素の一部が反応して窒素酸化物（サーマルNO_x）が生成される。また、燃料中に含まれる窒素も燃焼の際にその一部が酸素と反応し窒素酸化物（フューエルNO_x）になる。窒素酸化物の発生は、燃焼温度が高いほど、また、過剰空気が多いほど多くなる。

問4の解答　出題項目<揚水発電, 核分裂エネルギー>　　答え（5）

M[g]のウラン235が核分裂したときのエネルギーEは、質量欠損をΔm[kg]、光速をc[m/s]とすると、アインシュタインの式より、

$$E=\Delta mc^2\,[\mathrm{J}]$$

また、原子力発電所の熱効率をηとし、揚水時間t[s]間発電したとすると、発電電力Pは、

$$P=\frac{E\eta}{t}=\frac{\Delta mc^2\eta}{t}\,[\mathrm{W}] \qquad ①$$

一方、全揚程をH_P[m]、揚水量をQ_P[m³/s]、電動機とポンプの総合効率を$\eta_M\eta_P$とすると、揚水入力P_Pは、

$$P_P=\frac{9.8Q_PH_P}{\eta_M\eta_P}\,[\mathrm{kW}]$$

さらに、揚水できた水量をW_P[m³]、揚水時間をt[s]とすると、揚水量Q_Pは、

$$Q_P=\frac{W_P}{t}\,[\mathrm{m^3/s}]$$

と表されるため、揚水入力P_Pは、

$$P_P=\frac{9.8Q_PH_P}{\eta_M\eta_P}=\frac{9.8\frac{W_P}{t}H_P}{\eta_M\eta_P}=\frac{9.8W_PH_P}{\eta_M\eta_Pt}\,[\mathrm{kW}] \quad ②$$

①式と②式を等しいとおき、Mを求めると、

$$\frac{\Delta mc^2\eta}{t}=\frac{9.8W_PH_P}{\eta_M\eta_Pt}\times10^3$$

$$\frac{0.09\times10^{-2}\times M\times10^{-3}\times(3\times10^8)^2\times0.3}{t}=\frac{9.8\times90\,000\times240}{0.84t}\times10^3$$

$$\therefore M=\frac{9.8\times90\,000\times240\times10^3}{0.09\times10^{-5}\times(3.0\times10^8)^2\times0.3\times0.84}\fallingdotseq10.4\,[\mathrm{g}]$$

解説

核分裂反応後の原子の質量は反応前の質量よりわずかに小さく、この質量差を質量欠損という。ウラン235が1回核分裂すると約0.09％の質量欠損が生じ、約200MeVのエネルギーが放出される。このエネルギーを核分裂エネルギーという。この放出されたエネルギーは、核分裂でできた二つの新しい原子核の運動エネルギーや、核分裂の際に飛び出す中性子の運動エネルギーとして持ち去られる。

問 5　出題分野＜自然エネルギー＞　　難易度 ★★★　重要度 ★★☆

次の文章は，地熱発電及びバイオマス発電に関する記述である。

地熱発電は，地下から取り出した　(ア)　によってタービンを回して発電する方式であり，発電に適した地熱資源は　(イ)　に多く存在する。

バイオマス発電は，植物や動物が生成・排出する　(ウ)　から得られる燃料を利用する発電方式である。燃料の代表的なものには，木くずから作られる固形化燃料や，家畜の糞から作られる　(エ)　がある。

上記の記述中の空白箇所(ア)，(イ)，(ウ)及び(エ)に当てはまる組合せとして，正しいものを次の(1)～(5)のうちから一つ選べ。

	(ア)	(イ)	(ウ)	(エ)
(1)	蒸気	火山地域	有機物	液体燃料
(2)	熱水の流れ	平野部	無機物	気体燃料
(3)	蒸気	火山地域	有機物	気体燃料
(4)	蒸気	平野部	有機物	気体燃料
(5)	熱水の流れ	火山地域	無機物	液体燃料

問 6　出題分野＜送電＞　　難易度 ★★★　重要度 ★★☆

電力系統で使用される直流送電系統の特徴に関する記述として，誤っているものを次の(1)～(5)のうちから一つ選べ。

(1)　直流送電系統は，交流送電系統のように送電線のリアクタンスなどによる発電機間の安定度の問題がないため，長距離・大容量送電に有利である。

(2)　一般に，自励式交直変換装置では，運転に伴い発生する高調波や無効電力の対策のために，フィルタや調相設備の設置が必要である。一方，他励式交直変換装置では，自己消弧形整流素子を用いるため，フィルタや調相設備の設置が不要である。

(3)　直流送電系統では，大地帰路電流による地中埋設物の電食や直流磁界に伴う地磁気測定への影響に注意を払う必要がある。

(4)　直流送電系統では，交流送電系統に比べ，事故電流を遮断器により遮断することが難しいため，事故電流の遮断に工夫が行われている。

(5)　一般に，直流送電系統の地絡事故時の電流は，交流送電系統に比べ小さいため，がいしの耐アーク性能が十分な場合，がいし装置からアークホーンを省くことができる。

問5の解答　出題項目＜各種発電＞　　答え（3）

　地下のマグマ等の熱によって加熱された地下水は，高温の熱水あるいは蒸気となっており，そこから高温・高圧の蒸気を取り出してその**蒸気**でタービンを回し，発電を行う方法が地熱発電である。発電に適した地熱資源は**火山地域**に多く存在する。

　地下から取り出した地熱流体が蒸気のみの場合，この蒸気で直接タービンを回転させて発電する方式と，地熱流体が蒸気と熱水の混合流体だった場合，汽水分離器を用いて蒸気を分離し，分離した蒸気でタービンを回転させて発電する方式がある。

　石油や石炭などの化石燃料以外の植物などの生命体（バイオマス）から得られた有機物をエネルギー源として発電する方法をバイオマス発電という。

　植物や動物が生成・排出する動植物に由来する**有機物**資源を一般にバイオマスと称し，廃棄物系のバイオマス（紙，動物の糞尿，食品廃材，建設廃材，下水汚泥など）と，未利用バイオマス（稲わら，間伐材，資源作物，飼料作物など）に大別される。

　水分の少ないバイオマスは，ごみ発電と同様に燃焼により発電する。動物の糞尿，下水汚泥などの水分の多いものは，メタン発酵によりガスを生成し，**気体燃料**としてガスエンジンで発電することが多い。

問6の解答　出題項目＜直流送電＞　　答え（2）

　（1）　正。直流送電系統は，交流送電系統のように送電線のリアクタンスなどによる発電機間の安定度の問題がないため，長距離・大容量送電に適している。

　（2）　誤。直流送電方式は，交流電力を変圧器で昇圧した後，順変換器で直流に変換して直流送電線路を通じて送電し，受電端で逆変換器によって交流に変換する方式である。受電端では無効電力を供給するため電力用コンデンサや同期調相機などの調相設備が設置される。

　他励式交直変換装置の場合も，出力波形が完全な正弦波でなくひずみがあると高調波が生じるため**フィルタが必要**であり，また，受電端では無効電力を供給するための**調相設備が設置**される。

　（3）　正。直流送電系統は，大地帰路電流による地中埋設物の電食や直流磁界に伴う地磁気測定への影響に注意する必要がある。

　（4）　正。交流は電流が零となる点があるので事故電流を遮断しやすいが，直流は電流が一定で零点がないため事故電流の遮断が難しく，大容量・高電圧の直流遮断器が開発されていないことから，変換装置が遮断器の役割を兼ねることになる。

　（5）　正。直流送電系統の地絡事故時の電流は，交流送電系統に比べて小さいため，がいしの耐アーク性能が十分な場合，がいし装置からアークホーンを省略することができる。

解説

　交流送電方式と比較した直流送電方式の利点は次のとおりである。

　①　安定度の問題がなく，長距離・大容量送電に適する。

　②　無効電流による損失がなく，ケーブルでは誘電損がないので送電損失が少ない。

　③　充電電流がなく，また，フェランチ効果がないので電力ケーブルの使用に適する。

　④　周波数の異なる交流系統の連系が可能である。

　⑤　直流連系しても短絡容量が増加しない。

　⑥　導体は2条でよく，送電線路の建設費が安い。

　⑦　直流系統の絶縁は，交流系統に比べて電圧の最大値と実効値が等しく，絶縁強度の低減が可能なので絶縁設計上有利である。

　⑧　変換器は静止器であるため，電力潮流調整が迅速に行える。

令和4（2022）
令和3（2021）
令和2（2020）
令和元（2019）
平成30（2018）
平成29（2017）
平成28（2016）
平成27（2015）
平成26（2014）
平成25（2013）
平成24（2012）
平成23（2011）
平成22（2010）
平成21（2009）
平成20（2008）

問7　出題分野＜変電＞　難易度 ★★★　重要度 ★★★

次の文章は，変圧器のY-Y結線方式の特徴に関する記述である。

一般に，変圧器のY-Y結線は，一次，二次側の中性点を接地でき，1線地絡などの故障に伴い発生する　(ア)　の抑制，電線路及び機器の絶縁レベルの低減，地絡故障時の　(イ)　の確実な動作による電線路や機器の保護等，多くの利点がある。

一方，相電圧は　(ウ)　を含むひずみ波形となるため，中性点を接地すると，　(ウ)　電流が線路の静電容量を介して大地に流れることから，通信線への　(エ)　障害の原因となる等の欠点がある。このため，　(オ)　による三次巻線を設けて，これらの欠点を解消する必要がある。

上記の記述中の空白箇所(ア)，(イ)，(ウ)，(エ)及び(オ)に当てはまる組合せとして，正しいものを次の(1)～(5)のうちから一つ選べ。

	(ア)	(イ)	(ウ)	(エ)	(オ)
(1)	異常電流	避雷器	第二調波	静電誘導	Δ結線
(2)	異常電圧	保護リレー	第三調波	電磁誘導	Y結線
(3)	異常電圧	保護リレー	第三調波	電磁誘導	Δ結線
(4)	異常電圧	避雷器	第三調波	電磁誘導	Δ結線
(5)	異常電流	保護リレー	第二調波	静電誘導	Y結線

問8　出題分野＜送電，配電＞　難易度 ★★★　重要度 ★★★

支持点間が180 m，たるみが3.0 mの架空電線路がある。

いま架空電線路の支持点間を200 mにしたとき，たるみを4.0 mにしたい。電線の最低点における水平張力をもとの何[％]にすればよいか。最も近いものを次の(1)～(5)のうちから一つ選べ。

ただし，支持点間の高低差はなく，電線の単位長当たりの荷重は変わらないものとし，その他の条件は無視するものとする。

(1) 83.3　　(2) 92.6　　(3) 108.0　　(4) 120.0　　(5) 148.1

問7の解答　出題項目＜変圧器＞　　　　　　　　　答え　（3）

変圧器のY–Y結線は，一次，二次間に角変位がなく，一次，二次側の中性点を接地できるため，1線地絡などの故障に伴い発生する健全相の**異常電圧**の抑制，電線路や機器の絶縁レベルの低減，地絡故障時の**保護リレー**の確実な動作による電線路や機器の保護等の利点がある。

反面，相電圧は**第三調波**を含むひずみ波形となるが，第三調波電流は3相とも同じ位相になる。このため中性点を接地すると**第三調波**電流が線路の静電容量を介して大地に流れることから，電力線と平行して敷設される通信線に**電磁誘導**障害をもたらす原因となる等の欠点があり，Y–Y結線はほとんど採用されない。

この対策として変圧器に**Δ結線**による三次巻線を設けY–Y–Δ結線とし，第三調波電流をΔ結線三次巻線に環流させ，電圧のひずみをなくしている。

解説

Δ–Δ結線は，一次・二次間に角変位がなく，Δ巻線内で第三調波電流が環流するので電圧波形にひずみを生じにくい利点がある。また，単相器3台を使用している場合，1相分の巻線が故障してもV–V結線として運転できる。しかし，中性点が接地できないので地絡保護ができない欠点がある。

Y–Δ結線またはΔ–Y結線は，Y結線の中性点が接地できるので地絡保護，異常電圧の抑制が容易である。しかし，一次，二次間に30°の角変位があり，Δ結線側は中性点を接地することができない。Y–Δ結線は配電用変電所等の降圧用，Δ–Y結線は発電所の昇圧用として一般的に用いられている。

V–V結線は，Δ–Δ結線と比較して出力は57.7 %（$1/\sqrt{3}$），利用率は86.6 %（$\sqrt{3}/2$）と低くなるが，結線が簡単で，柱上変圧器として広く採用されている。

Y–Y–Δ結線は，Y結線の中性点を接地できるので地絡保護，異常電圧の抑制が容易であり，Δ巻線内で第三調波が環流するので電圧がひずみにくいことから，送電用変圧器として広く採用されている。三次のΔ結線は，所内電源の供給や調相設備を接続して電圧調整や無効電力調整ができる。Δ結線三次巻線の設置目的は，第三高調波をΔ結線三次巻線に環流させることにより電圧のひずみがなくなり，正弦波電圧を誘起することができることと，中性点を接地した場合，1線地絡事故時に地絡電流の1/3を環流させることにより変圧器の零相インピーダンスを低減させ，地絡電流が検出できるようになることである。

問8の解答　出題項目＜たるみ・張力，支線の張力＞　　　答え　（2）

径間を$S[\mathrm{m}]$，電線の最低点における水平張力を$T[\mathrm{N}]$，電線質量による単位長さ当たりの荷重を$w[\mathrm{N/m}]$とすると，電線のたるみ$D[\mathrm{m}]$は，

$$D=\frac{wS^2}{8T}$$

径間が180 m，たるみが3.0 mの場合を添え字1，径間が200 m，たるみが4.0 mの場合を添え字2とする。

電線質量による単位長さ当たりの荷重wはどちらの場合も同じであるから，径間が180 m，たるみが3.0 mの場合からwを求めると，

$$D_1=\frac{wS_1^2}{8T_1}\qquad \therefore\ w=\frac{8D_1T_1}{S_1^2}$$

径間が200 m，たるみが4.0 mの場合の水平張力T_2は，

$$T_2=\frac{wS_2^2}{8D_2}=\frac{\dfrac{8D_1T_1}{S_1^2}S_2^2}{8D_2}=\frac{D_1S_2^2}{D_2S_1^2}T_1$$

$$=\frac{3.0\times200^2}{4.0\times180^2}T_1\fallingdotseq0.926T_1$$

よって，92.6 %にすればよい。

問 9　　出題分野＜送電＞　　　　　　　難易度 ★★★　　重要度 ★★☆

次の文章は，架空送電に関する記述である。

鉄塔などの支持物に電線を固定する場合，電線と支持物は絶縁する必要がある。その絶縁体として代表的なものに懸垂がいしがあり，　(ア)　に応じて連結数が決定される。

送電線への雷の直撃を避けるために設置される　(イ)　を架空地線という。架空地線に直撃雷があった場合，鉄塔から電線への逆フラッシオーバを起こすことがある。これを防止するために，鉄塔の　(ウ)　を小さくする対策がとられている。

発電所や変電所などの架空電線の引込口や引出口には避雷器が設置される。避雷器に用いられる酸化亜鉛素子は　(エ)　抵抗特性を有し，雷サージなどの異常電圧から機器を保護する。

上記の記述中の空白箇所(ア)，(イ)，(ウ)及び(エ)に当てはまる組合せとして，正しいものを次の(1)〜(5)のうちから一つ選べ。

	(ア)	(イ)	(ウ)	(エ)
(1)	送電電圧	裸電線	接地抵抗	非線形
(2)	送電電圧	裸電線	設置間隔	線形
(3)	許容電流	絶縁電線	設置間隔	線形
(4)	許容電流	絶縁電線	接地抵抗	非線形
(5)	送電電圧	絶縁電線	接地抵抗	非線形

問 10　　出題分野＜地中送電＞　　　　　難易度 ★★☆　　重要度 ★★★

交流の地中送電線路に使用される電力ケーブルで発生する損失に関する記述として，誤っているものを次の(1)〜(5)のうちから一つ選べ。

(1)　電力ケーブルの許容電流は，ケーブル導体温度がケーブル絶縁体の最高許容温度を超えない上限の電流であり，電力ケーブル内での発生損失による発熱量や，ケーブル周囲環境の熱抵抗，温度などによって決まる。

(2)　交流電流が流れるケーブル導体中の電流分布は，表皮効果や近接効果によって偏りが生じる。そのため，電力ケーブルの抵抗損では，ケーブルの交流導体抵抗が直流導体抵抗よりも増大することを考慮する必要がある。

(3)　交流電圧を印加した電力ケーブルでは，電圧に対して同位相の電流成分がケーブル絶縁体に流れることにより誘電体損が発生する。この誘電体損は，ケーブル絶縁体の誘電率と誘電正接との積に比例して大きくなるため，誘電率及び誘電正接の小さい絶縁体の採用が望まれる。

(4)　シース損には，ケーブルの長手方向に金属シースを流れる電流によって発生するシース回路損と，金属シース内の渦電流によって発生する渦電流損とがある。クロスボンド接地方式の採用はシース回路損の低減に効果があり，導電率の高い金属シース材の採用は渦電流損の低減に効果がある。

(5)　電力ケーブルで発生する損失のうち，最も大きい損失は抵抗損である。抵抗損の低減には，導体断面積の大サイズ化のほかに分割導体，素線絶縁導体の採用などの対策が有効である。

令和4 (2022)
令和3 (2021)
令和2 (2020)
令和元 (2019)
平成30 (2018)
平成29 (2017)
平成28 (2016)
平成27 (2015)
平成26 (2014)
平成25 (2013)
平成24 (2012)
平成23 (2011)
平成22 (2010)
平成21 (2009)
平成20 (2008)

問9の解答　　出題項目＜雷害対策＞　　　　答え　（1）

　電線と支持物を絶縁する絶縁体として代表的なものに，懸垂がいしがある。懸垂がいしの一連の個数は，1線地絡電流や開閉サージなどにより，発生する内部異常電圧に対して十分耐えるようにし，**送電電圧**に応じて連結数が定まるが，おおむね公称電圧20kV当たり1個になる。連結した個々のがいしが同時に不良となることが少ないので，信頼度が高く，最も多く使用されている。

　架空地線は，送電線の上部に設けられた接地された金属線のことで，雷の架空電線への直撃雷を防止することを目的に，架空電線を遮へいするために設置される。亜鉛メッキ鋼より線やアルミ被鋼線などの**裸電線**を用いる。鉄塔から電線への逆フラッシオーバを防止するためには，鉄塔から埋設地線により多くの接地極を接続し，**接地抵抗**を小さくするようにしている。

　発電所や変電所などの架空電線の引込口や引出口には避雷器が設置される。避雷器には，炭化けい素(SiC)素子や酸化亜鉛(ZnO)素子などが用いられる。このうち ZnO 素子は，**図 9-1**(c)に示すように，微小電流から大電流サージ領域まで**非線形**(非直線)抵抗特性を有しており，その特性が優れているためサージ処理能力も高く，さらに，平常の運転電圧では μA オーダの電流しか流れず，実質的に絶縁物となるので直列ギャップが不要となる。

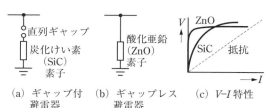

(a) ギャップ付　(b) ギャップレス　(c) V-I 特性
　避雷器　　　　　避雷器

図 9-1　SiC 素子と ZnO 素子の特性

問10の解答　　出題項目＜電力損失・許容電流＞　　　　答え　（4）

　（1）　正。電力ケーブルの許容電流は，ケーブル導体温度がケーブル絶縁体の最高許容温度を超えない上限の電流であり，電力ケーブル内での発生損失による発熱量やケーブル周囲環境の熱抵抗，温度，敷設方式，ケーブル条数などによって決まる。

　（2）　正。交流電流が流れるケーブル導体中の電流分布は，導体サイズが大きくなるに伴って表皮効果や近接効果によって偏りが生じるため，見かけ上の断面積が減少し，電力ケーブルの抵抗損では，ケーブルの交流導体抵抗が直流導体抵抗よりも増大することを考慮する必要がある。

　（3）　正。ケーブルに交流電圧を印加した際に流れる電流は，本来はケーブルの静電容量に印加される電圧とは位相が90°進んだ無効分電流であるが，誘電体損に相当する電圧と同相の有効分電流もわずかながら流れ，その合成が充電電流となっている。つまり，誘電体損はケーブルの絶縁体に交流電圧が印加されたとき，その絶縁体に流れる電流のうち，電圧と同相の電流成分により発生する。

　（4）　誤。シース損のうち，線路の長手方向に流れる電流によって発生するシース回路損と，金属シース内に発生する渦電流損がある。単心ケーブルのシース電流を抑制する方法としては，適当な間隔をおいてシースを電気的に絶縁し，シース電流が逆方向となるように単心ケーブルのシースを接続(接続線をクロスボンドという)して，各相のシース電流を打ち消し合うようにする，クロスボンド接地方式の採用はシース回路損の低減に効果的であるが，**導電率の低い**金属シース材を採用すると渦電流損の低減に効果がある。

　（5）　正。電力ケーブルで発生する損失のうち，最も大きい損失は抵抗損である。抵抗損の低減には，導体断面積の大サイズ化のほかに分割導体，素線絶縁導体の採用などの対策が有効である。

Point 導電率の高い金属シース材を採用すると，渦電流が流れやすくなって，渦電流損が増加するため導電率は低い方が低減効果がある。

問11　出題分野＜配電＞　　難易度 ★★☆　重要度 ★★★

　　回路図のような単相2線式及び三相4線式のそれぞれの低圧配電方式で，抵抗負荷に送電したところ送電電力が等しかった。

　　このときの三相4線式の線路損失は単相2線式の何［％］となるか。最も近いものを次の（1）～（5）のうちから一つ選べ。

　　ただし，三相4線式の結線はY結線で，電源は三相対称，負荷は三相平衡であり，それぞれの低圧配電方式の1線当たりの線路抵抗 r，回路図に示す電圧 V は等しいものとする。また，線路インダクタンスは無視できるものとする。

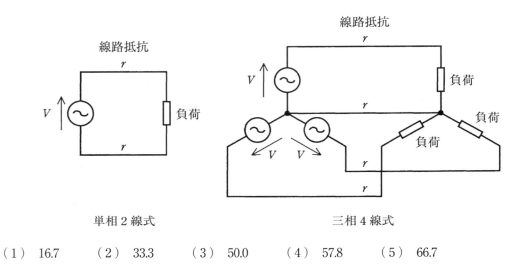

単相2線式　　　　　　　　　　三相4線式

（1）　16.7　　　（2）　33.3　　　（3）　50.0　　　（4）　57.8　　　（5）　66.7

問 11 の解答　　出題項目＜電気方式＞　　　　　　　　　答え　（1）

単相 2 線式の添え字を 1，三相 4 線式の添え字を 3 とし，線電流を I_1，I_3 とする。

各配電方式の送電電力 P_1，P_3 は，

$$P_1 = VI_1$$
$$P_3 = 3VI_3$$

両者の送電電力は等しいため，

$$P_1 = P_3$$
$$VI_1 = 3VI_3$$
$$\therefore \ I_3 = \frac{I_1}{3}$$

単相 2 線式の線路損失 p_1 は次式で表されるから，

$$p_1 = 2I_1{}^2 r$$
$$\therefore \ I_1{}^2 = \frac{p_1}{2r} \qquad ①$$

したがって，三相 4 線式の線路損失 p_3 は，

$$p_3 = 3I_3{}^2 r = 3\left(\frac{I_1}{3}\right)^2 r = \frac{I_1{}^2}{3} r$$

これに①式を代入すると，

$$p_3 = \frac{1}{3} \times \frac{p_1}{2r} r = \frac{p_1}{6} \fallingdotseq 0.167 p_1$$

よって，三相 4 線式の線路損失は，単相 2 線式の線路損失の 16.7 % となる。

令和 4 (2022)
令和 3 (2021)
令和 2 (2020)
令和 元 (2019)
平成 30 (2018)
平成 29 (2017)
平成 28 (2016)
平成 27 (2015)
平成 26 (2014)
平成 25 (2013)
平成 24 (2012)
平成 23 (2011)
平成 22 (2010)
平成 21 (2009)
平成 20 (2008)

問 12　出題分野＜配電＞　　　難易度 ★★★　重要度 ★★☆

次の文章は，我が国の高低圧配電系統における保護について述べた文章である。

6.6 kV 高圧配電線路は，60 kV 以上の送電線路や送電用変圧器に比べ，電線路や変圧器の絶縁が容易であるため，故障時に健全相の電圧上昇が大きくなっても特に問題にならない。また，1 線地絡電流を　(ア)　するため　(イ)　方式が採用されている。

一般に，多回線配電線路では地絡保護に地絡方向継電器が用いられる。これは，故障時に故障線路と健全線路における地絡電流が　(ウ)　となることを利用し，故障回線を選択するためである。

低圧配電線路で短絡故障が生じた際の保護装置として　(エ)　が挙げられるが，これは，通常，柱上変圧器の　(オ)　側に取り付けられる。

上記の記述中の空白箇所(ア)，(イ)，(ウ)，(エ)及び(オ)に当てはまる組合せとして，正しいものを次の(1)～(5)のうちから一つ選べ。

	(ア)	(イ)	(ウ)	(エ)	(オ)
(1)	大きく	非接地	逆位相	高圧カットアウト	二次
(2)	大きく	接地	逆位相	ケッチヒューズ	一次
(3)	小さく	非接地	逆位相	高圧カットアウト	一次
(4)	小さく	接地	同位相	ケッチヒューズ	一次
(5)	小さく	非接地	同位相	高圧カットアウト	二次

問 12 の解答　　出題項目＜保護方式＞　　　　答え　（3）

　我が国の 6.6 kV 高圧配電線路は，60 kV 以上の送電線路や送電用変圧器に比べ，電線路や変圧器の絶縁が容易であるため，故障時の健全相の電圧上昇が大きくなっても特に問題にならない。また，1 線地絡事故時の地絡電流が十数 A 程度と**小さい**ため，主として通信線への電磁誘導障害の抑制と高低圧混触時における低圧回路の電位上昇の抑制を目的に中性点**非接地**方式が採用されている。

　多回線配電線路における 1 線地絡時の故障電流は，故障回線とほかの健全回線とではその方向が**反対（逆位相）**となるため，事故回線のみの選択が可能となる。

　多回線で引出す非接地方式高圧配電線における 1 線地絡故障時には，零相電圧および零相電流が発生する。この故障配電線を選択するため，零相電圧を検出する地絡過電圧継電器と，零相電流の大きさ・方向を検出する地絡方向継電器とが用いられている。この方式は，故障配電線では零相電流の方向が健全配電線と異なり，電源側から負荷側に流れることを利用し，故障配電線を選択している。

　低圧配電線で短絡故障が生じた際の保護装置と

しては**高圧カットアウト**が用いられ，これは柱上変圧器の**一次**側に取り付けられる。内蔵される高圧ヒューズには，変圧器の過負荷または内部短絡故障の際に，自動的に高圧配電線から変圧器を切り離す機能も持っている。

解説 ・・・・・・・・・・・・・・・・・・・・・・・・・・・・・・・・・・

　零相電圧は地絡時に電源変圧器の二次側の系統全体に発生するため，事故発生を検出できても事故箇所の判定はできない。

　高圧カットアウトは磁器製の容器の中にヒューズを内蔵したもので，柱上変圧器の一次側に施設してその開閉を行うほか，過負荷や短絡電流をヒューズの溶断で保護する。磁器製のふたにヒューズ筒を取り付け，ふたの開閉により電路の開閉ができる，最も広く用いられている箱形カットアウトと，磁器製の内筒内にヒューズ筒を収納して，その取付け・取外しにより電路の開閉ができる円筒形カットアウトがある。高圧ヒューズは，電動機の始動電流や雷サージによって溶断しないことが要求されるため，短時間過大電流に対して溶断しにくくした放出形（タイムラグ形）ヒューズが一般に使用される。

問 13　出題分野＜配電＞

難易度 ★★★　重要度 ★★★

次の文章は，配電線路の電圧調整に関する記述である。誤っているものを次の（1）～（5）のうちから一つ選べ。

（1）　太陽電池発電設備を系統連系させたときの逆潮流による配電線路の電圧上昇を抑制するため，パワーコンディショナには，電圧調整機能を持たせているものがある。

（2）　配電用変電所においては，高圧配電線路の電圧調整のため，負荷時電圧調整器（LRA）や負荷時タップ切換装置付変圧器（LRT）などが用いられる。

（3）　低圧配電線路の力率改善をより効果的に実施するためには，低圧配電線路ごとに電力用コンデンサを接続することに比べて，より上流である高圧配電線路に電力用コンデンサを接続した方がよい。

（4）　高負荷により配電線路の電圧降下が大きい場合，電線を太くすることで電圧降下を抑えることができる。

（5）　電圧調整には，高圧自動電圧調整器（SVR）のように電圧を直接調整するもののほか，電力用コンデンサや分路リアクトル，静止形無効電力補償装置（SVC）などのように線路の無効電力潮流を変化させて行うものもある。

問 14　出題分野＜電気材料＞

難易度 ★★★　重要度 ★★★

電気絶縁材料に関する記述として，誤っているものを次の（1）～（5）のうちから一つ選べ。

（1）　ガス遮断器などに使用されている SF_6 ガスは，同じ圧力の空気と比較して絶縁耐力や消弧能力が高く，反応性が非常に小さく安定した不燃性のガスである。しかし，SF_6 ガスは，大気中に排出されると，オゾン層破壊への影響が大きいガスである。

（2）　変圧器の絶縁油には，主に鉱油系絶縁油が使用されており，変圧器内部を絶縁する役割のほかに，変圧器内部で発生する熱を対流などによって放散冷却する役割がある。

（3）　CV ケーブルの絶縁体に使用される架橋ポリエチレンは，ポリエチレンの優れた絶縁特性に加えて，ポリエチレンの分子構造を架橋反応により立体網目状分子構造とすることによって，耐熱変形性を大幅に改善した絶縁材料である。

（4）　がいしに使用される絶縁材料には，一般に，磁器，ガラス，ポリマの 3 種類がある。我が国では磁器がいしが主流であるが，最近では，軽量性や耐衝撃性などの観点から，ポリマがいしの利用が進んでいる。

（5）　絶縁材料における絶縁劣化では，熱的要因，電気的要因，機械的要因のほかに，化学薬品，放射線，紫外線，水分などが要因となり得る。

問 13 の解答　出題項目＜電圧調整＞　　　　答え（3）

（1）　正。太陽光発電設備などの分散型電源が系統連系されても配電線の電圧が適正に維持されるためには，分散型電源側で逆潮流によって系統の電圧分布があまり変化しないように対策するとともに，必要に応じて系統側で対策する必要がある。逆潮流による配電線路の電圧上昇を抑制するため，パワーコンディショナには電圧調整機能を持たせている。

（2）　正。高圧配電線路の電圧は，負荷の変動によって変動するため，負荷の軽重によって生じる低圧線電圧の変動が許容電圧範囲内になるように，配電用変電所の送出電圧を調整する。その方法には，母線電圧を調整する方法，回線ごとに調整する方法，両者の併用などがあり，電圧調整器として負荷時電圧調整器（LRA）または負荷時タップ切換装置付変圧器（LRT）が使用される。

（3）　誤。低圧配電線路の力率改善をより効果的に実施するためには，低圧配電線路ごとに電力用コンデンサを接続することに比べて，**より下流側である負荷に近い位置**に接続した方がよい。

（4）　正。高負荷により配電線路の電圧降下が大きい場合，電線の太線化によって電圧降下そのものを軽減する対策をとることもある。

（5）　正。高圧配電線路のこう長が長くて電圧降下が大きく，柱上変圧器のタップ調整のみで電圧を限度内に保持することが困難な場合には，高圧自動電圧調整器（SVR）のように電圧を直接調整するもののほか，高圧配電線路の途中に昇圧器，電力用コンデンサ，分路リアクトル，静止形無効電力補償装置（SVC）などのように線路の無効電力潮流を変化させて行うものもある。

問 14 の解答　出題項目＜絶縁材料＞　　　　答え（1）

（1）　誤。ガス遮断器などに使用されている SF_6 ガスは，化学的にも安定した不活性，不燃性，無色，無臭の気体で，生理的にも無害，また腐食性や爆発性がなく，熱安定性も優れている。絶縁耐力は平等電界では同一圧力で空気の2〜3倍，0.3〜0.4 MPa では絶縁油以上の絶縁耐力を有しており，消弧能力も高い。しかしながら，**温室効果ガス**の一つであるため機器の点検時には SF_6 ガスの回収を確実に行うなどの対策が必要である。

（2）　正。変圧器の絶縁油には主に鉱油系絶縁油が使用されており，変圧器内部を絶縁する役割のほかに，巻線や鉄心からの発生熱は対流により絶縁油に伝達し，対流によりタンクに伝達する。そしてタンクから放射と空気の対流によって外気に放散冷却される。

（3）　正。CV ケーブルの絶縁体に使用される架橋ポリエチレンは，ポリエチレンの優れた絶縁特性をそのままに鎖状分子構造を架橋反応により立体網目状分子構造とすることによって，その欠点であった耐熱変形性を大幅に改善した絶縁材料で，設計電界は約 500 kV/cm である。

（4）　正。がいしに使用される絶縁材料には，一般に磁器，ガラス，ポリマの3種類があり，我が国では磁器がいしが主流であるが，軽量性や耐衝撃性などの観点からポリマがいしが利用されている。これらは外被材であるシリコーンゴム，機械強度部材である FRP などの有機材で構成されている。

（5）　正。電気機器の絶縁物の主な劣化原因には，電気的要因，熱的要因，機械的要因，環境的要因があり，環境的要因には日光の直射による紫外線，周囲温度，風雨，化学薬品，放射線，水分などが要因となり，実際には複数の劣化要因が相乗的に重なって劣化を加速することも多い。

Point SF_6，CO_2，メタンは温室効果ガスに分類され，フロンは温室効果ガスでもありオゾン層破壊物質でもある。

B 問題 （配点は 1 問題当たり(a)5 点，(b)5 点，計 10 点）

問 15　出題分野＜汽力発電＞　難易度 ★★★　重要度 ★★★

　定格出力 600 MW，定格出力時の発電端熱効率 42 % の汽力発電所がある。重油の発熱量は 44 000 kJ/kg で，潜熱の影響は無視できるものとして，次の(a)及び(b)の問に答えよ。

　ただし，重油の化学成分は質量比で炭素 85 %，水素 15 %，水素の原子量を 1，炭素の原子量を 12，酸素の原子量を 16，空気の酸素濃度を 21 % とし，重油の燃焼反応は次のとおりである。

$$C + O_2 \rightarrow CO_2$$
$$2H_2 + O_2 \rightarrow 2H_2O$$

（a）　定格出力にて，1 日運転したときに消費する燃料質量の値[t]として，最も近いものを次の(1)～(5)のうちから一つ選べ。

　　（1）　117　　　　（2）　495　　　　（3）　670　　　　（4）　1 403　　　　（5）　2 805

（b）　そのとき使用する燃料を完全燃焼させるために必要な理論空気量※の値[m³]として，最も近いものを次の(1)～(5)のうちから一つ選べ。

　　　　ただし，1 mol の気体標準状態の体積は 22.4 L とする。

　　　　※理論空気量：燃料を完全に燃焼するために必要な最小限の空気量(標準状態における体積)

　　（1）　6.8×10^6　　　（2）　9.2×10^6　　　（3）　32.4×10^6　　　（4）　43.6×10^6
　　（5）　87.2×10^6

問 15 （a）の解答　出題項目＜LNG・石炭・石油火力＞　　答え　（5）

　1 時間当たりに消費する燃量質量を G[kg/h]，重油の発熱量を H[kJ/kg]とすると，1 時間にボイラに供給される重油の総発熱量 Q は，

$$Q = GH \text{[kJ/h]}$$

　発電機の定格出力を P_G[kW]とすると，発電端熱効率 η_P は次式で表されるから，

$$\eta_P = \frac{\text{発電機で発生した電気出力(熱量換算値)}}{\text{ボイラに供給した燃料の発熱量}}$$

$$= \frac{3\,600 P_G}{Q} = \frac{3\,600 P_G}{GH}$$

$$\therefore\ G = \frac{3\,600 P_G}{H \eta_P}$$

1 日 24 時間運転したときに消費する燃料質量は，

$$24G = 24 \times \frac{3\,600 P_G}{H \eta_P} = 24 \times \frac{3\,600 \times 600 \times 10^3}{44\,000 \times 0.42}$$

$$\fallingdotseq 2\,805 \times 10^3 \text{[kg]} = 2\,805 \text{[t]}$$

問 15（b）の解答　　出題項目＜LNG・石炭・石油火力＞　　答え　（3）

炭素が完全燃焼するために必要な酸素の体積は，化学反応式より，炭素原子 C 1 kmol，質量（原子量または分子量に［kg］の単位をつけたもの）12 kg であるから，これが完全燃焼するためには，酸素分子 O_2 1 kmol，22.4 kL の酸素が必要である。つまり，重油の化学成分で炭素の比率は 85 ％ であるから，炭素 1 kg が完全燃焼するために必要な酸素の体積 O_C は，

$$O_C = 0.85 \times \frac{22.4}{12} \, [kL]$$

また，水素が完全燃焼するために必要な酸素の質量は，化学反応式より，水素分子 H_2 1 kmol，質量 $1 \times 2 = 2$ kg であるから，これが完全燃焼するためには，酸素分子 O_2 $\frac{1}{2}$ kmol，$\frac{22.4}{2}$ kL の酸素が必要である。つまり，重油の化学成分で水素の比率は 15 ％ であるから，水素 1 kg が完全燃焼するために必要な酸素の体積 O_H は，

$$O_H = 0.15 \times \frac{22.4/2}{2} = 0.15 \times \frac{22.4}{4} \, [kL]$$

空気中の酸素濃度は体積百分率で 21 ％ であるから，1 kg の重油中の炭素および水素が完全燃焼するために必要な理論空気量 A は，

$$A = \frac{1}{0.21}(O_C + O_H)$$
$$= \frac{1}{0.21} \times \left(0.85 \times \frac{22.4}{12} + 0.15 \times \frac{22.4}{4} \right)$$
$$= \frac{22.4}{0.21} \times \left(0.85 \times \frac{1}{12} + 0.15 \times \frac{1}{4} \right) [kL/kg]$$

したがって，使用する全燃料を完全燃焼するた

めに必要な理論空気量 A_0 は，

$$A_0 = 24G \times A$$
$$= 2\,805 \times 10^3 \times \frac{22.4}{0.21} \times \left(0.85 \times \frac{1}{12} + 0.15 \times \frac{1}{4} \right)$$
$$\fallingdotseq 32.4 \times 10^6 \, [kL] = 32.4 \times 10^6 \, [m^3]$$

解説

炭素が完全燃焼するために必要な酸素の質量は，炭素原子 C 1 kmol，質量 12 kg であるから，これが完全燃焼するためには，酸素分子 O_2 1 kmol，質量 $16 \times 2 = 32$ kg の酸素が必要である。つまり，1 kg の炭素を完全燃焼するために必要な酸素の質量は，$\frac{32}{12} = \frac{8}{3}$［kg］となる。

炭素が完全燃焼するために必要な酸素の体積は，炭素原子 C 1 kmol，質量 12 kg であるから，これが完全燃焼するためには，酸素分子 O_2 1 kmol，体積 22.4 kL の酸素が必要である。つまり，炭素 1 kg が完全燃焼するために必要な酸素の体積 $O_C = \frac{22.4}{12} = \frac{5.6}{3}$［kL］となる。

燃料の化学成分で炭素の比率を α_C とすると，空気中の酸素濃度は体積百分率で 21 ％ であるから，1 kg の燃料中の炭素が完全燃焼するために必要な理論空気量 A_C は，

$$A_C = \frac{\alpha_C O_C}{0.21} = \frac{\alpha_C}{0.21} \times \frac{5.6}{3} \, [kL]$$

標準状態（温度 0 ℃，圧力 1 気圧（101 325 Pa））における気体の体積は 1 kmol が 22.4 m³（22.4 kL）である。

令和4 (2022)
令和3 (2021)
令和2 (2020)
令和元 (2019)
平成30 (2018)
平成29 (2017)
平成28 (2016)
平成27 (2015)
平成26 (2014)
平成25 (2013)
平成24 (2012)
平成23 (2011)
平成22 (2010)
平成21 (2009)
平成20 (2008)

問 16　　出題分野＜地中送電＞　　　　　難易度 ★★★　　重要度 ★★★

　図に示すように，対地静電容量 C_e[F]，線間静電容量 C_m[F]からなる定格電圧 E[V]の三相 1 回線の
ケーブルがある。

　今，受電端を開放した状態で，送電端で三つの心線を一括してこれと大地間に定格電圧 E[V]の $\dfrac{1}{\sqrt{3}}$
倍の交流電圧を加えて充電すると全充電電流は 90 A であった。

　次に，二つの心線の受電端・送電端を接地し，受電端を開放した残りの心線と大地間に定格電圧 E
[V]の $\dfrac{1}{\sqrt{3}}$ 倍の交流電圧を送電端に加えて充電するとこの心線に流れる充電電流は 45 A であった。

　次の（ a ）及び（ b ）の問に答えよ。

　ただし，ケーブルの鉛被は接地されているとする。また，各心線の抵抗とインダクタンスは無視する
ものとする。なお，定格電圧及び交流電圧の周波数は，一定の商用周波数とする。

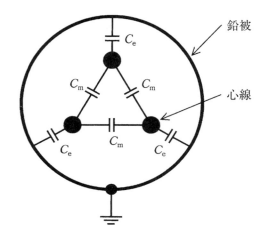

（ a ）　対地静電容量 C_e[F]と線間静電容量 C_m[F]の比 $\dfrac{C_e}{C_m}$ として，最も近いものを次の（ 1 ）～（ 5 ）
のうちから一つ選べ。

　　（ 1 ）　0.5　　　　（ 2 ）　1.0　　　（ 3 ）　1.5　　　（ 4 ）　2.0　　　（ 5 ）　4.0

（ b ）　このケーブルの受電端を全て開放して定格の三相電圧を送電端に加えたときに 1 線に流れる充
電電流の値[A]として，最も近いものを次の（ 1 ）～（ 5 ）のうちから一つ選べ。

　　（ 1 ）　52.5　　　（ 2 ）　75　　　（ 3 ）　105　　　（ 4 ）　120　　　（ 5 ）　135

問 16（a）の解答　　出題項目＜静電容量＞　　　　　　答え　（5）

図 16-1 の等価回路に示すように，3 線一括したときの対地との静電容量 C_1 は，3 線の対地静電容量 C_e を並列接続したものになるから，

$$C_1 = 3C_e \qquad \therefore \ C_e = \frac{C_1}{3}$$

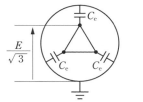

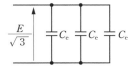

図 16-1　3 線一括したときの対地との静電容量

次に，図 16-2 の等価回路に示すように，2 線を接地したとき残りの 1 線と対地との静電容量 C_2 は，1 線の対地静電容量 C_e と，その 1 線と残りの 2 線とを並列接続にした線間静電容量 C_m をそれぞれ並列接続したものになるから，

$$C_2 = C_e + 2C_m$$

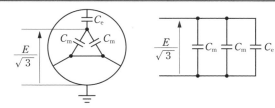

図 16-2　2 線を接地したとき残りの 1 線と対地との静電容量

$$\therefore \ C_m = \frac{C_2 - C_e}{2} = \frac{C_2 - \dfrac{C_1}{3}}{2} = \frac{3C_2 - C_1}{6}$$

充電電流は静電容量に比例するため，対地静電容量 C_e と線間静電容量 C_m の比 C_e/C_m は，

$$\frac{C_e}{C_m} = \frac{\dfrac{C_1}{3}}{\dfrac{3C_2 - C_1}{6}} = \frac{2C_1}{3C_2 - C_1} = \frac{2 \times 90}{3 \times 45 - 90}$$

$$= 4$$

問 16（b）の解答　　出題項目＜充電電流＞　　　　　　答え　（1）

作用静電容量 C は，

$$C = C_e + 3C_m = C_e + 3 \times \frac{C_e}{4} = \frac{7}{4}C_e = \frac{7}{4} \times \frac{C_1}{3} = \frac{7}{12}C_1$$

送電端で 3 線一括してこれと大地間に定格電圧 E の $\dfrac{1}{\sqrt{3}}$ 倍の交流電圧を加えて充電したときの全充電電流 I_{c1} は，

$$I_{c1} = \omega(3C_e)\frac{E}{\sqrt{3}} = 90[\text{A}]$$

$$\therefore \ \omega C_e \frac{E}{\sqrt{3}} = \frac{90}{3} = 30[\text{A}]$$

したがって，ケーブルの受電端をすべて開放して定格の三相電圧を送電端に加えたときに 1 線に流れる充電電流 I_c は，

$$I_c = \omega C \frac{E}{\sqrt{3}} = \frac{7}{4}\omega C_e \frac{E}{\sqrt{3}} = \frac{7}{4} \times 30 = 52.5[\text{A}]$$

解説 ・・・・・・・・・・・・・・・

1 線の中性点に対する静電容量を作用静電容量という。図 16-3 に示すように，導体と大地間の

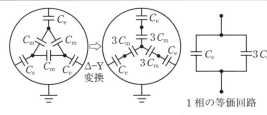

図 16-3　作用静電容量

静電容量（対地静電容量）を $C_e[\text{F}]$，導体間の静電容量を $C_m[\text{F}]$ とすると，作用静電容量 $C = C_e + 3C_m[\text{F}]$ で表される。

周波数を $f[\text{Hz}]$，線間電圧を $V[\text{V}]$，作用静電容量を $C[\text{F}]$ とすると，三相ケーブルの充電電流 I_c と充電容量 P_c は次式で表される。

$$I_c = \frac{\dfrac{V}{\sqrt{3}}}{\dfrac{1}{2\pi f C}} = \frac{2\pi f C V}{\sqrt{3}}[\text{A}]$$

$$P_c = \sqrt{3}\,VI_c = \sqrt{3}\,V\frac{2\pi f C V}{\sqrt{3}} = 2\pi f C V^2[\text{var}]$$

令和 4 (2022)
令和 3 (2021)
令和 2 (2020)
令和 元 (2019)
平成 30 (2018)
平成 29 (2017)
平成 28 (2016)
平成 27 (2015)
平成 26 (2014)
平成 25 (2013)
平成 24 (2012)
平成 23 (2011)
平成 22 (2010)
平成 21 (2009)
平成 20 (2008)

問 17　出題分野＜変電＞　　難易度 ★★★　重要度 ★★★

　特別高圧三相3線式専用1回線で，6 000 kW（遅れ力率90 %）の負荷 A と 3 000 kW（遅れ力率95 %）の負荷 B に受電している需要家がある。

　次の（a）及び（b）の問に答えよ。

（a）　需要家全体の合成力率を 100 % にするために必要な力率改善用コンデンサの総容量の値 [kvar]として，最も近いものを次の（1）～（5）のうちから一つ選べ。

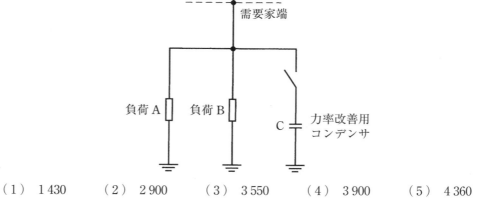

（1）　1 430　　　　（2）　2 900　　　　（3）　3 550　　　　（4）　3 900　　　　（5）　4 360

（b）　力率改善用コンデンサの投入・開放による電圧変動を一定値に抑えるために力率改善用コンデンサを分割して設置・運用する。下図のように分割設置する力率改善用コンデンサのうちの1台（C1）は容量が 1 000 kvar である。C1を投入したとき，投入前後の需要家端 D の電圧変動率が 0.8 % であった。需要家端 D から電源側を見たパーセントインピーダンスの値 [%]（10 MV・A ベース）として，最も近いものを次の（1）～（5）のうちから一つ選べ。

　ただし，線路インピーダンス X はリアクタンスのみとする。また，需要家構内の線路インピーダンスは無視する。

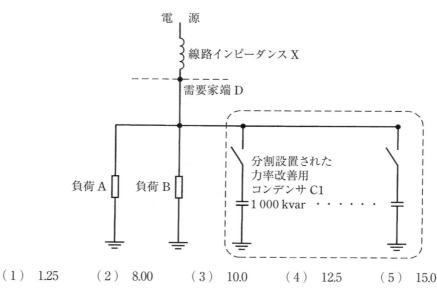

（1）　1.25　　　　（2）　8.00　　　　（3）　10.0　　　　（4）　12.5　　　　（5）　15.0

問 17 （a）の解答　　出題項目＜調相設備＞　　答え　（4）

　需要家全体の合成力率を 100 % にするためには，負荷 A と負荷 B の合成無効電力と同容量の力率改善用コンデンサを設置すればよい。**図 17-1** に示すように，負荷 A および負荷 B の有効電力をそれぞれ P_A および P_B，力率をそれぞれ $\cos\theta_A$ および $\cos\theta_B$ とすると，合成力率を 100 % にするために必要な力率改善用コンデンサの総容量 Q は，

$$Q = P_A \times \frac{\sin\theta_A}{\cos\theta_A} + P_B \times \frac{\sin\theta_B}{\cos\theta_B}$$

$$= P_A \times \frac{\sqrt{1-\cos^2\theta_A}}{\cos\theta_A} + P_B \times \frac{\sqrt{1-\cos^2\theta_B}}{\cos\theta_B}$$

$$= 6\,000 \times \frac{\sqrt{1-0.9^2}}{0.9} + 3\,000 \times \frac{\sqrt{1-0.95^2}}{0.95}$$

$$\fallingdotseq 3\,890\,[\text{kvar}] \quad \rightarrow \quad 3\,900\ \text{kvar}$$

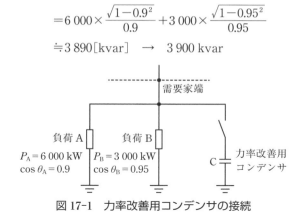

図 17-1　力率改善用コンデンサの接続

問 17 （b）の解答　　出題項目＜調相設備＞　　答え　（2）

　図 17-2 に示すように，1 台のコンデンサ C1 を投入すると，コンデンサ投入前に流れる線路電流に進み電流 ΔI_c が重畳して流れる。線路インピーダンスを X（リアクタンスのみ），コンデンサ設置点の電圧を V とすると，コンデンサの投入前後による電圧降下（変動値）Δv は，

$$\Delta v = \sqrt{3}\,\Delta I_c X = \frac{\sqrt{3}\,V\Delta I_c X}{V}$$

ここで，力率改善用コンデンサの容量を ΔQ とすると，

$$\Delta Q = \sqrt{3}\,V\Delta I_c$$

で表されるため，電圧降下 Δv は，

$$\Delta v = \frac{\Delta Q X}{V}$$

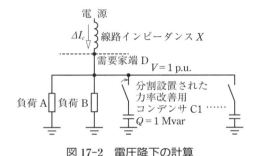

図 17-2　電圧降下の計算

　基準容量を 10 MV·A とし，単位法を用いて解くと，$\Delta Q = 1/10 = 0.1\,[\text{p.u.}]$，$V$ は定格電圧であるため $V = 1\,[\text{p.u.}]$，題意より $\Delta v = 0.8\,[\%] = 0.008\,[\text{p.u.}]$ であることから，線路インピーダンス X は，

$$X = \frac{\Delta v V}{\Delta Q} = \frac{0.008 \times 1}{0.1} = 0.08\,[\text{p.u.}] \quad \rightarrow \quad 8\ \%$$

解 説 ……………………………

　電気的諸量を基準値に対するパーセントではなく，基準値を 1 としてそれに対する比率で表す方法を「単位法」（「p.u. 法」または「パーユニット法」ともいう）といい，[p.u.]の単位を用いる。

　単位法と % インピーダンス法との関係は，1 p.u. が 100 % であるため，

$$Z\,[\text{p.u.}] = \frac{\%Z}{100}$$

電　力 | 平成 28 年度（2016 年度）

A 問 題 （配点は 1 問題当たり 5 点）

問1　出題分野＜水力発電＞　　難易度 ★★★　重要度 ★★☆

　下記の諸元の揚水発電所を，運転中の総落差が変わらず，発電出力，揚水入力ともに一定で運転するものと仮定する。この揚水発電所における発電出力の値[kW]，揚水入力の値[kW]，揚水所要時間の値[h]及び揚水総合効率の値[%]として，最も近い値の組合せを次の（1）～（5）のうちから一つ選べ。

揚水発電所の諸元

総落差	$H_0 = 400$ m
発電損失水頭	$h_G = H_0$ の 3 %
揚水損失水頭	$h_P = H_0$ の 3 %
発電使用水量	$Q_G = 60$ m³/s
揚水量	$Q_P = 50$ m³/s
発電運転時の効率	発電機効率 η_G × 水車効率 $\eta_T = 87$ %
ポンプ運転時の効率	電動機効率 η_M × ポンプ効率 $\eta_P = 85$ %
発電運転時間	$T_G = 8$ h

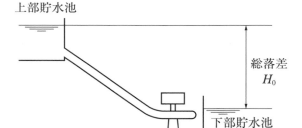

	発電出力[kW]	揚水入力[kW]	揚水所要時間[h]	揚水総合効率[%]
（1）	204 600	230 600	9.6	74.0
（2）	204 600	230 600	10.0	71.0
（3）	198 500	237 500	9.6	71.0
（4）	198 500	237 500	10.0	69.6
（5）	198 500	237 500	9.6	69.6

令和 **4** (2022)
令和 **3** (2021)
令和 **2** (2020)
令和 **元** (2019)
平成 **30** (2018)
平成 **29** (2017)
平成 **28** (2016)
平成 **27** (2015)
平成 **26** (2014)
平成 **25** (2013)
平成 **24** (2012)
平成 **23** (2011)
平成 **22** (2010)
平成 **21** (2009)
平成 **20** (2008)

問 1 の解答　　出題項目＜揚水発電＞　　　　　　　　答え　（5）

有効落差は $(H_0 - h_G)$ となるから，発電出力 P_G は，

$$P_G = 9.8 Q_G (H_0 - h_G) \eta_G \eta_T$$
$$= 9.8 Q_G (H_0 - 0.03 H_0) \eta_G \eta_T$$
$$= 9.8 Q_G H_0 (1 - 0.03) \eta_G \eta_T$$
$$= 9.8 \times 60 \times 400 \times (1 - 0.03) \times 0.87$$
$$\fallingdotseq 198\,500 \,[\text{kW}]$$

揚水入力 P_P は，

$$P_P = \frac{9.8 Q_P (H_0 + h_P)}{\eta_M \eta_P} = \frac{9.8 Q_P H_0 (1 + 0.03)}{\eta_M \eta_P}$$
$$= \frac{9.8 \times 50 \times 400 \times 1.03}{0.85} \fallingdotseq 237\,500 \,[\text{kW}]$$

発電使用水量 Q_G と発電運転時間 T_G の積は，揚水量 Q_P と揚水所要時間 T_P の積に等しいので，

$$Q_G T_G \times 3\,600 = Q_P T_P \times 3\,600$$

$$\therefore \ T_P = \frac{3\,600 Q_G T_G}{3\,600 Q_P} = \frac{60 \times 8}{50} = 9.6 \,[\text{h}]$$

揚水発電所の総合効率 η は，揚水時の入力電力量に対する発電時の出力電力量の割合なので，

$$\eta = \frac{P_G T_G}{P_P T_P} = \frac{9.8 Q_G (H_0 - h_G) \eta_G \eta_T T_G}{\dfrac{9.8 Q_P (H_0 + h_P)}{\eta_M \eta_P} T_P}$$

$$= \frac{Q_G T_G}{Q_P T_P} \frac{(H_0 - h_G)}{(H_0 + h_P)} \eta_G \eta_T \eta_M \eta_P$$

ここで，$Q_G T_G = Q_P T_P$ の関係があることから，

$$\eta = \frac{(H_0 - h_G)}{(H_0 + h_P)} \eta_G \eta_T \eta_M \eta_P$$

$$= \frac{H_0 (1 - 0.03)}{H_0 (1 + 0.03)} \eta_G \eta_T \eta_M \eta_P$$

$$= \frac{400 \times (1 - 0.03)}{400 \times (1 + 0.03)} \times 0.87 \times 0.85 = 0.696$$

$$\rightarrow \quad 69.6 \,\%$$

| 問2 | 出題分野＜その他＞ | 難易度 ★★☆ | 重要度 ★★★ |

次の文章は，発電所に用いられる同期発電機である水車発電機とタービン発電機の特徴に関する記述である。

水力発電所に用いられる水車発電機は直結する水車の特性からその回転速度はおおむね 100 min^{-1}〜$1\,200 \text{ min}^{-1}$ とタービン発電機に比べ低速である。したがって，商用周波数 50/60 Hz を発生させるために磁極を多くとれる ［（ア）］ を用い，大形機では据付面積が小さく落差を有効に使用できる立軸形が用いられることが多い。タービン発電機に比べ，直径が大きく軸方向の長さが短い。

一方，火力発電所に用いられるタービン発電機は原動機である蒸気タービンと直結し，回転速度が水車に比べ非常に高速なため 2 極機又は 4 極機が用いられ，大きな遠心力に耐えるように，直径が小さく軸方向に長い横軸形の ［（イ）］ を採用し，その回転子の軸及び鉄心は一体の鍛造軸材で作られる。

水車発電機は，電力系統の安定度の面及び負荷遮断時の速度変動を抑える点から発電機の経済設計以上のはずみ車効果を要求される場合が多く，回転子直径がより大きくなり，鉄心の鉄量が多い，いわゆる鉄機械となる。

一方，タービン発電機は，上述の構造のため界磁巻線を施す場所が制約され，大きな出力を得るためには電機子巻線の導体数が多い，すなわち銅量が多い，いわゆる銅機械となる。

鉄機械は，体格が大きく重量が重く高価になるが，短絡比が ［（ウ）］，同期インピーダンスが ［（エ）］ なり，電圧変動率が小さく，安定度が高く，［（オ）］ が大きくなるといった利点をもつ。

上記の記述中の空白箇所（ア），（イ），（ウ），（エ）及び（オ）に当てはまる組合せとして，正しいものを次の（1）〜（5）のうちから一つ選べ。

	（ア）	（イ）	（ウ）	（エ）	（オ）
（1）	突極機	円筒機	大きく	小さく	線路充電容量
（2）	円筒機	突極機	大きく	小さく	線路充電容量
（3）	突極機	円筒機	大きく	小さく	部分負荷効率
（4）	円筒機	突極機	小さく	大きく	部分負荷効率
（5）	突極機	円筒機	小さく	大きく	部分負荷効率

| 問3 | 出題分野＜汽力発電＞ | 難易度 ★★☆ | 重要度 ★★★ |

汽力発電所のボイラ及びその付属設備に関する記述として，誤っているものを次の（1）〜（5）のうちから一つ選べ。

（1） 蒸気ドラムは，内部に蒸気部と水部をもち，気水分離器によって蒸発管からの気水を分離させるものであり，自然循環ボイラ，強制循環ボイラに用いられるが貫流ボイラでは必要としない。

（2） 節炭器は，煙道ガスの余熱を利用してボイラ給水を飽和温度以上に加熱することによって，ボイラ効率を高める熱交換器である。

（3） 空気予熱器は，煙道ガスの排熱を燃焼用空気に回収し，ボイラ効率を高める熱交換器である。

（4） 通風装置は，燃焼に必要な空気をボイラに供給するとともに発生した燃焼ガスをボイラから排出するものである。通風方式には，煙突だけによる自然通風と，送風機を用いた強制通風とがある。

（5） 安全弁は，ボイラの使用圧力を制限する装置としてドラム，過熱器，再熱器などに設置され，蒸気圧力が所定の値を超えたときに弁体が開く。

問2の解答　出題項目＜発電機＞　　答え　（1）

発電機の回転速度は，直結されている原動機によって左右され，原動機の駆動入力が水であるか蒸気であるかに由来している。水車の場合は水車形式，落差などによって最も適した回転速度があり，一般的に $100 \sim 1\,200\,\mathrm{min}^{-1}$ である。一方，タービンの場合は高温・高圧の蒸気エネルギーを運動エネルギーに変換するため可能な限り高い回転速度が求められ，$1\,500 \sim 3\,600\,\mathrm{min}^{-1}$ である。

水車発電機の回転子は，磁極を多くとれる**突極機**であり，設計が容易かつ経済的で，はずみ車効果を大きくするためにも効果的である。タービン発電機は水車発電機に比べて回転速度が非常に速く，大きな遠心力に対して耐えるため，磁極鉄心と軸が一体となった鍛造構造の細長い横軸形の**円筒機**である。

水車発電機は，回転子直径が大きくなり，鉄心の鉄量が多い鉄機械となるが，タービン発電機は電機子巻線の導体数が多く，銅量が多い銅機械となる。鉄機械は，体格が大きく重量が重く高価になるが，**短絡比が大きく**，**同期インピーダンスが小さくなり**，電圧変動率が小さく，安定度が高く，**線路充電容量が大きくなる**利点がある。

解説

水車発電機とタービン発電機の相違点は，回転速度の違いに起因しており，発電機の回転子に作用する遠心力を同一レベルにするためには高速回転の発電機回転子は半径を小さくする必要があり，これが構造上，設計上に大きな相違を与えることになる。水車発電機とタービン発電機の違いを**表2-1**に示す。

タービン発電機の大容量化は電気装荷の増加によっており，短絡比は0.5〜0.7程度と小さく，水車発電機の短絡比は0.8〜1.0程度である。

表2-1　水車発電機とタービン発電機の比較

	項目	水車発電機	タービン発電機
構造上	回転速度[min^{-1}]	75〜1 200	1 500〜3 600
	回転子	突極形	円筒形
	冷却方式	空気冷却	水素冷却，水冷却
	危険速度	定格回転速度より高い	定格回転速度より低い
	軸方向	横軸または縦軸	横軸
設計上	短絡比	0.8〜1.0	0.5〜0.7
	安定度	高い	低い
	短絡電流	小	大
	不平衡運転	強い	弱い
	進相運転	強い	弱い

問3の解答　出題項目＜ボイラ関係＞　　答え　（2）

（1）正。蒸気ドラムは，内部に蒸気部と水部をもち，気水分離器によって蒸発管からの気水を分離させるもので，自然循環ボイラと強制循環ボイラに有し，貫流ボイラには設置されない。

（2）誤。節炭器は，煙道ガスの余熱を利用してボイラ給水を予熱する装置で，これにより排ガスの熱損失が減少してボイラ効率を高めることができる。節炭器出口の給水温度は，節炭器内で蒸発が起こらないように**飽和温度より少し低め**に設計される。

（3）正。空気予熱器は，節炭器出口の煙道ガスの排熱を利用してボイラ燃焼用空気を予熱する装置で，排ガス中の熱を回収することによって排ガス損失を低減し，ボイラ効率を高めることができる。

（4）正。通風装置は，燃料の燃焼に必要な空気を火炉に供給して完全燃焼を図り，燃焼生成ガスをボイラ伝熱面に接触させながら煙道を通して流し，その保有する熱をできるだけ有効に利用して煙突から大気に排出させるものである。通風方式には，煙突だけによる自然通風装置もあるが，一般に発電用ボイラでは送風機を用いた平衡通風および押込通風の2通りの強制通風方式が採用されている。

（5）正。安全弁は，ボイラの異常や負荷の緊急遮断などによってボイラ内の蒸気圧力が規定圧力以上に上昇した場合，蒸気を大気に放出させて機器の破損を防ぐ装置で，ドラム，過熱器，再熱器などに設置されている。

問 4　　出題分野＜原子力発電＞　　　　　難易度 ★★★　　重要度 ★★★

次の文章は，原子力発電における核燃料サイクルに関する記述である。

天然ウランには主に質量数 235 と 238 の同位体があるが，原子力発電所の燃料として有用な核分裂性物質のウラン 235 の割合は，全体の 0.7 % 程度にすぎない。そこで，採鉱されたウラン鉱石は製錬，転換されたのち，遠心分離法などによって，ウラン 235 の濃度が軽水炉での利用に適した値になるように濃縮される。その濃度は　(ア)　% 程度である。さらに，その後，再転換，加工され，原子力発電所の燃料となる。

原子力発電所から取り出された使用済燃料からは，　(イ)　によってウラン，プルトニウムが分離抽出され，これらは再び燃料として使用することができる。プルトニウムはウラン 238 から派生する核分裂性物質であり，ウランとプルトニウムとを混合した　(ウ)　を軽水炉の燃料として用いることをプルサーマルという。

また，軽水炉の転換比は 0.6 程度であるが，高速中性子によるウラン 238 のプルトニウムへの変換を利用した　(エ)　では，消費される核分裂性物質よりも多くの量の新たな核分裂性物質を得ることができる。

上記の記述中の空白箇所(ア)，(イ)，(ウ)及び(エ)に当てはまる組合せとして，正しいものを次の(1)～(5)のうちから一つ選べ。

	(ア)	(イ)	(ウ)	(エ)
(1)	3～5	再処理	MOX 燃料	高速増殖炉
(2)	3～5	再処理	イエローケーキ	高速増殖炉
(3)	3～5	再加工	イエローケーキ	新型転換炉
(4)	10～20	再処理	イエローケーキ	高速増殖炉
(5)	10～20	再加工	MOX 燃料	新型転換炉

令和
4
(2022)

令和
3
(2021)

令和
2
(2020)

令和
元
(2019)

平成
30
(2018)

平成
29
(2017)

平成
28
(2016)

平成
27
(2015)

平成
26
(2014)

平成
25
(2013)

平成
24
(2012)

平成
23
(2011)

平成
22
(2010)

平成
21
(2009)

平成
20
(2008)

問 4 の解答　　出題項目＜核燃料サイクル＞　　答え　（1）

　天然に存在する原子燃料は，天然ウランとトリウムがある。このうち天然ウランは，核分裂を起こしやすいウラン 235 が 0.7 ％ 程度しか含まれておらず，残りの大部分は核分裂しにくいウラン 238 である。軽水炉において核分裂が継続して起こるためには，ウラン 235 の割合がある一定以上必要である。天然ウランからウラン 235 の割合を高めるためには，質量差を利用したガス拡散法や遠心分離法が用いられ，濃縮度は **3〜5 ％** 程度の低濃縮ウランが用いられる。

　原子力発電所で使用された使用済み燃料は，**再処理**工場で燃え残りのウランやプルトニウムを取り出し，それらは加工して再び燃料として使用する。

　ウラン 238 が中性子を吸収するとプルトニウム 239 になり，その一部は核分裂して熱エネルギーを発生することから，軽水炉内で作られたプルトニウムを使用済み燃料から回収し，ウランと混合して **MOX 燃料**（混合酸化物燃料）として軽水炉用燃料として使用することをプルサーマルという。

　軽水炉の使用済み燃料を再処理して回収されるプルトニウムの核分裂性同位体（プルトニウム 239 とプルトニウム 241）の存在率は 70 ％ 前後であるので，これを燃料に加工すると 5 ％ 濃縮ウラン相当の MOX 燃料となり，PuO_2（酸化プルトニウム）混合率は 7 ％ 程度になる。

　原子炉内で生成された核分裂性物質の原子数と消費された核燃料の原子数との比を転換比といい，軽水炉では 0.6 程度である。転換比が 1 以上の場合を増殖比といい，**高速増殖炉**は，プルトニウム 239 を高速中性子で核分裂させるとともに，余剰の中性子をウラン 238 に吸収させて消費した核分裂性物質以上にプルトニウム 239 が生成されるため，軽水炉などの熱中性子炉に比べ，ウラン資源の利用効率が大幅に向上するという利点がある。

解説

　原子または元素の化学的性質は核外の電子に依存するので，原子番号 Z は元素の種類を示す。原子番号 Z が同一でありながら異なる質量数 A（$=Z+N$）を持つもの，いいかえると陽子の数が同一で中性子の数 N が異なるものを同位体または同位元素という。同位元素は化学的には同じ性質であるが，物理的，つまり原子核の安定性の点では非常に異なった性質を有する。

問5　出題分野＜自然エネルギー＞　難易度 ★★★　重要度 ★★★

各種の発電に関する記述として，誤っているものを次の（1）～（5）のうちから一つ選べ。

（1）　燃料電池発電は，水素と酸素との化学反応を利用して直流の電力を発生させる。化学反応で発生する熱は給湯などに利用できる。

（2）　貯水池式発電は水力発電の一種であり，季節的に変動する河川流量を貯水して使用することができる。

（3）　バイオマス発電は，植物などの有機物から得られる燃料を利用した発電方式である。さとうきびから得られるエタノールや，家畜の糞から得られるメタンガスなどが燃料として用いられている。

（4）　風力発電は，風のエネルギーによって風車で発電機を駆動し発電を行う。風力発電で取り出せる電力は，損失を無視すると，風速の 2 乗に比例する。

（5）　太陽光発電は，太陽電池によって直流の電力を発生させる。需要地点で発電が可能，発生電力の変動が大きい，などの特徴がある。

問6　出題分野＜変電＞　難易度 ★★☆　重要度 ★★★

一次側定格電圧と二次側定格電圧がそれぞれ等しい変圧器 A と変圧器 B がある。変圧器 A は，定格容量 $S_A = 5\,000\,\text{kV·A}$，パーセントインピーダンス $\%Z_A = 9.0\,\%$（自己容量ベース），変圧器 B は，定格容量 $S_B = 1\,500\,\text{kV·A}$，パーセントインピーダンス $\%Z_B = 7.5\,\%$（自己容量ベース）である。この変圧器 2 台を並行運転し，$6\,000\,\text{kV·A}$ の負荷に供給する場合，過負荷となる変圧器とその変圧器の過負荷運転状態[%]（当該変圧器が負担する負荷の大きさをその定格容量に対する百分率で表した値）の組合せとして，正しいものを次の（1）～（5）のうちから一つ選べ。

	過負荷となる変圧器	過負荷運転状態[%]
（1）	変圧器 A	101.5
（2）	変圧器 B	105.9
（3）	変圧器 A	118.2
（4）	変圧器 B	137.5
（5）	変圧器 A	173.5

問5の解答　　出題項目＜各種発電＞

（1）　正。燃料電池発電は，天然ガス，メタノールなどの化石燃料を改質して得られる水素，炭化水素などの燃料(改質ガス)と空気中の酸素を電気化学反応により酸化させ，このときに生じる化学エネルギーを直接直流の電力として発生させる発電システムである。化学反応で発生する熱は給湯などに利用できる。

（2）　正。貯水池式発電は，河川流量の季節的な変化を月間または年間にわたり調整することのできる貯水池をもつ水力発電所で，豊水期や軽負荷時に水を蓄えておき，渇水期に放水して発電する。

（3）　正。植物などの生命体(バイオマス)は有機物で構成されているため燃料として利用でき，その燃料を利用するのがバイオマス発電である。サトウキビから得られるエタノールや，家畜の糞から得られるメタンガスなども燃料として用いられている。

（4）　誤。風力発電は，風車によって風力エネルギーを回転エネルギーに変換し，さらに，その回転エネルギーを発電機によって電気エネルギーに変換し利用するものである。風のもつ運動エネルギー P は，単位時間当たりの空気の質量を m

[kg/s]，速度(風速)を V[m/s]とすると次式で表される。

$$P = \frac{1}{2} mV^2 \text{[J/s]}(=\text{[W]})$$

ここで，空気密度を ρ[kg/m³]，風車の回転面積(ロータ面積)を A[m²]とすると，

$$m = \rho A V \text{[kg/s]}$$

となるので，風車の出力係数 C_p を用いると，風車で得られるエネルギーは，

$$P = \frac{1}{2} C_\mathrm{p} \rho A V^3 \text{[W]}$$

つまり，風力発電で取り出せる電力は，損失を無視すると，**風速の3乗に比例する**。

（5）　正。太陽光発電は，自然エネルギーである太陽光のエネルギーを半導体で作られた太陽電池によって直接直流の電力を発生させる発電システムである。需要地点で発電できるため送電線が不要であり，必要に応じて小規模なものから大規模なものまで自由な設計が容易にできるが，夜間は発電できず，発電が気象条件(日照)に左右されるため発生電力の変動が大きく，設備利用率は我が国では平均すると 10～15% 程度である。

問6の解答　　出題項目＜変圧器＞

変圧器 A の定格容量 5 000 kV·A を基準容量 S_b とし，変圧器 B のパーセントインピーダンス %Z_B=7.5[%]（S_B=1 500[kV·A]基準）を基準容量 P_b=5 000[kV·A]に換算した値 %Z_B' は，

$$\%Z_\mathrm{B}' = \%Z_\mathrm{B} \frac{S_\mathrm{b}}{S_\mathrm{B}} = 7.5 \times \frac{5\,000}{1\,500} = 25\text{[%]}$$

図6-1 に示すように，負荷分担は並列インピーダンスの電流分布と同じように考えられ，変圧器

の並行運転においては，自己容量ベースのパーセントインピーダンスの小さい方が過負荷になるため，変圧器 B が先に過負荷となる。

変圧器 B の負荷分担 P_B は，

$$P_\mathrm{B} = \frac{\%Z_\mathrm{A}}{\%Z_\mathrm{A}+\%Z_\mathrm{B}'} P = \frac{9.0}{9.0+25} \times 6\,000$$
$$= 1\,588\text{[kV·A]}$$

したがって，変圧器 B の過負荷率は，

$$\frac{P_\mathrm{B}}{S_\mathrm{B}} = \frac{1\,588}{1\,500} \times 100 ≒ 105.9\text{[%]}$$

Point 各変圧器の%インピーダンス値の基準容量が異なる場合は，同じ基準容量にそろえてから負荷分担を求める。基準容量の値は，どちらかの変圧器の容量とすると換算の手間が少なくなる。

変圧器 A　%Z_A=9.0%　S_A=5 000 kV·A

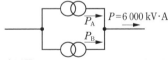

変圧器 B　%Z_B'=25%　S_B=1 500 kV·A

図6-1　並列インピーダンスの電流分布

令和4 (2022)　令和3 (2021)　令和2 (2020)　令和元 (2019)　平成30 (2018)　平成29 (2017)　平成28 (2016)　平成27 (2015)　平成26 (2014)　平成25 (2013)　平成24 (2012)　平成23 (2011)　平成22 (2010)　平成21 (2009)　平成20 (2008)

問 7 出題分野＜変電＞ 難易度 ★★★ 重要度 ★★★

遮断器に関する記述として，誤っているものを次の(1)～(5)のうちから一つ選べ。

（1） 遮断器は，送電線路の運転・停止，故障電流の遮断などに用いられる。

（2） 遮断器では一般的に，電流遮断時にアークが発生する。ガス遮断器では圧縮ガスを吹き付けることで，アークを早く消弧することができる。

（3） ガス遮断器で用いられる六ふっ化硫黄(SF_6)ガスは温室効果ガスであるため，使用量の削減や回収が求められている。

（4） 電圧が高い系統では，真空遮断器に比べてガス遮断器が広く使われている。

（5） 直流電流には電流零点がないため，交流電流に比べ電流の遮断が容易である。

問 8 出題分野＜送電＞ 難易度 ★★★ 重要度 ★★★

次の文章は，誘導障害に関する記述である。

架空送電線路と通信線路とが長距離にわたって接近交差していると，通信線路に対して電圧が誘導され，通信設備やその取扱者に危害を及ぼすなどの障害が生じる場合がある。この障害を誘導障害といい，次の 2 種類がある。

① 架空送電線路の電圧によって，架空送電線路と通信線路間の ［ (ア) ］ を介して通信線路に誘導電圧を発生させる ［ (イ) ］ 障害。

② 架空送電線路の電流によって，架空送電線路と通信線路間の ［ (ウ) ］ を介して通信線路に誘導電圧を発生させる ［ (エ) ］ 障害。

架空送電線路が十分にねん架されていれば，通常は，架空送電線路の電圧や電流によって通信線路に現れる誘導電圧はほぼ 0 V となるが，架空送電線路で地絡事故が発生すると，電圧及び電流は不平衡になり，通信線路に誘導電圧が生じ，誘導障害が生じる場合がある。例えば，一線地絡事故に伴う ［ (エ) ］ 障害の場合，電源周波数を f，地絡電流の大きさを I，単位長さ当たりの架空送電線路と通信線路間の ［ (ウ) ］ を M，架空送電線路と通信線路との並行区間長を L としたときに，通信線路に生じる誘導電圧の大きさは ［ (オ) ］ で与えられる。誘導障害対策に当たっては，この誘導電圧の大きさを考慮して検討の要否を考える必要がある。

上記の記述中の空白箇所(ア)，(イ)，(ウ)，(エ)及び(オ)に当てはまる組合せとして，正しいものを次の(1)～(5)のうちから一つ選べ。

	(ア)	(イ)	(ウ)	(エ)	(オ)
(1)	キャパシタンス	静電誘導	相互インダクタンス	電磁誘導	$2\pi fMLI$
(2)	キャパシタンス	静電誘導	相互インダクタンス	電磁誘導	$\pi fMLI$
(3)	キャパシタンス	電磁誘導	相互インダクタンス	静電誘導	$\pi fMLI$
(4)	相互インダクタンス	電磁誘導	キャパシタンス	静電誘導	$2\pi fMLI$
(5)	相互インダクタンス	静電誘導	キャパシタンス	電磁誘導	$2\pi fMLI$

問7の解答　　出題項目＜開閉装置＞　　　　　答え　（5）

（1）　正。遮断器は，正常および異常な回路状態の通電，投入，遮断をすることができ，異常時には短絡や地絡などの故障電流を速やかに遮断して電力系統の正常化を図る。

（2）　正。遮断器で電流を遮断するときにはアークが発生する。ガス遮断器は，圧縮されたSF_6ガス（六ふっ化硫黄ガス）を吹き付けることによりアークを早く消弧することができる。SF_6ガスは，電子付着作用によりアーク電流のキャリアである自由電子を電流零点近くにおいて急速に付着し，その動きやすさを減少するため，等価的にアークが強く冷却されたのと同等になり，著しい消弧作用を示す。

（3）　正。ガス遮断器で用いられるSF_6ガスは，温室効果ガスであるため使用量の削減や機器の点検時には確実に回収を行うなどの対策が必要である。

（4）　正。遮断器にはガス遮断器，真空遮断器，空気遮断器，磁気遮断器，油遮断器などの種類があり，一般的には，小形で高い絶縁耐力と遮断能力を有し，かつ操作時の騒音が小さいガス遮断器が主に高電圧回路に，また，小形で遮断能力・保守性に優れた真空遮断器が比較的電圧の低い配電用変電所や調相設備用に使用されている。

（5）　誤。電流の遮断は，電流値が零になる点が一番遮断しやすい。通常，遮断器は電極間距離を増加させながら電流遮断を行うが，交流電流のように電流零点が何度も存在する場合，電極間距離が十分大きく，電流遮断後の電極間絶縁が回復電圧に耐えられるようになると電流遮断が完了する。一方，**直流は電流が一定で零点がないため遮断が難しい**。

問8の解答　　出題項目＜誘導障害＞　　　　　答え　（1）

誘導障害は，主として電力線に接近した通信線に対して静電的，電磁的に有害な誘導電圧を発生し，人命や機器に障害を与えたり，雑音などの通信障害を起こしたりすることをいい，静電誘導障害と電磁誘導障害に大別される。

① 静電誘導障害

静電誘導は，電線線と通信線間の相互相静電容量によって生じるもので，静電的にアンバランスがあると，**キャパシタンス**を介して架空送電線路の電圧によって通信線に誘導電圧を発生させ，平常時でも限度を超えると障害が発生する。

② 電磁誘導障害

電磁誘導は，**図8-1**に示すように，架空送電線と通信線間の**相互インダクタンス**によって生じるもので，送電線に電流が流れると通信線に電圧が誘起される。電磁誘導電圧$\dot{E}$は次式で表される。

$$\dot{E} = -j\omega ML(\dot{I}_a + \dot{I}_b + \dot{I}_c)$$
$$= -j\omega ML \cdot 3I_0 = -\omega MLI$$
$$= -2\pi f MLI \ [V]$$

M：架空送電線路と通信線路間の**相互インダクタンス** [H/m]，L：架空送電線路と通信線路との並行区間長 [m]，I：地絡電流 $= 3I_0 = 3 \times$ 零相電流 [A]，ω：角周波数 [rad/s]，f：周波数 [Hz]

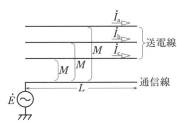

図8-1　電磁誘導障害

電磁誘導障害は，常時は各相の電力線に流れる電流がほぼ平衡しているためその影響は小さいが，送電線に1線地絡事故が発生すると大きな零相電流I_0が流れて通信線に電磁誘導が発生し，問題になることが多い。

令和4 (2022)　令和3 (2021)　令和2 (2020)　令和元 (2019)　平成30 (2018)　平成29 (2017)　平成28 (2016)　平成27 (2015)　平成26 (2014)　平成25 (2013)　平成24 (2012)　平成23 (2011)　平成22 (2010)　平成21 (2009)　平成20 (2008)

問 9　出題分野＜送電＞　難易度 ★★★　重要度 ★★★

　図のように，こう長 5 km の三相 3 線式 1 回線の送電線路がある。この送電線路における送電端線間電圧が 22 200 V，受電端線間電圧が 22 000 V，負荷力率が 85 ％（遅れ）であるとき，負荷の有効電力 [kW] として，最も近いものを次の（1）～（5）のうちから一つ選べ。

　ただし，1 km 当たりの電線 1 線の抵抗は 0.182 Ω，リアクタンスは 0.355 Ω とし，その他の条件はないものとする。なお，本問では，送電端線間電圧と受電端線間電圧との位相角は小さいとして得られる近似式を用いて解答すること。

（1）　568　　　　（2）　937　　　　（3）　2 189　　　　（4）　3 277　　　　（5）　5 675

問 10　出題分野＜地中送電＞　難易度 ★★★　重要度 ★★★

　地中送電線路の故障点位置標定に関する記述として，誤っているものを次の（1）～（5）のうちから一つ選べ。

（1）　マーレーループ法は，並行する健全相と故障相の 2 本のケーブルにおける一方の導体端部間にマーレーループ装置を接続し，他方の導体端部間を短絡してブリッジ回路を構成することで，ブリッジ回路の平衡条件から故障点を標定する方法である。

（2）　パルスレーダ法は，故障相のケーブルにおける健全部と故障点でのサージインピーダンスの違いを利用して，故障相のケーブルの一端からパルス電圧を入力し，同位置で故障点からの反射パルスが返ってくる時間を測定することで故障点を標定する方法である。

（3）　静電容量測定法は，ケーブルの静電容量と長さが比例することを利用し，健全相と故障相のケーブルの静電容量をそれぞれ測定することで故障点を標定する方法である。

（4）　測定原理から，マーレーループ法は地絡事故に，静電容量測定法は断線事故に，パルスレーダ法は地絡事故と断線事故の双方に適用可能である。

（5）　各故障点位置標定法での測定回路で得た測定値に加えて，マーレーループ法では単位長さ当たりのケーブルの導体抵抗が，静電容量測定法ではケーブルのこう長が，パルスレーダ法ではケーブル中のパルス電圧の伝搬速度がそれぞれ与えられれば，故障点の位置標定ができる。

令和
4
(2022)

令和
3
(2021)

令和
2
(2020)

令和
元
(2019)

平成
30
(2018)

平成
29
(2017)

平成
28
(2016)

平成
27
(2015)

平成
26
(2014)

平成
25
(2013)

平成
24
(2012)

平成
23
(2011)

平成
22
(2010)

平成
21
(2009)

平成
20
(2008)

問9の解答　出題項目＜電圧降下＞　　　答え　（3）

線路電流を I[A]，負荷力率を $\cos\theta$，1 km 当たりの電線1線の抵抗を r[Ω/km]，リアクタンスを x[Ω/km]，送電線路のこう長を L[km]とすると，三相3線式送電線の電圧降下 v は，近似式を用いると，

$$v = \sqrt{3}\,I(rL\cos\theta + xL\sin\theta)\,[\text{V}]$$

また，送電端線間電圧を V_s，受電端線間電圧を V_r とし，線路電流 I を求めると，

$$v = V_s - V_r = \sqrt{3}\,I(rL\cos\theta + xL\sin\theta)$$

$$\therefore\ I = \frac{V_s - V_r}{\sqrt{3}(rL\cos\theta + xL\sin\theta)}$$

$$= \frac{22\,200 - 22\,000}{\sqrt{3}(0.182 \times 5 \times 0.85 + 0.355 \times 5 \times \sqrt{1 - 0.85^2})}$$

$$\fallingdotseq \frac{200}{\sqrt{3} \times 1.7085}\,[\text{A}]$$

負荷の有効電力 P は次式で表されるため，これに上式を代入すると，

$$P = \sqrt{3}\,V_r I \cos\theta$$

$$= \sqrt{3} \times 22\,000 \times \frac{200}{\sqrt{3} \times 1.7085} \times 0.85$$

$$\fallingdotseq 2\,189 \times 10^3[\text{W}] = 2\,189[\text{kW}]$$

Point 本題では電圧降下の近似式を用いて解答することと，三相3線式であることに注意する。

問10の解答　出題項目＜故障点標定＞　　　答え　（5）

（1）　正。マーレーループ法は，並行する健全相と故障相の2本のケーブルにおける一方の導体端部間に装置を接続し，他方の導体端部を短絡してブリッジ回路を構成することで，ブリッジの平衡条件から故障点を標定する方法である。ホイートストンブリッジの原理を応用したもので，故障点までの抵抗を測定し，その値から故障点までの距離を算出する。故障心線が断線していないことと，ケーブルの健全な心線があるか，あるいは健全な並行回線があることが適用条件である。

（2）　正。パルスレーダ法は，故障線のケーブルにおける健全部と故障点でのサージインピーダンスの違いを利用し，故障相のケーブルの一端からパルス電圧を入力し，故障点から反射して返ってくる時間を測定することで故障点を標定する方法である。

（3）　正。静電容量測定法は，ケーブルの静電容量と長さが比例することを利用し，健全相と故障相のケーブルの静電容量をそれぞれ測定することで故障点を標定する方法である。

（4）　正。マーレーループ法は地絡事故に，静電容量測定法は断線事故に，パルスレーダ法は地絡事故と断線事故の双方に適用可能である。

（5）　誤。マーレーループ法は，抵抗は距離（長さ）に比例するので，ケーブルの単位長さ当たりの導体抵抗を r[Ω/km]，ケーブルの長さを L[km]，ブリッジが平衡したときの故障線に接続されたブリッジ端子までの目盛りの読みを a，ブリッジの全目盛りを1 000とすると，ブリッジの平衡条件より次式が成り立つ。

$$(1\,000 - a)rx = ar(2L - x)$$

これより，故障点までの距離 x は次式で求められる。

$$x = \frac{2aL}{1\,000}$$

したがって，**ケーブルのこう長**が必要である。

静電容量測定法は，静電容量は距離に比例するため，故障相の静電容量を C_x，健全相の静電容量を C とすると，断線箇所までの距離 x は次式で求められる。

$$x = \frac{C_x}{C}L\,[\text{m}]$$

パルスレーダ法は，パルスがケーブル中を伝わる速度（伝搬速度）を v[m/μs]，故障点までの往復時間を t[μs]とすると，故障点までの時間は $t/2$[μs]であるから，故障点までの距離 x は次式で求められる。

$$x = \frac{vt}{2}\,[\text{m}]$$

問 11　出題分野＜配電＞　　　　　　　　難易度 ★★★　　重要度 ★★★

　地中配電線路に用いられる機器の特徴に関する記述 a～e について，誤っているものの組合せを次の（1）～（5）のうちから一つ選べ。

　a　現在使用されている高圧ケーブルの主体は，架橋ポリエチレンケーブルである。

　b　終端接続材料のがい管は，磁器製のほか，EP ゴムやエポキシなど樹脂製のものもある。

　c　直埋変圧器（地中変圧器）は，変圧器孔を地下に設置する必要があり，設置コストが大きい。

　d　地中配電線路に用いられる開閉器では，ガス絶縁方式は採用されない。

　e　高圧需要家への供給用に使用される供給用配電箱には，開閉器のほかに供給用の変圧器がセットで収納されている。

　　（1）　a　　　　（2）b, e　　　　（3）　c, d　　　　（4）　d, e　　　　（5）　b, c, e

問 12　出題分野＜配電＞　　　　　　　　難易度 ★★★　　重要度 ★★★

　次の文章は，低圧配電系統の構成に関する記述である。

　放射状方式は，　（ア）　ごとに低圧幹線を引き出す方式で，構成が簡単で保守が容易なことから我が国では最も多く用いられている。

　バンキング方式は，同一の特別高圧又は高圧幹線に接続されている 2 台以上の配電用変圧器の二次側を低圧幹線で並列に接続する方式で，低圧幹線の　（イ）　，電力損失を減少でき，需要の増加に対し融通性がある。しかし，低圧側に事故が生じ，1 台の変圧器が使用できなくなった場合，他の変圧器が過負荷となりヒューズが次々と切れ広範囲に停電を引き起こす　（ウ）　という現象を起こす可能性がある。この現象を防止するためには，連系箇所に設ける区分ヒューズの動作時間が変圧器一次側に設けられる高圧カットアウトヒューズの動作時間より　（エ）　なるよう保護協調をとる必要がある。

　低圧ネットワーク方式は，複数の特別高圧又は高圧幹線から，ネットワーク変圧器及びネットワークプロテクタを通じて低圧幹線に供給する方式である。特別高圧又は高圧幹線側が 1 回線停電しても，低圧の需要家側に無停電で供給できる信頼度の高い方式であり，大都市中心部で実用化されている。

　上記の記述中の空白箇所（ア），（イ），（ウ）及び（エ）に当てはまる組合せとして，正しいものを次の（1）～（5）のうちから一つ選べ。

	（ア）	（イ）	（ウ）	（エ）
（1）	配電用変電所	電圧降下	ブラックアウト	長 く
（2）	配電用変電所	フェランチ効果	ブラックアウト	長 く
（3）	配電用変圧器	電圧降下	カスケーディング	短 く
（4）	配電用変圧器	フェランチ効果	カスケーディング	長 く
（5）	配電用変圧器	フェランチ効果	ブラックアウト	短 く

問 11 の解答　出題項目＜地中配電＞　　　　答え　（4）

　a　正。地中配電線路の高圧ケーブルには，架橋ポリエチレンケーブル（CV ケーブル）が一般的に使用されている。

　b　正。終端接続材料のがい管は，磁器製のほかに EP ゴムやポリエチレンなど樹脂性のものも採用されている。

　c　正。埋設変圧器（地中変圧器）は，変圧器孔を地下に設置する必要があるため，温度上昇対策，浸水対策，腐食対策などを考慮した設計となっており，設置コストが高くなる。

　d　誤。地中配電線路に用いられる開閉器では，**ガス絶縁方式が数多く採用されている**。

　e　誤。高圧需要家への供給用に使用される供給用配電箱には，**ケーブルヘッド，開閉器，母線などが収納される**が，変圧器は収納されない。

解　説

　供給用配電箱は高圧キャビネットともいい，架空線引込みや地中線引込みの場合に需要家の建物もしくは，その近辺に設置して，責任分界点とする。供給用配電箱内にはケーブルヘッド，断路器，母線などを収納する。

　断路器は無負荷状態の電路を開閉する機能を持っており，地中電線路から引き込む場合，供給配電箱を設置してこの中に断路器を設け，区分開閉器とする。一般用とモールド型があり，安全のため充電部の露出がないモールド型が主流となっている。また，負荷開閉器は，地絡方向継電装置付ガス開閉器が数多く採用されている。

　区分開閉器が供給用配電箱による場合，波及事故防止対策として，地絡方向継電装置付ガス開閉器（DGR 付 UGS）の設置が推奨されている。

問 12 の解答　出題項目＜配電系統＞　　　　答え　（3）

　放射状方式は，**配電用変圧器**ごとに低圧幹線を引き出す方式で，低圧配電線が独立しており他と連系していないもので，我が国では最も多く用いられている。

　バンキング方式は，**図 12-1** に示すように，同一の特別高圧または高圧配電線に接続された 2 台以上の配電用変圧器の低圧側（二次側）を低圧配電線の幹線で並列に接続する方式で，都市部の一部に採用されることがある。

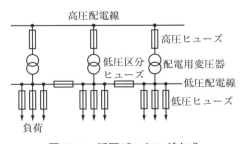

図 12-1　低圧バンキング方式

この配電方式は次のような特徴がある。

　①　事故または作業時の停電範囲を小さくでき，供給信頼度が高い。

　②　線路の**電圧降下**，電力損失が**小さい**。

　③　電動機の始動電流などの変動負荷による電圧変動（フリッカ）が小さい。

　④　需要増加に対して容易に対応可能である。

　⑤　**カスケーディング**に注意する必要がある。

　⑥　建設費が高い。

　低圧側に事故が生じ，1 台の変圧器が使用できなくなると，残りの 2 台の変圧器で全負荷に供給しなければならなくなるため，変圧器容量に余裕がなく，バンキングスイッチのヒューズなどとの保護協調がとれていないと変圧器が過負荷となり，高圧ヒューズが切れて健全な変圧器が次々に遮断され，全体が停電することを**カスケーディング**という。これを防止するためには，連系箇所に設ける区分ヒューズの動作時間が，変圧器一次側に設けられた高圧カットアウトヒューズの動作時間より**短く**なるようにして，区分ヒューズが高圧カットアウトヒューズより早く切れるように保護協調をとる必要がある。

問 13 出題分野＜配電＞ 難易度 ★★☆ 重要度 ★★★

　図のような単相2線式線路がある。母線F点の線間電圧が107Vのとき，B点の線間電圧が96Vになった。B点の負荷電流I[A]として，最も近いものを次の（1）～（5）のうちから一つ選べ。

　ただし，使用する電線は全て同じものを用い，電線1条当たりの抵抗は，1km当たり0.6Ωとし，抵抗以外は無視できるものとする。また，全ての負荷の力率は100％とする。

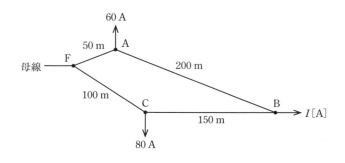

| （1） | 29.3 | （2） | 54.3 | （3） | 84.7 | （4） | 102.7 | （5） | 121.3 |

問 14 出題分野＜電気材料＞ 難易度 ★★☆ 重要度 ★★★

　送電線路に用いられる導体に関する記述として，誤っているものを次の（1）～（5）のうちから一つ選べ。

（1）　導体の特性として，一般に導電率は高く引張強さが大きいこと，質量及び線熱膨張率が小さいこと，加工性及び耐食性に優れていることなどが求められる。

（2）　導体には，一般に銅やアルミニウム又はそれらの合金が用いられ，それらの導体の導電率は，温度や不純物成分，加工条件，熱処理条件などによって異なり，標準軟銅の導電率を100％として比較した百分率で表される。

（3）　地中ケーブルの銅導体には，一般に軟銅が用いられ，硬銅と比べて引張強さは小さいが，伸びや可とう性に優れ，導電率が高い。

（4）　鋼心アルミより線は，中心に亜鉛めっき鋼より線，その周囲に軟アルミ線をより合わせた電線であり，アルミの軽量かつ高い導電性と，鋼の強い引張強さとをもつ代表的な架空送電線である。

（5）　純アルミニウムは，純銅と比較して導電率が$\dfrac{2}{3}$程度，比重が$\dfrac{1}{3}$程度であるため，電気抵抗と長さが同じ電線の場合，アルミニウム線の質量は銅線のおよそ半分である。

問 13 の解答　出題項目＜負荷電流・ループ電流＞　　　答え （1）

全ての負荷力率は 100 ％ で，電線は抵抗のみであるから，各部の電圧および各部の電流は同位相である。

したがって，各負荷間の線路に流れる電流 I とこう長 L を定め，電線 1 条当たりの抵抗を 1 km 当たり $r[\Omega/\mathrm{km}]$ とすると，線路の電流分布は**図 13-1** のようになる。

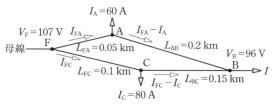

図 13-1　線路の電流分布

F から A に向かって流れる電流を I_FA とすると，F-A-B 間の電圧降下は，

$$2\{(rL_\mathrm{FA})I_\mathrm{FA}+(rL_\mathrm{AB})(I_\mathrm{FA}-I_\mathrm{A})\}=V_\mathrm{F}-V_\mathrm{B}$$

$$2\times\{(0.6\times0.05)I_\mathrm{FA}+(0.6\times0.2)\times(I_\mathrm{FA}-60)\}=107-96$$

$$2\times0.15I_\mathrm{FA}=11+2\times0.6\times0.2\times60=25.4$$

$$\therefore\ I_\mathrm{FA}=\frac{25.4}{2\times0.15}=\frac{25.4}{0.3}[\mathrm{A}]$$

次に，F から C に向かって流れる電流を I_FC とすると，F-C-B 間の電圧降下は，

$$2\{(rL_\mathrm{FC})I_\mathrm{FC}+(rL_\mathrm{BC})(I_\mathrm{FC}-I_\mathrm{C})\}=V_\mathrm{F}-V_\mathrm{B}$$

$$2\times\{(0.6\times0.1)I_\mathrm{FC}+(0.6\times0.15)\times(I_\mathrm{FC}-80)\}=107-96$$

$$2\times0.15I_\mathrm{FC}=11+2\times0.6\times0.15\times80=25.4$$

$$\therefore\ I_\mathrm{FC}=\frac{25.4}{2\times0.15}=\frac{25.4}{0.3}[\mathrm{A}]$$

したがって，B 点の負荷電流 I は，

$$I=(I_\mathrm{FA}-I_\mathrm{A})+(I_\mathrm{FC}-I_\mathrm{C})$$

$$=(I_\mathrm{FA}-60)+(I_\mathrm{FC}-80)=2\times\frac{25.4}{0.3}-140$$

$$\fallingdotseq29.3[\mathrm{A}]$$

問 14 の解答　出題項目＜導電材料＞　　　答え （4）

（1）　正。導体の特性としては，一般に導電率は高く，引張強さ・伸び・弾性係数が大きく，線膨張率や重量が小さいこと，加工性および耐食性に優れ，安価であることなどが求められる。

（2）　正。導体には，一般に銅やアルミニウムまたはそれらの合金が用いられ，それらの導体の導電率は，温度や不純物成分，加工条件，熱処理条件などによって異なり，標準軟銅の導電率を 100 ％ として比較した百分率で表される。

（3）　正。地中ケーブルの銅導体には，一般に軟銅が用いられ，硬銅と比べて引張強さや弾性係数は小さいが，伸びや可とう性に優れ，導電率が高い。

（4）　誤。鋼心アルミより線は，中心に亜鉛めっき鋼より線，その周囲に**硬アルミ線**をより合わせた電線であり，アルミの軽量かつ高い導電性と，鋼の強い引張強さとをもつ代表的な架空電線である。

（5）　正。純アルミニウムは，純銅と比較して導電率が 2/3 程度，比重が 1/3 程度であるため，電気抵抗と長さが同じ電線の場合，アルミニウム線の質量は銅線の約 1/2 である。

解説 ・・・・・・・・・・・・・・・・・・・・・・・・・・・・・・・・・

導電材料に要求される電気的要件は，できる限り電圧降下や電力損失が小さい状態で電流を流すことであり，また，機械的要件としては，強度，耐食性，加工性などが要求される。電気抵抗と長さが同じ場合，アルミニウム線と銅線の質量の比は次のように求められる。

電気抵抗 $R=\dfrac{1}{\sigma_\mathrm{a}}\dfrac{L}{S_\mathrm{a}}=\dfrac{1}{\sigma_\mathrm{c}}\dfrac{L}{S_\mathrm{c}}$　　$\therefore\ \dfrac{S_\mathrm{a}}{S_\mathrm{c}}=\dfrac{\sigma_\mathrm{c}}{\sigma_\mathrm{a}}=\dfrac{3}{2}$

比重 $a=\dfrac{\dfrac{W_\mathrm{a}}{S_\mathrm{a}L}}{\dfrac{W_\mathrm{c}}{S_\mathrm{c}L}}=\dfrac{1}{3}$

よって，質量比は $\dfrac{W_\mathrm{a}}{W_\mathrm{c}}=\dfrac{1}{3}\times\dfrac{S_\mathrm{a}}{S_\mathrm{c}}=\dfrac{1}{3}\times\dfrac{3}{2}=\dfrac{1}{2}$

令和 4 (2022)
令和 3 (2021)
令和 2 (2020)
令和 元 (2019)
平成 30 (2018)
平成 29 (2017)
平成 28 (2016)
平成 27 (2015)
平成 26 (2014)
平成 25 (2013)
平成 24 (2012)
平成 23 (2011)
平成 22 (2010)
平成 21 (2009)
平成 20 (2008)

B 問 題 (配点は1問題当たり(a)5点, (b)5点, 計10点)

問15 出題分野＜汽力発電＞ 難易度 ★★☆ 重要度 ★★☆

図は, あるランキンサイクルによる汽力発電所の P-V 線図である。この発電所が, A点の比エンタルピー140 kJ/kg, B点の比エンタルピー150 kJ/kg, C点の比エンタルピー3 380 kJ/kg, D点の比エンタルピー2 560 kJ/kg, 蒸気タービンの使用蒸気量100 t/h, 蒸気タービン出力18 MWで運転しているとき, 次の(a)及び(b)の問に答えよ。

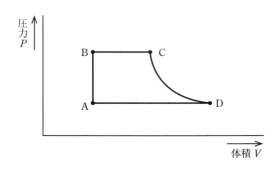

(a) タービン効率の値[%]として, 最も近いものを次の(1)〜(5)のうちから一つ選べ。

(1) 58.4 　　(2) 66.8 　　(3) 79.0 　　(4) 95.3 　　(5) 96.7

(b) この発電所の送電端電力16 MW, 所内比率5％のとき, 発電機効率の値[%]として, 最も近いものを次の(1)〜(5)のうちから一つ選べ。

(1) 84.7 　　(2) 88.6 　　(3) 88.9 　　(4) 89.2 　　(5) 93.6

問 15 （a）の解答　出題項目＜タービン関係，熱サイクル・熱効率＞　答え　（3）

各点のエンタルピー i[kJ/kg]を**図 15-1** のように定めると，C 点がタービン入口，D 点がタービン出口であるから，蒸気タービンの出力を P_T[W]，蒸気量を Z[kg/h]とすると，タービン効率 η_t は，

$$\eta_t = \frac{\text{タービンで発生した機械的出力（熱量換算値）}}{\text{タービンで消費した熱量}} \times 100$$

$$= \frac{3\,600 P_T}{(i_C - i_D)Z} \times 100$$

$$= \frac{3\,600 \times 18 \times 10^3}{(3\,380 - 2\,560) \times 100 \times 10^3} \times 100 \fallingdotseq 79.0[\%]$$

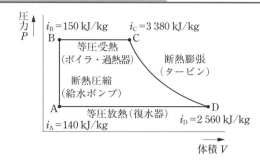

図 15-1　ランキンサイクルの P-V 線図

（図中）
$i_B = 150$ kJ/kg　　$i_C = 3\,380$ kJ/kg
等圧受熱（ボイラ・過熱器）
断熱膨張（タービン）
断熱圧縮（給水ポンプ）
等圧放熱（復水器）　$i_D = 2\,560$ kJ/kg
$i_A = 140$ kJ/kg
圧力 P　　体積 V

問 15 （b）の解答　出題項目＜熱サイクル・熱効率＞　答え　（5）

発電端電力を P_G，所内電力を P_L，所内率を L とすると，送電電力 P_S は，

$$P_S = P_G - P_L = P_G\left(1 - \frac{P_L}{P_G}\right) = P_G(1 - L)$$

$$\therefore\ P_G = \frac{P_S}{1 - L}$$

よって，発電機効率 η_g は，

$$\eta_g = \frac{\text{発電機で発生した電気出力}}{\text{タービンで発生した機械的出力}} \times 100$$

$$= \frac{P_G}{\text{タービンで発生した機械的出力}} \times 100$$

$$= \frac{\left(\dfrac{P_S}{1-L}\right)}{P_T} \times 100 = \frac{\left(\dfrac{16 \times 10^3}{1 - 0.05}\right)}{18 \times 10^3} \times 100$$

$$\fallingdotseq 93.56[\%] \quad\rightarrow\quad 93.6\ \%$$

解説

図 15-2 に示すように，発電端電力を P_G，所内電力を P_L とすると，送電電力，$P_S = P_G - P_L$ となり，また，所内率 $L = P_L/P_G$ と表されるから，送電端電力 P_S は，

$$P_S = P_G - P_L = P_G\left(1 - \frac{P_L}{P_G}\right) = P_G(1 - L)$$

各効率は次のように表される。

① 熱サイクル効率

$$\eta_c = \frac{\text{タービンで消費した熱量}}{\text{ボイラで発生した蒸気の発熱量}}$$

② タービン効率

$$\eta_t = \frac{\text{タービンで発生した機械的出力（熱量換算値）}}{\text{タービンで消費した熱量}}$$

③ タービン室効率（タービン熱効率）

$$\eta_T = \frac{\text{タービンで発生した機械的出力（熱量換算値）}}{\text{ボイラで発生した蒸気の発熱量}} = \eta_c \eta_t$$

④ 発電機効率

$$\eta_g = \frac{\text{発電機で発生した電気出力}}{\text{タービンで発生した機械的出力}}$$

⑤ 発電端熱効率

$$\eta_P = \frac{\text{発電機で発生した電気出力（熱量換算値）}}{\text{ボイラに供給した燃料の発熱量}}$$

$$= \eta_B \eta_c \eta_t \eta_g$$

⑥ 送電端熱効率

$$\eta = \frac{\text{発電所から実際に送電される電力（熱量換算値）}}{\text{ボイラに供給した燃料の発熱量}}$$

$$= \eta_P(1 - L)$$

タービン効率はタービン単体での効率に対して，タービン室効率 η_T は熱サイクルを含んだ効率であり，両者の違いに注意すること。

$$\eta_T = \frac{3\,600 P_T}{(i_C - i_A)Z} \times 100$$

$$= \frac{3\,600 \times 18 \times 10^3}{(3\,380 - 140) \times 100 \times 10^3} \times 100 = 20\ [\%]$$

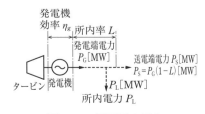

図 15-2　発電所の電力

（図中）
発電機効率 η_g
所内率 L
発電端電力 P_G[MW]
送電端電力 P_S[MW]
$P_S = P_G(1 - L)$[MW]
P_L[MW]
所内電力 P_L
タービン　発電機

問16　出題分野＜送電＞　　　難易度 ★★★　　重要度 ★★★

　図に示すように，発電機，変圧器と公称電圧66kVで運転される送電線からなる系統があるとき，次の（a）及び（b）の問に答えよ。ただし，中性点接地抵抗は図の変圧器のみに設置され，その値は300Ωとする。

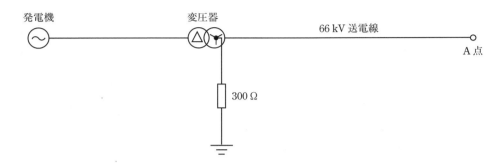

（a）　A点で100Ωの抵抗を介して一線地絡事故が発生した。このときの地絡電流の値[A]として，最も近いものを次の（1）～（5）のうちから一つ選べ。

　　ただし，発電機，発電機と変圧器間，変圧器及び送電線のインピーダンスは無視するものとする。

（1）　95　　　　（2）　127　　　　（3）　165　　　　（4）　381　　　　（5）　508

（b）　A点で三相短絡事故が発生した。このときの三相短絡電流の値[A]として，最も近いものを次の（1）～（5）のうちから一つ選べ。

　　ただし，発電機の容量は10 000kV·A，出力電圧6.6kV，三相短絡時のリアクタンスは自己容量ベースで25%，変圧器容量は10 000kV·A，変圧比は6.6kV/66kV，リアクタンスは自己容量ベースで10%，66kV送電線のリアクタンスは，10 000kV·Aベースで5%とする。なお，発電機と変圧器間のインピーダンスは無視する。また，発電機，変圧器及び送電線の抵抗は無視するものとする。

（1）　33　　　　（2）　219　　　　（3）　379　　　　（4）　656　　　　（5）　3 019

問 16（a）の解答　　出題項目＜短絡・地絡＞　　答え　（1）

中性点接地系統で 1 線地絡事故が発生すると，**図 16-1** に示すように中性点接地抵抗 R を通じて

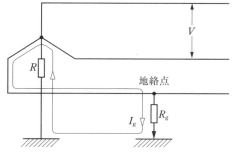

図 16-1　1 線地絡事故時の電流分布

地絡点に地絡電流 I_g が流れる。

これを等価回路で表すと**図 16-2** のようになり，これより地絡電流 I_g は，

$$I_g = \frac{V/\sqrt{3}}{R_g + R} = \frac{66 \times 10^3/\sqrt{3}}{100 + 300} \fallingdotseq 95.3 [\text{A}]$$

Point 地絡点の電圧は $1/\sqrt{3}$ になることに注意。

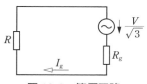

図 16-2　等価回路

問 16（b）の解答　　出題項目＜短絡・地絡＞　　答え　（2）

A 点で三相短絡事故が発生したときのインピーダンスマップは**図 16-3** のようになる。

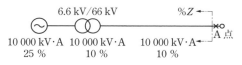

図 16-3　インピーダンスマップ

各機器の百分率リアクタンスの基準容量は 10 000 kV·A で同じであるから，A 点から電源側を見た合成百分率インピーダンス $\%Z$ は，

$$\%Z = 25 + 10 + 5 = 40 [\%]$$

三相短絡電流 I_S は，

$$I_S = \frac{100}{\%Z} I_B = \frac{100}{\%Z} \cdot \frac{P_B}{\sqrt{3} V_B}$$

$$= \frac{100}{40} \times \frac{10\,000 \times 10^3}{\sqrt{3} \times 66 \times 10^3} \fallingdotseq 218.7 [\text{A}] \to 219\ \text{A}$$

解説 ··

基準電流（定格電流）を $I_B[\text{A}]$，基準線間電圧（事故点の定格電圧）を $V_B[\text{V}]$ とすると，基準容量 P_B は，

$$P_B = \sqrt{3} V_B I_B [\text{V·A}]$$

基準電流 I_B は，

$$I_B = \frac{P_B}{\sqrt{3} V_B} [\text{A}]$$

三相短絡電流，短絡容量は次の手順で求める。

① 各百分率インピーダンスを基準容量にそろえる。

② 事故点から電源側を見た合成百分率インピーダンスを求める。

③ 三相短絡電流 I_S または短絡容量 P_S を求める。

百分率インピーダンス $\%Z$ は，基準インピーダンス $Z_B[\Omega]$ に対して当該インピーダンス $Z[\Omega]$ が何 % に相当するかを示す量で，次式で表される。

$$\%Z = \frac{Z}{Z_B} \times 100 [\%]$$

百分率インピーダンス法を使用するメリットは次のとおりである。

① 変圧器一次，二次，三次間のインピーダンスの巻数比換算が不要となる。

② 変圧器によって電圧が変わっても巻数比によるインピーダンスの換算が不要となる。

③ 電力や短絡容量とそのもとになるインピーダンス換算が逆数関係で，きわめて容易に求められる。

④ 発電機，変圧器等の仕様，諸定数表記が一貫性をもって表現できるとともに，定数の意味，理解が明確になる。

問17 出題分野＜配電＞ 難易度 ★★★ 重要度 ★★★

　図のような，線路抵抗をもった100/200 V単相3線式配電線路に，力率が100 %で電流がそれぞれ30 A及び20 Aの二つの負荷が接続されている。この配電線路にバランサを接続した場合について，次の（a）及び（b）の問に答えよ。

　ただし，バランサの接続前後で負荷電流は変化しないものとし，線路抵抗以外のインピーダンスは無視するものとする。

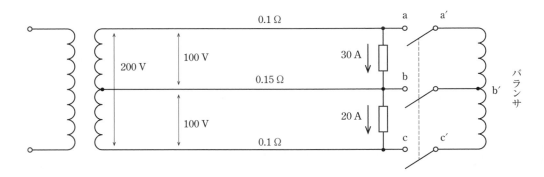

（a）　バランサ接続後 a′–b′ 間に流れる電流の値[A]として，最も近いものを次の（1）～（5）のうちから一つ選べ。

　（1）　5　　　　（2）　10　　　（3）　20　　　（4）　25　　　（5）　30

（b）　バランサ接続前後の線路損失の変化量の値[W]として，最も近いものを次の（1）～（5）のうちから一つ選べ。

　（1）　20　　　（2）　65　　　（3）　80　　　（4）　125　　　（5）　145

問17（a）の解答　出題項目＜単相3線式＞　答え　（1）

　各部の電流を**図17-1**のように定める。バランサを接続すると，バランサ接続前に中性線に流れていた電流がバランサ側に流入し，その半分ずつがバランサの巻線に流れる。したがって，バランサに流れる電流 I_B は，

$$I_B = \frac{I_1 - I_2}{2} = \frac{30 - 20}{2} = 5[\mathrm{A}]$$

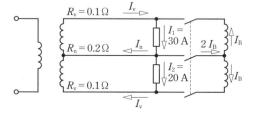

図 17-1　各部の電流

解説

　バランサは巻数比1の単巻変圧器であり，負荷の不平衡の程度に応じて主に単相3線式線路の末端に取り付け，バランサに電流 I_B が流れるとバランサの両巻線に等しい電圧が誘起し，負荷の端子電圧も等しくなる。また，中性線の断線，中性線と外線の短絡などによる異常電圧の抑制（巻数比が1であるから負荷電圧は変わらない）にも役立つ。バランサを設置すると次のようになる。

　① バランサ電流は，大きさが等しく，方向は反対である。その方向は，線電流を平衡させる（両外線の電流を等しくする）ように流れる。

　② バランサ電流は，バランサがない場合の中性線電流の1/2である。

　③ バランサを付けると負荷電圧は等しくなる。

Point バランサを接続すると両外側線（電圧線）に流れる電流は等しくなり，中性線電流は零となる。その結果，負荷電圧も等しくなるとともに，線路損失も減少する。

問17（b）の解答　出題項目＜単相3線式＞　答え　（1）

　バランサ接続前の中性線に流れる電流 I_n は，

$$I_n = I_1 - I_2 = 30 - 20 = 10[\mathrm{A}]$$

　バランサ接続前の線路損失 p_1 は，

$$\begin{aligned}p_1 &= I_1^2 R_v + I_n^2 R_n + I_2^2 R_v \\ &= 30^2 \times 0.1 + 10^2 \times 0.15 + 20^2 \times 0.1 = 145[\mathrm{W}]\end{aligned}$$

　バランサ接続後の両外側線（電圧線）に流れる電流 I_v は，

$$\begin{aligned}I_v &= I_1 - I_B = I_2 + I_B \\ &= I_1 - \frac{I_1 - I_2}{2} = I_2 + \frac{I_1 - I_2}{2} = \frac{I_1 + I_2}{2} \\ &= \frac{30 + 20}{2} = 25[\mathrm{A}]\end{aligned}$$

　中性線には電流が流れないから，バランサ接続後の線路損失 p_2 は，

$$p_2 = I_v^2 R_v = 2 \times 25^2 \times 0.1 = 125[\mathrm{W}]$$

　したがって，線路損失の減少量 Δp は，

$$\Delta p = p_1 - p_2 = 145 - 125 = 20[\mathrm{W}]$$

解説

　バランサは単相3線式線路に取り付けられるものであるが，単相3線式配電方式には次のような特徴がある。

[長所]

　① 電圧降下，電力損失が少ない。特に平衡負荷の場合は，電圧降下，電力損失とも単相2線式の1/4になる。

　② 配電容量が等しいとき，銅量は単相2線式の3/8となり所要電線量が少なくて済む。

　③ 100Vと200Vの2種類の電圧が得られるため，単相200V負荷が使用できる。

[短所]

　① 中性線が断線すると，2つの負荷が直列につながれた単相2線式配電線路となるため，負荷が不平衡の場合は著しい電圧不平衡が生じ，異常電圧を発生することがある。

　② 外線と中性線が短絡すると，短絡しない側の負荷電圧が異常上昇し，電圧不平衡が生じる。

令和4（2022）
令和3（2021）
令和2（2020）
令和元（2019）
平成30（2018）
平成29（2017）
平成28（2016）
平成27（2015）
平成26（2014）
平成25（2013）
平成24（2012）
平成23（2011）
平成22（2010）
平成21（2009）
平成20（2008）

電 力 平成 27 年度（2015 年度）

A 問 題 （配点は 1 問題当たり 5 点）

問 1　出題分野＜水力発電＞ 難易度 ★★★ 重要度 ★★★

水力発電所の理論水力 P は位置エネルギーの式から $P=\rho g Q H$ と表される。ここで $H[\mathrm{m}]$ は有効落差，$Q[\mathrm{m^3/s}]$ は流量，g は重力加速度 $=9.8\,\mathrm{m/s^2}$，ρ は水の密度 $=1\,000\,\mathrm{kg/m^3}$ である。以下に理論水力 P の単位を検証することとする。なお，Pa は「パスカル」，N は「ニュートン」，W は「ワット」，J は「ジュール」である。

$P=\rho g Q H$ の単位は ρ，g，Q，H の単位の積であるから，$\mathrm{kg/m^3 \cdot m/s^2 \cdot m^3/s \cdot m}$ となる。これを変形すると，　(ア)　・m/s となるが，　(ア)　は力の単位　(イ)　と等しい。すなわち $P=\rho g Q H$ の単位は　(イ)　・m/s となる。ここで　(イ)　・m は仕事（エネルギー）の単位である　(ウ)　と等しいことから $P=\rho g Q H$ の単位は　(ウ)　/s と表せ，これは仕事率（動力）の単位である　(エ)　と等しい。ゆえに，理論水力 $P=\rho g Q H$ の単位は　(エ)　となるが，重力加速度 $g=9.8\,\mathrm{m/s^2}$ と水の密度 $\rho=1\,000\,\mathrm{kg/m^3}$ の数値 9.8 と 1 000 を考慮すると $P=9.8QH[$　(オ)　$]$ と表せる。

上記の記述中の空白箇所（ア），（イ），（ウ），（エ）及び（オ）に当てはまる組合せとして，正しいものを次の（1）～（5）のうちから一つ選べ。

	（ア）	（イ）	（ウ）	（エ）	（オ）
（1）	kg・m	Pa	W	J	kJ
（2）	kg・m/s²	Pa	J	W	kW
（3）	kg・m	N	J	W	kW
（4）	kg・m/s²	N	W	J	kJ
（5）	kg・m/s²	N	J	W	kW

問 2　出題分野＜汽力発電＞ 難易度 ★★☆ 重要度 ★★☆

汽力発電所における再生サイクル及び再熱サイクルに関する記述として，誤っているものを次の（1）～（5）のうちから一つ選べ。

（1）　再生サイクルは，タービン内の蒸気の一部を抽出して，ボイラの給水加熱を行う熱サイクルである。

（2）　再生サイクルは，復水器で失う熱量が減少するため，熱効率を向上させることができる。

（3）　再生サイクルによる熱効率向上効果は，抽出する蒸気の圧力，温度が高いほど大きい。

（4）　再熱サイクルは，タービンで膨張した湿り蒸気をボイラの過熱器で加熱し，再びタービンに送って膨張させる熱サイクルである。

（5）　再生サイクルと再熱サイクルを組み合わせた再熱再生サイクルは，ほとんどの大容量汽力発電所で採用されている。

令和4 (2022)
令和3 (2021)
令和2 (2020)
令和元 (2019)
平成30 (2018)
平成29 (2017)
平成28 (2016)
平成27 (2015)
平成26 (2014)
平成25 (2013)
平成24 (2012)
平成23 (2011)
平成22 (2010)
平成21 (2009)
平成20 (2006)

問1の解答　　出題項目＜出力関係＞　　答え（5）

$P = \rho g Q H$ の単位は，

$$P = \rho \frac{[\text{kg}]}{[\text{m}^3]} \times g \frac{[\text{m}]}{[\text{s}^2]} \times Q \frac{[\text{m}^3]}{[\text{s}]} \times H[\text{m}]$$

$$= \frac{[\textbf{kg·m}]}{[\textbf{s}^2]} \times \frac{[\text{m}]}{[\text{s}]}$$

一方，質量が m[kg] の物体に加わる重力は，質量に重力加速度 $g = 9.8$[m/s²] を乗じて mg で表されるので，この物体を H[m] 上昇させるときの仕事（エネルギー[J]）は，重力に移動距離を乗じて mgH となり，その単位は，

仕事 ＝ 力 × 距離 ＝ mgH

$$= [\text{kg}] \times \frac{[\text{m}]}{[\text{s}^2]} \times [\text{m}] = \frac{[\text{kg·m}]}{[\text{s}^2]} \times [\text{m}]$$

$$= [\text{N}] \times [\text{m}] = [\text{N·m}] = [\text{J}]$$

よって，$[\textbf{kg·m/s}^2]$ は力の単位 $[\textbf{N}]$ と等しく，$\frac{[\text{kg·m}]}{[\text{s}^2]} \times [\text{m}]$ は仕事（エネルギー）の単位 $[\textbf{J}]$ と等しい。

$P = \rho g Q H$ の単位を別の形で表すと，

$$P = \frac{[\text{kg·m}]}{[\text{s}^2]} \times \frac{[\text{m}]}{[\text{s}]} = [\text{N}] \times \frac{[\text{m}]}{[\text{s}]}$$

$$= \left(\frac{[\text{kg·m}]}{[\text{s}^2]} \times [\text{m}] \right) \times \frac{1}{[\text{s}]} = [\text{J}] \times \frac{1}{[\text{s}]} = [\text{J/s}]$$

これは仕事率（動力）の単位である $[\textbf{W}]$ と等しい。したがって，$\rho = 1\,000$ kg/m³，$g = 9.8$ m/s² を代入すると，理論水力 P の単位は，

$$P = \rho g Q H = 1\,000 \times 9.8 \times QH$$

$$= 9.8QH \times 10^3 [\text{W}] = 9.8QH\,[\textbf{kW}]$$

問2の解答　　出題項目＜熱サイクル・熱効率＞　　答え（4）

（1）正。再生サイクルは，**図2-1** に示すように，タービンで膨張途中の蒸気を抽出（抽気という）し，給水加熱器でボイラの給水を加熱する熱サイクルである。

（2）正。ランキンサイクルでは，復水器で放出される熱量（熱損失）がボイラでの供給熱量に対して大きな割合を占める。再生サイクルでは，その熱量を軽減して熱効率を向上させる。

（3）正。再生サイクルによる熱効率向上効果は，抽出する蒸気の圧力と温度が高いほど大きい。

（4）誤。再熱サイクルは，**図2-2** に示すように，高圧タービン内で断熱膨張している蒸気が湿り始める前にタービンから取り出し，再びボイラに送って**再熱器**で再度過熱蒸気にして低圧タービンに送って最終圧力まで膨張させる熱サイクルである。

（5）正。再熱再生サイクルは，再熱サイクルと再生サイクルを組み合わせた熱サイクルで，大容量汽力発電所で採用されている。**図2-3** に再熱再生サイクルの系統図を示す。

Point 高圧タービンに入る前の蒸気を過熱蒸気にするのが過熱器，高圧タービンを出て中・低圧タービンに入る前の蒸気を過熱蒸気にするのが再熱器である。

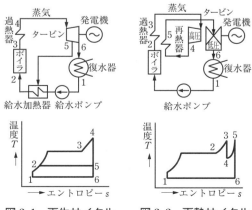

図2-1　再生サイクル　　図2-2　再熱サイクル

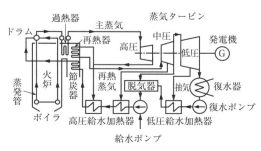

図2-3　再熱再生サイクル

問 3 出題分野＜汽力発電＞ | 難易度 ★☆☆ | 重要度 ★★★

　定格出力 10 000 kW の重油燃焼の汽力発電所がある。この発電所が 30 日間連続運転し，そのときの重油使用量は 1 100 t，送電端電力量は 5 000 MW・h であった。この汽力発電所のボイラ効率の値[%]として，最も近いものを次の（1）～（5）のうちから一つ選べ。

　なお，重油の発熱量は 44 000 kJ/kg，タービン室効率は 47 %，発電機効率は 98 %，所内率は 5 % とする。

（1）　51　　　　（2）　77　　　　（3）　80　　　　（4）　85　　　　（5）　95

問 4 出題分野＜原子力発電＞ | 難易度 ★★☆ | 重要度 ★★☆

　次の文章は，原子力発電の設備概要に関する記述である。

　原子力発電で多く採用されている原子炉の型式は軽水炉であり，主に加圧水型と沸騰水型に分けられるが，いずれも冷却材と　（ア）　に軽水を使用している。

　加圧水型は，原子炉内で加熱された冷却材の沸騰を　（イ）　により防ぐとともに，一次冷却材ポンプで原子炉，　（ウ）　に冷却材を循環させる。　（ウ）　で熱交換を行い，タービンに送る二次系の蒸気を発生させる。

　沸騰水型は，原子炉内で冷却材を加熱し，発生した蒸気を直接タービンに送るため，系統が単純になる。

　それぞれに特有な設備には，加圧水型では　（イ）　，　（ウ）　，一次冷却材ポンプがあり，沸騰水型では　（エ）　がある。

　上記の記述中の空白箇所（ア），（イ），（ウ）及び（エ）に当てはまる組合せとして，正しいものを次の（1）～（5）のうちから一つ選べ。

	（ア）	（イ）	（ウ）	（エ）
（1）	減速材	加圧器	蒸気発生器	再循環ポンプ
（2）	減速材	蒸気発生器	加圧器	再循環ポンプ
（3）	減速材	加圧器	蒸気発生器	給水ポンプ
（4）	遮へい材	蒸気発生器	加圧器	再循環ポンプ
（5）	遮へい材	蒸気発生器	加圧器	給水ポンプ

令和4 (2022)
令和3 (2021)
令和2 (2020)
令和元 (2019)
平成30 (2018)
平成29 (2017)
平成28 (2016)
平成27 (2015)
平成26 (2014)
平成25 (2013)
平成24 (2012)
平成23 (2011)
平成22 (2010)
平成21 (2009)
平成20 (2008)

問 3 の解答　　出題項目<熱サイクル・熱効率, ボイラ関係>　　答え（4）

図 3-1 に示すように，発電機の定格出力を P_G，所内率を L とすると，発電電力 P_S は，

$$P_S = P_G(1-L)$$

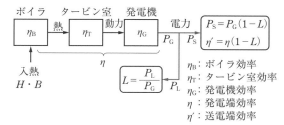

図 3-1　汽力発電所のエネルギーフロー

電力量も同様に考えられるから，この汽力発電所が 30 日間連続運転したときの送電端電力量 W_S と発電端電力量 W_G は，

$$W_S = W_G(1-L) \quad \therefore \quad W_G = \frac{W_S}{1-L}$$

一方，重油使用量を B〔kg〕，重油の発熱量を H〔kJ/kg〕とすると，30 日間の重油の総発熱量 Q は，

$$Q = BH$$

電力量〔kW·h〕と熱量〔kJ〕の関係は，

$$1\ \mathrm{kW·h} = 3\,600\ \mathrm{kJ}$$

であるから，発電端熱効率 η は次のように求められる。

$$\eta = \frac{発電電力量（熱量換算値）}{使用した重油の総発熱量} = \frac{3\,600\,W_G}{Q}$$

$$= \frac{3\,600\left(\dfrac{W_S}{1-L}\right)}{BH}$$

さらに，ボイラ効率を η_B，タービン室効率を η_T，発電機効率を η_G とすると，発電端熱効率 η は，

$$\eta = \eta_B \eta_T \eta_G$$

したがって，上式を変形すると，ボイラ効率 η_B は，

$$\eta_B = \frac{\eta}{\eta_T \eta_G} = \frac{\dfrac{3\,600\left(\dfrac{W_S}{1-L}\right)}{BH}}{\eta_T \eta_G} = \frac{3\,600\left(\dfrac{W_S}{1-L}\right)}{BH \eta_T \eta_G}$$

$$= \frac{3\,600 \times \left(\dfrac{5\,000 \times 10^3}{1-0.05}\right)}{1\,100 \times 10^3 \times 44\,000 \times 0.47 \times 0.98}$$

$$\fallingdotseq 0.849\,9$$

$$\rightarrow \quad 85\ \%$$

問 4 の解答　　出題項目<PWR と BWR>　　答え（1）

原子力発電で多く採用されている原子炉の型式は軽水炉が主流を占めており，加圧水型（PWR）と沸騰水型（BWR）とがある。両者とも燃料に低濃縮ウランを使用していることと，冷却材と**減速材**に軽水を使用していることが共通している。

① 加圧水型軽水炉（PWR）

冷却材系統が二つに分かれており，原子炉で熱せられた高温の一次冷却材が沸騰しないように**加圧器**で加圧され，加熱された一次冷却材は**蒸気発生器**で二次冷却材に熱を伝えた後，一次冷却材ポンプで炉心に送り込まれる。一方，蒸気発生器で熱交換が行われて加熱された二次冷却材は，飽和蒸気となってタービンへ送られる。一次冷却材と二次冷却材は蒸気発生器で分離され，放射性物質

を含んだ一次冷却材がタービンへ送られないため放射線防護対策をしなくてもよく，タービン系統の点検・保守が火力発電所と同じようにできる利点がある。

② 沸騰水型軽水炉（BWR）

冷却材が炉心で沸騰し，発生した蒸気は水と分離されて直接タービンに送られる。タービンを駆動した蒸気は復水器で水に戻され，復水ポンプ，給水ポンプなどを通って原子炉に戻される。また，原子炉内の冷却水は**再循環ポンプ**によって強制的に循環される。加圧水型に比べて原子炉圧力が低く，蒸気発生器がないので構成が簡単であるが，放射性物質を含んだ蒸気がタービンへ送られるためタービン側でも放射線防護対策が必要である。

問5 出題分野＜その他＞　　　難易度 ★★★　重要度 ★★★

分散型電源の配電系統連系に関する記述として，誤っているものを次の(1)～(5)のうちから一つ選べ。

(1) 分散型電源からの逆潮流による系統電圧の上昇を抑制するために，受電点の力率は系統側から見て進み力率とする。

(2) 分散型電源からの逆潮流等により他の低圧需要家の電圧が適正値を維持できない場合は，ステップ式自動電圧調整器(SVR)を設置する等の対策が必要になることがある。

(3) 比較的大容量の分散型電源を連系する場合は，専用線による連系や負荷分割等配電系統側の増強が必要になることがある。

(4) 太陽光発電や燃料電池発電等の電源は，電力変換装置を用いて電力系統に連系されるため，高調波電流の流出を抑制するフィルタ等の設置が必要になることがある。

(5) 大規模太陽光発電等の分散型電源が連系した場合，配電用変電所に設置されている変圧器に逆向きの潮流が増加し，配電線の電圧が上昇する場合がある。

問6 出題分野＜変電，送電＞　　　難易度 ★★★　重要度 ★★★

保護リレーに関する記述として，誤っているものを次の(1)～(5)のうちから一つ選べ。

(1) 保護リレーは電力系統に事故が発生したとき，事故を検出し，事故の位置や種類を識別して，事故箇所を系統から直ちに切り離す指令を出して遮断器を動作させる制御装置である。

(2) 高圧配電線路に短絡事故が発生した場合，配電用変電所に設けた過電流リレーで事故を検出し，遮断器に切り離し指令を出し事故電流を遮断する。

(3) 変圧器の保護に最も一般的に適用される電気式リレーは，変圧器の一次側と二次側の電流の差から異常を検出する差動リレーである。

(4) 後備保護は，主保護不動作や遮断器不良など，何らかの原因で事故が継続する場合に備え，最終的に事故除去する補完保護である。

(5) 高圧需要家に構内事故が発生した場合，同需要家の保護リレーよりも先に配電用変電所の保護リレーが動作して遮断器に切り離し指令を出すことで，確実に事故を除去する。

問5の解答　出題項目＜分散型電源＞　答え　（1）

（1）　誤。分散型電源が多く導入された配電系統では，逆潮流によって高圧配電線末端の電圧が上昇し，適正電圧が維持できないおそれがある。発電出力の抑制以外に発電設備連系後の電圧分布を連系前と変わらないようにするためには，発電出力の有効分による電圧上昇を無効電力分で相殺するように制御すればよく，具体的には逆潮流運転中の発電設備側の力率を一定に制御すればよい。これを進相無効電力制御といい，発電設備を進相運転することにより電圧上昇を抑える方法で，発電設備を有効利用するためにはなるべく100 %に近い力率で運転することが望ましい。しかし，逆潮流時の受電点の力率は，発電設備を進相運転するものの，系統側から見て100 %に近い力率か**若干遅れ力率で運転**することが望ましく，進み力率になると逆に系統電圧が上昇する方向になる。

（2）　正。分散型電源からの逆潮流により他の低圧需要家の電圧が適正値を維持できない場合は，ステップ式自動電圧調整器（SVR）を設置する等の対策が必要となる。

（3）　正。比較的大容量の分散型電源を連系する場合は，専用線による連系や負荷分割等配電系統側の増強が必要になるときがある。

（4）　正。太陽光発電や燃料電池発電等の電源の出力は直流であるため，電力変換装置を用いて交流に変換して電力系統に連系されるため，電力変換装置からの高調波電流の流出を抑制するフィルタ等の設置が必要になることがある。

（5）　正。分散型電源が連系した場合は，配電用変電所に設置されている変圧器に逆向きの潮流が増加し，配電線の電圧が上昇する場合がある。

問6の解答　出題項目＜保護リレー＞　答え　（5）

（1）　正。保護リレーは電力系統で発生した事故を検出し，事故の位置や種類を識別して，系統から直ちに切り離す指令を出して遮断器を動作させる。

（2）　正。高圧配電線路で短絡事故が発生した場合は，配電用変電所に設けた過電流リレーにより事故を検出し，遮断器で事故電流を遮断する。

なお，過電流リレーでは，電源から最も遠方のリレーの動作時間を短く，電源側に近づくほど動作時間を長くするように整定することにより事故点を選択遮断できる。これを保護リレーの時限協調という。

（3）　正。変圧器の巻線短絡事故を電気的に検出して保護する方式としては，小容量の場合には過電流リレー方式が用いられるだけであるが，中・大容量の場合は内部事故を高感度で検出できる差動リレー方式が用いられる。差動リレー方式には，単純差動リレー方式と抑制コイルを付加した比率差動リレー方式があるが，後者が用いられることが多い。

（4）　正。主保護は，保護対象とする区間を限定し，その区間内部の事故だけを選別して高速で事故除去するものである。これに対して後備保護は，主保護リレーの不動作や遮断器の不動作など，何らかの原因で事故が継続する場合に備え，最終的に事故を除去する補完保護設備である。

（5）　誤。受電設備に施設する保護リレーの保護協調の基本的な考え方は，電力系統の供給側と受電側の動作時限協調により，需要家構内での事故発生箇所の遮断を可及的速やかに，かつ最小限に行い，事故箇所以外の電路への事故波及を防止し，事故範囲の局限化を図ることである。したがって，高圧需要家の構内で事故が発生した場合，需要家の保護リレーよりも先に配電用変電所の保護リレーを動作させて遮断器に切り離し指令を出すと，健全である同一系統のほかの需要家も停電することになり，**需要家構内の保護リレーを先に動作させて**事故範囲の局限化を図る。

令和4 (2022) / 令和3 (2021) / 令和2 (2020) / 令和元 (2019) / 平成30 (2018) / 平成29 (2017) / 平成28 (2016) / 平成27 (2015) / 平成26 (2014) / 平成25 (2013) / 平成24 (2012) / 平成23 (2011) / 平成22 (2010) / 平成21 (2009) / 平成20 (2008)

問7 出題分野＜変電＞ 難易度 ★★★ 重要度 ★★★

次の文章は，避雷器とその役割に関する記述である。

避雷器とは，大地に電流を流すことで雷又は回路の開閉などに起因する ┃ (ア) ┃ を抑制して，電気施設の絶縁を保護し，かつ， ┃ (イ) ┃ を短時間のうちに遮断して，系統の正常な状態を乱すことなく，原状に復帰する機能をもつ装置である。

避雷器には，炭化けい素(SiC)素子や酸化亜鉛(ZnO)素子などが用いられるが，性能面で勝る酸化亜鉛素子を用いた酸化亜鉛形避雷器が，現在，電力設備や電気設備で広く用いられている。なお，発変電所用避雷器では，酸化亜鉛形 ┃ (ウ) ┃ 避雷器が主に使用されているが，配電用避雷器では，酸化亜鉛形 ┃ (エ) ┃ 避雷器が多く使用されている。

電力系統には，変圧器をはじめ多くの機器が接続されている。これらの機器を異常時に保護するための絶縁強度の設計は，最も経済的かつ合理的に行うとともに，系統全体の信頼度を向上できるよう考慮する必要がある。これを ┃ (オ) ┃ という。このため，異常時に発生する ┃ (ア) ┃ を避雷器によって確実にある値以下に抑制し，機器の保護を行っている。

上記の記述中の空白箇所(ア)，(イ)，(ウ)，(エ)及び(オ)に当てはまる組合せとして，正しいものを次の(1)～(5)のうちから一つ選べ。

	(ア)	(イ)	(ウ)	(エ)	(オ)
(1)	過電圧	続流	ギャップレス	直列ギャップ付き	絶縁協調
(2)	過電流	電圧	直列ギャップ付き	ギャップレス	電流協調
(3)	過電圧	電圧	直列ギャップ付き	ギャップレス	保護協調
(4)	過電流	続流	ギャップレス	直列ギャップ付き	絶縁協調
(5)	過電圧	続流	ギャップレス	直列ギャップ付き	保護協調

問8 出題分野＜送電＞ 難易度 ★★★ 重要度 ★★★

次の文章は，架空送電線の振動に関する記述である。

多導体の架空送電線において，風速が数～20 m/s で発生し，10 m/s を超えると振動が激しくなることを ┃ (ア) ┃ 振動という。

また，架空電線が，電線と直角方向に穏やかで一様な空気の流れを受けると，電線の背後に空気の渦が生じ，電線が上下に振動を起こすことがある。この振動を防止するために ┃ (イ) ┃ を取り付けて振動エネルギーを吸収させることが効果的である。この振動によって電線が断線しないように ┃ (ウ) ┃ が用いられている。

その他，架空送電線の振動には，送電線に氷雪が付着した状態で強い風を受けたときに発生する ┃ (エ) ┃ や，送電線に付着した氷雪が落下したときにその反動で電線が跳ね上がる現象などがある。

上記の記述中の空白箇所(ア)，(イ)，(ウ)及び(エ)に当てはまる組合せとして，正しいものを次の(1)～(5)のうちから一つ選べ。

	(ア)	(イ)	(ウ)	(エ)
(1)	コロナ	スパイラルロッド	スペーサ	スリートジャンプ
(2)	サブスパン	ダンパ	スペーサ	スリートジャンプ
(3)	コロナ	ダンパ	アーマロッド	ギャロッピング
(4)	サブスパン	スパイラルロッド	スペーサ	スリートジャンプ
(5)	サブスパン	ダンパ	アーマロッド	ギャロッピング

問7の解答　　出題項目＜避雷器＞

答え（1）

　避雷器は，大地に電流を流すことによって，雷サージや開閉サージなどによる**過電圧**を抑制して，電気設備の絶縁を保護し，放電が終了し電圧が通常の値に戻った後は電力系統から避雷器に流れようとする**続流**を短時間のうちに遮断して，系統の正常な状態を乱すことなく原状に自復する機能を持つ装置である。

　避雷器には，直列ギャップ付き避雷器とギャップレス避雷器がある。直列ギャップ付き避雷器は，**図7-1**に示すように，炭化けい素(SiC)素子を主材にした素子でできた特性要素と直列ギャップを容器に収納したものである。ギャップレス避雷器は，直列ギャップをもたず，酸化亜鉛(ZnO)素子だけを容器に収納ものである。直列ギャップをもたないため放電遅れがなく，保護特性が良好である。酸化亜鉛(ZnO)素子は，非直線抵抗特性が優れており，平常の運転電圧では μA オーダの電流しか流れず，実質的に絶縁物となるので直列ギャップが不要となる。このため，性能面で勝る酸化亜鉛素子を用いた酸化亜鉛形ギャップレス避

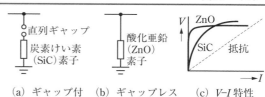

（a）ギャップ付き避雷器　（b）ギャップレス避雷器　（c）V-I特性

図7-1　避雷器の種類と特性

雷器がほとんどの電力用避雷器に利用されている。

　発変電所用避雷器には酸化亜鉛形**ギャップレス**避雷器が主に使用されているが，配電用避雷器には，設置数が多くギャップレスにすると対地静電容量の影響が大きくなるため酸化亜鉛形**ギャップ付き**避雷器が使用されている。

　発変電所，送電線を含めた全電力系統に設置される機器，装置の絶縁強度の協調を図り，最も合理的かつ経済的な絶縁設計を行い，系統全体の信頼度を向上させることを**絶縁協調**という。異常時に発生する**過電圧**を避雷器によって確実にある値以下に抑制し，機器の保護を行っている。

問8の解答　　出題項目＜電線の振動＞

答え（5）

　多導体の1相内のスペーサとスペーサの間隔をサブスパンといい，このようなスペーサを支点とするサブスパン内で起こる振動を**サブスパン振動**という。多導体に固有のもので，空気の流れの後方にある素導体が空気力学的に不安定になるために起きる自励振動である。風速が数～20 m/s で発生し，10 m/s を超えると振動が激しくなる。また，地形的には樹木の少ない平たん地や湖などの近くでよく発生する。サブスパン振動による影響は，スペーサのボルトの緩み，スペーサの可動部の摩耗などである。サブスパン振動の対策は，素導体間隔を適切にすること，素導体に高低差をつけること，適切なスペーサ配置を行うことである。

　微風振動は，架空電線が，電線と直角方向に毎秒数 m 程度の微風を一様に受けると，電線の背

後に空気の渦(カルマン渦)を生じ，これにより電線に生じる交番上下力の周波数が電線の固有振動数の一つと一致すると，電線が定常的に上下に振動を起こすことで，防止対策としては，振動エネルギーを吸収させるため電線支持点付近に**ダンパ**を取り付けることが効果的であり，さらに，この振動によって電線が断線しないように電線支持点付近の電線を**アーマロッド**で補強する対策が用いられている。

　電線の断面に対して非対称な形に氷雪が付着した状態で強い水平風が当たると浮遊力が発生し，自励振動を生じて，電線が上下に振動する現象を**ギャロッピング**といい，氷雪付着による電線のたるみの増加や気温の上昇などによる氷雪脱落時の電線の跳ね上がりをスリートジャンプという。

問9　出題分野＜送電＞　　難易度 ★★★　重要度 ★★★

架空送電線路のがいしの塩害現象及びその対策に関する記述として，誤っているものを次の（1）～（5）のうちから一つ選べ。

（1）　がいし表面に塩分等の導電性物質が付着した場合，漏れ電流の発生により，可聴雑音や電波障害が発生する場合がある。

（2）　台風や季節風などにより，がいし表面に塩分が急速に付着することで，がいしの絶縁が低下して漏れ電流の増加やフラッシオーバが生じ，送電線故障を引き起こすことがある。

（3）　がいしの塩害対策として，がいしの洗浄，がいし表面へのはっ水性物質の塗布の採用や多導体方式の適用がある。

（4）　がいしの塩害対策として，雨洗効果の高い長幹がいし，表面漏れ距離の長い耐霧がいしや耐塩がいしが用いられる。

（5）　架空送電線路の耐汚損設計において，がいしの連結個数を決定する場合には，送電線路が通過する地域の汚損区分と電圧階級を加味する必要がある。

問10　出題分野＜地中送電＞　　難易度 ★★☆　重要度 ★★★

電圧 66 kV，周波数 50 Hz，こう長 5 km の交流三相3線式地中電線路がある。ケーブルの心線1線当たりの静電容量が 0.43 μF/km，誘電正接が 0.03 % であるとき，このケーブル心線3線合計の誘電体損の値[W]として，最も近いものを次の（1）～（5）のうちから一つ選べ。

（1）　141　　　　（2）　294　　　　（3）　883　　　　（4）　1 324　　　　（5）　2 648

令和4 (2022)
令和3 (2021)
令和2 (2020)
令和元 (2019)
平成30 (2018)
平成29 (2017)
平成28 (2016)
平成27 (2015)
平成26 (2014)
平成25 (2013)
平成24 (2012)
平成23 (2011)
平成22 (2010)
平成21 (2009)
平成20 (2008)

問9の解答　　出題項目＜塩害対策＞　　答え　（3）

（1）　正。汚損がいしが濃霧，霧雨などで湿潤すると可溶性物質が溶出し，導電性の被膜が形成されてがいし表面の絶縁特性が低下し，がいし表面を漏れ電流が流れるようになり，漏れ電流により可聴雑音や電波障害が発生することがある。

（2）　正。がいしやがい管類の表面が，潮風の塩分付着や化学工場などの排ガスによる大気中可溶性物質あるいはばい煙，じんあいなどの付着によって汚損され，これが原因となってフラッシオーバを起こすことを塩じん害という。

（3）　誤。架空送電線路の塩害防止対策としては，大きくは汚損防止と絶縁強化に分けられる。前者の汚損防止には，がいしの洗浄，シリコーンコンパウンドなどのはっ水性物質のがいし表面への塗布，送電線ルートの適正な選定があるが，**多導体方式の適用はがいしの塩害対策とは無関係で**ある。シリコーンコンパウンドを塗布すると，強いはっ水性により塩分，水分を寄せ付けないとともに，アメーバ作用により表面の汚損物を包み込んでしまうため，がいし表面の絶縁抵抗が低下しない効果がある

（4）　正。塩害防止対策の絶縁強化には，がいし個数の増加（過絶縁），長幹がいし，耐霧がいし（スモッグがいし），耐塩がいしの採用がある。

長幹がいしは，かさの下の沿面距離を長くしてあるばかりでなく，かさの数が多く作られている。これは，沿面距離を長くするともに，多段分割作用の効果を期待したものである。耐霧がいし（スモッグがいし）は，塩害対策のために開発されたもので，雨洗効果を高めるためにがいし上面は水の流れやすい形状となっており，かさは塩分を遮へいするために深く垂下させ，下面のひだは沿面距離を長くして表面漏れ抵抗を大きくするため凹凸を大きくしている。

（5）　正。塩害対策の設計はあらかじめがいしの塩分付着密度を想定し，その条件においてがいしが所要の耐電圧値を維持することを目標に行う必要がある。また，耐汚損設計において，がいしの連結個数を決定する場合には，送電線路が通過する地域の汚損区分と電圧階級を加味する必要がある。

問10の解答　　出題項目＜電力損失・許容電流＞　　答え　（3）

ケーブルの絶縁体の等価回路とそのベクトル図を描くと，**図10-1**のようになる。

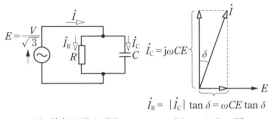

（a）等価回路（1相）　　（b）ベクトル図

$i_R = |\dot{I_C}| \tan\delta = \omega CE \tan\delta$

$\dot{I_C} = \mathrm{j}\omega CE$

図10-1　絶縁体の等価回路とベクトル図

相電圧を $E[\mathrm{V}]$，線間電圧を $V[\mathrm{V}]$，周波数を $f[\mathrm{Hz}]$，1線当たりの静電容量を $C[\mathrm{F/m}]$，1線当たりの抵抗を $R[\Omega/\mathrm{m}]$，ケーブルのこう長を $l[\mathrm{m}]$とすると，3線合計の誘電体損 W_d は，

$$W_d = 3EI_R = \sqrt{3}\,VI_R [\mathrm{W}] \qquad ①$$

誘電正接を $\tan\delta$ とすると，ベクトル図より，

$$I_R = I_C \tan\delta [\mathrm{A}] \qquad ②$$

①式に②式を代入すると，

$$W_d = \sqrt{3}\,VI_C \tan\delta [\mathrm{W}] \qquad ③$$

静電容量 C に流れる電流 I_C は，

$$I_C = \omega ClE = 2\pi fClE = 2\pi fCl\frac{V}{\sqrt{3}} \qquad ④$$

と求められるから，③式に④式を代入すると，

$$W_d = \sqrt{3}\,V \times 2\pi fCl\frac{V}{\sqrt{3}}\tan\delta$$

$$= 2\pi fClV^2 \tan\delta [\mathrm{W}]$$

$$= 2\pi \times 50 \times 0.43 \times 10^{-6} \times 10^{-3} \times 5 \times 10^3$$
$$\times (66 \times 10^3)^2 \times 0.03 \times 10^{-2}$$

$$\fallingdotseq 882.7[\mathrm{W}] \quad \rightarrow \quad 883\,\mathrm{W}$$

問11　出題分野＜配電＞

難易度 ★★★　**重要度** ★★☆

次の文章は，地中配電線路の得失に関する記述である。

地中配電線路は，架空配電線路と比較して， (ア) が良くなる，台風等の自然災害発生時において (イ) による事故が少ない等の利点がある。

一方で，架空配電線路と比較して，地中配電線路は高額の建設費用を必要とするほか，掘削工事を要することから需要増加に対する (ウ) が容易ではなく，またケーブルの対地静電容量による (エ) の影響が大きい等の欠点がある。

上記の記述中の空白箇所(ア)，(イ)，(ウ)及び(エ)に当てはまる組合せとして，正しいものを次の(1)～(5)のうちから一つ選べ。

	(ア)	(イ)	(ウ)	(エ)
(1)	都市の景観	他物接触	設備増強	フェランチ効果
(2)	都市の景観	操業者過失	保護協調	フェランチ効果
(3)	需要率	他物接触	保護協調	電圧降下
(4)	都市の景観	他物接触	設備増強	電圧降下
(5)	需要率	操業者過失	設備増強	フェランチ効果

問12　出題分野＜配電＞

難易度 ★★★　**重要度** ★★☆

スポットネットワーク方式及び低圧ネットワーク方式(レギュラーネットワーク方式ともいう)の特徴に関する記述として，誤っているものを次の(1)～(5)のうちから一つ選べ。

(1)　一般的に複数回線の配電線により電力を供給するので，1回線が停電しても電力供給を継続することができる配電方式である。

(2)　低圧ネットワーク方式では，供給信頼度を高めるために低圧配電線を格子状に連系している。

(3)　スポットネットワーク方式は，負荷密度が極めて高い大都市中心部の高層ビルなど大口需要家への供給に適している。

(4)　一般的にネットワーク変圧器の一次側には断路器が設置され，二次側には保護装置(ネットワークプロテクタ)が設置される。

(5)　スポットネットワーク方式において，ネットワーク変圧器二次側のネットワーク母線で故障が発生したときでも受電が可能である。

問 11 の解答　出題項目＜地中配電＞　　　　　　　答え （1）

　地中配電線路は，地中ケーブルを埋設するため，地上に電柱や配電線を施設する架空配電線路に比べて**都市の美観**が良くなり，台風などの自然災害発生時において，飛来物などの**他物接触**による事故が少ないなどの利点がある。

　一方，地中にケーブルを埋設するため，掘削費，敷設費などの建設費用が架空配電線路に比べて高額となり，また，需要増加に対して**設備増強**を要する場合も掘削工事を要することから，架空配電線路に比べて容易ではない。

　地中配電線路にケーブルが使用されるが，ケーブルは架空配電線路に比べて対地間距離が短く誘電率も大きいことから，対地静電容量が大きくなり，対地静電容量による進み電流の影響で送電端電圧より受電端電圧が高くなる**フェランチ効果**の影響が大きいなどの欠点がある。

解説

　長距離送電線路および地中配電線路において，夜間などの軽負荷の時には，受電端の方が送電端に比べて電圧が高くなる。この現象をフェランチ効果といい，線路の流れる電流が進み電流となるためであり，送電線路の静電容量が大きいほどこの効果は著しい。

問 12 の解答　出題項目＜ネットワーク方式＞　　　　答え （5）

（1）正。ネットワーク方式は，複数回線の配電線により電力を供給するので，1回線が停電しても電力を供給できる配電方式である。

（2）正。低圧ネットワーク方式では，**図 12-1** に示すように，供給信頼度を高めるために低圧配電線を格子状に連系している。

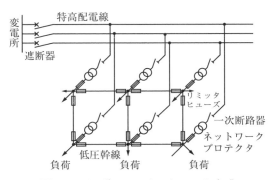

図 12-1　レギュラーネットワーク方式

（3）正。スポットネットワーク方式は，大規模な工場やビルなどの高密度の大容量負荷1箇所に供給する場合，レギュラーネットワーク方式は，商店街や繁華街などの負荷密度の高い需要家に供給する場合に採用される。

（4）正。**図 12-2** に示すように，ネットワーク変圧器の一次側には断路器が設置され，二次側には保護装置であるネットワークプロテクタが設置され，受電用遮断器やその保護装置の省略が可能であり，設置スペースの縮小と経費の節減ができるメリットがある。

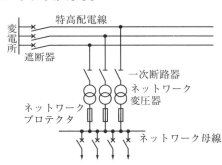

図 12-2　スポットネットワーク方式

（5）誤。スポットネットワーク方式は，供給信頼度の高い方式であるが，ネットワーク変圧器二次側の**ネットワーク母線**で故障が起きると受電できなくなる。

解説

　大口需要家に対して直接20 kVで供給する方式を20 kV級直接供給方式といい，20 kV級地中配電系統は，都市中心部の超過密需要地域に適用され，ビルなどの特別高圧受電の需要家に供給するスポットネットワーク方式または繁華街などにおける低圧受電の需要家に供給するレギュラーネットワーク方式が標準である。

令和4 (2022)　令和3 (2021)　令和2 (2020)　令和元 (2019)　平成30 (2018)　平成29 (2017)　平成28 (2016)　平成27 (2015)　平成26 (2014)　平成25 (2013)　平成24 (2012)　平成23 (2011)　平成22 (2010)　平成21 (2009)　平成20 (2008)

問 13　出題分野＜配電＞　　難易度 ★★★　重要度 ★★★

　三相3線式と単相2線式の低圧配電方式について，三相3線式の最大送電電力は，単相2線式のおよそ何％となるか。最も近いものを次の（1）～（5）のうちから一つ選べ。

　ただし，三相3線式の負荷は平衡しており，両低圧配電方式の線路こう長，低圧配電線に用いられる導体材料や導体量，送電端の線間電圧，力率は等しく，許容電流は導体の断面積に比例するものとする。

（1）　67　　　　（2）　115　　　　（3）　133　　　　（4）　173　　　　（5）　260

問 14　出題分野＜電気材料＞　　難易度 ★★★　重要度 ★★★

　変圧器の鉄心に使用されている鉄心材料に関する記述として，誤っているものを次の（1）～（5）のうちから一つ選べ。

（1）　鉄心材料は，同じ体積であれば両面を絶縁加工した薄い材料を積層することで，ヒステリシス損はほとんど変わらないが，渦電流損を低減させることができる。

（2）　鉄心材料は，保磁力と飽和磁束密度がともに小さく，ヒステリシス損が小さい材料が選ばれる。

（3）　鉄心材料に使用されるけい素鋼材は，鉄にけい素を含有させて透磁率と抵抗率とを高めた材料である。

（4）　鉄心材料に使用されるアモルファス合金材は，非結晶構造であり，高硬度であるが，加工性に優れず，けい素鋼材と比較して高価である。

（5）　鉄心材料に使用されるアモルファス合金材は，けい素鋼材と比較して透磁率と抵抗率はともに高く，鉄損が少ない。

問 13 の解答　　出題項目＜電気方式＞

図 13-1 に示すように，三相 3 線式と単相 2 線式の導体 1 線の断面積をそれぞれ A_3，A_2 とし，線路こう長を L とすると，題意より両配電方式の線路こう長 L と導体量 V_3，V_2 が等しいので，断面積 A_3，A_2 の関係は，

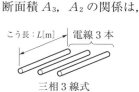

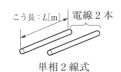

電線の断面積 $A_3[m^2]$ のとき，全電線の導体量 $V_3[m^3]$ は，
$$V_3 = A_3 \times L \times 3 [m^3]$$

電線の断面積 $A_2[m^2]$ のとき，全電線の導体量 $V_2[m^3]$ は，
$$V_2 = A_2 \times L \times 2 [m^3]$$

よって，導体量が同じとき断面積 A_3 と A_2 の比は，

$$A_3 : A_2 = \frac{2}{3} : 1 \ となる。$$

図 13-1　導体断面積の比較

$$V_3 = V_2$$
$$3A_3 L = 2A_2 L$$
$$\therefore \ \frac{A_3}{A_2} = \frac{2}{3}$$

また，題意より許容電流は導体の断面積に比例するので，三相 3 線式と単相 2 線式の許容電流 I_3 と I_2 の関係は，

$$\frac{I_3}{I_2} = \frac{A_3}{A_2} = \frac{2}{3}$$

したがって，送電端の線間電圧 V と力率 $\cos\theta$ は等しいので，三相 3 線式と単相 2 線式の最大送電電力 P_3 と P_2 の関係は，

$$\frac{P_3}{P_2} = \frac{\sqrt{3}\,VI_3\cos\theta}{VI_2\cos\theta} = \frac{\sqrt{3}\,I_3}{I_2} = \sqrt{3} \times \frac{2}{3} = \frac{2}{\sqrt{3}}$$
$$\fallingdotseq 1.15 \ \rightarrow \ 115\,\%$$

問 14 の解答　　出題項目＜鉄心材料＞

（1）　正。ヒステリシス損は，周波数と磁束密度の 2 乗に比例し，鉄板の厚さに無関係である。一方，渦電流損は，磁束変化によって鉄心内に誘起した電圧により渦電流が流れるため，鉄板の抵抗によってジュール損失が生じる。渦電流損は板厚，周波数，磁束密度それぞれの 2 乗に比例し，電気抵抗率に反比例する。鉄心の抵抗率が小さいと鉄心中に渦電流が流れやすくなり，渦電流損が多くなる。渦電流損を軽減するため，変圧器の鉄心は厚さ 0.3〜0.35 mm の薄いけい素鋼板を積み重ね，成層間を絶縁した成層鉄心を用いることにより，抵抗率が大きくなって板面を貫く方向に渦電流が流れるのを防止している。

（2）　誤。鉄心材料は，保磁力が小さければ小さい磁化力によって大きな磁束密度を発生するので比透磁率が大きくなり，ヒステリシス損は小さくなる。鉄心材料は保磁力が小さく，**飽和磁束密度は大きく**なければならない。

（3）　正。方向性けい素鋼板は，冷間圧延と熱処理（焼きなまし）とによって鋼板中の結晶の磁化容易軸を圧延方向にそろえるようにしたもので，長い帯状に作られる。冷間圧延を行うため，けい素量は 3〜3.5 % としている。無方向性けい素鋼板に比較して鉄損が少なく透磁率が高いが，方向性がはっきりしているため回転磁界が必要となる発電機などには不向きで，主に電力用変圧器の鉄心材料として広く採用されている。

（4）　正。アモルファス合金材は，原子配列がランダムである結晶質に対して非晶質とも呼ばれ，結晶磁気異方性や結晶粒界がなく，高硬度で，けい素鋼材と比較して高価である。

（5）　正。アモルファス合金材は，高抵抗で優れた高透磁材料となる。鉄損がけい素鋼板に比べて 1/4〜1/3 に低減でき，配電用柱上変圧器などに利用される。一方，鉄心が大きくなることや硬化であることなどの課題がある。

Point 鉄心材料は保磁力が小さく，飽和磁束密度は大きい方がよい。

B 問 題 （配点は 1 問題当たり（a）5 点，（b）5 点，計 10 点）

問 15　　出題分野＜その他＞　　　　　　　　　　難易度 ★★★　重要度 ★★★

　定格出力 1 000 MW，速度調定率 5 ％のタービン発電機と，定格出力 300 MW，速度調定率 3 ％の水車発電機が周波数調整用に電力系統に接続されており，タービン発電機は 80 ％出力，水車発電機は 60 ％出力をとって，定格周波数（60 Hz）にてガバナフリー運転を行っている。

　系統の負荷が急変したため，タービン発電機と水車発電機は速度調定率に従って出力を変化させた。次の（a）及び（b）の問に答えよ。

　ただし，このガバナフリー運転におけるガバナ特性は直線とし，次式で表される速度調定率に従うものとする。また，この系統内で周波数調整を行っている発電機はこの 2 台のみとする。

$$速度調定率 = \frac{\dfrac{n_2 - n_1}{n_n}}{\dfrac{P_1 - P_2}{P_n}} \times 100 \ [\%]$$

P_1：初期出力［MW］　　　　n_1：出力 P_1 における回転速度［min^{-1}］
P_2：変化後の出力［MW］　　n_2：変化後の出力 P_2 における回転速度［min^{-1}］
P_n：定格出力［MW］　　　　n_n：定格回転速度［min^{-1}］

（a）　出力を変化させ，安定した後のタービン発電機の出力は 900 MW となった。このときの系統周波数の値［Hz］として，最も近いものを次の（1）～（5）のうちから一つ選べ。
　　（1）　59.5　　　（2）　59.7　　　（3）　60　　　（4）　60.3　　　（5）　60.5

（b）　出力を変化させ，安定した後の水車発電機の出力の値［MW］として，最も近いものを次の（1）～（5）のうちから一つ選べ。
　　（1）　130　　　（2）　150　　　（3）　180　　　（4）　210　　　（5）　230

問15（a）の解答　　出題項目＜発電機＞　　　　　　　　　　答え　（2）

　周波数は回転速度に比例するため，速度調定率の公式の回転速度 n を周波数 f に置き換える。タービン発電機の添え字を T，水車発電機の添え字を S とすると，タービン発電機の速度調定率 R_T は，

$$R_\mathrm{T}=\frac{\dfrac{f_2-f_1}{f_\mathrm{n}}}{\dfrac{P_{1\mathrm{T}}-P_{2\mathrm{T}}}{P_{\mathrm{nT}}}}=\frac{\dfrac{f_2-60}{60}}{\dfrac{1\,000\times0.8-900}{1\,000}}=0.05$$

　タービン発電機と水車発電機を並列で運転しているときの速度調定率直線は，**図15-1** となる。

　したがって，負荷急変後の系統周波数 f_2 は，

$$f_2=0.05\times\left(\frac{1\,000\times0.8-900}{1\,000}\right)\times60+60$$

$$=59.7\,[\mathrm{Hz}]$$

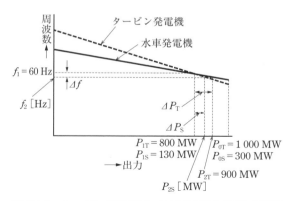

図15-1　タービン発電機と水車発電機を並列で運転しているときの速度調定率

問15（b）の解答　　出題項目＜発電機＞　　　　　　　　　　答え　（5）

　周波数はタービン発電機も水車発電機も同じであるから，系統周波数が $f_2=59.7\,[\mathrm{Hz}]$ になった場合，水車発電機の速度調定率 R_S は，

$$R_\mathrm{S}=\frac{\dfrac{f_2-f_1}{f_\mathrm{n}}}{\dfrac{P_{1\mathrm{S}}-P_{2\mathrm{S}}}{P_{\mathrm{nS}}}}=\frac{\dfrac{59.7-60}{60}}{\dfrac{300\times0.6-P_{2\mathrm{S}}}{300}}=0.03$$

　したがって，負荷急変後の水車発電機の出力 $P_{2\mathrm{S}}$ は，

$$P_{2\mathrm{S}}=300\times0.6-\left(\frac{59.7-60}{60\times0.03}\times300\right)=230\,[\mathrm{MW}]$$

解説　‥‥‥‥‥‥‥‥‥‥‥‥‥‥‥‥‥‥

　回転速度，周波数と出力との関係は**図15-2** に示すようになる。

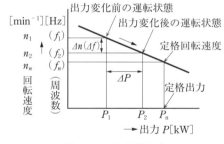

図15-2　速度調定率

〈需給バランスと周波数の関係〉

　電力の発生と消費はほぼ同時に行われており，その需要と供給がバランスしていると周波数は一定となる。

　何らかの理由で負荷が急減（電力系統から脱落）すると，需給バランス（需要と供給のバランス）が崩れ，負荷より供給力（発電電力）の方が多くなって，電力系統の周波数は上昇する。その結果，ガバナは発電機出力を減少させる方向に動き，負荷と同じになるよう調整される。

　反対に，負荷が急増すると，負荷に対して供給力（発電電力）が不足することになり，電力系統の周波数は低下し，ガバナは発電機出力を増加させる方向に動き，負荷と同じになるよう調整される。

　本題の場合は後者のケースである。

Point　速度調定率に関する問題は，基本的に速度調定率の式に与えられた数値を代入することにより，負荷変化後の出力や周波数を求めることができる。未知数が3つの連立方程式の解き方を間違えないようにするとともに，需給バランスと周波数の関係から周波数と出力の増減を間違えないようすることが重要である。

令和4（2022）　令和3（2021）　令和2（2020）　令和元（2019）　平成30（2018）　平成29（2017）　平成28（2016）　平成27（2015）　平成26（2014）　平成25（2013）　平成24（2012）　平成23（2011）　平成22（2010）　平成21（2009）　平成20（2008）

問 16 　出題分野＜変電＞　　　難易度 ★☆★　重要度 ★★★

図は，三相 3 線式変電設備を単線図で表したものである。

現在，この変電設備は，a 点から 3 800 kV·A，遅れ力率 0.9 の負荷 A と，b 点から 2 000 kW，遅れ力率 0.85 の負荷 B に電力を供給している。b 点の線間電圧の測定値が 22 000 V であるとき，次の（a）及び（b）の問に答えよ。

なお，f 点と a 点の間は 400 m，a 点と b 点の間は 800 m で，電線 1 条当たりの抵抗とリアクタンスは 1 km 当たり 0.24 Ω と 0.18 Ω とする。また，負荷は平衡三相負荷とする。

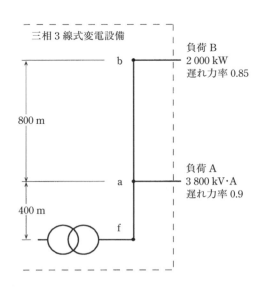

（a）　負荷 A と負荷 B で消費される無効電力の合計値[kvar]として，最も近いものを次の（1）～（5）のうちから一つ選べ。

（1）　2 710　　　（2）　2 900　　　（3）　3 080　　　（4）　4 880　　　（5）　5 120

（b）　f–b 間の線間電圧の電圧降下 V_{fb} の値[V]として，最も近いものを次の（1）～（5）のうちから一つ選べ。

ただし，送電端電圧と受電端電圧との相差角が小さいとして得られる近似式を用いて解答すること。

（1）　23　　　（2）　33　　　（3）　59　　　（4）　81　　　（5）　101

令和
4
(2022)

令和
3
(2021)

令和
2
(2020)

令和
元
(2019)

平成
30
(2018)

平成
29
(2017)

平成
28
(2016)

平成
27
(2015)

平成
26
(2014)

平成
25
(2013)

平成
24
(2012)

平成
23
(2011)

平成
22
(2010)

平成
21
(2009)

平成
20
(2008)

問16（a）の解答　　出題項目＜電圧降下＞　　　　　答え　（2）

負荷 A の皮相電力を K_A[kV·A]，負荷 B の有効電力を P_B[kW]，各負荷の力率を $\cos\theta_A$，$\cos\theta_B$ とすると，各負荷の無効電力 Q_A および Q_B は，

$$Q_A = K_A \sin\theta_A = K_A\sqrt{1-\cos^2\theta_A}$$
$$= 3\,800 \times \sqrt{1-0.90^2} \fallingdotseq 1\,656\,[\text{kvar}]$$

$$Q_B = P_B\frac{\sin\theta_B}{\cos\theta_B} = P_B\frac{\sqrt{1-\cos^2\theta_B}}{\cos\theta_B}$$
$$= 2\,000 \times \frac{\sqrt{1-0.85^2}}{0.85} \fallingdotseq 1\,239\,[\text{kvar}]$$

負荷 A と B で消費される無効電力の合計値は，
$$Q_A + Q_B = 1\,656 + 1\,239 = 2\,895\,[\text{kvar}]$$
$$\rightarrow \quad 2\,900\,[\text{kvar}]$$

問16（b）の解答　　出題項目＜電圧降下＞　　　　　答え　（3）

① a–b 間の電圧降下

b 点の線間電圧を V_b とすると，負荷 B の電流 I_B つまり，a–b 間に流れる電流 I_{ab} は，

$$I_{ab} = I_B = \frac{P_B}{\sqrt{3}\,V_b\cos\theta_B}$$

電線 1 条当たりの a–b 間のインピーダンス $r_{ab}+jx_{ab}$ は，

$$r_{ab}+jx_{ab} = (0.24+j0.18)\times 0.8$$
$$= 0.192+j0.144\,[\Omega]$$

a–b 間の電圧降下 v_{ab} は，

$$v_{ab} = \sqrt{3}\,I_{ab}(r_{ab}\cos\theta_B + x_{ab}\sin\theta_B)$$
$$= \sqrt{3}\,\frac{P_B}{\sqrt{3}\,V_b\cos\theta_B}(r_{ab}\cos\theta_B + x_{ab}\sqrt{1-\cos^2\theta_B})$$
$$= \frac{P_B}{V_b}\left(r_{ab} + x_{ab}\frac{\sqrt{1-\cos^2\theta_B}}{\cos\theta_B}\right)$$
$$= \frac{2\,000\times10^3}{22\,000}\times\left(0.192 + 0.144\times\frac{\sqrt{1-0.85^2}}{0.85}\right)$$
$$\fallingdotseq 25.57\,[\text{V}]$$

② 負荷 A による f–a 間の電圧降下

a 点の線間電圧 V_a は，

$$V_a = V_b + v_{ab} = 22\,000 + 25.57 = 22\,025.57\,[\text{V}]$$

負荷 A の電流 I_A は，

$$I_A = \frac{K_A}{\sqrt{3}\,V_a}$$

電線 1 条当たりの f–a 間のインピーダンス $r_{fa}+jx_{fa}$ は，

$$r_{fa}+jx_{fa} = (0.24+j0.18)\times 0.4$$
$$= 0.096+j0.072\,[\Omega]$$

負荷 A による f–a 間の電圧降下 v_{faA} は，

$$v_{faA} = \sqrt{3}\,I_A(r_{fa}\cos\theta_A + x_{fa}\sin\theta_A)$$
$$= \sqrt{3}\,\frac{K_A}{\sqrt{3}\,V_a}(r_{fa}\cos\theta_A + x_{fa}\sqrt{1-\cos^2\theta_A})$$
$$= \frac{K_A}{V_a}(r_{fa}\cos\theta_A + x_{fa}\sqrt{1-\cos^2\theta_A})$$
$$= \frac{3\,800\times10^3}{22\,025.57}\times(0.096\times0.9 + 0.072\times\sqrt{1-0.90^2})$$
$$\fallingdotseq 20.32\,[\text{V}]$$

③ 負荷 B による f–b 間の電圧降下

電線 1 条当たりの f–b 間のインピーダンス $r_{fb}+jx_{fb}$ は，

$$r_{fb}+jx_{fb} = (r_{fa}+jx_{fa}) + (r_{ab}+jx_{ab})$$
$$= (0.096+j0.072) + (0.192+j0.144)$$
$$= 0.288+j0.216\,[\Omega]$$

負荷 B による f–b 間の電圧降下 v_{fbB} は，

$$v_{fbB} = \sqrt{3}\,I_B(r_{fb}\cos\theta_B + x_{fb}\sin\theta_B)$$
$$= \sqrt{3}\,\frac{P_B}{\sqrt{3}\,V_b\cos\theta_B}(r_{fb}\cos\theta_B + x_{fb}\sqrt{1-\cos^2\theta_B})$$
$$= \frac{P_B}{V_b}\left(r_{fb} + x_{fb}\frac{\sqrt{1-\cos^2\theta_B}}{\cos\theta_B}\right)$$
$$= \frac{2\,000\times10^3}{22\,000}\times\left(0.288 + 0.216\times\frac{\sqrt{1-0.85^2}}{0.85}\right)$$
$$\fallingdotseq 38.35\,[\text{V}]$$

④ f–b 間の電圧降下 v_{fb}

$$v_{fb} = v_{faA} + v_{fbB} = 20.32 + 38.35$$
$$= 58.67\,[\text{V}] \quad \rightarrow \quad 59\text{ V}$$

問 17　出題分野＜送電＞　難易度 ★★★　重要度 ★★★

　図に示すように，線路インピーダンスが異なる A，B 回線で構成される 154 kV 系統があったとする。A 回線側にリアクタンス 5 ％の直列コンデンサが設置されているとき，次の（a）及び（b）の問に答えよ。なお，系統の基準容量は，10 MV·A とする。

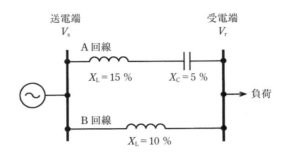

送電端と受電端の電圧位相差
δ

（a）　図に示す系統の合成線路インピーダンスの値[%]として，最も近いものを次の（1）～（5）のうちから一つ選べ。

　　（1）　3.3　　　（2）　5.0　　　（3）　6.0　　　（4）　20.0　　　（5）　30.0

（b）　送電端と受電端の電圧位相差 δ が 30 度であるとき，この系統での送電電力 P の値[MW]として，最も近いものを次の（1）～（5）のうちから一つ選べ。

　　　ただし，送電端電圧 V_s，受電端電圧 V_r は，それぞれ 154 kV とする。

　　（1）　17　　　（2）　25　　　（3）　83　　　（4）　100　　　（5）　152

問 17（a）の解答　　出題項目＜並行 2 回線＞　　答え　（2）

　線路インピーダンスを**図 17-1** のように定めると，並行 2 回線送電線路の合成線路インピーダンス Z は，次のように求められる。

$$Z = \frac{(jX_{AL} - jX_{AC}) \times jX_{BL}}{(jX_{AL} - jX_{AC}) + jX_{BL}} = \frac{(j15 - j5) \times j10}{(j15 - j5) + j10}$$

$$= \frac{j10 \times j10}{j10 + j10} = j5.0 [\%]$$

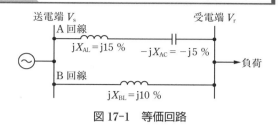

図 17-1　等価回路

問 17（b）の解答　　出題項目＜並行 2 回線＞　　答え　（4）

　インピーダンスを $Z[\Omega]$，定格容量を $P_n[\text{V·A}]$，定格線間電圧を $V_n[\text{V}]$ とすると，百分率インピーダンス $\%Z$ は，

$$\%Z = \frac{ZP_n}{V_n^2} \times 100 [\%]$$

　上式を変形し，百分率インピーダンス $\%Z$ をオーム値に変換すると，

$$Z = \frac{\%Z \, V_n^2}{100P_n} = \frac{5.0 \times (154 \times 10^3)^2}{100 \times 10 \times 10^6} = 118.58 [\Omega]$$

　送電端電圧を $V_s[\text{V}]$，受電端電圧を $V_r[\text{V}]$，送電端電圧と受電端電圧との間の位相差を δ とすると，送電電力 P は，

$$P = \frac{V_s V_r}{Z} \sin\delta = \frac{154 \times 10^3 \times 154 \times 10^3}{118.58} \sin 30°$$

$$= 100 \times 10^6 [\text{W}] = 100 [\text{MW}]$$

解 説

　三相 3 線式送電線の受電端線間電圧を $V_r[\text{V}]$，線路電流を $I[\text{A}]$，力率を $\cos\theta$ とすると，負荷電力 P は，次式で表される。

$$P = \sqrt{3} \, V_r I \cos\theta [\text{W}] \qquad ①$$

　送電端線間電圧を $V_s[\text{V}]$，V_s と V_r の相差角を δ，電線 1 線当たりのリアクタンスを $X[\Omega]$ とすると，V_s と V_r の関係は**図 17-2** のように表すことができ，このベクトル図より，次の関係式が求められる。

$$XI \cos\theta = \frac{V_s}{\sqrt{3}} \sin\delta$$

$$\therefore \quad \sqrt{3} I = \frac{V_s \sin\delta}{X \cos\theta} \qquad ②$$

　①式に②式を代入すると，負荷電力 P，つまり，受電端の負荷に供給されている三相有効電力（送電電力）P は，

$$P = V_r \frac{V_s \sin\delta}{X \cos\theta} \cos\theta = \frac{V_s V_r}{X} \sin\delta [\text{W}]$$

　なお，送電端と受電端の間における線路の抵抗と静電容量は無視している。

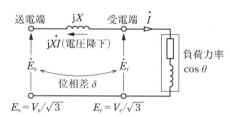

（a）単相等価回路

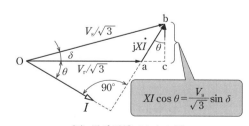

（b）送受電端ベクトル図

図 17-2　送電電力の算出式

令和
4
(2022)

令和
3
(2021)

令和
2
(2020)

令和
元
(2019)

平成
30
(2018)

平成
29
(2017)

平成
28
(2016)

平成
27
(2015)

平成
26
(2014)

平成
25
(2013)

平成
24
(2012)

平成
23
(2011)

平成
22
(2010)

平成
21
(2009)

平成
20
(2008)

電 力 平成26年度（2014年度）

A 問 題 （配点は1問題当たり5点）

問1 　出題分野＜水力発電＞ 難易度 ★★☆ 重要度 ★★★

　次の文章は，水車の調速機の機能と構造に関する記述である。

　水車の調速機は，発電機を系統に並列するまでの間においては水車の回転速度を制御し，発電機が系統に並列した後は ［ （ア） ］ を調整し，また，事故時には回転速度の異常な ［ （イ） ］ を防止する装置である。調速機は回転速度などを検出し，規定値との偏差などから演算部で必要な制御信号を作って，パイロットバルブや配圧弁を介してサーボモータを動かし，ペルトン水車においては ［ （ウ） ］，フランシス水車においては ［ （エ） ］ の開度を調整する。

　上記の記述中の空白箇所（ア），（イ），（ウ）及び（エ）に当てはまる組合せとして，正しいものを次の（1）～（5）のうちから一つ選べ。

	（ア）	（イ）	（ウ）	（エ）
（1）	出　力	上　昇	ニードル弁	ガイドベーン
（2）	電　圧	上　昇	ニードル弁	ランナベーン
（3）	出　力	下　降	デフレクタ	ガイドベーン
（4）	電　圧	下　降	デフレクタ	ランナベーン
（5）	出　力	上　昇	ニードル弁	ランナベーン

問2 　出題分野＜汽力発電＞ 難易度 ★☆☆ 重要度 ★★☆

　図に示す汽力発電所の熱サイクルにおいて，各過程に関する記述として誤っているものを次の（1）～（5）のうちから一つ選べ。

（1）　A→B：給水が給水ポンプによりボイラ圧力まで高められる断熱膨張の過程である。

（2）　B→C：給水がボイラ内で熱を受けて飽和蒸気になる等圧受熱の過程である。

（3）　C→D：飽和蒸気がボイラの過熱器により過熱蒸気になる等圧受熱の過程である。

（4）　D→E：過熱蒸気が蒸気タービンに入り復水器内の圧力まで断熱膨張する過程である。

（5）　E→A：蒸気が復水器内で海水などにより冷やされ凝縮した水となる等圧放熱の過程である。

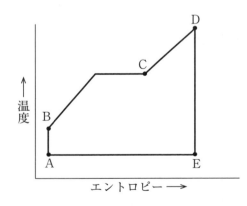

問 1 の解答　　出題項目＜水車関係＞　　　　　　答え　（1）

　水車の調速機は，水車に流入する水量を調整して水車の回転速度および出力を調整するため，制御目標値との偏差を検出し，自動的にガイドベーン開度またはニードル弁開度を調整する。発電機を系統に並列するまでは，目標周波数となる回転速度を目指してガイドベーンまたはニードル弁で流量を制御し，自動同期装置などの信号により調速制御を行う。系統の周波数と一致させて系統に並列した後は，**出力**や周波数の調整を行うとともに，事故等で負荷が急激に減少したり，発電機が解列した場合には，異常な回転速度の**上昇**を検出

し，直ちにガイドベーンまたはニードル弁を急閉して水車発電機の異常な速度上昇を防止する。

　操作方式には，圧油操作方式，電動操作方式および圧油と電動を組み合わせたハイブリッド操作方式がある。調速機は，回転速度などを検出し，規定値との偏差などから演算部で必要な制御信号を作り，パイロットバルブや配圧弁を介してサーボモータを動かし，ペルトン水車などの衝動水車は**ニードル弁**を動かしてノズルの断面積を変え，フランシス水車などの反動水車は**ガイドベーン**の開度を調整して水車への流入水量を調整する。

問 2 の解答　　出題項目＜熱サイクル・熱効率＞　　　　答え　（1）

（1）　誤。復水器で冷却された給水（飽和水）を給水ポンプで加圧してボイラに供給する過程で，**断熱圧縮**である。なお，断熱圧縮の過程で温度上昇を大きく示しているが，実際はごくわずかであり，ほぼ飽和水線に重なって上昇する。

（2）　正。給水がボイラで飽和水の状態から飽和温度まで加熱され（等圧受熱），飽和水となった給水をボイラでさらに加熱することで乾き飽和蒸気とする（等温等圧変化）過程で，等圧受熱である。

（3）　正。飽和蒸気をボイラ出口にある過熱器で過熱して過熱蒸気にする過程で，等圧受熱である。

（4）　正。過熱蒸気を蒸気タービンで復水器内の圧力まで膨張させて仕事に変換する過程で，断熱膨張である。

（5）　正。蒸気タービンで仕事をした排気を復水器で海水などにより冷却して飽和水に戻す過程で，等温等圧放熱である。

解 説　••••••••••••••••••••••••••

　汽力発電所の熱サイクルは，**図 2-1**（ a ）に示すような系統を循環し，この $T\text{-}s$ 線図は図 2-1（ b ）のように表される。

　断熱変化は，外部と熱の出入りをしないで気体の状態を変化させることで，等エントロピー変化と言い換えることもできる。

　身近な例として，圧縮発火器という装置では，

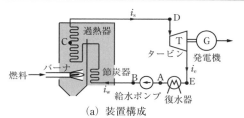

（a）　装置構成

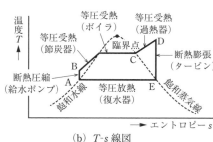

（b）　$T\text{-}s$ 線図

図 2-1　ランキンサイクル

ピストンを急激に押し込んで気体を圧縮すると，内部の気体が高温になり中の紙片が燃えだす。熱の出入りが行われずに圧縮するので，これを断熱圧縮という。ディーゼルエンジンでは，断熱圧縮により燃えにくい気体を高温にし，爆発させて動力を取り出している。

　一方，スプレー缶から手に気体を噴射すると冷たく感じる。スプレー缶では，熱の出入りを行う前に気体が急激に膨張し，これを断熱膨張という。

令和4 (2022)
令和3 (2021)
令和2 (2020)
令和元 (2019)
平成30 (2018)
平成29 (2017)
平成28 (2016)
平成27 (2015)
平成26 (2014)
平成25 (2013)
平成24 (2012)
平成23 (2011)
平成22 (2010)
平成21 (2009)
平成20 (2008)

問3　出題分野＜汽力発電＞　　難易度 ★★★　重要度 ★★★

次の文章は，コンバインドサイクル発電の高効率化に関する記述である。

コンバインドサイクル発電の出力増大や熱効率向上を図るためにはガスタービンの高効率化が重要である。

高効率化の方法には，ガスタービンの入口ガス温度を　(ア)　することや空気圧縮機の出口と入口の　(イ)　比を増加させることなどがある。このためには，燃焼器やタービン翼などに用いられる　(ウ)　材料の開発や部品の冷却技術の向上が重要であり，同時に　(エ)　の低減が必要となる。

上記の記述中の空白箇所(ア)，(イ)，(ウ)及び(エ)に当てはまる組合せとして，正しいものを次の(1)～(5)のうちから一つ選べ。

	(ア)	(イ)	(ウ)	(エ)
(1)	高 く	温 度	耐 熱	窒素酸化物
(2)	高 く	圧 力	触 媒	窒素酸化物
(3)	低 く	圧 力	耐 熱	ばいじん
(4)	低 く	温 度	触 媒	ばいじん
(5)	高 く	圧 力	耐 熱	窒素酸化物

問4　出題分野＜原子力発電＞　　難易度 ★★★　重要度 ★★★

原子力発電に関する記述として，誤っているものを次の(1)～(5)のうちから一つ選べ。

(1)　現在，核分裂によって原子エネルギーを取り出せる物質は，原子量の大きなウラン(U)，トリウム(Th)，プルトニウム(Pu)であり，ウランとプルトニウムは自然界にも十分に存在している。

(2)　原子核を陽子と中性子に分解させるには，エネルギーを外部から加える必要がある。このエネルギーを結合エネルギーと呼ぶ。

(3)　原子核に何らかの外力が加えられて，他の原子核に変換される現象を核反応と呼ぶ。

(4)　ウラン $^{235}_{92}U$ を 1 g 核分裂させたとき，発生するエネルギーは，石炭数トンの発熱量に相当する。

(5)　ウランに熱中性子を衝突させると，核分裂を起こすが，その際放出する高速中性子の一部が減速して熱中性子になり，この熱中性子が他の原子核に分裂を起こさせ，これを繰り返すことで，連続的な分裂が行われる。この現象を連鎖反応と呼ぶ。

令和
4
(2022)

令和
3
(2021)

令和
2
(2020)

令和
元
(2019)

平成
30
(2018)

平成
29
(2017)

平成
28
(2016)

平成
27
(2015)

平成
26
(2014)

平成
25
(2013)

平成
24
(2012)

平成
23
(2011)

平成
22
(2010)

平成
21
(2009)

平成
20
(2008)

問3の解答　出題項目＜熱サイクル・熱効率，コンバインドサイクル＞　答え　（5）

コンバインドサイクル発電は，ガスタービンと蒸気タービンを組み合わせた発電方式で，図3-1に示すように，ガスタービンの排気ガスを排熱回収ボイラに導きその熱で給水を加熱し，蒸気タービンを駆動する排熱回収方式が主流となっている。

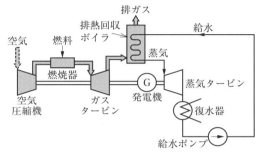

図3-1　排熱回収形コンバインドサイクル発電

コンバインドサイクル発電の主体をなすガスタービン発電の T-s 線図は図3-2のようになり，熱効率を向上させるためにはより多くのエネルギーを取り出す必要があるため，B点を上に上げる（空気圧縮機の出口と入口の**圧力比**を増加する）とともに，C点も上に上げる（ガスタービン入口ガス温度を**高く**する）ことでABCDの面積が大き

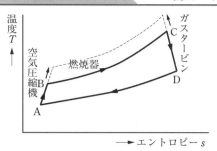

図3-2　ガスタービンの T-s 線図

くなり出力が増加し，熱効率の向上につながる。

ガスタービン入口ガス温度を上昇させるためには燃焼温度を**高く**する必要があり，そのためには高温に耐える燃焼器やタービン翼などに用いられる**耐熱材料**の開発と，タービン翼の温度上昇を抑えるための冷却技術の向上が必要となる。しかしながら，従来技術の延長でガスタービン入口ガス温度を上昇させると，燃焼温度の上昇に伴って**窒素酸化物**（NO_x）が増加するとともに，ガスタービン各部への冷却空気の増加が必要となり，効率の向上が望めないなどの問題が生じる。

そのため，高性能冷却翼の開発，動静翼用耐熱材料の開発，などの技術開発が行われた。

問4の解答　出題項目＜核分裂エネルギー＞　答え　（1）

（1）誤。核分裂によりエネルギーを取り出せる物質にはウラン，トリウム，プルトニウムがあるが，このうち自然界に存在するのは**ウラン**だけであり，プルトニウムは ^{238}U に中性子を吸収させて人工的にできる元素である。

（2）正。陽子と中性子が結合した原子核の質量は，陽子と中性子の個々の質量の和よりも軽くなっており，これは陽子と中性子が結合して原子核を構成するときに一部のエネルギーが外部へ放出され，その分だけ質量が減少して安定な状態になるためで，この質量の差を質量欠損といい，この放出されるエネルギーを結合エネルギーという。

（3）正。^{235}U の原子核に中性子が吸収されると原子核は安定を失って核分裂するように他の

原子核に変換される現象を核反応という。

（4）正。核分裂反応前後の原子の質量差を質量欠損といい，^{235}U が1回核分裂すると約 0.09 ％ の質量欠損が生じて約 200 MeV のエネルギーが放出される。^{235}U を1g核分裂させたときに発生する核分裂エネルギーは石炭 3～4 トン，重油 2 000 リットルの発熱量に相当する。

（5）正。^{235}U の原子核に中性子が吸収されると原子核は安定を失って核分裂し，熱エネルギーが発生するとともに2～3個の高速中性子が発生する。この新しく発生した高速中性子の一部は減速材で減速されて熱中性子になり，別の ^{235}U を核分裂させる。このように核分裂が次々に起こることを連鎖反応という。

| 問 5 | 出題分野＜その他＞ | 難易度 ★★★ | 重要度 ★★★ |

二次電池に関する記述として，誤っているものを次の（1）～（5）のうちから一つ選べ。

（1） リチウムイオン電池，NAS 電池，ニッケル水素電池は，繰り返し充放電ができる二次電池として知られている。

（2） 二次電池の充電法として，整流器を介して負荷に電力を常時供給しながら二次電池への充電を行う浮動充電方式がある。

（3） 二次電池を活用した無停電電源システムは，商用電源が停電したとき，瞬時に二次電池から負荷に電力を供給する。

（4） 風力発電や太陽光発電などの出力変動を抑制するために，二次電池が利用されることもある。

（5） 鉛蓄電池の充電方式として，一般的に，整流器の定格電圧で回復充電を行い，その後，定電流で満充電状態になるまで充電する。

| 問 6 | 出題分野＜変電＞ | 難易度 ★★★ | 重要度 ★★★ |

1 バンクの定格容量 25 MV·A の三相変圧器を 3 バンク有する配電用変電所がある。変圧器 1 バンクが故障した時に長時間の停電なしに故障発生前と同じ電力を供給したい。

この検討に当たっては，変圧器故障時には，他の変電所に故障発生前の負荷の 10 ％を直ちに切り換えることができるとともに，残りの健全な変圧器は，定格容量の 125 ％まで過負荷することができるものとする。

力率は常に 95 ％（遅れ）で変化しないものとしたとき，故障発生前の変電所の最大総負荷の値［MW］として，最も近いものを次の（1）～（5）のうちから一つ選べ。

（1） 32.9 　　（2） 53.4 　　（3） 65.9 　　（4） 80.1 　　（5） 98.9

問 5 の解答　　出題項目＜二次電池＞　　答え　（5）

（1）　正。充電ができない一次電池に対して，電気エネルギーを取り出す化学反応が進行した後，外部から電気エネルギーを投入して反応を逆に進行させて元に戻すことができ，充放電を繰り返して反復使用ができる電池を二次電池または蓄電池という。充電・放電のたびに活物質は物性が全く異なる別の物質に変化するため，これが元に戻ることが必要である。主な実用二次電池には，鉛蓄電池，ニッケルカドミウム電池（ニカド電池），ニッケル水素電池，リチウムイオン電池，ナトリウム硫黄（NAS）電池がある。

（2）　正。負荷と電池が並列に接続された状態を浮動といい，定格電圧の整流電源と浮動の接続状態で，負荷に電力を供給しながら蓄電池の自己放電量を補充するため二次電池への充電を行う方法を浮動充電方式という。通常の使用状態ではこの浮動充電が行われている。

（3）　正。鉛蓄電池やアルカリ蓄電池を活用した無停電電源システムは，商用電源が停電したときのバックアップ電源として適用され，瞬時に二次電池から負荷に電力が供給される。

（4）　正。風力発電や太陽光発電などの発電出力は気象条件に左右され，絶えず出力が変動する。この変動を抑制するため二次電池を並列に接続し，出力が大きいときは充電，小さいときは放電することで出力を平均化できる。

（5）　誤。浮動充電を長期間続けると，各電池の電圧にばらつきが出てくるため，定期的に均等充電を行う必要がある。鉛蓄電池の充電は，**最初に定電流で均等充電**を行い，電池電圧が回復してきた時点で定電圧充電に切り替える。最初から定電圧で充電すると電池電圧が低いため大きな充電電流が流れ，整流器や電池にダメージを与える。

解説

図 5-1 に電池の分類を，図 5-2 に浮動充電方式の装置構成を示す。

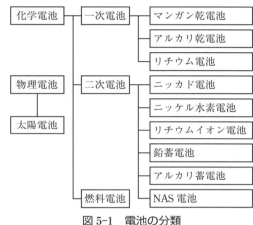

図 5-1　電池の分類

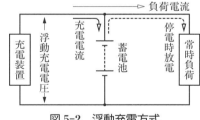

図 5-2　浮動充電方式

問 6 の解答　　出題項目＜変圧器＞　　答え　（3）

故障発生前の変電所の最大総負荷を P_m[MW]，力率を $\cos\theta$ とすると，変圧器にかかっている容量は，$P_\mathrm{m}/\cos\theta$[MV·A] である。

故障発生時には，このうちの 10 ％ を他の変電所に切り換えるため，故障発生時に変圧器にかかる容量は，

$$(1-0.1)\times\frac{P_\mathrm{m}}{\cos\theta}=\frac{0.9}{0.95}P_\mathrm{m}[\mathrm{MV\cdot A}]　　　①$$

さらに，残りの健全な 2 バンクの変圧器は 125 ％ まで過負荷することができるため，供給可能な容量は，

$$1.25\times2\times25=62.5[\mathrm{MV\cdot A}]　　　②$$

①式と②式を等しいとおいて，最大総負荷 P_m を求めると，

$$\frac{0.9}{0.95}P_\mathrm{m}=62.5$$

$$\therefore\ P_\mathrm{m}=\frac{0.95}{0.9}\times62.5\fallingdotseq65.972[\mathrm{MW}]$$

$$\rightarrow\quad 65.9\ \mathrm{MW}$$

問7　出題分野＜配電＞　難易度 ★★★　重要度 ★★★

こう長2kmの三相3線式配電線路が，遅れ力率85％の平衡三相負荷に電力を供給している。負荷の端子電圧を6.6kVに保ったまま，線路の電圧降下率が5.0％を超えないようにするための負荷電力の最大値[kW]として，最も近いものを次の(1)～(5)のうちから一つ選べ。

ただし，1km1線当たりの抵抗は0.45Ω，リアクタンスは0.25Ωとし，その他の条件は無いものとする。なお，本問では送電端電圧と受電端電圧との相差角が小さいとして得られる近似式を用いて解答すること。

(1) 1023　　(2) 1799　　(3) 2117　　(4) 3117　　(5) 3600

問8　出題分野＜送電＞　難易度 ★★★　重要度 ★★★

架空送電線路の雷害対策に関する記述として，誤っているものを次の(1)～(5)のうちから一つ選べ。

(1) 直撃雷から架空送電線を遮へいする効果を大きくするためには，架空地線の遮へい角を小さくする。

(2) 送電用避雷装置は雷撃時に発生するアークホーン間電圧を抑制できるので，雷による事故を抑制できる。

(3) 架空地線を多条化することで，架空地線と電力線間の結合率が増加し，鉄塔雷撃時に発生するアークホーン間電圧が抑制できるので，逆フラッシオーバの発生が抑制できる。

(4) 二回線送電線路で，両回線の絶縁に格差を設け，二回線にまたがる事故を抑制する方法を不平衡絶縁方式という。

(5) 鉄塔塔脚の接地抵抗を低減させることで，電力線への雷撃に伴う逆フラッシオーバの発生を抑制できる。

令和4 (2022)
令和3 (2021)
令和2 (2020)
令和元 (2019)
平成30 (2018)
平成29 (2017)
平成28 (2016)
平成27 (2015)
平成26 (2014)
平成25 (2013)
平成24 (2012)
平成23 (2011)
平成22 (2010)
平成21 (2009)
平成20 (2008)

問7の解答　出題項目＜電圧降下＞　　答え　(2)

受電端電圧を V，線路電流を I，力率を $\cos\theta$ とすると，三相負荷電力 P より，

$$P=\sqrt{3}\,VI\cos\theta$$

$$\therefore\ I=\frac{P}{\sqrt{3}\,V\cos\theta}\qquad ①$$

1線当たりの抵抗を $r[\Omega]$，1線当たりのリアクタンスを $x[\Omega]$ とすると，三相3線式配電線の電圧降下 v は，

$$v=\sqrt{3}\,I(r\cos\theta+x\sin\theta)[\mathrm{V}]\qquad ②$$

①式を②式に代入すると，

$$v=\sqrt{3}\,\frac{P}{\sqrt{3}\,V\cos\theta}(r\cos\theta+x\sin\theta)$$

$$=\frac{P}{V}\left(r+x\frac{\sin\theta}{\cos\theta}\right)[\mathrm{V}]$$

電圧降下率 ε は，

$$\varepsilon=\frac{v}{V}\times100=\frac{\dfrac{P}{V}\left(r+x\dfrac{\sin\theta}{\cos\theta}\right)}{V}\times100$$

$$=\frac{P}{V^2}\left(r+x\frac{\sin\theta}{\cos\theta}\right)\times100[\%]$$

これが 5.0 % を超えないようにするためには，

$$5.0>\frac{P}{(6.6\times10^3)^2}$$

$$\times\left(0.45\times2+0.25\times2\times\frac{\sqrt{1-0.85^2}}{0.85}\right)\times100$$

$$P<\frac{5.0\times(6.6\times10^3)^2}{\left(0.45\times2+0.25\times2\times\dfrac{\sqrt{1-0.85^2}}{0.85}\right)\times100}$$

$$\fallingdotseq1\,800\times10^3[\mathrm{W}]$$

$$=1\,800[\mathrm{kW}]\quad\rightarrow\quad1\,799\ \mathrm{kW}$$

問8の解答　出題項目＜雷害対策＞　　答え　(5)

（1）正。架空地線は，雷の架空電線への直撃雷を防止するため，架空電線を遮へいするために設置される。また，誘導雷の大きさを低減する効果のほか，電線との相互誘導作用により電磁誘導障害を軽減する効果もある。線路に直角な断面において，架空地線と最上部の送電線とを結ぶ直線と，架空地線から下ろした鉛直線との間の角度 θ を遮へい角といい，この角度が小さいほど効果が大きい。

（2）正。電力線と鉄塔間に送電用避雷装置を取り付けることにより，鉄塔への雷撃時に鉄塔腕金部の電位が上昇しても避雷装置が動作し，過電圧が抑制されるため，アークホーン間でのフラッシオーバを防止できる。

（3）正。架空地線を多条化することで架空地線と電力線間の結合率が増加し，鉄塔雷撃時に発生するアークホーン間電圧を抑制でき，逆フラッシオーバの発生を抑制できる。鉄塔雷撃時に雷サージ電流は鉄塔接地を経由して大地に放電される。この電流により鉄塔電位が上昇し，この電位はサージ電圧となって架空地線に伝搬する。すると，電力線にはこのサージ電圧を打ち消す方向の電圧が発生するため，結合率が高いほどアークホーン間電圧を抑制することができる。

（4）正。2回線送電線で両回線が同時に故障することを防止するため，二つの回線の絶縁強度に差を設ける方法を不平衡絶縁方式といい，雷撃時に低絶縁側の回線をフラッシオーバさせ，高絶縁側回線のフラッシオーバを防止する。

（5）誤。鉄塔頂部または径間の架空地線に電撃を受けると，そのときの電撃電流と塔脚接地抵抗（鉄塔の接地抵抗）または鉄塔インピーダンスとの積で決まる瞬間的鉄塔電位上昇が発生する。電撃電流がきわめて大きい場合，あるいは塔脚接地抵抗が大きい場合には，架空地線と電線間またはがいし装置のアークホーン間でフラッシオーバを生じ，**接地側（鉄塔や架空地線）から電力線に向かって雷電圧が侵入することを逆フラッシオーバ**という。電力線への直撃雷による異常電圧上昇によって生じるフラッシオーバを正フラッシオーバとすると，接地側の電位上昇によるフラッシオーバは逆になるので，**逆フラッシオーバ**と呼んでいる。

問9　出題分野＜送電＞　　　　難易度 ★★★　重要度 ★★★

　架空送電線路におけるコロナ放電及びそれに関わる障害に関する記述として，誤っているものを次の(1)～(5)のうちから一つ選べ。

(1)　電線表面電界がある値を超えると，コロナ放電が発生する。

(2)　コロナ放電が発生すると，電線や取り付け金具で腐食が生じることがある。

(3)　単導体方式は，多導体方式に比べてコロナ放電の発生を抑制できる。

(4)　コロナ放電が発生すると，電気エネルギーの一部が音，光，熱などに変換され，コロナ損という電力損失が生じる。

(5)　コロナ放電が発生すると，架空送電線近傍で誘導障害や受信障害が生じることがある。

問10　出題分野＜地中送電＞　　　　難易度 ★★★　重要度 ★★★

　次の文章は，地中送電線の布設方式に関する記述である。

　地中ケーブルの布設方式は，直接埋設式，　(ア)　，　(イ)　などがある。直接埋設式は　(ア)　や　(イ)　と比較すると，工事費が　(ウ)　なる特徴がある。

　(ア)　や　(イ)　は我が国では主流の布設方式であり，直接埋設式と比較するとケーブルの引き替えが容易である。　(ア)　は　(イ)　と比較するとケーブルの熱放散が一般に良好で，　(エ)　を高くとれる特徴がある。　(イ)　ではケーブルの接続を一般に　(オ)　で行うことから，布設設計や工事の自由度に制約が生じる場合がある。

　上記の記述中の空白箇所(ア)，(イ)，(ウ)，(エ)及び(オ)に当てはまる組合せとして，正しいものを次の(1)～(5)のうちから一つ選べ。

	(ア)	(イ)	(ウ)	(エ)	(オ)
(1)	暗きょ式	管路式	高 く	送電電圧	地上開削部
(2)	管路式	暗きょ式	安 く	許容電流	マンホール
(3)	管路式	暗きょ式	高 く	送電電圧	マンホール
(4)	暗きょ式	管路式	安 く	許容電流	マンホール
(5)	暗きょ式	管路式	高 く	許容電流	地上開削部

問 9 の解答　出題項目＜コロナ＞　　答え（3）

（1）正。送電電圧が高くなり，導体表面の電位の傾きが大きくなると，導体に接する空気の絶縁が局部的に破壊され，コロナ放電が発生し，ジージーという低い音や薄白い光を発生する。空気の絶縁耐力が破壊される電位の傾きは，標準状態(0 ℃，1 013 hPa)で約 30 kV/cm である。

（2）正。コロナ放電が発生すると，放電箇所の温度は局部的に上昇し，空気中の窒素により硝酸が生じ，電線や取り付け金具の腐食を進行させる。

（3）誤。**単導体方式**は電線表面の電位の傾きが大きいため**コロナ放電が生じやすいが**，**多導体方式**は電線表面の電位傾度が低下し，コロナ臨界電圧が 15〜20 ％ 上昇するため，**コロナが発生しにくくなる**。

（4）正。コロナ放電が発生すると，電気エネルギーの一部が音，光，熱などに変換されて電力損失が生じる。この損失をコロナ損という。晴天時のコロナ損はほとんど問題にならないが，雨天時におけるコロナ騒音は，主として導体下部にできる水滴部分からの放電によるものである。

（5）正。コロナ放電が発生すると，架空送電線近傍で通信線への誘導障害やラジオの受信障害が生じることがある。これは，コロナ放電で漏れた電力の一部が種々の周波数の電波となって放出され，コロナノイズとなってラジオやテレビの雑音になる。

なお，コロナ放電は送電線路の異常電圧進行波の波高値を減衰させる利点もある。

問 10 の解答　出題項目＜布設方式＞　　答え（4）

地中送電線の布設方式には，直接埋設式，**暗きょ式**，**管路式**が一般的に用いられている。

直接埋設式は，地面を溝状に掘り，コンクリートトラフなどの防護物内にケーブルを布設する方法で，埋設条数の少ない本線部分や引込線部分に用いられる。他の方式と比較して工事費が**安く**，工事期間が短い利点がある。最近は，事故復旧の迅速化の面から利用されることが少なくなっている。

管路式は，あらかじめ管路およびマンホールをつくっておき，ケーブルをマンホールから管路に引き入れ，**マンホール**内でケーブル相互を接続する方式である。数孔から十数孔のダクトをもったコンクリート管路の中にケーブルを布設する方法で，ケーブル条数の多い幹線などに用いられる。直接埋設式と比較してケーブル外傷事故の危険性が少なく，ケーブルの増設や撤去に便利であるが，他の方式と比較して熱放散が悪く，ケーブル条数が増加するとそれぞれのケーブルからの放熱によって送電容量が減少する欠点がある。

暗きょ式は，地中にコンクリート製の暗きょ(洞道)を構築し，その中に金具などでケーブルを支持する方法で，発変電所の引出し口等で多条数を布設する場合に用いられる。電力，電話，ガス，上下水道などを一括して収納する共同溝も暗きょ式に含まれる。管路式と比較してケーブルの熱放散が良く，**許容電流**を高くとれるという利点がある。また，他の方式と比較してケーブルの保守点検作業が容易であり，多条数の布設に適しているという利点があるが，反面工事費が多大であり，工事期間が長いという欠点がある。

▶ **解説**

布設方式の概略図を**図 10-1**に示す。

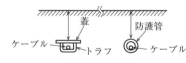

（a）直接埋設式

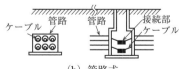

（b）管路式

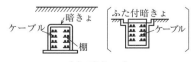

（c）暗きょ式

図 10-1　地中送配電線の布設方式

問 11　出題分野＜配電＞

難易度 ★★★　重要度 ★★★

次の文章は，配電線路の接地方式や一線地絡事故が発生した場合の現象に関する記述である。

a.　高圧配電線路は多くの場合，配電用変電所の変圧器二次側の　(ア)　から3線で引き出され，　(イ)　が採用されている。

b.　この方式では，一般に一線地絡事故時の地絡電流は　(ウ)　程度のほか，高低圧線の混触事故の低圧側対地電圧上昇を容易に抑制でき，地絡事故中の　(エ)　もほとんど問題にならない。

上記の記述中の空白箇所(ア)，(イ)，(ウ)及び(エ)に当てはまる組合せとして，正しいものを次の(1)～(5)のうちから一つ選べ。

	(ア)	(イ)	(ウ)	(エ)
(1)	Δ 結線	直接接地方式	数百～数千アンペア	健全相電圧上昇
(2)	Δ 結線	非接地方式	数～数十アンペア	通信障害
(3)	Y 結線	直接接地方式	数～数十アンペア	通信障害
(4)	Δ 結線	非接地方式	数百～数千アンペア	健全相電圧上昇
(5)	Y 結線	直接接地方式	数百～数千アンペア	健全相電圧上昇

問 12　出題分野＜配電＞

難易度 ★★★　重要度 ★★★

図のように，2台の単相変圧器による電灯動力共用の三相4線式低圧配電線に，平衡三相負荷 45 kW（遅れ力率角 30°）1個及び単相負荷 10 kW（力率＝1）2個が接続されている。これに供給するための共用変圧器及び専用変圧器の容量の値[kV·A]は，それぞれいくら以上でなければならないか。値の組合せとして，正しいものを次の(1)～(5)のうちから一つ選べ。

ただし，相回転は a′-c′-b′ とする。

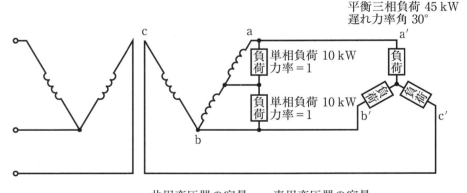

	共用変圧器の容量	専用変圧器の容量
(1)	20	30
(2)	30	20
(3)	40	20
(4)	20	40
(5)	50	30

問 11 の解答　出題項目＜中性点接地方式＞　　答え（2）

わが国の高圧配電線路は多くの場合，配電用変電所の変圧器二次側の **Δ 結線** から３線で引き出される **非接地方式** の三相３線式が採用されている。

常時の対地電圧は，Y 結線１相の電圧（＝ 線間電圧/$\sqrt{3}$）であるが，１線地絡事故が発生すると，健全な他の２線の対地電圧は線間電圧まで上昇（事故前の対地電圧の $\sqrt{3}$ 倍）する。

高圧配電線路に非接地方式が採用される理由は，１線地絡事故時には健全相の対地電圧が $\sqrt{3}$ 倍の線間電圧まで上昇するが，１線地絡事故時の

地絡電流は，接地用変圧器の制限抵抗と高圧配電線路の対地静電容量により決まるが，**数～数十アンペア** 程度と小さいほか，低圧線との混触事故が起こった場合の低圧側対地電圧上昇を容易に抑制でき，地絡事故中の通信線への誘導障害（**通信障害**）がいずれも小さいという利点があるためである。

ただし，１線地絡事故時の健全相の対地電圧が高くなるので，系統絶縁レベルは高くとらなければならない。

問 12 の解答　出題項目＜電気方式＞　　答え（5）

三相負荷の相電圧を $\dot{V}_a$，$\dot{V}_b$，$\dot{V}_c$，各線間電圧 $\dot{V}_{ab}$，$\dot{V}_{bc}$，$\dot{V}_{ca}$ とすると，相回転が a，c，b であるからベクトル図を描くと **図 12-1** のようになる。単相負荷の電流 $\dot{I}_1$ のベクトルは，力率が１であるから $\dot{V}_{ab}$ と同相となり，三相負荷の電流 $\dot{I}_a$，$\dot{I}_b$，$\dot{I}_c$ は，三相負荷の力率が $\pi/6$［rad］遅れであるから，相電圧 $\dot{V}_a$，$\dot{V}_b$，$\dot{V}_c$ よりそれぞれ $\pi/6$［rad］遅れたベクトルとなり，a 相の電流 $\dot{I}_a$ は $\dot{V}_a$ より $\pi/6$［rad］遅れた $\dot{V}_{ab}$ と同相のベクトルとなる。

単相負荷電力 P_1 と三相負荷電力 P_3 は，線間電圧を V，三相負荷の力率を $\cos\theta_3$ とすると，

$$2P_1 = VI_1 \text{［W］}, \quad P_3 = \sqrt{3}\,VI_a\cos\theta_3 \text{［W］}$$

各電流 I_1，I_a は，

$$I_1 = \frac{2P_1}{V}\text{［A］}, \quad I_a = \frac{P_3}{\sqrt{3}\,V\cos\theta_3}\text{［A］}$$

共用変圧器に流れる電流は，単相負荷の電流 $\dot{I}_1$ と相負荷の a 相の電流 $\dot{I}_a$ の和であり，図 12-1（b）より両者は同相なので代数和となるから，共用変圧器の容量 P_{ab} は，

$$P_{ab} = (I_1 + I_a)V = \left(\frac{2P_1}{V} + \frac{P_3}{\sqrt{3}\,V\cos\theta_3}\right)V$$

$$= \left(2P_1 + \frac{P_3}{\sqrt{3}\cos\theta_3}\right) = \left(2\times10 + \frac{45}{\sqrt{3}\cos30°}\right)$$

$$= \left(2\times10 + \frac{45}{\sqrt{3}\times\sqrt{3}/2}\right) = 50\text{［kV・A］}$$

専用変圧器の容量 P_{bc} は，流れる電流が三相負

荷の線電流 $\dot{I}_c$ なので，

$$P_{bc} = I_c V = \frac{P_3}{\sqrt{3}\,V\cos\theta_3}V$$

$$= \frac{P_3}{\sqrt{3}\cos\theta_3} = \frac{45}{\sqrt{3}\cos30°}$$

$$= \frac{45}{\sqrt{3}\times\dfrac{\sqrt{3}}{2}} = 30\text{［kV・A］}$$

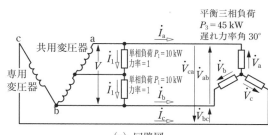

（a）回路図

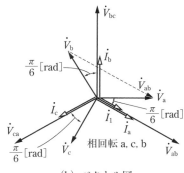

（b）ベクトル図

図 12-1　電灯動力共用方式

令和
4
(2022)

令和
3
(2021)

令和
2
(2020)

令和元
(2019)

平成
30
(2018)

平成
29
(2017)

平成
28
(2016)

平成
27
(2015)

平成
26
(2014)

平成
25
(2013)

平成
24
(2012)

平成
23
(2011)

平成
22
(2010)

平成
21
(2009)

平成
20
(2008)

| 問 13 | 出題分野＜配電＞ | 難易度 ★★★ | 重要度 ★★★ |

　高圧架空配電系統を構成する機材とその特徴に関する記述として，誤っているものを次の（1）～（5）のうちから一つ選べ。

（1）　柱上変圧器は，鉄心に低損失材料の方向性けい素鋼板やアモルファス材を使用したものが実用化されている。

（2）　鋼板組立柱は，山間部や狭あい場所など搬入困難な場所などに使用されている。

（3）　電線は，一般に銅又はアルミが使用され，感電死傷事故防止の観点から，原則として絶縁電線である。

（4）　避雷器は，特性要素を内蔵した構造が一般的で，保護対象機器にできるだけ接近して取り付けると有効である。

（5）　区分開閉器は，一般に気中形，真空形があり，主に事故電流の遮断に使用されている。

| 問 14 | 出題分野＜電気材料＞ | 難易度 ★★★ | 重要度 ★★★ |

　六ふっ化硫黄（SF_6）ガスに関する記述として，誤っているものを次の（1）～（5）のうちから一つ選べ。

（1）　アークの消弧能力は，空気よりも優れている。

（2）　無色，無臭であるが，化学的な安定性に欠ける。

（3）　地球温暖化に及ぼす影響は，同じ質量の二酸化炭素と比較してはるかに大きい。

（4）　ガス遮断器やガス絶縁変圧器の絶縁媒体として利用される。

（5）　絶縁破壊電圧は，同じ圧力の空気と比較すると高い。

問 13 の解答　　出題項目＜配電系統構成機材＞　　　　　答え　（5）

（1）　正。柱上変圧器の鉄心は，方向性けい素鋼帯による巻鉄心で内鉄形のカットコアが一般的に用いられているが，最近になって低損失材料として高品質な方向性けい素鋼板を使用した低ロス形変圧器も使用されている。また，いっそうの低損失材料化を図るため，鉄損が従来の方向性けい素鋼板の約 1/3 であるアモルファス磁性材料を使用した変圧器も実用化されている。

（2）　正。鋼板組立柱は，パンザマストとも呼ばれ，運搬が容易であるという利点を活用し，鋼板を管状にした部材を現地で適当本数組み立てて支持物とする。

（3）　正。高圧架空配電線の電線は，硬銅線またはアルミ線が使用され，建築現場や樹木伐採などにおける作業員の感電事故防止のため，図 13-1 に示すような絶縁電線が使用されている。

（4）　正。避雷器は，図 13-2 に示すように，非直線性の抵抗体が特性要素として内蔵された構造のものが一般的で，印加される電圧が一定値を超えると大きな電流が流れて電圧を抑制する。避雷器の保護範囲は 50～100 m であるため，保護対象機器にできるだけ接近して取り付けると有効である。

（5）　誤。区分開閉器は柱上開閉器ともいい，高圧配電線路の事故時または作業時に，その部分だけ区分切り離し用として用いる。負荷電流の開閉しかできず，短絡電流などの**事故電流は遮断できない**。従来油入形が主体であったが，内部短絡事故時の噴油による死傷事故を防止するため，絶縁油を使用する開閉器の架空電線路の支持物への施設は禁止されており，気中形（図 13-3）と真空形が一般的に用いられている。

図 13-1
高圧絶縁電線

図 13-2　ギャップレス避雷器

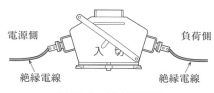

図 13-3　気中開閉器

問 14 の解答　　出題項目＜絶縁材料＞　　　　　答え　（2）

（1）　正。アークの消弧能力は，空気の 100 倍程度に達する。強い電気的負性（電子を付着して負イオンになる性質）をもつため，絶縁耐力は電界依存度が高く，電極表面の微小突起や導電性粒子，電極の形状，絶縁物表面の水分の凝結などの影響を受けやすい。

（2）　誤。無色，無臭，無毒，不燃性であり，**化学的に安定**した不活性な気体である。また，500℃までは分解しない極めて安定した気体である。

（3）　正。SF_6 ガス中に水分があるとこれらの生成物と反応して絶縁物や金属を劣化させる原因

となり，また，SF_6 ガスの地球温暖化に及ぼす影響は，同じ質量の二酸化炭素と比較して約 20 000 倍の温室効果があるため，機器の点検時には SF_6 ガスの回収を確実に行うなどの対策が必要である。

（4）　正。最も実用性の高い優れた絶縁材料で，0.1～0.6 MPa に圧縮してガス絶縁開閉装置（GIS），ガス絶縁変圧器，管路気中送電路，ガス遮断器などの絶縁媒体や消弧媒体として広く用いられている。

（5）　正。絶縁破壊電圧は，同じ圧力の空気と比較すると 2～3 倍で，0.3～0.4 MPa に圧縮された SF_6 ガスは絶縁油に相当する。

令和4(2022)　令和3(2021)　令和2(2020)　令和元(2019)　平成30(2018)　平成29(2017)　平成28(2016)　平成27(2015)　平成26(2014)　平成25(2013)　平成24(2012)　平成23(2011)　平成22(2010)　平成21(2009)　平成20(2008)

B 問　題　（配点は 1 問題当たり（a）5 点，（b）5 点，計 10 点）

問 15　出題分野＜水力発電＞　　　　　難易度 ★☆★　重要度 ★★★

　ペルトン水車を 1 台もつ水力発電所がある。図に示すように，水車の中心線上に位置する鉄管の A 点において圧力 p[Pa]と流速 v[m/s]を測ったところ，それぞれ 3 000 kPa，5.3 m/s の値を得た。また，この A 点の鉄管断面は内径 1.2 m の円である。次の（a）及び（b）の問に答えよ。

　ただし，A 点における全水頭 H[m]は位置水頭，圧力水頭，速度水頭の総和として $h+\dfrac{p}{\rho g}+\dfrac{v^2}{2g}$ より計算できるが，位置水頭 h は A 点が水車中心線上に位置することから無視できるものとする。また，重力加速度は $g=9.8$ m/s^2，水の密度は $\rho=1\,000$ kg/m^3 とする。

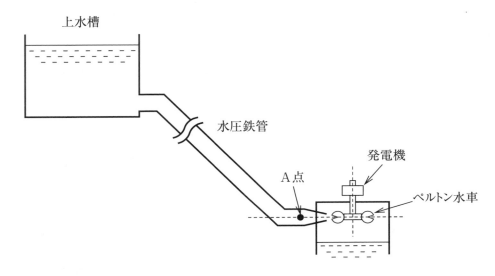

（a）　ペルトン水車の流量の値[m³/s]として，最も近いものを次の（1）～（5）のうちから一つ選べ。
　　（1）　3　　　（2）　4　　　（3）　5　　　（4）　6　　　（5）　7

（b）　水車出力の値[kW]として，最も近いものを次の（1）～（5）のうちから一つ選べ。
　　ただし，A 点から水車までの水路損失は無視できるものとし，また水車効率は 88.5 % とする。
　　（1）　13 000　　　（2）　14 000　　　（3）　15 000　　　（4）　16 000　　　（5）　17 000

問 15（a）の解答　出題項目＜水車関係＞　　　答え　（4）

水圧鉄管の内径を d[m] とすると，断面積 S は，

$$S = \frac{\pi}{4} d^2 [\text{m}^2]$$

よって，流速を v[m/s] とすると，流量 Q は，

$$Q = Sv = \frac{\pi}{4} d^2 v = \frac{\pi}{4} \times 1.2^2 \times 5.3$$

$$\fallingdotseq 5.994[\text{m}^3/\text{s}] \quad \rightarrow \quad 6\,\text{m}^3/\text{s}$$

問 15（b）の解答　出題項目＜出力関係＞　　　答え　（4）

題意より位置水頭を無視すると，A 点における全水頭 H は，

$$H = \frac{p}{\rho g} + \frac{v^2}{2g} = \frac{3\,000 \times 10^3}{1\,000 \times 9.8} + \frac{5.3^2}{2 \times 9.8}$$

$$\fallingdotseq 307.6[\text{m}]$$

有効落差は全水頭から損失水頭を引いたものであるが，水路損失は無視できるため，有効落差 H[m] は A 点における全水頭に等しく，図 15-1 に示すように，流量を Q[m³/s]，水車効率を η_t とすると，水車出力 P_T は，

$$P_\text{T} = 9.8 Q H \eta_\text{t}$$

$$= 9.8 \times 5.994 \times 307.6 \times 0.885$$

$$\fallingdotseq 15\,991[\text{kW}] \quad \rightarrow \quad 16\,000\,\text{kW}$$

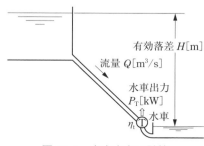

図 15-1　水車出力の計算

解説

粘性，圧縮性，摩擦がなく，外力として重力だけが作用する理想流体が管路の中を流れているものと仮定すると，図 15-2 に示すように，A, B 2 点それぞれのエネルギーは，位置・圧力・運動エネルギーの和であり，管路でエネルギーの損失がないものとすれば，エネルギー保存の法則よりその値は等しくなる。すなわち，

$$mgh_1 + \frac{mp_1}{\rho} + \frac{1}{2}mv_1^2 = mgh_2 + \frac{mp_2}{\rho} + \frac{1}{2}mv_2^2$$

となり，両辺を mg で割ると，

$$h_1 + \frac{p_1}{\rho g} + \frac{v_1^2}{2g} = h_2 + \frac{p_2}{\rho g} + \frac{v_2^2}{2g}$$

となる。このことは，管路中のどの点においても同様のことがいえることから，次式のように表すことができる。

$$h + \frac{p}{\rho g} + \frac{v^2}{2g} = H[\text{m}]（一定）$$

これをベルヌーイの定理という。

h：位置水頭[m]（基準面からの高さ）

$\dfrac{p}{\rho g}$：圧力水頭[m]（p：水の圧力[Pa]，ρ：水の密度 $1\,000\,\text{kg/m}^3$）

$\dfrac{v^2}{2g}$：速度水頭[m]（v：水の速度[m/s]，g：重力加速度 $9.8\,\text{m/s}^2$）

H：全水頭[m]（基準面から水槽の水面までの高さ（総落差））

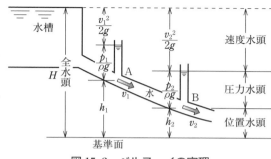

図 15-2　ベルヌーイの定理

ベルヌーイの定理に関する問題は，過去に出題も多い。

令和
4
(2022)

令和
3
(2021)

令和
2
(2020)

令和
元
(2019)

平成
30
(2018)

平成
29
(2017)

平成
28
(2016)

平成
27
(2015)

平成
26
(2014)

平成
25
(2013)

平成
24
(2012)

平成
23
(2011)

平成
22
(2010)

平成
21
(2009)

平成
20
(2008)

問 16 出題分野＜送電＞　　　難易度 ★★★　重要度 ★★★

　図に示すように，中性点をリアクトル L を介して接地している公称電圧 66 kV の系統があるとき，次の（a）及び（b）の問に答えよ。なお，図中の C は，送電線の対地静電容量に相当する等価キャパシタを示す。また，図に表示されていない電気定数は無視する。

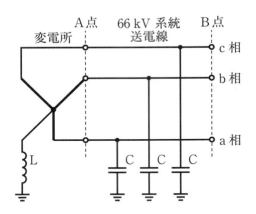

（a）　送電線の線路定数を測定するために，図中の A 点で変電所と送電線を切り離し，A 点で送電線の 3 線を一括して，これと大地間に公称電圧の相電圧相当の電圧を加えて充電すると，一括した線に流れる全充電電流は 115 A であった。このとき，この送電線の 1 相当たりのアドミタンスの大きさ[mS]として，最も近いものを次の（1）〜（5）のうちから一つ選べ。

（1）　0.58　　　（2）　1.0　　　（3）　1.7　　　（4）　3.0　　　（5）　9.1

（b）　図中の B 点の a 相で 1 線地絡事故が発生したとき，地絡点を流れる電流を零とするために必要なリアクトル L のインピーダンスの大きさ[Ω]として，最も近いものを次の（1）〜（5）のうちから一つ選べ。

　　　ただし，送電線の電気定数は，（a）で求めた値を用いるものとする。

（1）　111　　　（2）　196　　　（3）　333　　　（4）　575　　　（5）　1 000

問16（a）の解答　出題項目＜アドミタンス＞　　　答え　（2）

送電線を3線一括して大地間に相電圧 E[V] を印加したときの等価回路を描くと，**図 16-1** のようになるため，全充電電流 I_c は，

$$I_\mathrm{c} = \frac{E}{\dfrac{1}{3\omega C}} = 3\omega CE$$

1相当たりのアドミタンスを Y[S]，線間電圧を V[V] とすると，アドミタンス Y は，

$$Y = \omega C = \frac{I_\mathrm{c}}{3E} = \frac{I_\mathrm{c}}{3\dfrac{V}{\sqrt{3}}} = \frac{I_\mathrm{c}}{\sqrt{3}\,V}$$

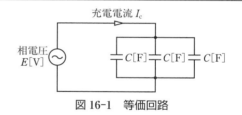

図 16-1　等価回路

$$= \frac{115}{\sqrt{3} \times 66 \times 10^3}$$

$$\fallingdotseq 1.006 \times 10^{-3}[\mathrm{S}] = 1.006[\mathrm{mS}] \quad \rightarrow \quad 1.0\ \mathrm{mS}$$

問16（b）の解答　出題項目＜中性点接地方式＞　　　答え　（3）

1線地絡事故時に地絡点を流れる電流を零とするためには，送電線の対地静電容量と等しいリアクトルを中性点に挿入して並列共振させるとよい。

つまり，リアクトル L のインピーダンス X_L [Ω] は，

$$X_\mathrm{L} = \frac{1}{3\omega C} = \frac{1}{3Y} = \frac{1}{3 \times 1.006 \times 10^{-3}}$$

$$\fallingdotseq 331.3[\Omega] \quad \rightarrow \quad 333\ \Omega$$

解説　

送電線の B 点で地絡抵抗 R_g の1線地絡事故が発生したときの様相は**図 16-2** のようになり，鳳・テブナンの定理を適用して等価回路を描くと**図 16-3** のようになる。

等価回路より1線地絡電流 $\dot{I}_\mathrm{g}$ は，

$$\dot{I}_\mathrm{g} = \frac{\dot{E}_\mathrm{a}}{R_\mathrm{g} + \dfrac{\mathrm{j}\omega L \times \dfrac{1}{\mathrm{j}\omega 3C}}{\mathrm{j}\omega L + \dfrac{1}{\mathrm{j}\omega 3C}}}$$

$$= \frac{\dot{E}_\mathrm{a}\left(\mathrm{j}\omega L + \dfrac{1}{\mathrm{j}3\omega C}\right)}{R_\mathrm{g}\left(\mathrm{j}\omega L + \dfrac{1}{\mathrm{j}3\omega C}\right) + \mathrm{j}\omega L \times \dfrac{1}{\mathrm{j}3\omega C}}$$

$$= \frac{\mathrm{j}\left(\omega L - \dfrac{1}{3\omega C}\right)}{\dfrac{L}{3C} + \mathrm{j}R_\mathrm{g}\left(\omega L - \dfrac{1}{3\omega C}\right)}\dot{E}_\mathrm{a}$$

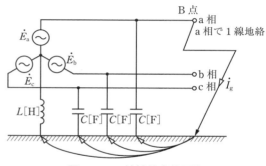

図 16-2　1線地絡事故回路

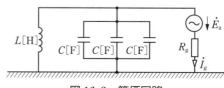

図 16-3　等価回路

1線地絡電流 $\dot{I}_\mathrm{g}$ を零とするためには，上式の分子が0となればよいので，

$$\omega L - \frac{1}{3\omega C} = 0$$

$$\therefore\ X_\mathrm{L} = \omega L = \frac{1}{3\omega C}$$

Point 共振の条件 $\left(\omega L = \dfrac{1}{\omega C}\right)$ は覚えておくことが望ましい。ただし，3相回路の場合は各線の静電容量を3倍して $3C$ とすることに注意する必要がある。

令和
4
(2022)

令和
3
(2021)

令和
2
(2020)

令和
元
(2019)

平成
30
(2018)

平成
29
(2017)

平成
28
(2016)

平成
27
(2015)

平成
26
(2014)

平成
25
(2013)

平成
24
(2012)

平成
23
(2011)

平成
22
(2010)

平成
21
(2009)

平成
20
(2008)

問 17 出題分野＜汽力発電＞ 難易度 ★★★ 重要度 ★★★

定格出力 200 MW の石炭火力発電所がある。石炭の発熱量は 28 000 kJ/kg，定格出力時の発電端熱効率は 36 % で，計算を簡単にするため潜熱の影響は無視するものとして，次の（a）及び（b）の問に答えよ。

ただし，石炭の化学成分は重量比で炭素 70 %，水素他 30 %，炭素の原子量を 12，酸素の原子量を 16 とし，炭素の酸化反応は次のとおりである。

$$C + O_2 \rightarrow CO_2$$

（a） 定格出力にて 1 日運転したときに消費する燃料重量の値[t]として，最も近いものを次の（1）～（5）のうちから一つ選べ。

（1） 222 　　（2） 410 　　（3） 1 062 　　（4） 1 714 　　（5） 2 366

（b） 定格出力にて 1 日運転したときに発生する二酸化炭素の重量の値[t]として，最も近いものを次の（1）～（5）のうちから一つ選べ。

（1） 327 　　（2） 1 052 　　（3） 4 399 　　（4） 5 342 　　（5） 6 285

問 17 （a）の解答　出題項目＜LNG・石炭・石油火力，熱サイクル・熱効率＞　答え　（4）

発電所の定格出力を P_G[kW] とすると，1 時間当たりの発電電力量 W は，

$$W = 1[\text{h}] \times P_G \times 10^3 = P_G \times 10^3 [\text{kW·h/h}]$$

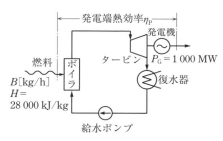

図 17-1　汽力発電所

図 **17-1** に示すように，1 時間当たりの燃料消費量を B[kg/h]，石炭の発熱量を H[kJ/kg] とすると，1 時間にボイラに供給される石炭の総発熱量 Q は，

$$Q = BH [\text{kJ/h}]$$

電力量 [kW·h] と熱量 [kJ] の関係は，

$$1\,\text{kW·h} = 3\,600\,\text{kJ}$$

であり，発電端熱効率 η_P は，次式のように表される。

$$\eta_P = \frac{\text{発電機で発生した電気出力（熱量換算値）}}{\text{ボイラに供給した燃料の発熱量}}$$

$$= \frac{3\,600\,W}{Q} = \frac{3\,600 \times P_G \times 10^3}{BH}$$

1 時間当たりの重油消費量 B は，上式を変形すると次のように求められる。

$$B = \frac{3\,600 \times P_G \times 10^3}{H\eta_P}$$

よって，1 日 24 時間運転したときに消費する燃料重量 $24B$ は，

$$24B = 24 \times \frac{3\,600 \times P_G \times 10^3}{H\eta_P}$$

$$= 24 \times \frac{3\,600 \times 200 \times 10^3}{28\,000 \times 0.36}$$

$$\fallingdotseq 1\,714 \times 10^3 [\text{kg}] = 1\,714 [\text{t}]$$

Point 電力量 [kW·h] と熱量 [kJ] の換算は，1 W·s＝1 J の関係より，

$$1[\text{kW·h}] \times 3\,600[\text{s/h}] = 3\,600[\text{kW·s}]$$
$$= 3\,600[\text{kJ}]$$

問 17 （b）の解答　出題項目＜LNG・石炭・石油火力＞　答え　（3）

二酸化炭素は，燃料中の炭素が燃焼した場合に発生し，化学反応式より炭素 C 1 原子 1 kmol，質量（原子量または分子量に [kg] の単位をつけたもの）12 kg が燃焼すると，二酸化炭素 CO_2 は 1 分子 1 kmol，質量 $(12 + 2 \times 16)$ kg 発生する。

題意より，重油の化学成分は炭素 70 % であるから，1 kg の重油中の炭素が燃焼したとき発生する二酸化炭素の量 m は，

$$m = 0.70 \times \frac{12 + 2 \times 16}{12} = \frac{30.8}{12} [\text{kg/kg}]$$

したがって，1 日運転したときに発生する二酸化炭素の重量 M は，

$$M = 24Bm = 1\,714 \times 10^3 \times \frac{30.8}{12}$$

$$\fallingdotseq 4\,399 \times 10^3 [\text{kg}] = 4\,399 [\text{t}]$$

【**別解**】　重油の化学成分は炭素 70 % であるから，1 日に消費する石炭のうち炭素分の重量 M_c は，

$$M_c = 0.70 \times 24B$$

化学反応式より炭素 C 1 原子 1 kmol，質量 12 kg が燃焼すると，二酸化炭素 CO_2 は 1 分子 1 kmol，質量 $(12 + 2 \times 16)$ kg 発生するから，重油中の炭素が燃焼したとき発生する二酸化炭素の量 M は，

$$M = M_c \times \frac{12 + 2 \times 16}{12}$$

$$= 0.70 \times 24B \times \frac{12 + 2 \times 16}{12}$$

$$= 0.70 \times 1\,714 \times 10^3 \times \frac{12 + 2 \times 16}{12}$$

$$\fallingdotseq 4\,399 \times 10^3 [\text{kg}] = 4\,399 [\text{t}]$$

令和4 (2022)
令和3 (2021)
令和2 (2020)
令和元 (2019)
平成30 (2018)
平成29 (2017)
平成28 (2016)
平成27 (2015)
平成26 (2014)
平成25 (2013)
平成24 (2012)
平成23 (2011)
平成22 (2010)
平成21 (2009)
平成20 (2008)

電力 平成25年度(2013年度)

問1 出題分野＜水力発電＞ 難易度 ★★★ 重要度 ★★★

次の文章は，水力発電に用いる水車に関する記述である。

水をノズルから噴出させ，水の位置エネルギーを運動エネルギーに変えた流水をランナに作用させる構造の水車を (ア) 水車と呼び，代表的なものに (イ) 水車がある。また，水の位置エネルギーを圧力エネルギーとして，流水をランナに作用させる構造の代表的な水車に (ウ) 水車がある。さらに，流水がランナを軸方向に通過する (エ) 水車もある。近年の地球温暖化防止策として，農業用水・上下水道・工業用水など少水量と低落差での発電が注目されており，代表的なものに (オ) 水車がある。

上記の記述中の空白箇所(ア)，(イ)，(ウ)，(エ)及び(オ)に当てはまる組合せとして，正しいものを次の(1)〜(5)のうちから一つ選べ。

	(ア)	(イ)	(ウ)	(エ)	(オ)
(1)	反　動	ペルトン	プロペラ	フランシス	クロスフロー
(2)	衝　動	フランシス	カプラン	クロスフロー	ポンプ
(3)	反　動	斜　流	フランシス	ポンプ	プロペラ
(4)	衝　動	ペルトン	フランシス	プロペラ	クロスフロー
(5)	斜　流	カプラン	クロスフロー	プロペラ	フランシス

令和4(2022)
令和3(2021)
令和2(2020)
令和元(2019)
平成30(2018)
平成29(2017)
平成28(2016)
平成27(2015)
平成26(2014)
平成25(2013)
平成24(2012)
平成23(2011)
平成22(2010)
平成21(2009)
平成20(2008)

問1の解答　出題項目＜水車関係＞　　　　答え　（4）

水力発電に用いる水車は，水のもつエネルギーの利用方法によって，**衝動水車**と**反動水車**に大別される。

衝動水車は，水の位置エネルギーを運動エネルギーに変えた流水をランナに作用させるもので，代表的なものに**図1-2**（a）に示す**ペルトン水車**がある。

反動水車は，水の位置エネルギーを圧力エネルギーに変えた流水をランナに作用させるもので，フランシス水車，斜流水車，プロペラ水車などがあり，なかでも図1-2（b）に示す**フランシス水車**が代表的である。

図1-2（c）に示すように，ランナがプロペラ状の構造になっており，水流が軸方向に通過するも

のを**プロペラ水車**といい，ランナ羽根の角度を変えることができるものをカプラン水車という。

クロスフロー水車は，衝動水車と反動水車の両特性を合わせ持ったような水車で，図1-2（d）に示すようにランナが円筒形をしており，水はランナの外周から中へ入り，再びランナの外周へ出るようになっている。数千kW以下の小容量であるが，中落差〜低落差に幅広く適用できる。また，構造が簡単でメンテナンスが容易であること，流量変化に対して高い効率を維持できる特徴があることから，農業用水・上下水道・工業用水などの少水量と低落差での発電に利用されている。

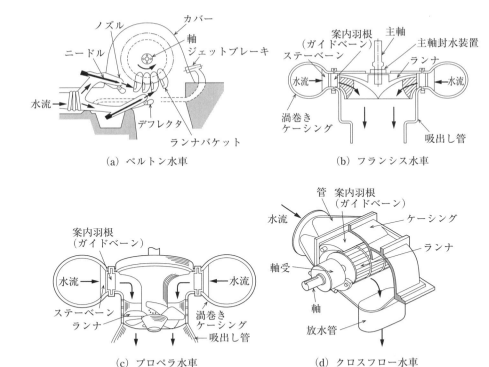

（a）ペルトン水車　　　　　　　（b）フランシス水車

（c）プロペラ水車　　　　　　　（d）クロスフロー水車

図1-2　水車の種類

問2　出題分野＜汽力発電＞ 難易度 ★★★　重要度 ★★★

　排熱回収方式のコンバインドサイクル発電所において，コンバインドサイクル発電の熱効率が48[%]，ガスタービン発電の排気が保有する熱量に対する蒸気タービン発電の熱効率が20[%]であった。

　ガスタービン発電の熱効率[%]の値として，最も近いものを次の(1)～(5)のうちから一つ選べ。

　ただし，ガスタービン発電の排気はすべて蒸気タービン発電に供給されるものとする。

（1）　23　　　　（2）　27　　　　（3）　28　　　　（4）　35　　　　（5）　38

問3　出題分野＜汽力発電＞ 難易度 ★★☆　重要度 ★★★

　汽力発電所における蒸気の作用及び機能や用途による蒸気タービンの分類に関する記述として，誤っているものを次の(1)～(5)のうちから一つ選べ。

（1）　復水タービンは，タービンの排気を復水器で復水させて高真空とすることにより，タービンに流入した蒸気をごく低圧まで膨張させるタービンである。

（2）　背圧タービンは，タービンで仕事をした蒸気を復水器に導かず，工場用蒸気及び必要箇所に送気するタービンである。

（3）　反動タービンは，固定羽根で蒸気圧力を上昇させ，蒸気が回転羽根に衝突する力と回転羽根から排気するときの力を利用して回転させるタービンである。

（4）　衝動タービンは，蒸気が回転羽根に衝突するときに生じる力によって回転させるタービンである。

（5）　再生タービンは，ボイラ給水を加熱するため，タービン中間段から一部の蒸気を取り出すようにしたタービンである。

令和
4
(2022)

令和
3
(2021)

令和
2
(2020)

令和
元
(2019)

平成
30
(2018)

平成
29
(2017)

平成
28
(2016)

平成
27
(2015)

平成
26
(2014)

平成
25
(2013)

平成
24
(2012)

平成
23
(2011)

平成
22
(2010)

平成
21
(2009)

平成
20
(2008)

問2の解答　　出題項目＜熱サイクル・熱効率，コンバインドサイクル＞　　答え　(4)

図 2-1 に示すように，ガスタービンの入熱量を Q_g，ガスタービンの排気の保有する熱量（＝蒸気タービンの入熱量）を Q_s，ガスタービンの出力を P_g，蒸気タービンの出力を P_s とすると，コンバインドサイクル発電全体の熱効率 η_c は，

$$\eta_c = \frac{P_g + P_s}{Q_g} = \frac{P_g}{Q_g} + \frac{P_s}{Q_g}$$

$$= \frac{P_g}{Q_g} + \frac{Q_s}{Q_g}\frac{P_s}{Q_s} \qquad ①$$

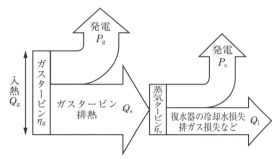

図 2-1　排熱回収形コンバインドサイクル発電の熱ダイヤグラム

ガスタービンの排気が保有する熱量 Q_s は，

$$Q_s = Q_g - P_g \qquad ②$$

①式に②式を代入すると，

$$\eta_c = \frac{P_g}{Q_g} + \frac{Q_g - P_g}{Q_g}\frac{P_s}{Q_s}$$

$$= \frac{P_g}{Q_g} + \left(1 - \frac{P_g}{Q_g}\right)\frac{P_s}{Q_s} \qquad ③$$

ガスタービン発電の熱効率を η_g，蒸気タービン発電の熱効率を η_s とすると，

$$\eta_g = \frac{P_g}{Q_g}, \quad \eta_s = \frac{P_s}{Q_s} \qquad ④$$

と表されるから，③式に④式を代入すると η_c は，

$$\eta_c = \eta_g + (1 - \eta_g)\eta_s$$

これをガスタービン発電の熱効率 η_g について解いて，題意の数値を代入すると，

$$\eta_c = \eta_g + \eta_s - \eta_g \eta_s$$

$$\eta_c - \eta_s = \eta_g - \eta_g \eta_s = \eta_g(1 - \eta_s)$$

$$\therefore \eta_g = \frac{\eta_c - \eta_s}{1 - \eta_s} = \frac{0.48 - 0.2}{1 - 0.2} = 0.35 \rightarrow 35\,\%$$

問3の解答　　出題項目＜タービン関係＞　　答え　(3)

（1）　正。復水タービンは，図 3-1 に示すように，タービン排気を復水器で凝縮させることによって高真空を得て，タービンに流入した蒸気を真空まで膨張させるタービンである。

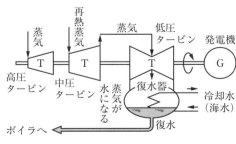

図 3-1　復水タービン

（2）　正。背圧タービンは，タービン排気を復水器に導かずに，工場用蒸気や必要な箇所に送気して蒸気を利用するタービンである。排気は大気圧以上である。

（3）　誤。反動タービンは，固定羽根（静翼）と回転羽根（動翼）を交互に配置したもので，**固定羽根で蒸気圧力を降下させて蒸気速度を上げ**，回転羽根に生じる衝動力と回転羽根で圧力を降下させることによって生じた反動力とによってタービンを回転させる。主に低圧蒸気用で，反動力の割合を 50 ％ 以上とする。

（4）　正。衝動タービンは，蒸気が回転羽根（動翼）に衝突するときに生じる衝動力によってタービン羽根を回転させるタービンである。

（5）　正。再生タービンは，タービンで膨張途中の蒸気を抽気し，その蒸気でボイラ給水を加熱することで復水器で冷却水に奪われる熱量を削減させて熱サイクル効率を向上させる。

問4 出題分野＜原子力発電＞ 難易度 ★★★ 重要度 ★★★

　原子力発電に用いられる軽水炉には，加圧水型(PWR)と沸騰水型(BWR)がある。この軽水炉に関する記述として，誤っているものを次の(1)～(5)のうちから一つ選べ。

（1）　軽水炉では，低濃縮ウランを燃料として使用し，冷却材や減速材に軽水を使用する。

（2）　加圧水型では，構造上，一次冷却材を沸騰させない。また，原子炉の反応度を調整するために，ホウ酸を冷却材に溶かして利用する。

（3）　加圧水型では，高温高圧の一次冷却材を炉心から送り出し，蒸気発生器の二次側で蒸気を発生してタービンに導くので，原則的に炉心の冷却材がタービンに直接入ることはない。

（4）　沸騰水型では，炉心で発生した蒸気と蒸気発生器で発生した蒸気を混合して，タービンに送る。

（5）　沸騰水型では，冷却材の蒸気がタービンに入るので，タービンの放射線防護が必要である。

問5 出題分野＜自然エネルギー＞ 難易度 ★★★ 重要度 ★★★

　次の文章は，太陽光発電に関する記述である。

　現在広く用いられている太陽電池の変換効率は太陽電池の種類により異なるが，およそ　(ア)　[%]である。太陽光発電を導入する際には，その地域の年間　(イ)　を予想することが必要である。また，太陽電池を設置する　(ウ)　や傾斜によって　(イ)　が変わるので，これらを確認する必要がある。さらに，太陽電池で発電した直流電力を交流電力に変換するためには，電気事業者の配電線に連系して悪影響を及ぼさないための保護装置などを内蔵した　(エ)　が必要である。

　上記の記述中の空白箇所(ア)，(イ)，(ウ)及び(エ)に当てはまる組合せとして，最も適切なものを次の(1)～(5)のうちから一つ選べ。

	(ア)	(イ)	(ウ)	(エ)
(1)	7～20	平均気温	影	コンバータ
(2)	7～20	発電電力量	方　位	パワーコンディショナ
(3)	20～30	発電電力量	強　度	インバータ
(4)	15～40	平均気温	面　積	インバータ
(5)	30～40	日照時間	方　位	パワーコンディショナ

問4の解答　出題項目＜PWRとBWR＞　　　答え　（4）

（1）　正。軽水炉は，${}^{235}\mathrm{U}$ の割合を 3～5％ 高めた低濃縮ウランを燃料とし，冷却材と減速材に軽水を使用している。

（2）　正。加圧水型は，**図 4-1** に示すように，冷却材系統が 2 つに分かれており，一次冷却材は炉心で沸騰しないように加圧器で加圧されている。原子炉の出力（反応度）の調整は，原子炉の起動・停止などの大きい調整は制御棒を抜き差しして行うが，ゆっくりとした出力調整はボロン（ホウ素）濃度を変化させて行う。

（3）　正。加圧水型は，原子炉で加熱された一次冷却材は蒸気発生器で二次冷却材に熱を伝えた後，一次冷却材ポンプで炉心に送り込まれる。一

方，蒸気発生器で加熱された二次冷却材は飽和蒸気となってタービンへ送られる。よって，放射性物質を含む一次冷却材がタービンへ送られない。

（4）　誤。沸騰水型は，**図 4-2** に示すように，冷却材が炉心で沸騰し，**発生した蒸気は気水分離器で水と分離されて直接タービンに送られ**，水は再循環ポンプによって再び炉心へ循環される。よって，**蒸気発生器は加圧水型にしかない設備**である。

（5）　正。沸騰水型は，冷却材が沸騰して発生した放射性物質を含む蒸気がタービンに送られるため，タービン側でも放射線防護対策が必要である。

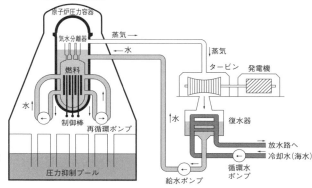

図 4-1　加圧水型軽水炉　　　　　図 4-2　沸騰水型軽水炉

問5の解答　出題項目＜太陽光発電＞　　　答え　（2）

太陽電池は，太陽光を p 形・n 形半導体の接合部に当てて，太陽光のもつエネルギーを電気エネルギーに変換するものである。入射した光のエネルギーの電気エネルギーへの変換効率は，現在の技術ではおよそ **20％以下** である。

太陽電池は日射状況によって発電電力量が大きく変動するので，その設置に際しては，その地域の年間**発電電力量**を予想することが必要である。太陽電池を設置する**方位**や傾斜，周囲の状況によって**発電電力量**が変わるので，これらを確認しなければならない。

太陽電池は日射により発電するが，電気エネルギーとして外部に取り出さないと太陽光エネル

ギーは熱に変わってしまい活用できない。また，発電電力は日射量に従い刻々と変化するため，電力を効率よく取り出し有効活用する機能が要求される。さらに，電気事業者の配電線と連系するには発生した直流電力を交流電力に変換する必要があるため，**パワーコンディショナ**が利用される。

パワーコンディショナの主要な機能は次のとおりである。

①　太陽電池の発電電力を無駄なく取り出す。

②　太陽電池で発電した直流電力を交流電力に変換する。

③　系統の状況に協調して電力を送り出す。

④　系統の異常を検出して発電を停止する。

問6　　出題分野＜変電＞　　　難易度 ★★★　重要度 ★★★

変圧器の結線方式として用いられる Y-Y-Δ 結線に関する記述として，誤っているものを次の（1）〜（5）のうちから一つ選べ。

（1）　高電圧大容量変電所の主変圧器の結線として広く用いられている。

（2）　一次若しくは二次の巻線の中性点を接地することができない。

（3）　一次−二次間の位相変位がないため，一次−二次間を同位相とする必要がある場合に用いる。

（4）　Δ 結線がないと，誘導起電力は励磁電流による第三調波成分を含むひずみ波形となる。

（5）　Δ 結線は，三次回路として用いられ，調相設備の接続用，又は，所内電源用として使用することができる。

問7　　出題分野＜変電＞　　　難易度 ★★★　重要度 ★★★

次の文章は，真空遮断器の構造や特徴に関する記述である。

真空遮断器の開閉電極は，　（ア）　内に密閉され，電極を開閉する操作機構，可動電極が動作しても真空を保つ　（イ）　，回路と接続する導体などで構成されている。

電路を開放した際に発生するアーク生成物は，真空中に拡散するが，その後，絶縁筒内部に付着することで，その濃度が下がる。

真空遮断器は，空気遮断器と比べると動作時の騒音が　（ウ）　，機器は小形軽量である。また，真空遮断器は，ガス遮断器と比べると電圧が　（エ）　系統に広く使われている。

上記の記述中の空白箇所（ア），（イ），（ウ）及び（エ）に当てはまる組合せとして，正しいものを次の（1）〜（5）のうちから一つ選べ。

	（ア）	（イ）	（ウ）	（エ）
（1）	真空バルブ	ベローズ	小さく	高　い
（2）	パッファシリンダ	ベローズ	大きく	高　い
（3）	真空バルブ	ベローズ	小さく	低　い
（4）	パッファシリンダ	ブッシング変流器	小さく	高　い
（5）	真空バルブ	ブッシング変流器	大きく	低　い

問 6 の解答　出題項目＜変圧器＞　　　　　　　　　答え　（2）

（1）　正。Y-Y-Δ 結線は，図 6-1 に示すように，一次，二次を Y 結線とし，三次を Δ 結線とした方式で，高電圧大容量変電所の主変圧器の結線として広く用いられている。

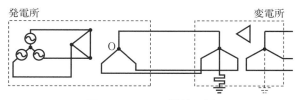

図 6-1　Y-Y-Δ 結線の例

（2）　誤。一次と二次の巻線が Y 結線であるため**中性点を接地**することができ，異常電圧発生の低減や段絶縁が可能になるため，系統に接続する高電圧機器の設計に有利となる。

（3）　正。一次と二次の巻線が同じ Y 結線であるため一次-二次間で位相の差（位相変位）がない。このため，一次-二次間を同位相にする必要がある場合に用いられる。

（4）　正。Δ 巻線のない Y-Y 結線の一番の問題点としては，変圧器の励磁電流に含まれる第三高調波が流れる回路がないため誘導起電力が第三調波成分を含むひずみ波形となり，正弦波電圧を誘起できなくなることである。その対策として Δ 結線の三次巻線を設け，第三高調波を Δ 結線三次巻線に環流させることにより電圧のひずみがなくなり，正弦波電圧を誘起することができる。

（5）　正。Δ 結線は三次回路として用いられ，調相設備の接続や所内電源の供給に利用される。端子を外部に出す必要のないものは，Δ 巻線を変圧器内に内蔵し，安定巻線とする。

解説

Y-Y-Δ 結線は，中性点を接地することによって異常電圧の低減，段絶縁の採用などができるとともに，一次と二次間で位相差がないという特徴がある。また，三次巻線を設けることによって，次に示すような利点がある。

①　第三調波を環流させ，各相電圧を正弦波にする。

②　1 線地絡故障時の零相電流を循環させる零相回路をつくる。

③　調相設備や所内負荷などの回路に必要な低電圧を供給できる。

問 7 の解答　出題項目＜開閉装置＞　　　　　　　　　答え　（3）

真空遮断器は，遮断部が高真空封じ切りの容器内に収納されており，この高真空中での高い絶縁性とアークの遮断性を利用して消弧するものである。

真空バルブの構造は，図 7-1 に示すように，開閉電極は**真空バルブ内に密閉**され，電極を開閉する操作機構，可動電極が動作しても真空を保つ**ベローズ**，回路と接続する導体などで構成されている。アークの消弧が高真空中の電子および粒子の拡散によって行われるので，ほかの消弧原理の遮断器に比べて優れた遮断性能を有しており，空気遮断器と比べると動作時の**騒音が小さく**，機器は小形軽量で，火災の危険がないという特徴がある。

電力用交流遮断器は 66 kV 以上の系統ではガス遮断器が，それ以下の**電圧が低い系統**では真空遮断器が主流になっている。

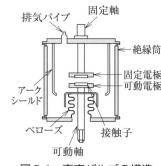

図 7-1　真空バルブの構造

令和4 (2022)
令和3 (2021)
令和2 (2020)
令和元 (2019)
平成30 (2018)
平成29 (2017)
平成28 (2016)
平成27 (2015)
平成26 (2014)
平成25 (2013)
平成24 (2012)
平成23 (2011)
平成22 (2010)
平成21 (2009)
平成20 (2008)

問 8 出題分野＜送電＞ 難易度 ★★☆ 重要度 ★★★

架空送電線路の構成要素に関する記述として，誤っているものを次の（1）～（5）のうちから一つ選べ。

（1） 鋼心アルミより線（ACSR）：中心に亜鉛メッキ鋼より線を配置し，その周囲に硬アルミ線を同心円状により合わせた電線。

（2） アーマロッド ：クランプ部における電線の振動疲労防止対策及び溶断防止対策として用いられる装置。

（3） ダンパ ：微風振動に起因する電線の疲労，損傷を防止する目的で設置される装置。

（4） スペーサ ：多導体方式において，負荷電流による電磁吸引力や強風などによる電線相互の接近・衝突を防止するために用いられる装置。

（5） 懸垂がいし ：電圧階級に応じて複数個を連結して使用するもので，棒状の絶縁物の両側に連結用金具を接着した装置。

問 9 出題分野＜配電＞ 難易度 ★★☆ 重要度 ★★★

図のように，架線の水平張力 $T[\mathrm{N}]$ を支線と追支線で，支持物と支線柱を介して受けている。支持物の固定点 C の高さを $h_1[\mathrm{m}]$，支線柱の固定点 D の高さを $h_2[\mathrm{m}]$ とする。また，支持物と支線柱間の距離 AB を $l_1[\mathrm{m}]$，支線柱と追支線地上固定点 E との根開き BE を $l_2[\mathrm{m}]$ とする。

支持物及び支線柱が受ける水平方向の力は，それぞれ平衡しているという条件で，追支線にかかる張力 $T_2[\mathrm{N}]$ を表した式として，正しいものを次の（1）～（5）のうちから一つ選べ。

ただし，支線，追支線の自重及び提示していない条件は無視する。

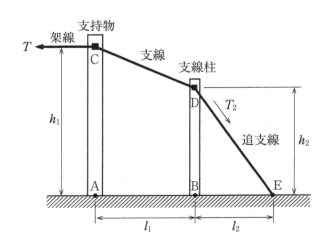

（1） $\dfrac{T\sqrt{h_2{}^2+l_2{}^2}}{l_2}$ （2） $\dfrac{Tl_2}{\sqrt{h_2{}^2+l_2{}^2}}$ （3） $\dfrac{T\sqrt{h_2{}^2+l_2{}^2}}{\sqrt{(h_1-h_2)^2+l_1{}^2}}$

（4） $\dfrac{T\sqrt{(h_1-h_2)^2+l_1{}^2}}{\sqrt{h_2{}^2+l_2{}^2}}$ （5） $\dfrac{Th_2\sqrt{(h_1-h_2)^2+l_1{}^2}}{(h_1-h_2)\sqrt{h_2{}^2+l_2{}^2}}$

令和4 (2022)
令和3 (2021)
令和2 (2020)
令和元 (2019)
平成30 (2018)
平成29 (2017)
平成28 (2016)
平成27 (2015)
平成26 (2014)
平成25 (2013)
平成24 (2012)
平成23 (2011)
平成22 (2010)
平成21 (2009)
平成20 (2008)

問8の解答　出題項目＜架空送電線，電線の振動＞　　答え（5）

（1）　正。鋼心アルミより線（ACSR）は，中心に引張強さの大きい亜鉛メッキ鋼より線を使用し，その周囲に比較的導電率の良い硬アルミより線を同心円状により合わせたもので，機械的強度を鋼心にもたせ，導電部をアルミ線とする電線である。硬銅より線に比べて軽量で機械的強度が大きいため，66〜500 kV の架空送電線のほとんどに使用されている。

（2）　正。アーマロッドは，クランプで保持された部分の電線が微風振動により素線切れするのを防ぐために巻き付けられた補強線のことで，電線と同種類の金属でできており，電線振動の応力軽減のほか，アークによる電線の損傷，溶断防止のために用いられる。

（3）　正。電線の微風振動を吸収するため，クランプ近くの電線の支持点付近に電線の太さや径間長に合わせて，種類や重量，個数を選んでダンパを取り付ける。ダンパの種類には，ストックブリッジダンパ，トーショナルダンパ，ベートダンパなどがある。

（4）　正。多導体では，負荷電流による電磁吸引力や強風による電線相互の接近・衝突を防止するため，20〜90 m の間隔で，図8-1 に示すスペーサを取り付ける必要がある。

（5）　誤。懸垂がいしは，図8-2 に示すように，磁器製の笠状絶縁物の両側に連結用金具を密着した構造となっており，使用電圧に応じて適当な個数を連結して使用でき，連結した個々のがいしが同時に不良となることが少ないので信頼度が高く，最も多く使用されている。直径 250 mm のものが一般的であり，500 kV 用には直径 280 mm または 320 mm のものが使用されている。**棒状の絶縁物の両側に連結用金具を接着した装置は長幹がいしである。**

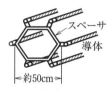
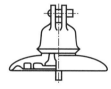

図8-1　多導体スペーサ　　図8-2　懸垂がいし

問9の解答　出題項目＜支線の張力＞　　答え（1）

図9-1 に示すように，支持物では T，T_1，C_1 の 3 力が，支線柱では T_1，T_2，C_2 の 3 力がそれぞれつり合いを保つものと考えることができる。

支持物における水平方向の力の平衡条件より，

$$T = T_1 \cos \theta_1$$

$$\therefore\ T_1 = \frac{T}{\cos \theta_1} \qquad ①$$

支線柱における水平方向の力の平衡条件より，

$$T_1 \cos \theta_1 = T_2 \cos \theta_2$$

$$\therefore\ T_2 = T_1 \frac{\cos \theta_1}{\cos \theta_2} \qquad ②$$

$\cos \theta_2$ は，

$$\cos \theta_2 = \frac{l_2}{\sqrt{h_2{}^2 + l_2{}^2}} \qquad ③$$

であるから，②式に①式，③式を代入すると，

$$T_2 = \frac{T}{\cos \theta_1} \frac{\cos \theta_1}{\cos \theta_2} = \frac{T}{\cos \theta_2} = \frac{T}{\dfrac{l_2}{\sqrt{h_2{}^2 + l_2{}^2}}}$$

$$= \frac{T\sqrt{h_2{}^2 + l_2{}^2}}{l_2}$$

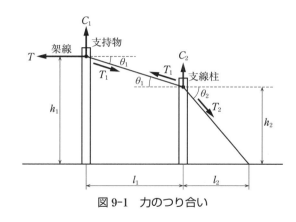

図9-1　力のつり合い

問 10　出題分野＜地中送電＞

難易度 ★★★　重要度 ★★★

地中電線の損失に関する記述として，誤っているものを次の（1）～（5）のうちから一つ選べ。

（1）　誘電体損は，ケーブルの絶縁体に交流電圧が印加されたとき，その絶縁体に流れる電流のうち，電圧に対して位相が 90[°]進んだ電流成分により発生する。

（2）　シース損は，ケーブルの金属シースに誘導される電流による発生損失である。

（3）　抵抗損は，ケーブルの導体に電流が流れることにより発生する損失であり，単位長当たりの抵抗値が同じ場合，導体電流の 2 乗に比例して大きくなる。

（4）　シース損を低減させる方法として，クロスボンド接地方式の採用が効果的である。

（5）　絶縁体が劣化している場合には，一般に誘電体損は大きくなる傾向がある。

問10の解答　出題項目＜電力損失・許容電流＞　　答え　（1）

（1）　誤。ケーブルに交流電圧を加えたとき，絶縁物内で発生する電力損失を誘電体損といい，架空送電線にはないケーブル特有の損失である。

ケーブルに交流電圧を印加したときの線間電圧を V[V]，周波数を f[Hz]，1線当たりの静電容量を C[F/m]，ケーブルのこう長を l[m]とすると，3線合計の誘電体損 W_d は次式で表される。

$$W_d = 2\pi f C l V^2 \tan\delta \text{[W]}$$

誘電体損は，ケーブルの絶縁層である誘電体に流れる充電電流のうち，印加電圧と**同相**の成分による損失である。

（2）　正。シース損は，鉛被などの金属シースに誘導される電流によって発生する損失で，線路の長手方向に流れる電流によって発生するシース回路損と，金属シース内に発生するうず電流損があり，送電電流が増加するとシース損も増加する。

（3）　正。抵抗損は，ケーブルに電流 I[A]が流れるときの導体抵抗 R[Ω]によって発生する損失で，ジュール損 I^2R[W]であるから，R に比例し，I の2乗に比例して大きくなる。

（4）　正。3心ケーブルの場合は，その外側にシースを施すと各導体に生じる磁束が互いに打ち消し合い，完全に三相が平衡していれば漏れ磁束は零になりシース電圧は零となるので無視できる場合が多いが，それぞれにシースを持つ単心ケーブル3条より合わせでは，磁束を打ち消し合う効果が期待できないためシース損はほとんど減少しない。単心ケーブルのシース電流を抑制する方法としては，適当な間隔をおいてシースを電気的に絶縁し，シース電流が逆方向となるように単心ケーブルのシースを接続して，各相のシース電流を打ち消し合うようにする，クロスボンド接地方式の採用がシース損の低減に効果的である。

（5）　正。絶縁体が吸湿や汚損により劣化すると漏れ電流の有効成分が大きくなるため，誘電体損が大きくなる。

問 11　出題分野＜配電＞　難易度 ★★★　重要度 ★★★

　我が国の配電系統の特徴に関する記述として，誤っているものを次の（1）～（5）のうちから一つ選べ。

（1）　高圧配電線路の短絡保護と地絡保護のために，配電用変電所には過電流継電器と地絡方向継電器が設けられている。

（2）　柱上変圧器には，過電流保護のために高圧カットアウトが設けられ，柱上変圧器内部及び低圧配電系統内での短絡事故を高圧系統側に波及させないようにしている。

（3）　高圧配電線路では，通常，6.6[kV]の三相3線式を用いている。また，都市周辺などのビル・工場が密集した地域の一部では，電力需要が多いため，さらに電圧階級が上の22[kV]や33[kV]の三相3線式が用いられることもある。

（4）　低圧配電線路では，電灯線には単相3線式を用いている。また，単相3線式の電灯と三相3線式の動力を共用する方式として，V結線三相4線式も用いている。

（5）　低圧引込線には，過電流保護のために低圧引込線の需要場所の取付点にケッチヒューズ（電線ヒューズ）が設けられている。

問 11 の解答　　出題項目＜配電系統構成機材，電気方式＞　　答え　（5）

（1）　正。過電流継電器は，配電線の電流が一定以上の大きさになると動作し，配電線の過負荷や短絡事故を検出する。地絡方向継電器は，地絡事故時に発生する零相電圧と零相電流がそれぞれ所定の値以上になったとき，零相電圧と零相電流の位相関係により事故回線を検出する。

（2）　正。柱上変圧器には，過負荷または短絡事故による過電流から変圧器または低圧線を保護するため，図 11-1 に示すように，高圧側に設けた高圧カットアウトにヒューズを取り付け，変圧器内部および低圧線での事故を高圧系統側に波及させないようにしている。高圧カットアウトは，高圧分岐配電線においては，通常運用時の開閉器としても使用される。

（3）　正。高圧配電線路は，6.6 kV 三相 3 線式が最も一般的であるが，都市部の大規模ビルなどの超過密地域や工業団地などの高圧・特別高圧負荷が集中する地域では，配電電圧が 22 kV または 33 kV の 20 kV 級配電方式が採用されることもある。

（4）　正。低圧で電力を供給する場合，一般に 100 V 負荷に対しては単相 3 線式で，三相 200 V 負荷に対しては単相変圧器 2 台を V 結線して供給される。単相 3 線式の電灯と三相 3 線式の動力を供給する電灯動力共用方式は，V 結線三相 4 線式の一種で，図 11-2 に示すように，両者を共用して供給する方式である。

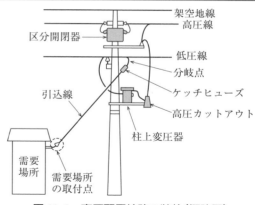

図 11-1　高圧配電線路の装柱（概略図）

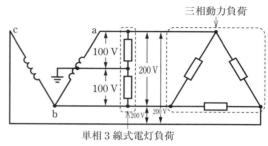

図 11-2　V 結線三相 4 線式

（5）　誤。低圧引込線を過負荷または短絡事故による過電流から保護するため，**低圧引込線の引込点にケッチヒューズを取り付ける。**その理由としては，低圧引込線自体の短絡保護も行うためである。

令和 4 (2022)
令和 3 (2021)
令和 2 (2020)
令和元 (2019)
平成 30 (2018)
平成 29 (2017)
平成 28 (2016)
平成 27 (2015)
平成 26 (2014)
平成 25 (2013)
平成 24 (2012)
平成 23 (2011)
平成 22 (2010)
平成 21 (2009)
平成 20 (2008)

問 12　出題分野＜配電＞　難易度 ★★★　重要度 ★★★

次の文章は，配電線の保護方式に関する記述である。

高圧配電線路に短絡故障又は地絡故障が発生すると，配電用変電所に設置された　(ア)　により故障を検出して，遮断器にて送電を停止する。

この際，配電線路に設置された区分用開閉器は　(イ)　する。その後に配電用変電所からの送電を再開すると，配電線路に設置された区分用開閉器は電源側からの送電を検出し，一定時間後に動作する。その結果，電源側から順番に区分用開閉器は　(ウ)　される。

また，配電線路の故障が継続している場合は，故障区間直前の区分用開閉器が動作した直後に，配電用変電所に設置された　(ア)　により故障を検出して，遮断器にて送電を再度停止する。

この送電再開から送電を再度停止するまでの時間を計測することにより，配電線路の故障区間を判別することができ，この方式は　(エ)　と呼ばれている。

例えば，区分用開閉器の動作時限が7秒の場合，配電用変電所にて送電を再開した後，22秒前後に故障検出により送電を再度停止したときは，図の配電線の　(オ)　の区間が故障区間であると判断される。

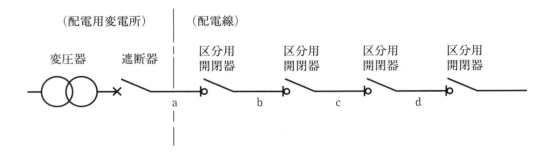

上記の記述中の空白箇所(ア)，(イ)，(ウ)，(エ)及び(オ)に当てはまる組合せとして，正しいものを次の(1)～(5)のうちから一つ選べ。

	(ア)	(イ)	(ウ)	(エ)	(オ)
(1)	保護継電器	開　放	投　入	区間順送方式	c
(2)	避雷器	開　放	投　入	時限順送方式	d
(3)	保護継電器	開　放	投　入	時限順送方式	d
(4)	避雷器	投　入	開　放	区間順送方式	c
(5)	保護継電器	投　入	開　放	時限順送方式	c

問 12 の解答　出題項目＜保護方式＞　　　　答え　(3)

　高圧配電線路に短絡故障または地絡故障が発生したとすると，配電用変電所に設置された**保護継電器**により故障を検出し，当該線路の配電線用遮断器が自動遮断される。この遮断により事故発生線路が系統から切り離されて線路の電圧がなくなるため，「線路電圧無し」を検出して当該線路のすべての区分用開閉器が無電圧**開放**される。次に，遮断よりある一定時間後に配電線用遮断器が再閉路され，区分用開閉器は電源側からの送電を検出して一定時間後に閉動作する。その結果，電源側から順番に区分開閉器が**投入**されることになる。

　ここで，配電線路の故障が継続していると，故障区間直前の区分用開閉器が動作した直後に配電用変電所の保護継電器が故障を再検出して当該線路の配電線用遮断器が開放し，送電を再度停止する。この送電開始から送電を再度停止するまでの時間を計測することにより，配電線路の故障区間を判別することができる。この方式は**時限順送方式**と呼ばれている。

　問題の区分用開閉器の動作時限が 7 秒の場合，

　　7 秒×3 台＝21 秒＜22 秒

となって，故障検出の 22 秒までに 3 台の区分用開閉器が投入されるので，**d** の区間が故障区間であると判断される。

令和 4 (2022)
令和 3 (2021)
令和 2 (2020)
令和元 (2019)
平成 30 (2018)
平成 29 (2017)
平成 28 (2016)
平成 27 (2015)
平成 26 (2014)
平成 25 (2013)
平成 24 (2012)
平成 23 (2011)
平成 22 (2010)
平成 21 (2009)
平成 20 (2008)

問 13 出題分野＜配電＞ 　　難易度 ★★★ 　重要度 ★★★

　図のような三相 3 線式配電線路において，電源側 S 点の線間電圧が 6 900[V]のとき，B 点の線間電圧[V]の値として，最も近いものを次の（1）～（5）のうちから一つ選べ。

　ただし，配電線 1 線当たりの抵抗は 0.3[Ω/km]，リアクタンスは 0.2[Ω/km]とする。また，計算においては S 点，A 点及び B 点における電圧の位相差が十分小さいとの仮定に基づき適切な近似を用いる。

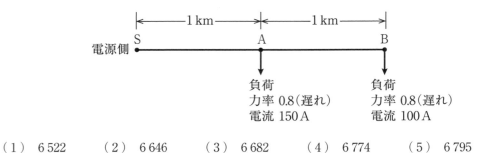

|（1） 6 522 |（2） 6 646 |（3） 6 682 |（4） 6 774 |（5） 6 795 |

問 14 出題分野＜電気材料＞ 　　難易度 ★★☆ 　重要度 ★★★

絶縁材料の特徴に関する記述として，誤っているものを次の（1）～（5）のうちから一つ選べ。
（1） 絶縁油は，温度や不純物などにより絶縁性能が影響を受ける。
（2） 固体絶縁材料は，温度変化による膨張や収縮による機械的ひずみが原因で劣化することがある。
（3） 六ふっ化硫黄（SF_6）ガスは，空気と比べて絶縁耐力が高いが，一方で地球温暖化に及ぼす影響が大きいという問題点がある。
（4） 液体絶縁材料は気体絶縁材料と比べて，圧力により絶縁耐力が大きく変化する。
（5） 一般に固体絶縁材料には，液体や気体の絶縁材料と比較して，絶縁耐力が高いものが多い。

問 13 の解答　出題項目＜電圧降下＞　　答え（3）

線間電圧 V，電圧降下 v，負荷電流・線路電流 I，線路インピーダンス $\dot{z}$ を，それぞれ**図 13-1** のように定める。

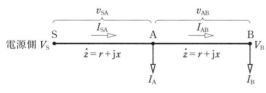

図 13-1　配電線路

SA 間および AB 間における線路の抵抗 r とリアクタンス x は，

$$r = 0.3 \times 1 = 0.3 [\Omega]$$
$$x = 0.2 \times 1 = 0.2 [\Omega]$$

SA 間および AB 間の線路に流れる電流 I_{SA} および I_{AB} は，

$$I_{SA} = I_A + I_B = 150 + 100 = 250 [A]$$

$$I_{AB} = I_B = 100 [A]$$

負荷の力率を $\cos\theta$ とすると，SA 間および AB 間の電圧降下 v_{SA} および v_{AB} は，電圧降下の略算式を用いると，

$$
\begin{aligned}
v_{SA} &= \sqrt{3} I_{SA}(r\cos\theta + x\sin\theta) \\
&= \sqrt{3} I_{SA}(r\cos\theta + x\sqrt{1-\cos^2\theta}) \\
&= \sqrt{3} \times 250(0.3 \times 0.8 + 0.2 \times \sqrt{1-0.8^2}) \\
&= 90\sqrt{3} [V]
\end{aligned}
$$

$$
\begin{aligned}
v_{AB} &= \sqrt{3} I_{AB}(r\cos\theta + x\sin\theta) \\
&= \sqrt{3} \times 100(0.3 \times 0.8 + 0.2 \times \sqrt{1-0.8^2}) \\
&= 36\sqrt{3} [V]
\end{aligned}
$$

全線路 SB 間の電圧降下 v は，

$$v = v_{SA} + v_{AB} = 90\sqrt{3} + 36\sqrt{3} = 126\sqrt{3} [V]$$

電源側 S 点の線間電圧を V_S とすると，B 点の線間電圧 V_B は，

$$V_B = V_S - v = 6\,900 - 126\sqrt{3} \fallingdotseq 6\,682 [V]$$

問 14 の解答　出題項目＜絶縁材料＞　　答え（4）

（1）正。絶縁油は，熱，酸素，金属，紫外線，有機物，放電などによって劣化し，種々の有機酸化物や固形酸化物，ガス状物質を生じる。このように劣化した絶縁油は，電気機器の絶縁耐力や冷却能力を低下させるだけでなく，ほかの絶縁物の劣化を促進させて水分の吸着を促進するので，絶縁油としての性能が著しく低下する。

（2）正。固体絶縁材料は，温度変化による膨張，収縮による機械的ひずみの発生や，微小空隙を生ずることによるコロナの発生，温度上昇による化学変化など熱的要因によって劣化することがある。繰返し応力振幅による材料の破壊のことを疲労破壊といい，特に電気機器は，回転振動や電磁振動あるいはスイッチや継電器などのように，繰り返し衝撃力を受ける場合が多いため，疲労寿命を考えなければならない。

（3）正。六ふっ化硫黄（SF_6）ガスは，無色，無臭，無毒で，常態では腐食性や爆発性もない化学的に安定した気体である。空気と比べて絶縁性が高い（同一圧力では空気の 2〜3 倍，0.3〜0.4

MPa では絶縁油以上の絶縁耐力を有している）が，地球温暖化に及ぼす影響が大きいという問題点があるため，機器の点検時には SF_6 ガスの回収を確実に行うなどの対策が必要である。地球温暖化防止の京都議定書では，温室効果ガス 6 種のうちの一つで，排出規制ガスの対象になっており，CO_2 の約 20\,000 倍の温室効果をもつ。

（4）誤。気体絶縁材料は高圧になると絶縁耐力が増加し，低圧になると絶縁耐力が低下するように，圧力によって絶縁耐力が変化（気体の圧力にほぼ比例して絶縁耐力は高くなる）するが，液体絶縁材料は**圧力によって絶縁耐力が変化するようなことはない。**

（5）正。固体絶縁材料のうち，無機絶縁材料の代表例が磁器で，屋外用がいしなどに広く使用されており，有機絶縁材料には絶縁紙，合成ゴム，プラスチック（合成樹脂）など多くの種類のものが用いられている。これらは液体や気体の絶縁材料と比較して，絶縁耐力が高いものが多い。

令和
4
(2022)

令和
3
(2021)

令和
2
(2020)

令和
元
(2019)

平成
30
(2018)

平成
29
(2017)

平成
28
(2016)

平成
27
(2015)

平成
26
(2014)

平成
25
(2013)

平成
24
(2012)

平成
23
(2011)

平成
22
(2010)

平成
21
(2009)

平成
20
(2008)

B 問 題 （配点は1問題当たり(a)5点, (b)5点, 計10点）

問15 出題分野＜汽力発電＞　　　　　　　　難易度 ★★☆　重要度 ★★☆

復水器の冷却に海水を使用する汽力発電所が定格出力で運転している。次の(a)及び(b)の問に答えよ。

(a) この発電所の定格出力運転時には発電端熱効率が38[%], 燃料消費量が40[t/h]である。1時間当たりの発生電力量[MW·h]の値として, 最も近いものを次の(1)～(5)のうちから一つ選べ。

ただし, 燃料発熱量は44 000[kJ/kg]とする。

(1) 186　　　(2) 489　　　(3) 778　　　(4) 1 286　　　(5) 2 046

(b) 定格出力で運転を行ったとき, 復水器冷却水の温度上昇を7[K]とするために必要な復水器冷却水の流量[m³/s]の値として, 最も近いものを次の(1)～(5)のうちから一つ選べ。

ただし, タービン熱消費率を8 000[kJ/(kW·h)], 海水の比熱と密度をそれぞれ4.0[kJ/(kg·K)], 1.0×10³[kg/m³], 発電機効率を98[%]とし, 提示していない条件は無視する。

(1) 6.8　　　(2) 8.0　　　(3) 14.8　　　(4) 17.9　　　(5) 21.0

令和
4
(2022)

令和
3
(2021)

令和
2
(2020)

令和
元
(2019)

平成
30
(2018)

平成
29
(2017)

平成
28
(2016)

平成
27
(2015)

平成
26
(2014)

平成
25
(2013)

平成
24
(2012)

平成
23
(2011)

平成
22
(2010)

平成
21
(2009)

平成
20
(2008)

問15（a）の解答　出題項目＜熱サイクル・熱効率＞　答え（1）

燃料消費量を B[kg/h]，燃料発熱量を H[kJ/kg]とすると，消費した燃料の総発熱量 Q は，

$$Q = BH = 40 \times 10^3 \times 44\,000 = 1.76 \times 10^9 [\text{kJ/h}]$$

電力量[kW·h]と熱量[kJ]の間には，

$$1\,\text{kW·h} = 3\,600\,\text{kJ}$$

の関係があるから，発電電力量を W_G とすると，発電端熱効率 η_P は，

$$\eta_P = \frac{\text{発電電力量(熱量換算値)}}{\text{消費した重油の総発熱量}} = \frac{3\,600\,W_G}{Q}$$

したがって，1時間当たりの発生電力量 W_G は，上式を変形すると，

$$W_G = \frac{Q\eta_P}{3\,600} = \frac{1.76 \times 10^9 \times 0.38}{3\,600}$$

$$\fallingdotseq 185.8 \times 10^3 [\text{kW·h/h}] \quad \rightarrow \quad 186\,\text{MW·h}$$

問15（b）の解答　出題項目＜復水器＞　答え（2）

タービン熱消費率 J_T は，1kW·h の電力量を得るために必要な熱量を表し，**図15-1** に示すように，1時間当たりにタービンに送られた蒸気の熱量を Q_i[kJ/h]，1時間当たりの発電機出力(電力量)を P_G[kW·h/h]とすると，

$$J_T = \frac{Q_i}{P_G} [\text{kJ/(kW·h)}]$$

$$\therefore \quad Q_i = J_T P_G [\text{kJ/h}] \qquad ①$$

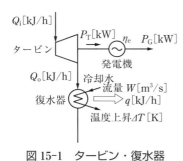

図 15-1　タービン・復水器

タービンに熱量 Q_i[kJ/h]の蒸気を送ったとき，P_T[kW]のタービン出力が得られるので，その差が復水器で冷却水が持ち去る熱量 Q_o[kJ/h]であり，電力量[kW·h]と熱量[kJ]との関係 1kW=3 600 kJ/h を用いると，

$$Q_o = Q_i - 3\,600\,P_T [\text{kJ/h}] \qquad ②$$

1時間当たりに復水器の冷却水が持ち去る熱量 Q_o は，②式に①式を代入すると，

$$Q_o = J_T P_G - 3\,600\,P_T \qquad ③$$

発電機出力を P_G[kW]とすると，発電機効率 η_g は，

$$\eta_g = \frac{P_G}{P_T} \qquad \therefore \quad P_T = \frac{P_G}{\eta_g} \qquad ④$$

③式に④式を代入すると，

$$Q_o = J_T P_G - 3\,600\frac{P_G}{\eta_g} = \left(J_T - \frac{3\,600}{\eta_g}\right)P_G \qquad ⑤$$

一方，海水の比熱を c[kJ/(kg·K)]，海水の密度を ρ[kg/m³]，復水器冷却水の流量を W[m³/s]，冷却水の温度上昇を ΔT[K]とすると，復水器で海水に放出される熱量，つまり，復水器で冷却水が持ち去る熱量 q は，

$$q = c\rho W \Delta T \times 3\,600 [\text{kJ/h}] \qquad ⑥$$

⑤式と⑥式を等しいとおくと，復水器冷却水の流量 W は，

$$q = Q_o$$

$$c\rho W \Delta T \times 3\,600 = \left(J_T - \frac{3\,600}{\eta_g}\right)P_G$$

$$W = \frac{\left(J_T - \dfrac{3\,600}{\eta_g}\right)P_G}{3\,600\,c\rho\Delta T} = \frac{\left(J_T - \dfrac{3\,600}{\eta_g}\right)W_G}{3\,600\,c\rho\Delta T}$$

$$= \frac{\left(8\,000 - \dfrac{3\,600}{0.98}\right) \times 186 \times 10^3}{3\,600 \times 4.0 \times 1.0 \times 10^3 \times 7}$$

$$\fallingdotseq 7.98 [\text{m}^3/\text{s}] \quad \rightarrow \quad 8.0\,\text{m}^3/\text{s}$$

Point W_G は1時間当たりの発電電力量[kW·h/h]なので P_G[kW]と等しい。

タービン熱消費率とは，1kW·h の電力量を得るために必要な熱量のことで，電力量は発電端の電力量を用いる。

問 16　出題分野＜変電，送電＞　　　難易度 ★★★　重要度 ★★★

　図のように，特別高圧三相 3 線式 1 回線の専用架空送電線路で受電している需要家がある。需要家の負荷は，40[MW]，力率が遅れ 0.87 で，需要家の受電端電圧は 66[kV] である。

　ただし，需要家から電源側をみた電源と専用架空送電線路を含めた百分率インピーダンスは，基準容量 10[MV・A] 当たり 6.0[%] とし，抵抗はリアクタンスに比べ非常に小さいものとする。その他の定数や条件は無視する。

　次の（a）及び（b）の問に答えよ。

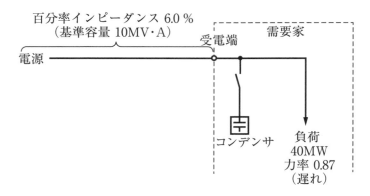

（a）　需要家が受電端において，力率 1 の受電になるために必要なコンデンサ総容量[Mvar]の値として，最も近いものを次の（1）～（5）のうちから一つ選べ。

　　　ただし，受電端電圧は変化しないものとする。

　　（1）　9.7　　　（2）　19.7　　　（3）　22.7　　　（4）　34.8　　　（5）　81.1

（b）　需要家のコンデンサが開閉動作を伴うとき，受電端の電圧変動率を 2.0[%] 以内にするために必要なコンデンサ単機容量[Mvar]の最大値として，最も近いものを次の（1）～（5）のうちから一つ選べ。

　　（1）　0.46　　　（2）　1.9　　　（3）　3.3　　　（4）　4.3　　　（5）　5.7

問 16 （a）の解答　　出題項目＜調相設備＞　　答え　（3）

負荷の有効電力を P[kW]，無効電力を Q[Mvar]とすると，力率 $\cos\theta$ から力率 1 に改善するために必要なコンデンサ容量 Q_c は，負荷の無効電力 Q と等しいから，

$$Q_c=Q=P\tan\theta=P\frac{\sin\theta}{\cos\theta}=P\frac{\sqrt{1-\cos^2\theta}}{\cos\theta}$$

$$=40\times\frac{\sqrt{1-0.87^2}}{0.87}\fallingdotseq22.7[\text{Mvar}]$$

問 16 （b）の解答　　出題項目＜調相設備，電圧降下＞　　答え　（3）

コンデンサ投入時の受電端電圧を V_{0r}[kV]，コンデンサ開放時の受電端電圧を V_r[kV]，基準電圧を V[V]とすると，受電端の電圧変動率 ε は，

$$\varepsilon=\frac{V_{0r}-V_r}{V}$$

$V_r=V$ とすると，コンデンサ投入時の受電端電圧 V_{0r} は，

$$V_{0r}=(1+\varepsilon)V_r=(1+0.020)\times66=67.32[\text{kV}]$$

次に，基準容量を P[kV・A]，基準電圧を V[kV]，インピーダンスを Z[Ω]とすると，百分率インピーダンス %Z は，

$$\%Z=\frac{PZ}{10V^2}[\%]$$

この %Z をオーム値 Z に直すと，

$$Z=\frac{10V^2\%Z}{P}=\frac{10\times66^2\times6.0}{10\times10^3}=26.136[\Omega]$$

コンデンサ投入後の電圧上昇量 v は，

$$v=V_{0r}-V_r=67.32-66$$
$$=1.32[\text{kV}]=1\,320[\text{V}]$$

この上昇分 v はコンデンサに流れる電流 I_c による電圧降下分と等しいので，

$$v=\sqrt{3}\,I_cZ\qquad\therefore\ I_c=\frac{v}{\sqrt{3}\,Z}[\text{A}]$$

このときのコンデンサ容量 Q_c は，

$$Q_c=\sqrt{3}\,V_rI_c$$
$$=\sqrt{3}\,V_r\frac{v}{\sqrt{3}\,Z}=\frac{V_rv}{Z}=\frac{66\times10^3\times1\,320}{26.136}$$
$$\fallingdotseq3.333\times10^6[\text{var}]=3.333[\text{Mvar}]$$
$$\rightarrow\quad3.3\ \text{Mvar}$$

【別 解】 電圧降下 v の略算式より，

$$v=V_s-V_r=\sqrt{3}\,I(R\cos\theta+X\sin\theta)$$

右辺の分母と分子に基準電圧 V を乗じると，

$$v=\frac{\sqrt{3}\,VI(R\cos\theta+X\sin\theta)}{V}$$
$$=\frac{PR+QX}{V}$$

ただし，基準有効電力 $P=\sqrt{3}\,VI\cos\theta$，基準無効電力 $Q=\sqrt{3}\,VI\sin\theta$ とする。

本題では $R=0$ なので，コンデンサ開放時の受電端電圧 V_r は，

$$v=V_s-V_r=\frac{QX}{V}\qquad\therefore\ V_r=V_s-\frac{QX}{V}$$

コンデンサ投入後の無効電力変化分を ΔQ とすると，コンデンサ投入時の受電端電圧 V_{0r} は，

$$V_{0r}=V_s-\frac{(Q-\Delta Q)X}{V}$$

電圧変動率 ε は，

$$\varepsilon=\frac{V_{0r}-V_r}{V}=\frac{\left(V_s-\dfrac{(Q-\Delta Q)X}{V}\right)-\left(V_s-\dfrac{QX}{V}\right)}{V}$$
$$=\frac{X\Delta Q}{V^2}$$

百分率リアクタンス降下 %X より，

$$\%X=\frac{PX}{V^2}\times100[\%]\qquad\therefore\ X=\frac{\%X}{100}\frac{V^2}{P}[\Omega]$$

$$\varepsilon=\frac{\left(\dfrac{\%X}{100}\dfrac{V^2}{P}\right)\Delta Q}{V^2}=\frac{\%X\Delta Q}{100P}=\frac{\%X\times\Delta Q}{100P}\leqq0.02$$

$$\therefore\ \Delta Q\leqq\frac{100P\times0.02}{\%X}=\frac{100\times10\times10^6\times0.02}{6.0}$$

$$\fallingdotseq3.333\times10^6[\text{var}]=3.333[\text{Mvar}]$$

問17 出題分野＜送電＞ | **難易度** ★★★ | **重要度** ★★★

　図に示すように，定格電圧 66[kV] の電源から送電線と三相変圧器を介して，二次側に遮断器が接続された系統を考える。三相変圧器の電気的特性は，定格容量 20[MV・A]，一次側線間電圧 66[kV]，二次側線間電圧 6.6[kV]，自己容量基準での百分率リアクタンス 15.0[%] である。一方，送電線から電源側をみた電気的特性は，基準容量 100[MV・A] の百分率インピーダンスが 5.0[%] である。このとき，次の（ a ）及び（ b ）の問に答えよ。

　ただし，百分率インピーダンスの抵抗分は無視するものとする。

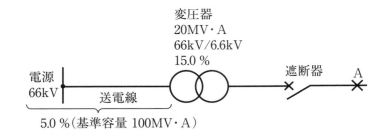

（ a ）　基準容量を 10[MV・A] としたとき，変圧器の二次側から電源側をみた百分率リアクタンス [%] の値として，正しいものを次の（ 1 ）～（ 5 ）のうちから一つ選べ。

　　（ 1 ）　2.0　　　（ 2 ）　8.0　　　（ 3 ）　12.5　　　（ 4 ）　15.5　　　（ 5 ）　20.0

（ b ）　図の A で三相短絡事故が発生したとき，事故電流 [kA] の値として，最も近いものを次の（ 1 ）～（ 5 ）のうちから一つ選べ。ただし，変圧器の二次側から A までのインピーダンス及び負荷は，無視するものとする。

　　（ 1 ）　4.4　　　（ 2 ）　6.0　　　（ 3 ）　7.0　　　（ 4 ）　11　　　（ 5 ）　44

問17 (a) の解答　出題項目<百分率インピーダンス>　答え (2)

百分率インピーダンスの基準容量がばらばらなので，基準容量を $P_B=10[\text{MV·A}]$ に統一する。

送電線から電源側をみた百分率インピーダンス $\%Z_1=5.0[\%]$ を，$P_1=100[\text{MV·A}]$ 容量から基準容量 $P_B=10[\text{MV·A}]$ へ換算した値 $\%Z_1'$ は，

$$\%Z_1'=\%Z_1\frac{P_B}{P_1}=5.0\times\frac{10}{100}=0.5[\%]$$

同様に，三相変圧器の百分率インピーダンス $\%Z_T=15.0[\%]$ を，$P_T=20[\text{MV·A}]$ 容量から基準容量 $P_B=10[\text{MV·A}]$ へ換算した値 $\%Z_T'$ は，

$$\%Z_T'=\%Z_T\frac{P_B}{P_T}=15.0\times\frac{10}{20}=7.5[\%]$$

したがって，**図 17-1** に示すように，変圧器の二次側から電源側をみた百分率インピーダンス $\%Z$ は，

$$\%Z=\%Z_T'+\%Z_1'=7.5+0.5=8.0[\%]$$

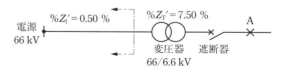

図 17-1　百分率インピーダンス

問17 (b) の解答　出題項目<短絡・地絡>　答え (4)

基準電流を $I_B[\text{A}]$，事故点 A の定格線間電圧を V_B [V] とすると，基準容量 P_b は次式で表されるから，

$$P_B=\sqrt{3}\,V_B I_B[\text{V·A}]$$

基準電流 I_B は次のように求められる。

$$I_B=\frac{P_B}{\sqrt{3}\,V_B}[\text{A}]$$

したがって，三相短絡電流 I_s は，

$$I_s=\frac{100}{\%Z}I_B=\frac{100}{\%Z}\frac{P_B}{\sqrt{3}\,V_B}=\frac{100}{8.00}\times\frac{10\times10^6}{\sqrt{3}\times6.6\times10^3}$$

$$\fallingdotseq 10.93\times10^3[\text{A}]=10.93[\text{kA}]$$

$$\rightarrow\quad 11\text{ kA}$$

解説 ·····

短絡電流や短絡容量の計算には通常，回路のインピーダンスをオーム[Ω]で表して解くオーム法と，百分率インピーダンス[%]で表して解く百分率インピーダンス法(百分率法)とがあり，後者で解く方が簡単である。

百分率インピーダンス $\%Z$(パーセントインピーダンスともいう)は，基準インピーダンス Z_B [Ω] に対して当該インピーダンス $Z[\Omega]$ が何%に相当するかを示す量で，次式で表される。

$$\%Z=\frac{Z}{Z_B}\times100[\%]$$

また，基準電流(定格電流)を $I_B[\text{A}]$，基準相電圧を $E_B[\text{V}]$，基準線間電圧(定格電圧)を $V_B[\text{V}]$ とすると，基準インピーダンス Z_B と $\%Z$ は，

$$Z_B=\frac{E_B}{I_B}=\frac{V_B}{\sqrt{3}\,I_B}[\Omega]\quad(\because\ V_B=\sqrt{3}\,E_B)$$

$$\%Z=\frac{Z}{Z_B}\times100=\frac{Z}{\dfrac{E_B}{I_B}}\times100=\frac{I_B Z}{E_B}\times100[\%]$$

$$=\frac{Z}{\dfrac{V_B}{\sqrt{3}\,I_B}}\times100=\frac{\sqrt{3}\,I_B Z}{V_B}\times100[\%]$$

さらに，基準容量 P_B は次式で表されるため，

$$P_B=3E_B I_B=\sqrt{3}\,V_B I_B[\text{V·A}]$$

$$\therefore\ I_B=\frac{P_B}{3E_B}=\frac{P_B}{\sqrt{3}\,V_B}[\text{A}]$$

$\%Z$ は次のように求められる。

$$\%Z=\frac{I_B Z}{E_B}\times100=\frac{\dfrac{P_B}{3E_B}Z}{E_B}\times100=\frac{P_B Z}{3E_B{}^2}\times100$$

$$=\frac{\sqrt{3}\,I_B Z}{V_B}\times100=\frac{\sqrt{3}\dfrac{P_B}{\sqrt{3}\,V_B}Z}{V_B}\times100$$

$$=\frac{P_B Z}{V_B{}^2}\times100[\%]$$

通常，百分率インピーダンスを問題として扱う場合は，系統の基準容量 P_B と基準線間電圧 V_B が与えられることが多いため，基準インピーダンス Z_B を P_B と V_B で表すと，

$$Z_B=\frac{E_B}{I_B}=\frac{3E_B E_B}{3E_B I_B}=\frac{(\sqrt{3}\,E_B)^2}{P_B}=\frac{V_B{}^2}{P_B}[\Omega]$$

令和4 (2022)
令和3 (2021)
令和2 (2020)
令和元 (2019)
平成30 (2018)
平成29 (2017)
平成28 (2016)
平成27 (2015)
平成26 (2014)
平成25 (2013)
平成24 (2012)
平成23 (2011)
平成22 (2010)
平成21 (2009)
平成20 (2008)

電 力 平成 24 年度（2012 年度）

問1 出題分野＜水力発電＞ 難易度 ★★★ 重要度 ★★★

次の文章は，水力発電の理論式に関する記述である。

図に示すように，放水地点の水面を基準面とすれば，基準面から貯水池の静水面までの高さ $H_g[\mathrm{m}]$ を一般に __(ア)__ という。また，水路や水圧管の壁と水との摩擦によるエネルギー損失に相当する高さ $h_1[\mathrm{m}]$ を __(イ)__ という。さらに，H_g と h_1 の差 $H = H_g - h_1$ を一般に __(ウ)__ という。

いま，$Q[\mathrm{m^3/s}]$ の水が水車に流れ込み，水車の効率を η_w とすれば，水車出力 P_w は __(エ)__ になる。さらに，発電機の効率を η_g とすれば，発電機出力 P は __(オ)__ になる。ただし，重力加速度は $9.8[\mathrm{m/s^2}]$ とする。

上記の記述中の空白箇所（ア），（イ），（ウ），（エ）及び（オ）に当てはまる組合せとして，正しいものを次の（1）～（5）のうちから一つ選べ。

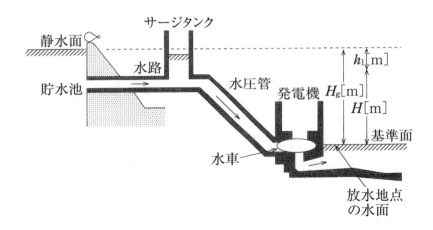

	（ア）	（イ）	（ウ）	（エ）	（オ）
（1）	総落差	損失水頭	実効落差	$9.8QH\eta_w \times 10^3[\mathrm{W}]$	$9.8QH\eta_w\eta_g \times 10^3[\mathrm{W}]$
（2）	自然落差	位置水頭	有効落差	$\dfrac{9.8QH}{\eta_w} \times 10^{-3}[\mathrm{kW}]$	$\dfrac{9.8QH\eta_g}{\eta_w} \times 10^{-3}[\mathrm{kW}]$
（3）	総落差	損失水頭	有効落差	$9.8QH\eta_w \times 10^3[\mathrm{W}]$	$9.8QH\eta_w\eta_g \times 10^3[\mathrm{W}]$
（4）	基準落差	圧力水頭	実効落差	$9.8QH\eta_w[\mathrm{kW}]$	$9.8QH\eta_w\eta_g[\mathrm{kW}]$
（5）	基準落差	速度水頭	有効落差	$9.8QH\eta_w[\mathrm{kW}]$	$9.8QH\eta_w\eta_g[\mathrm{kW}]$

問1の解答　　出題項目＜出力関係＞　　　　　　　　　　　　　答え　（3）

基準面（放水地点の水面）から貯水池の静水面までの高さ $H_g[\mathrm{m}]$ を，一般に**総落差**という。なお，基準落差は有効落差の一つで，水車の出力または流量決定の基準として選定するものである。

水路や水圧管の壁と水との摩擦によるエネルギー損失，つまり水車設備以外の流水時におけるエネルギー損失を水頭に換算した $h_l[\mathrm{m}]$ を**損失水頭**という。また，総落差 H_g と損失水頭 h_l との差 $H = H_g - h_l[\mathrm{m}]$ を，一般に**有効落差**という。

重力加速度を $9.8\,\mathrm{m/s^2}$，流量を $Q[\mathrm{m^3/s}]$，水車の効率を η_w，発電機の効率を η_g とすると，水車出力 P_w，発電機出力 P は，

$$P_\mathrm{w} = 9.8\,QH\eta_\mathrm{w}[\mathrm{kW}] = \boldsymbol{9.8\,QH\eta_\mathrm{w} \times 10^3[\mathrm{W}]}$$
$$P = P_\mathrm{w}\eta_\mathrm{g} = 9.8\,QH\eta_\mathrm{w}\eta_\mathrm{g}[\mathrm{kW}]$$
$$= \boldsymbol{9.8\,QH\eta_\mathrm{w}\eta_\mathrm{g} \times 10^3[\mathrm{W}]}$$

解説 ⚫⚫⚫⚫⚫⚫⚫⚫⚫⚫⚫⚫⚫⚫⚫⚫⚫⚫

図 1-1 に水力発電所の発電出力算出フローを示す。

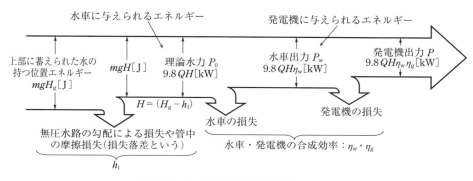

図 1-1　水力発電所の発電出力フロー

問2 出題分野＜汽力発電＞ 　難易度 ★★★　重要度 ★★★

次の文章は，汽力発電所のタービン発電機の特徴に関する記述である。

汽力発電所のタービン発電機は，水車発電機に比べ回転速度が　(ア)　なるため，　(イ)　強度を要求されることから，回転子の構造は　(ウ)　にし，水車発電機よりも直径を　(エ)　しなければならない。このため，水車発電機と同出力を得るためには軸方向に　(オ)　することが必要となる。

上記の記述中の空白箇所(ア)，(イ)，(ウ)，(エ)及び(オ)に当てはまる組合せとして，最も適切なものを次の(1)～(5)のうちから一つ選べ。

	(ア)	(イ)	(ウ)	(エ)	(オ)
(1)	高く	熱的	突極形	小さく	長く
(2)	低く	熱的	円筒形	大きく	短く
(3)	高く	機械的	円筒形	小さく	長く
(4)	低く	機械的	円筒形	大きく	短く
(5)	高く	機械的	突極形	小さく	長く

令和4 (2022)

令和3 (2021)

令和2 (2020)

令和元 (2019)

平成30 (2018)

平成29 (2017)

平成28 (2016)

平成27 (2015)

平成26 (2014)

平成25 (2013)

平成24 (2012)

平成23 (2011)

平成22 (2010)

平成21 (2009)

平成20 (2008)

問2の解答　**出題項目＜タービン関係＞**　　　　　　　　答え　（3）

　発電機の回転速度は，これに直結されている原動機によって左右される。水車の場合は水車形式，落差，使用水量によって最も適した回転速度があり，一般的に 75〜1 200 min⁻¹ であるのに対し，タービンの場合は高温・高圧の蒸気エネルギーを効率よく運動エネルギーに変換するため可能な限り高い回転速度が求められ，1 500〜3 600 min⁻¹ と回転速度が**高く**なる。

　高速回転のタービン発電機には強い遠心力が働き，これに耐える**機械的**強度を要求されることから，回転子の構造は**円筒形**にし，水車発電機よりも直径を**小さく**しなければならない。しかし，水車発電機と同出力を得るために，直径が小さい分，回転子を軸方向に**長く**することが必要となる。

解説

　水車発電機とタービン発電機の相違は，回転速度の違いに起因する。回転子に作用する遠心力を同一レベルにするには，高速回転の回転子は半径を小さくする必要があり，これが構造上・設計上に大きな相違を与える（**表2-1**）。

　図2-1 に示すように，突極形の回転子は磁極を成層鉄心とし，軸に回転子鉄心を取り付けたもの

である。また，円筒形の回転子は，磁極鉄心と軸が一体となった鍛造構造で細長く，遠心力に対し十分な強度を有する。

表2-1　水車発電機とタービン発電機の比較

	項目	水車発電機	タービン発電機
構造上	回転速度 [min⁻¹]	75〜1 200	1 500〜3 600
	回転子	**突極形**	**円筒形**
	冷却方式	空気冷却	水素冷却，水冷却
	危険速度	定格回転速度より高い	定格回転速度より低い
	軸方向	横軸または縦軸	横軸
設計上	短絡比	0.8〜1.0	0.5〜0.7
	安定度	高い	低い
	短絡電流	小	大
	不平衡運転	強い	弱い
	進相運転	強い	弱い

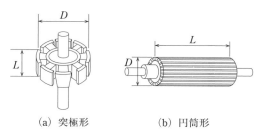

　（a）突極形　　　　　（b）円筒形

図2-1　突極形と円筒形の回転子

問3　出題分野＜汽力発電＞　難易度 ★★★　重要度 ★★★

汽力発電所の保護装置に関する記述として，誤っているものを次の（1）～（5）のうちから一つ選べ。

（1）　ボイラ内の蒸気圧力が一定限度を超えたとき，蒸気を放出させ機器の破損を防ぐ蒸気加減弁が設置されている。

（2）　ボイラ水の循環が円滑に行われないとき，水管の焼損事故を防止するため，燃料を遮断してバーナを消火させる燃料遮断装置が設置されている。

（3）　蒸気タービンの回転速度が定格を超える一定値以上に上昇すると，自動的に蒸気止弁を閉じて，タービンを停止する非常調速機が設置されている。

（4）　蒸気タービンの軸受油圧が異常低下したとき，タービンを停止させるトリップ装置が設置されている。

（5）　発電機固定子巻線の内部短絡を検出・保護するために，比率差動継電器が設置されている。

問4　出題分野＜原子力発電＞　難易度 ★★☆　重要度 ★★★

0.01[kg]のウラン235が核分裂するときに0.09[%]の質量欠損が生じるとする。これにより発生するエネルギーと同じだけの熱を得るのに必要な重油の量[l]の値として，最も近いものを次の（1）～（5）のうちから一つ選べ。

ただし，重油発熱量を43 000[kJ/l]とする。

（1）　950　　　　（2）　1 900　　　　（3）　9 500　　　　（4）　19 000　　　　（5）　38 000

問3の解答　　出題項目＜保護装置＞　　　　　　　　　　　　　　　答え　（1）

（1）　誤。ボイラの異常や負荷の緊急遮断などによってボイラ内の蒸気圧力が一定限度を超えたとき，蒸気を大気に放出させて機器の破損を防ぐため，ドラム，過熱器，再熱器などに**安全弁**が設置されている。蒸気加減弁は，タービンに流入する蒸気流量を調整するもので，タービンの入口に設置され，タービン回転数の昇速や並列運転時の出力増減を行う。

（2）　正。ボイラ水の循環が円滑に行われないとき，水管の焼損事故を防止するため，燃料の供給を遮断してバーナを消火させる燃料遮断装置が設置されている。燃料遮断装置は，ボイラの安定運転が不可能になったとき，直ちに燃料元弁を閉じ，バーナを消火させてボイラを停止させる。

（3）　正。万一，調速装置に不具合が生じて蒸気流量制御弁が閉じなかったり，調速装置は作動しても制御弁がひっかかって閉じなかったりすると，タービンの回転速度の急速な上昇を引き起こして大事故になることがあるので，これを完全に防止するために定格回転速度の 1.11 倍以下で主止弁，制御弁などを全閉し，タービンに流入する蒸気を自動的に遮断して回転速度の異常上昇を防止する非常調速機が設けられている。

（4）　正。蒸気タービンの軸受油圧が異常低下すると，軸受が焼き付けを起こして損傷するため，軸受油圧低下トリップ装置によりタービンを自動停止するようにしている。

（5）　正。発電機固定子巻線の内部短絡を検出・保護するため比率差動継電器が設置されている。この継電器は，発電機の母線側と中性点側とに設けられた変流器を連接し，両変流器の二次電流の差が一定値以上になったときに動作する。

問4の解答　　出題項目＜核分裂エネルギー＞　　　　　　　　　　　　答え　（4）

0.01 kg のウラン 235 の核分裂で生じる質量欠損 Δm は，

$$\Delta m = 0.01 \times \frac{0.09}{100} = 9 \times 10^{-6}\,[\text{kg}]$$

核分裂エネルギー E は，光速を $c = 3 \times 10^8\,[\text{m/s}]$ とすると，アインシュタインの式より，

$$E = \Delta m c^2 = 9 \times 10^{-6} \times (3 \times 10^8)^2$$
$$= 8.1 \times 10^{11}\,[\text{J}]$$

これと同じエネルギー E を得るのに必要な重油の量 B は，重油発熱量を $H[\text{kJ/l}]$ とすると，

$$B = \frac{E}{H} = \frac{8.1 \times 10^{11}}{43\,000 \times 10^3} \fallingdotseq 18\,840\,[\text{l}]$$

$$\rightarrow \quad 19\,000\,\text{l}$$

解説

核分裂反応後の原子の質量は，反応前の質量よりわずかに小さく，この質量差を質量欠損という。ウラン 235 が 1 回核分裂すると，約 0.09 % の質量欠損が生じて約 200 MeV のエネルギーが放出される。このエネルギーを核分裂エネルギー E といい，アインシュタインの式より $E = \Delta m c^2$

[J] で表される。

なお，1 eV（エレクトロンボルトと読む）とは，電子が真空中で 1 V の電位差のある電極間を通過するときのエネルギーのことで，1 eV ＝ 1.602 × 10^{-19} J の関係がある。

図 4-1 に示すように，ウラン 235 の原子核に中性子が吸収されると原子核は安定を失って核分裂し，熱エネルギーが発生するとともに 2〜3 個の高速中性子が発生する。この新しく発生した中性子は減速材で減速されて熱中性子になり，別のウラン 235 を核分裂させるように，核分裂が次々に起こることを連鎖反応という。

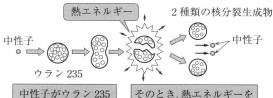

図 4-1　ウラン 235 の核分裂反応

| 問5 | 出題分野＜自然エネルギー＞ | 難易度 ★★★ | 重要度 ★★★ |

風力発電に関する記述として，誤っているものを次の（1）～（5）のうちから一つ選べ。

（1） 風力発電は，風の力で風力発電機を回転させて電気を発生させる発電方式である。風が得られれば燃焼によらずパワーを得ることができるため，発電するときに CO_2 を排出しない再生可能エネルギーである。

（2） 風車で取り出せるパワーは風速に比例するため，発電量は風速に左右される。このため，安定して強い風が吹く場所が好ましい。

（3） 離島においては，風力発電に適した地域が多く存在する。離島の電力供給にディーゼル発電機を使用している場合，風力発電を導入すれば，そのディーゼル発電機の重油の使用量を減らす可能性がある。

（4） 一般に，風力発電では同期発電機，永久磁石式発電機，誘導発電機が用いられる。特に，大形の風力発電機には，同期発電機又は誘導発電機が使われている。

（5） 風力発電では，翼が風を切るため騒音を発生する。風力発電を設置する場所によっては，この騒音が問題となる場合がある。この騒音対策として，翼の形を工夫して騒音を低減している。

| 問6 | 出題分野＜変電＞ | 難易度 ★★★ | 重要度 ★★★ |

次の文章は，ガス絶縁開閉装置（GIS）に関する記述である。

ガス絶縁開閉装置（GIS）は，遮断器，断路器，避雷器，変流器等の機器を絶縁性の高いガスが充填された金属容器に収めた開閉装置である。この絶縁ガスとしては，　（ア）　ガスが現在広く用いられている。機器の充電部を密閉した金属容器は　（イ）　されるため感電の危険性がほとんどない。また，気中絶縁の設備に比べて装置が　（ウ）　する。このようなことから大都市の地下変電所や　（エ）　対策の開閉装置として適している。

上記の記述中の空白箇所（ア），（イ），（ウ）及び（エ）に当てはまる組合せとして，正しいものを次の（1）～（5）のうちから一つ選べ。

	（ア）	（イ）	（ウ）	（エ）
（1）	SF_6	絶　縁	小形化	塩　害
（2）	C_3F_6	絶　縁	大形化	水　害
（3）	SF_6	接　地	小形化	塩　害
（4）	C_3F_6	絶　縁	大形化	塩　害
（5）	SF_6	接　地	小形化	水　害

問5の解答　出題項目＜風力発電＞

（1）　正。風力発電は，風の力で風力発電機を回転させて電気を発生させる発電方式である。風力エネルギーとなる風は，太陽エネルギーによって空気が暖められることによって生じるため，太陽が照り続ける限り永遠に利用できる非枯渇エネルギー資源である。また，地球温暖化の原因となる二酸化炭素などの温室効果ガスや有害物質を排出しないクリーンな発電方式である。

（2）　誤。風のもつ運動エネルギー P は，単位時間当たりの空気の質量を m [kg/s]，速度(風速)を V [m/s] とすると，

$$P = \frac{1}{2}mV^2 \text{[J/s]} \quad (=\text{[W]})$$

ここで，空気密度を ρ [kg/m³]，風車の回転面積(ロータの投影面積)を A [m²] とすると，

$$m = \rho A V \text{[kg/s]}$$

となるので，風車の出力係数(パワー係数)を C_p とすると，風車で得られるエネルギー P は，

$$P = \frac{1}{2}C_\mathrm{p}mV^2 = \frac{1}{2}C_\mathrm{p}\rho A V^3 \text{[W]}$$

つまり，風車で取り出せるパワーは，風車の回転面積 A に比例し，**風速 V の3乗に比例**する。

（3）　正。風力発電の設置場所としては，離島，山上など常時強風のある地域が適する。離島の電力供給にディーゼル発電機を使用している場合，風力発電を導入して風力の出力変動をディーゼル発電機が補うことで重油の使用量を減らすことができる。

（4）　正。風力発電では，一般的に同期発電機，永久磁石発電機，誘導発電機が用いられる。大形の風力発電機には同期発電機または誘導発電機が使用される。発電用に用いられる風車のほとんどはプロペラ形が採用されており，プロペラ形風車は，広範囲の周速度で出力係数が大きく，水平軸形であるため風向きに応じてロータの方向を変え，かつピッチ角制御により風速に応じて周速比を適切に調整して高い出力係数で運転でき，回転速度制御や出力制御も容易である。

（5）　正。風力発電は，翼が風を切るため騒音が発生する。この騒音には回転による風切り音，空気の振動や脈動による低周波音，タワーからの固体伝達音などがあり，この騒音対策として翼の形を工夫するなどをしている。

問6の解答　出題項目＜開閉装置＞

ガス絶縁開閉装置(GIS)は，図6-1に示すように，母線，遮断器，断路器，避雷器，変流器などの機器を絶縁性能および消弧性能に優れ，化学的に安定した**SF₆**(六ふっ化硫黄)ガスを充填した円筒形の金属容器に収めた開閉装置である。機器の充電部を密閉した金属容器は，**接地**されているため感電の危険性はほとんどなく，SF₆ガスは絶縁性能が高いため絶縁距離を短くでき，気中絶縁の設備に比べて所要体積を大幅に**小形化**(コンパクト)できる。また，充電露出部がないため安全性が高く，装置の劣化も少なくなることから信頼性が高いという特長がある。このようなことから大都市の地下変電所や**塩害**対策の開閉装置として適している。

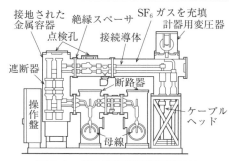

図6-1　ガス絶縁開閉装置(GIS)

解 説 ··

GISの欠点は，密閉した金属容器の中に機器が収納されるため内部を直接目視で確認することができず，内部の点検が面倒であるとともに内部事故時の復旧時間が長くなることである。

問7　出題分野＜送電＞　難易度 ★★★　重要度 ★★★

送電線の送電容量に関する記述として，誤っているものを次の（1）～（5）のうちから一つ選べ。

（1）　送電線の送電容量は，送電線の電流容量や送電系統の安定度制約などで決定される。

（2）　長距離送電線の送電電力は，原理的に送電電圧の 2 乗に比例するため，送電電圧の格上げは，送電容量の増加に有効な方策である。

（3）　電線の太線化は，送電線の電流容量を増すことができるので，短距離送電線の送電容量の増加に有効な方策である。

（4）　直流送電は，交流送電のような安定度の制約がないため，理論上，送電線の電流容量の限界まで電力を送電することができるので，長距離・大容量送電に有効な方策である。

（5）　送電系統の中性点接地方式に抵抗接地方式を採用することは，地絡電流を効果的に抑制できるので，送電容量の増加に有効な方策である。

問8　出題分野＜変電＞　難易度 ★★★　重要度 ★★★

次の文章は，調相設備に関する記述である。

送電線路の送・受電端電圧の変動が少ないことは，需要家ばかりでなく，機器への影響や電線路にも好都合である。負荷変動に対応して力率を調整し，電圧値を一定に保つため，調相設備を負荷と　（ア）　に接続する。

調相設備には，電流の位相を進めるために使われる　（イ）　，電流の位相を遅らせるために使われる　（ウ）　，また，両方の調整が可能な　（エ）　や近年ではリアクトルやコンデンサの容量をパワーエレクトロニクスを用いて制御する　（オ）　装置もある。

上記の記述中の空白箇所（ア），（イ），（ウ），（エ）及び（オ）に当てはまる組合せとして，正しいものを次の（1）～（5）のうちから一つ選べ。

	（ア）	（イ）	（ウ）	（エ）	（オ）
（1）	並　列	電力用コンデンサ	分路リアクトル	同期調相機	静止形無効電力補償
（2）	並　列	直列リアクトル	電力用コンデンサ	界磁調整器	PWM 制御
（3）	直　列	電力用コンデンサ	直列リアクトル	同期調相機	静止形無効電力補償
（4）	直　列	直列リアクトル	分路リアクトル	界磁調整器	PWM 制御
（5）	直　列	分路リアクトル	直列リアクトル	同期調相器	PWM 制御

令和
4
(2022)

令和
3
(2021)

令和
2
(2020)

令和
元
(2019)

平成
30
(2018)

平成
29
(2017)

平成
28
(2016)

平成
27
(2015)

平成
26
(2014)

平成
25
(2013)

平成
24
(2012)

平成
23
(2011)

平成
22
(2010)

平成
21
(2009)

平成
20
(2008)

問7の解答   出題項目＜送電電力，中性点接地方式，直流送電＞   答え （5）

（1）　正。送電線の送電容量は，送電線の電流容量や送電系統の安定度上の制約で決定される。

送電端電圧を V_s[V]，受電端電圧を V_r[V]，V_s と V_r の相差角を δ，電線1線当たりのリアクタンスを X[Ω] とすると，送電電力 P は次式で表される。

$$P = \frac{V_s V_r}{X} \sin \delta \,[\text{W}]$$

送電容量に余裕があっても，定態安定度は δ が大きくなるほど低下し，限界は $\delta = 90°$ である。

（2）　正。長距離送電線の送電電力は，送電端電圧と受電端電圧の積，すなわち送電電圧の2乗に比例するため，送電電圧の格上げは送電容量増加の有効な方策である。

（3）　正。電線の太線化により電線のリアクタンス X が小さくなるため送電線の電流容量を増加することができる。一方，表皮効果により，直流抵抗値に比べて 50 Hz や 60 Hz の交流では 2～3 % 程度抵抗が増加する。

（4）　正。直流送電は，交流送電のような安定度の制約がないため送電線の電流容量の限界まで送電することができ，長距離・大容量送電に適している。

（5）　誤。送電系統の中性点接地方式に抵抗接地方式を採用することは，地絡電流を効果的に抑制することはできるが，**送電容量の増加とは直接関係がない。**

解 説

送電系統の中性点を接地する目的は，電力系統においてアーク地絡やその他の事故時に電力線の異常電圧を抑制することや，地絡事故の際に保護継電器を確実に動作させて故障箇所を迅速に除去することである。抵抗接地方式には，直接接地方式の特性に近い低抵抗接地方式と，非接地方式に類似した高抵抗接地方式があり，中性点の抵抗値は，電磁誘導障害を通信線に支障のない程度に抑え，故障時に異常電圧を生ずることなく，また，保護継電器を確実に動作させて，故障回線の選択遮断が迅速にできる程度の大きさの地絡電流になるような値を選定する。

問8の解答   出題項目＜調相設備＞   答え （1）

送電線の受電端電圧を一定に保つためには，調相設備を負荷と**並列**に接続し，無効電流を調整する必要がある。調相設備には，受電端の力率を進め，電流の位相を進める**電力用コンデンサ**，受電端の力率を遅らせ，電流の位相を遅らせる**分路リアクトル**，両方の調整が可能な**同期調相機**，リアクトルやコンデンサの容量をサイリスタ等のパワーエレクトロニクスを用いて制御する**静止形無効電力補償**装置がある。

解 説

① 電力用コンデンサ

遅れ無効電力を供給して受電端の力率を進め，送配電系統の負荷力率を改善して送電損失の低減を図るとともに，系統電圧の低下を抑制する。

② 分路リアクトル

遅れ無効電力を消費して受電端の力率を遅らせ，長距離送電線や大容量のケーブル系統の充電容量補償やフェランチ効果を抑制する。

③ 同期調相機

無負荷運転の同期発電機であって，界磁電流を制御して遅れまたは進み無効電力を連続的に調整することにより出力電圧または系統の無効電力を制御する。

④ 静止形無効電力補償装置（SVC）

並列コンデンサ，分路リアクトルの調相容量をサイリスタ等のパワーエレクトロニクスを用いて制御することにより，遅れまたは進み無効電力を連続的に調整する。

問9　出題分野＜送電＞　難易度 ★★★　重要度 ★★★

直流送電に関する記述として，誤っているものを次の（1）～（5）のうちから一つ選べ。

（1）　直流送電線は，線路の回路構成をするうえで，交流送電線に比べて導体本数が少なくて済むため，同じ電力を送る場合，送電線路の建設費が安い。

（2）　直流は，変圧器で容易に昇圧や降圧ができない。

（3）　直流送電は，交流送電と同様にケーブル系統での充電電流の補償が必要である。

（4）　直流送電は，短絡容量を増大させることなく異なる交流系統の非同期連系を可能とする。

（5）　直流系統と交流系統の連系点には，交直変換所を設置する必要がある。

問10　出題分野＜送電＞　難易度 ★★★　重要度 ★★★

こう長 20[km]の三相 3 線式 2 回線の送電線路がある。受電端で 33[kV]，6 600[kW]，力率 0.9 の三相負荷に供給する場合，受電端電力に対する送電損失を 5[%]以下にするための電線の最小断面積 [mm²]の値として，計算値が最も近いものを次の（1）～（5）のうちから一つ選べ。

ただし，使用電線は，断面積 1[mm²]，長さ 1[m]当たりの抵抗を $\frac{1}{35}$[Ω]とし，その他の条件は無視する。

（1）　14.3　　　（2）　23.4　　　（3）　24.7　　　（4）　42.8　　　（5）　171

問 9 の解答　　出題項目＜直流送電＞

（1）　正。送電線の導体本数は，三相3線式の交流送電の場合は1回線当たり3本の電線を必要とするが，直流送電の場合は2本でよい。つまり，直流送電線は，交流送電線に比べて導体本数が少なくて済むため，同じ電力を送る場合，送電線路の建設費が安い。

（2）　正。直流は，交流のように変圧器で容易に昇圧や降圧ができない。高電圧を変成するためには一旦交流に変換してから変圧し，再度，直流に変換する必要がある。

（3）　誤。長距離送電線や海底ケーブルなど大きな静電容量をもつ線路に交流で送電する場合は，大きな充電電流が流れるが，直流で送電する場合は，充電電流は流れない。したがって，直流送電では，交流送電のような**充電電流に対する無効電力の補償を必要としない**。

（4）　正。直流送電は，周波数の異なる交流系統を交直変換器で同じ直流に変換することで非同期連系が可能であり，交直変換器は短絡電流を通過させないため系統連系しても短絡容量は増加しない。

（5）　正。**図 9-1** に示すように，直流系統と交流系統を連系する連系点には交流を直流に変換する交直変換装置や無効電力供給設備が必要である。

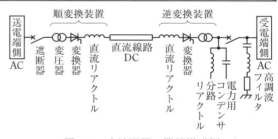

図 9-1　直流送電の機器構成例

解 説 ・・・・・・・・・・・・・・・・・・・・・・・・・・・・・・・・

1.　直流送電方式の利点

①　安定度の問題がなく長距離大容量送電に適する。

②　無効電流による損失がなく，ケーブルでは誘電損がないので送電損失が少ない。

③　周波数の異なる交流系統の連系が可能。

④　直流連系しても短絡容量が増加しない。

⑤　導体は2条でよく，送電線路の建設費が安い。

2.　直流送電方式の欠点

①　交直変換装置や無効電力供給設備が必要。

②　大地帰路方式は，電食を起こす恐れがある。

③　交直変換装置から高調波が発生するので，フィルタを設置する等の高調波障害対策が必要。

④　高電圧・大電流の直流遮断が難しい。

⑤　電圧の変成が容易にできない。

問 10 の解答　　出題項目＜電線の最小断面積＞

三相3線式送電線の受電端電圧を V，線路電流を I，力率を $\cos\theta$ とすると，受電端電力 P は，

$$P = \sqrt{3}\,VI\cos\theta$$

と表されるから，線路電流 I は，

$$I = \frac{P}{\sqrt{3}\,V\cos\theta}$$

三相3線式2回線送電線路では各回線で電流が按分されるため，1回線当たりに流れる電流 I_1 は，

$$I_1 = \frac{P/2}{\sqrt{3}\,V\cos\theta}$$

一方，抵抗率を $\rho[\Omega\cdot\text{mm}^2/\text{m}]$，断面積を $S[\text{mm}^2]$，導体の長さを $l[\text{m}]$ とすると，1線当たりの抵抗 r は，

$$r = \rho\frac{l}{S}[\Omega]$$

以上より，送電線路2回線の送電損失 p は，

$$p = 2 \times 3 I_1{}^2 r = 2 \times 3 \times \left(\frac{P/2}{\sqrt{3}\,V\cos\theta}\right)^2 \rho\frac{l}{S}$$

$$= \frac{1}{2} \times \left(\frac{P}{V\cos\theta}\right)^2 \rho\frac{l}{S}$$

題意より，送電損失 p は受電端電力 P に対して5％以下であるから，

$$0.05P \geqq \frac{1}{2} \times \left(\frac{P}{V\cos\theta}\right)^2 \rho\frac{l}{S} = p$$

$$\therefore\ S \geqq \frac{1}{0.1} \times \frac{P}{(V\cos\theta)^2}\rho l$$

$$= 10 \times \frac{6\,600 \times 10^3}{(33 \times 10^3 \times 0.9)^2} \times \frac{1}{35} \times 20 \times 10^3$$

$$\fallingdotseq 42.8[\text{mm}^2]$$

問11　出題分野＜地中送電＞　　　難易度 ★★★　重要度 ★★★

　電圧 6.6[kV]，周波数 50[Hz]，こう長 1.5[km]の交流三相 3 線式地中電線路がある。ケーブルの心線 1 線当たりの静電容量を 0.35[μF/km]とするとき，このケーブルの心線 3 線を充電するために必要な容量[kV·A]の値として，最も近いものを次の（1）～（5）のうちから一つ選べ。

（1）　4.2　　　（2）　4.8　　　（3）　7.2　　　（4）　12　　　（5）　37

問12　出題分野＜送電，配電＞　　　難易度 ★★★　重要度 ★★★

　送配電線路のフェランチ効果に関する記述として，誤っているものを次の（1）～（5）のうちから一つ選べ。

（1）　受電端電圧の方が送電端電圧より高くなる現象である。

（2）　線路電流が大きい場合より著しく小さい場合に生じることが多い。

（3）　架空送配電線路の負荷側に地中送配電線路が接続されている場合に生じる可能性が高くなる。

（4）　線路電流の位相が電圧に対して遅れている場合に生じることが多い。

（5）　送配電線路のこう長が短い場合より長い場合に生じることが多い。

問11の解答　出題項目〈試験電源容量〉　答え（3）

地中電線路を等価回路で表すと**図11-1**のようになり，三相3線式地中電線路の充電電流 I_C は，1相だけ取り出して考えると，次のように求めることができる。

ケーブル1線当たりの静電容量，つまり1相当たりの静電容量 C は，

$$C = 0.35[\mu F/km] \times 1.5[km] = 0.525[\mu F]$$

ケーブルの線間電圧を $V[V]$，周波数を $f[Hz]$ とすると，三相3線式地中電線路の充電電流 I_C は，

$$I_C = \frac{V/\sqrt{3}}{1/2\pi fC} = \frac{2\pi fCV}{\sqrt{3}}[A]$$

したがって，無負荷充電容量 P_C は，

$$P_C = \sqrt{3}VI_C = \sqrt{3}V\frac{2\pi fCV}{\sqrt{3}} = 2\pi fCV^2$$
$$= 2\pi \times 50 \times 0.525 \times 10^{-6} \times (6.6 \times 10^3)^2$$
$$≒ 7.2 \times 10^3[var] = 7.2[kvar]$$

Point 静電容量 C を有するケーブルに交流電圧

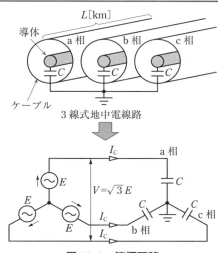

図11-1　等価回路

を印加すると，静電容量 C のコンデンサを通して充電電流が流れる。つまり，充電電流とはコンデンサに流れる電流のことで，無負荷充電容量はコンデンサで消費される無効電力のことである。

問12の解答　出題項目〈フェランチ効果〉　答え（4）

（1）　正。受電端電圧が送電端電圧よりも高くなる現象をフェランチ効果という。

（2）　正。負荷の力率は，一般に遅れ力率であるから大きな負荷がかかっているときは，電流は電圧より位相が遅れているのが普通である。しかしながら，負荷が非常に小さい場合，特に無負荷の場合には線路の静電容量により充電電流の影響が大きくなって，線路電流の位相は電圧に対して進みとなり，フェランチ効果が発生しやすい。

（3）　正。架空送配電線路の負荷側に地中配電線路が接続されている場合，ケーブルの静電容量による充電電流が送配電線路を負荷側に向かって流れるため，フェランチ効果が発生する可能性が高くなる。

（4）　誤。**図12-1**に示すように，フェランチ効果は線路電流の位相が電圧に対して<u>進んでいる場合に生じる</u>。一般の負荷は遅れ位相の電流であるが，軽負荷時には送電線の静電容量による進み位相の電流の方が大きくなり，フェランチ効果が発生する。

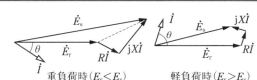

重負荷時 $(E_r < E_s)$　　　軽負荷時 $(E_r > E_s)$

E_r：受電端相電圧　　　E_s：送電端相電圧

図12-1　フェランチ効果

（5）　正。フェランチ効果は，送電線の単位長さ当たりの静電容量が大きいほど（ケーブルや高電圧線路），また送電線のこう長が長いほどこの現象は著しくなる。

解説

フェランチ効果の対策は次のとおり。

①　変電所の電力用コンデンサを切り離す。

②　受電端の変電所で分路リアクトルを投入する。

③　受電端の変電所で同期調相機の低励磁運転を実施する。

④　並行回線または使用していない送電線を停止する。

⑤　需要家に電力用コンデンサの開放を要請する。

⑥　発電機の低励磁運転を実施する。

問13　出題分野＜送電＞　難易度 ★★★　重要度 ★★★

　図のように高低差のない支持点 A，B で支持されている径間 S が 100[m]の架空電線路において，導体の温度が 30[℃]のとき，たるみ D は 2[m]であった。

　導体の温度が 60[℃]になったとき，たるみ D[m]の値として，最も近いものを次の（1）～（5）のうちから一つ選べ。

　ただし，電線の線膨張係数は 1[℃]につき $1.5×10^{-5}$ とし，張力による電線の伸びは無視するものとする。

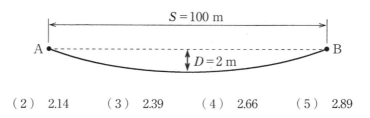

（1）　2.05　　　　（2）　2.14　　　　（3）　2.39　　　　（4）　2.66　　　　（5）　2.89

問14　出題分野＜電気材料＞　難易度 ★★☆　重要度 ★★☆

　導電材料としてよく利用される銅に関する記述として，誤っているものを次の（1）～（5）のうちから一つ選べ。

（1）　電線の導体材料の銅は，電気銅を精製したものが用いられる。

（2）　CV ケーブルの電線の銅導体には，軟銅が一般に用いられる。

（3）　軟銅は，硬銅を 300～600[℃]で焼きなますことにより得られる。

（4）　20[℃]において，最も抵抗率の低い金属は，銅である。

（5）　直流発電機の整流子片には，硬銅が一般に用いられる。

問 13 の解答　出題項目＜たるみ・張力＞　　答え　(3)

径間を $S[\text{m}]$，たるみを $D[\text{m}]$ として，導体の温度が 30 ℃のときの電線の実長 L_1 は，

$$L_1 = S + \frac{8D^2}{3S} = 100 + \frac{8 \times 2^2}{3 \times 100} \fallingdotseq 100.106\ 7[\text{m}]$$

電線の線膨張係数を $\alpha[\text{℃}^{-1}]$，温度上昇を $t[\text{℃}]$ とすると，60 ℃になったときの電線の実長 L_2 は，

$$
\begin{aligned}
L_2 &= L_1(1 + \alpha t)\\
&= 100.106\ 7 \times \{1 + 1.5 \times 10^{-5} \times (60 - 30)\}\\
&\fallingdotseq 100.151\ 8[\text{m}]
\end{aligned}
$$

したがって，電線の実長が L_2 のときのたるみ D_2 は，

$$L_2 = S + \frac{8{D_2}^2}{3S}$$

$$
\begin{aligned}
\therefore\ D_2 &= \sqrt{\frac{3S(L_2 - S)}{8}}\\
&= \sqrt{\frac{3 \times 100 \times (100.151\ 8 - 100)}{8}}\\
&\fallingdotseq 2.39[\text{m}]
\end{aligned}
$$

解説

図 13-1 に示すように，支持点 A，B が水平な場合，径間を $S[\text{m}]$，電線の最低点における水平張力を $T[\text{N}]$，電線質量による単位長さ当たりの荷重を $w[\text{N/m}]$ とすると，電線のたるみ D は次式で求められる。

$$D = \frac{wS^2}{8T}[\text{m}]$$

また，電線の実長 L は次式で求められる。

$$L = S + \frac{8D^2}{3S}[\text{m}]$$

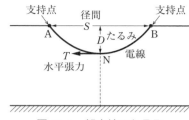

図 13-1　架空線のたるみ

問 14 の解答　出題項目＜導電材料＞　　答え　(4)

(1)　正。電線の導体材料の銅には，電気銅（粗銅）を電気分解で精錬した純度 99.8 % 以上のものが用いられる。電気銅は，精製炉で鍛造されたアノード（陽極板）とカソード（陰極板）を使用して電気分解により製造され，最終製品の銅品位は 99.99 % になる。

(2)　正。CV ケーブル（架橋ポリエチレン絶縁ビニルシースケーブル）の電線の銅導体には，抵抗率の低い軟銅を素線とした円形より線が一般的に用いられる。

(3)　正。軟銅は硬銅を 300～600 ℃で焼きなますことにより得られる。焼きなましすることで抵抗率が減少するとともに，極めて柔らかく簡単に曲がる性質になる。このため，軟銅は機器の巻線や普通の電線，コードなどに用いられる。

(4)　誤。抵抗率の低い金属から並べると銀 > 銅 > 金 > アルミニウム > 鉄の順になり，最も抵抗率が低い金属は銀である。導電材料としては，導電率からみると銀が最も良いが，比重が大きいことや高価であることから，一般には銅およびアルミニウム合金が使用される。

(5)　正。直流発電機の整流子片には，硬銅が一般に用いられる。電気銅を常温で線引き加工すると抵抗率も硬度も大きくなる。これを硬銅といい，回転機の整流子片，開閉器の導体，送配電線路の電線などに用いられる。

解説

純銅を鋳造した後に常温で圧延，伸延すると硬銅になり，それをさらに 300～600 ℃で焼きなましすると軟銅となる。

一般に，CV ケーブルの電線の導体や電機子巻線には軟銅線が用いられ，硬銅は回転機の整流子片や送配電線に用いられる。

B 問 題 （配点は 1 問題当たり（a）5 点，（b）5 点，計 10 点）

問15 出題分野＜汽力発電＞ 難易度 ★★★ 重要度 ★★★

定格出力 300[MW]の石炭火力発電所について，次の（a）及び（b）の問に答えよ。

（a） 定格出力で 30 日間連続運転したときの送電端電力量[MW·h]の値として，最も近いものを次の（1）～（5）のうちから一つ選べ。

ただし，所内率は 5[%]とする。

（1） 184 000 （2） 194 000 （3） 205 000 （4） 216 000 （5） 227 000

（b） 1 日の間に下表に示すような運転を行ったとき，発熱量 28 000[kJ/kg]の石炭を 1 700[t]消費した。この 1 日の間の発電端熱効率[%]の値として，最も近いものを次の（1）～（5）のうちから一つ選べ。

1 日の運転内容

時　刻	発電端出力[MW]
0 時～ 8 時	150
8 時～13 時	240
13 時～20 時	300
20 時～24 時	150

（1） 37.0 （2） 38.5 （3） 40.0 （4） 41.5 （5） 43.0

問15（a）の解答 出題項目＜LNG・石炭・石油火力＞ 答え （3）

定格出力 P_G で 30 日間連続運転したときの発電電力量 W_G は，

$$W_G = P_G \times 30[日] \times 24[h] = 300 \times 30 \times 24$$
$$= 216\,000[MW·h]$$

所内率を L とすると，送電端電力量 W_S は，

$$W_S = W_G(1-L)$$
$$= 216\,000 \times (1-0.05)$$
$$= 205\,200[MW·h]$$

解説

図 15-1 に示すように，発電機の定格出力を P_G，所内電力を P_L とすると，送電電力 P_S，所内率 L は，

$$P_S = P_G - P_L, \quad L = \frac{P_L}{P_G}$$

これより，送電電力 P_S は，

$$P_S = P_G - P_L = P_G\left(1 - \frac{P_L}{P_G}\right) = P_G(1-L)$$

この関係は，電力量でも同様に考えられる。

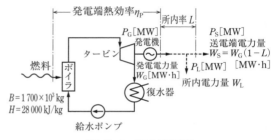

図 15-1 汽力発電所

問 15 （b）の解答　　出題項目＜LNG・石炭・石油火力, 熱サイクル・熱効率＞　　答え　（2）

各時刻の発電電力量は,

　0 時～　8 時：$150 \times 8 = 1\,200\,[\text{MW·h}]$

　8 時～13 時：$240 \times 5 = 1\,200\,[\text{MW·h}]$

13 時～20 時：$300 \times 7 = 2\,100\,[\text{MW·h}]$

20 時～24 時：$150 \times 4 = \;\;600\,[\text{MW·h}]$

よって, 1 日の発電電力量 W_G は,

$$W_G = 1\,200 + 1\,200 + 2100 + 600$$
$$= 5\,100\,[\text{MW·h}] = 5\,100 \times 10^3\,[\text{kW·h}]$$

石炭の消費量を $B\,[\text{kg}]$, 石炭の発熱量を H [kJ/kg]とすると, 石炭の総発熱量 Q は,

$$Q = BH = 1\,700 \times 10^3 \times 28\,000$$
$$= 4.76 \times 10^{10}\,[\text{kJ}]$$

電力量と熱量の関係は, $1\,\text{kW·h} = 3\,600\,\text{kJ}$ であるから, 発電端熱効率 η_P は,

$$\eta_P = \frac{発電電力量(熱量換算値)}{使用した重油の総発熱量}$$
$$= \frac{3\,600\,W_G}{Q} = \frac{3\,600 \times 5\,100 \times 10^3}{4.76 \times 10^{10}} \fallingdotseq 0.3857$$

$$\rightarrow \quad 38.5\,\%$$

解説

各効率は次式で表される。

① ボイラ効率

$$\eta_B = \frac{ボイラで発生した蒸気の発熱量}{ボイラに供給した燃料の発熱量}$$

$$= \frac{Z(i_s - i_w)}{BH}$$

$$\left(\begin{array}{l} i_s：ボイラ出口蒸気のエンタルピー \\ i_w：ボイラ入口給水のエンタルピー \end{array} \right)$$

② 熱サイクル効率

$$\eta_c = \frac{タービンで消費した熱量}{ボイラで発生した蒸気の発熱量}$$

$$= \frac{i_s - i_e}{i_s - i_w}$$

$$（i_e：タービン排気のエンタルピー）$$

③ タービン効率

$$\eta_t = \frac{タービンで発生した機械的出力(熱量換算値)}{タービンで消費した熱量}$$

$$= \frac{3\,600\,P_T}{Z(i_s - i_e)}$$

④ タービン室効率(タービン熱効率)

$$\eta_T = \frac{タービンで発生した機械的出力(熱量換算値)}{ボイラで発生した蒸気の発熱量}$$

$$= \frac{3\,600\,P_T}{Z(i_s - i_w)} = \eta_c \eta_t$$

⑤ 発電機効率

$$\eta_g = \frac{発電機で発生した電気出力}{タービンで発生した機械的出力} = \frac{P_G}{P_T}$$

⑥ 発電端熱効率

$$\eta_P = \frac{発電機で発生した電気出力(熱量換算値)}{ボイラに供給した燃料の発熱量}$$

$$= \frac{3\,600\,P_G}{BH} = \eta_B \eta_c \eta_t \eta_g$$

⑦ 送電端熱効率

$$\eta = \frac{発電所から実際に送電される電力(熱量換算値)}{ボイラに供給した燃料の発熱量}$$

$$= \frac{3\,600(P_G - P_L)}{BH} = \frac{3\,600\,P_G}{BH}\left(1 - \frac{P_L}{P_G}\right)$$

$$= \eta_P(1 - L)$$

令和4 (2022)　令和3 (2021)　令和2 (2020)　令和元 (2019)　平成30 (2018)　平成29 (2017)　平成28 (2016)　平成27 (2015)　平成26 (2014)　平成25 (2013)　平成24 (2012)　平成23 (2011)　平成22 (2010)　平成21 (2009)　平成20 (2008)

問 16　出題分野＜送電＞　　難易度 ★★★　重要度 ★★★

　三相3線式1回線無負荷送電線の送電端に線間電圧 66.0[kV] を加えると，受電端の線間電圧は 72.0[kV]，1線当たりの送電端電流は 30.0[A] であった。この送電線が，線路アドミタンス B[mS] と線路リアクタンス X[Ω] を用いて，図に示す等価回路で表現できるとき，次の（a）及び（b）の問に答えよ。

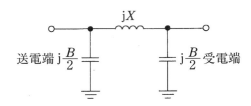

（a）　線路アドミタンス B[mS] の値として，最も近いものを次の（1）〜（5）のうちから一つ選べ。
　　（1）　0.217　　　（2）　0.377　　　（3）　0.435　　　（4）　0.545　　　（5）　0.753

（b）　線路リアクタンス X[Ω] の値として，最も近いものを次の（1）〜（5）のうちから一つ選べ。
　　（1）　222　　　（2）　306　　　（3）　384　　　（4）　443　　　（5）　770

問 16（a）の解答　　出題項目＜アドミタンス，π形等価回路＞　　答え　（5）

図 **16-1** に示すように，送電端および受電端の相電圧をそれぞれ $\dot{E}_\mathrm{s}$ および $\dot{E}_\mathrm{r}$，送電端電流を $\dot{I}_\mathrm{s}$，線路アドミタンスに流れる電流を $\dot{I}_1$，$\dot{I}_2$ とすると，送電端電流 $\dot{I}_\mathrm{s}$ は，

$$\dot{I}_\mathrm{s}=\dot{I}_1+\dot{I}_2=\dot{Y}\dot{E}_\mathrm{s}+\dot{Y}\dot{E}_\mathrm{r}=\dot{Y}(\dot{E}_\mathrm{s}+\dot{E}_\mathrm{r})$$

図 **16-2** に示すように，$\dot{E}_\mathrm{s}$ と $\dot{E}_\mathrm{r}$ は同相なので，線路アドミタンス B は，

$$\dot{Y}=\mathrm{j}\frac{B}{2}=\frac{\dot{I}_\mathrm{s}}{\dot{E}_\mathrm{s}+\dot{E}_\mathrm{r}}=\frac{\mathrm{j}I_\mathrm{s}}{\dot{E}_\mathrm{s}+\dot{E}_\mathrm{r}}$$

$$\therefore\ B=\frac{2I_\mathrm{s}}{|\dot{E}_\mathrm{s}+\dot{E}_\mathrm{r}|}=\frac{2\times30.0}{\dfrac{(66.0+72.0)\times10^3}{\sqrt{3}}}$$

$$\fallingdotseq0.753\times10^{-3}[\mathrm{S}]=0.753[\mathrm{mS}]$$

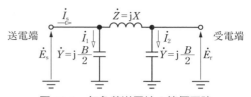

図 16-1　無負荷送電線の等価回路

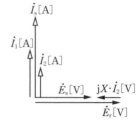

図 16-2　ベクトル図

問 16（b）の解答　　出題項目＜π形等価回路，電圧降下＞　　答え　（1）

送電端と受電端の相電圧の差は，

$$\dot{E}_\mathrm{s}-\dot{E}_\mathrm{r}=\dot{Z}\dot{I}_2=\dot{Z}\dot{Y}\dot{E}_\mathrm{r}$$

$$=\mathrm{j}X\cdot\mathrm{j}\frac{B}{2}\dot{E}_\mathrm{r}=-\frac{XB}{2}\dot{E}_\mathrm{r}$$

$$\therefore\ \dot{E}_\mathrm{s}=\left(1-\frac{XB}{2}\right)\dot{E}_\mathrm{r}$$

$\dot{E}_\mathrm{s}$ と $\dot{E}_\mathrm{r}$ は同相なので，線路リアクタンス X は，

$$\frac{E_s}{E_r}=1-\frac{XB}{2}\ \rightarrow\ \frac{XB}{2}=1-\frac{E_\mathrm{s}}{E_\mathrm{r}}$$

$$\therefore\ X=\frac{2\left(1-\dfrac{E_s}{E_r}\right)}{B}=\frac{2\times\left(1-\dfrac{\dfrac{66.0\times10^3}{\sqrt{3}}}{\dfrac{72.0\times10^3}{\sqrt{3}}}\right)}{0.753\times10^{-3}}$$

$$\fallingdotseq222[\Omega]$$

【別 解】 $\dot{E}_\mathrm{s}$ を用いて $\dot{I}_\mathrm{s}$ を表し，X を求める。

$$\dot{I}_\mathrm{s}=\dot{Y}\dot{E}_\mathrm{s}+\frac{\dot{E}_\mathrm{s}}{\dot{Z}+\dfrac{1}{\dot{Y}}}=\left(\dot{Y}+\frac{1}{\dot{Z}+\dfrac{1}{\dot{Y}}}\right)\dot{E}_\mathrm{s}$$

上式を変形すると，線路リアクタンス X は，

$$\dot{Z}=\mathrm{j}X=\frac{1}{\dfrac{\dot{I}_\mathrm{s}}{\dot{E}_\mathrm{s}}-\dot{Y}}-\frac{1}{\dot{Y}}=\frac{1}{\dfrac{\mathrm{j}I_\mathrm{s}}{\dot{E}_\mathrm{s}}-\mathrm{j}\dfrac{B}{2}}-\frac{1}{\mathrm{j}\dfrac{B}{2}}$$

解 説 ....

送電線路のこう長が 50〜100 km の中距離送電線路になると，線路の静電容量の影響が無視できなくなるため，図 **16-3** に示すように，静電容量を線路の中央または両端に集中しているものとして考える。

① **π 形回路**　図 16-3（a）のように，並列アドミタンス $\dot{Y}$ を 2 等分して線路の両端におく近似法を π 形回路という。

② **T 形回路**　図 16-3（b）のように，静電容量として並列アドミタンス $\dot{Y}$ を中央に集中し，インピーダンス $\dot{Z}$ を 2 等分して線路の両端におく近似法を T 形回路という。

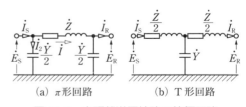

(a) π形回路　　　　(b) T形回路

図 16-3　中距離送電線路の等価回路

さらに，送電線路のこう長が 100 km 程度以上の長距離送電線路になると，集中定数回路として取り扱うと誤差が大きくなるので，線路定数が線路に沿って一様に分布した分布定数回路(分布定数モデル)として考えなければならない。

問 17　出題分野＜変電＞　　難易度 ★★★　重要度 ★★★

定格容量 750[kV・A]の三相変圧器に遅れ力率 0.9 の三相負荷 500[kW]が接続されている。

この三相変圧器に新たに遅れ力率 0.8 の三相負荷 200[kW]を接続する場合，次の(a)及び(b)の問に答えよ。

(a)　負荷を追加した後の無効電力[kvar]の値として，最も近いものを次の(1)～(5)のうちから一つ選べ。

(1)　339　　　(2)　392　　　(3)　472　　　(4)　525　　　(5)　610

(b)　この変圧器の過負荷運転を回避するために，変圧器の二次側に必要な最小の電力用コンデンサ容量[kvar]の値として，最も近いものを次の(1)～(5)のうちから一つ選べ。

(1)　50　　　(2)　70　　　(3)　123　　　(4)　203　　　(5)　256

問 17（a）の解答　出題項目＜変圧器＞　　　　答え　（2）

図 **17-1** に示すように，負荷を追加する前の負荷の有効電力を P_1[kW]，力率を $\cos\theta_1$ とすると，その無効電力 Q_1 は，

$$Q_1 = P_1 \tan\theta_1 = P_1 \frac{\sin\theta_1}{\cos\theta_1}$$

$$= P_1 \frac{\sqrt{1-\cos^2\theta_1}}{\cos\theta_1} = 500 \times \frac{\sqrt{1-0.9^2}}{0.9}$$

$$\fallingdotseq 242.2 [\text{kvar}]$$

次に，新たに追加接続した負荷の有効電力を P_2[kW]，力率を $\cos\theta_2$ とすると，その無効電力 Q_2 は，

$$Q_2 = P_2 \tan\theta_2 = P_2 \frac{\sin\theta_2}{\cos\theta_2} = P_2 \frac{\sqrt{1-\cos^2\theta_2}}{\cos\theta_2}$$

$$= 200 \times \frac{\sqrt{1-0.8^2}}{0.8} = 150 [\text{kvar}]$$

よって，負荷を追加した後の全無効電力 Q_0 は，

$$Q_0 = Q_1 + Q_2 = 242.2 + 150$$

$$= 392.2 [\text{kvar}] \quad \rightarrow \quad 392\ \text{kvar}$$

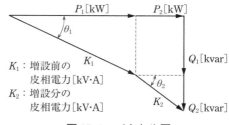

K_1：増設前の皮相電力[kV・A]
K_2：増設分の皮相電力[kV・A]

図 **17-1**　ベクトル図

問 17（b）の解答　出題項目＜変圧器，調相設備＞　　　　答え　（3）

負荷を追加した後，変圧器が過負荷にならないようにするためには，負荷の皮相電力が変圧器の定格容量 K[kV・A]以下であればよく，その K と負荷の全有効電力 (P_1+P_2) から，過負荷運転を回避するための最大無効電力 Q_m を求めると，

$$K = \sqrt{(P_1+P_2)^2 + Q_m^2}$$

$$\therefore\ Q_m = \sqrt{K^2 - (P_1+P_2)^2}$$

$$= \sqrt{750^2 - (500+200)^2}$$

$$\fallingdotseq 269.3 [\text{kvar}]$$

したがって，この最大無効電力 Q_m[kvar]以下であれば変圧器の過負荷運転を回避することができるため，必要な最小の電力用コンデンサ容量 Q_c は，

$$Q_c = Q_0 - Q_m = 392.2 - 269.3$$

$$= 122.9 [\text{kvar}] \quad \rightarrow \quad 123\ \text{kvar}$$

変圧器から電力用コンデンサ，負荷までの有効電力と無効電力の流れを表すと図 **17-2** のようになる。

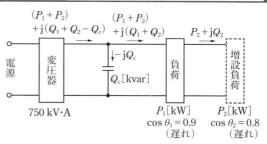

図 **17-2**　有効電力と無効電力の流れ

解説

図 **17-3** に示すように，負荷端に電力用コンデンサを並列に接続すると，コンデンサに流れ込む無効電力は，負荷の遅れ無効電力と正反対の進み無効電力となり，負荷の遅れ無効電力が打ち消さ

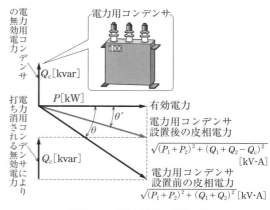

図 **17-3**　電力用コンデンサ

れて皮相電力が小さくなるため，変圧器の過負荷運転を回避することができる。

電 力 平成23年度(2011年度)

問1 出題分野＜水力発電＞ 難易度 ★★★ 重要度 ★★★

　図のような水路式水力発電所において，有効電力出力が定格状態から突然低下した。出力低下の原因箇所を見定めるために，出力低下後に安定した当該発電所の状態を確認すると，出力低下前と比較して，以下のような状態となっていた。

- ・水車上流側の上部水槽で水位が上昇した。
- ・水車流量が低下した。
- ・水車発電機の回転数は定格回転数である。
- ・発電機無効電力は零(0)のまま変化していない。
- ・発電機電圧はほとんど変化していない。
- ・励磁電圧が低下した。
- ・保護リレーは動作していない。

　出力低下の原因が発生した箇所の想定として，次の(1)～(5)のうちから最も適切なものを一つ選べ。

- （1） 水位観測地点(上部水槽)より上流側水路
- （2） 水車を含む水位観測地点(上部水槽)より下流側水路
- （3） 電圧調整装置
- （4） 励磁装置
- （5） 発電機

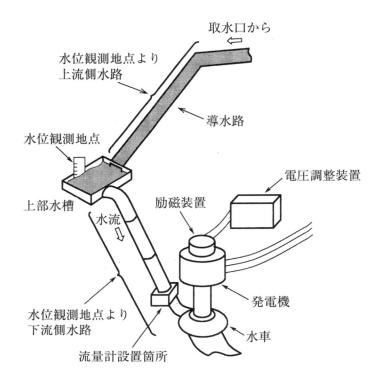

| 問1の解答 | 出題項目＜水車関係，出力関係＞ | 答え　（2） |

（1）「水車上流側の上部水槽で水位が上昇した」ということは，取水口から上部水槽への水の供給は継続されているため，水位観測地点（上部水槽）より上流側水路が出力低下の原因ではない。

（2）「水車流量が低下した」にも関わらず「水車発電機の回転数は定格回転数である」とあり，「水車上流側の上部水槽で水位が上昇した」ことから，**水車を含む水位観測地点（上部水槽）より下流側水路**で何らかの原因で水が流れにくくなって，出力が低下したものと想定される。

（3）「発電機電圧はほとんど変化していない」ため，電圧調整装置が出力低下の原因ではない。

（4）「発電機無効電力は零（0）のまま変化していない」ため，励磁装置が出力低下の原因ではない。

（5）「保護リレーは動作していない」ため，発電機が出力低下の原因ではない。

解説 ……………………………………

本題は消去法で考えるのが適切である。まず発電所の状態のうち，

・発電機無効電力は零（0）のまま変化していない。

・発電機電圧はほとんど変化していない。

・保護リレーは動作していない。

の3項目から，

（3）　電圧調整装置

（4）　励磁装置

（5）　発電機

が原因でないことが判別できる。

次に，水力発電所の理論出力 P[kW]は，流量を Q[m³/s]，有効落差を H[m]とすると，

$$P = 9.8QH$$

と表されるから，「水車流量が低下した」ことによって発電機の有効電力が低下したと判別できる。

残りの選択肢は，水位観測地点（上部水槽）より上流側水路か下流側水路のどちらかであるが，「水車上流側の上部水槽で水位が上昇した」とあるため，水車を含む水位観測地点（上部水槽）より**下流側水路**において何らかの原因で水が流れにくくなって流量が減少し，出力が低下したものと想定される。

令和4(2022) 令和3(2021) 令和2(2020) 令和元(2019) 平成30(2018) 平成29(2017) 平成28(2016) 平成27(2015) 平成26(2014) 平成25(2013) 平成24(2012) 平成23(2011) 平成22(2010) 平成21(2009) 平成20(2008)

問 2 出題分野＜汽力発電＞

難易度 ★★★ 重要度 ★★★

火力発電所のボイラ設備の説明として，誤っているものを次の（1）～（5）のうちから一つ選べ。

（1） ドラムとは，水分と飽和蒸気を分離するほか，蒸発管への送水などをする装置である。

（2） 過熱器とは，ドラムなどで発生した飽和蒸気を乾燥した蒸気にするものである。

（3） 再熱器とは，熱効率の向上のため，一度高圧タービンで仕事をした蒸気をボイラに戻して加熱するためのものである。

（4） 節炭器とは，ボイラで発生した蒸気を利用して，ボイラ給水を加熱し，熱回収することによって，ボイラ全体の効率を高めるためのものである。

（5） 空気予熱器とは，火炉に吹き込む燃焼用空気を，煙道を通る燃焼ガスによって加熱し，ボイラ効率を高めるための熱交換器である。

問2の解答　出題項目＜ボイラ関係＞　　答え　（4）

（1）　正。ドラムとは，水分と飽和蒸気を分離するほか，蒸発管への送水などをする装置である。

（2）　正。過熱器とは，ボイラで発生した飽和蒸気を加熱して乾燥した過熱蒸気にし，熱効率の向上とタービン羽根の損傷を防ぐものである。

（3）　正。再熱器とは，熱効率の向上を目的とした再熱サイクルにおいて，高圧タービンから出た飽和蒸気を再度ボイラに戻して加熱して過熱蒸気にするものである。

（4）　誤。節炭器とは，煙道から煙突に排出される**燃焼ガスの余熱でボイラ給水を加熱**し，ボイラ効率を高めるための熱交換器である。

（5）　正。空気予熱器とは，煙道から煙突に排出される燃焼ガスの余熱で燃焼用空気を加熱し，ボイラ効率を高めるための熱交換器である。

解説

ボイラは燃料の燃焼熱を水に伝えて蒸気を発生させる装置で，**図2-1**に示すような装置で構成される。煙突から排出される燃焼ガスは150～200℃と高温であるため，節炭器や空気予熱器で余熱を回収することでボイラ効率を高めることができる。

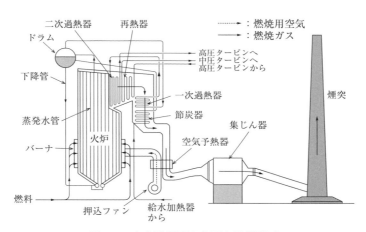

図 2-1　火力発電所の主要な設備構成

問3　出題分野＜汽力発電＞　難易度 ★★★　重要度 ★★★

汽力発電所の復水器に関する一般的説明として，誤っているものを次の(1)〜(5)のうちから一つ選べ。

(1) 汽力発電所で最も大きな損失は，復水器の冷却水に持ち去られる熱量である。

(2) 復水器の冷却水の温度が低くなるほど，復水器の真空度は高くなる。

(3) 汽力発電所では一般的に表面復水器が多く用いられている。

(4) 復水器の真空度を高くすると，発電所の熱効率が低下する。

(5) 復水器の補機として，復水器内の空気を排出する装置がある。

問4　出題分野＜原子力発電＞　難易度 ★★★　重要度 ★★★

ウラン235を3[%]含む原子燃料が1[kg]ある。この原子燃料に含まれるウラン235がすべて核分裂したとき，ウラン235の核分裂により発生するエネルギー[J]の値として，最も近いものを次の(1)〜(5)のうちから一つ選べ。

ただし，ウラン235が核分裂したときには，0.09[%]の質量欠損が生じるものとする。

(1) 2.43×10^{12}　　(2) 8.10×10^{13}　　(3) 4.44×10^{14}

(4) 2.43×10^{15}　　(5) 8.10×10^{16}

令和4 (2022)
令和3 (2021)
令和2 (2020)
令和元 (2019)
平成30 (2018)
平成29 (2017)
平成28 (2016)
平成27 (2015)
平成26 (2014)
平成25 (2013)
平成24 (2012)
平成23 (2011)
平成22 (2010)
平成21 (2009)
平成20 (2008)

問3の解答　　出題項目＜復水器＞　　答え（4）

（1）　正。汽力発電所で最も大きな損失は，復水器の冷却水に持ち去られる熱量で，全熱量の約47 % を占めている。

（2）　正。復水器の真空度は，冷却水の温度が低くなるほど高くなる。

（3）　正。汽力発電所では一般的に，冷却管を介して蒸気を凝縮する表面復水器が多く用いられている。

（4）　誤。復水器の真空度を高くするということは，タービン出口の排気圧力を低くするということなので，タービン入口と出口の蒸気圧力の差が大きくなるとともに熱落差も大きくなることから，タービンでより多くの仕事をさせることができるため，発電所の**熱効率は向上**する。なお，「真空度を高くする」と「圧力を低くする」は同じことを意味する。

（5）　正。復水器の補機として，復水器内への漏えい空気や，タービン排気蒸気中に含まれる不凝縮性ガスを連続的に排出する空気抽出装置が設置される。

解説

復水器は，タービンの排気蒸気を海水によって冷却して凝縮させて水に戻し，復水として回収する装置である。

発電所の熱効率を向上させる方法としては，タービンで仕事に利用される熱量をできるだけ多くするとともに，損失となる外部に捨てる熱量をできるだけ少なくすることである。復水器の真空度を高く保持してタービン出口の排気圧力を低くすると，タービン入口と出口の蒸気圧力の差を大きくするとともに熱落差も大きくなるためタービン出力が大きくなり，熱効率は向上する。

図 3-1 に表面復水器の概略図を示す。

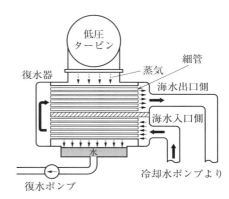

図 3-1　表面復水器

問4の解答　　出題項目＜核分裂エネルギー＞　　答え（1）

質量欠損を Δm [kg]，光速を c（$=3\times10^8$ m/s）とすると，核分裂エネルギー E はアインシュタインの式で求められ，ウラン 235 を 3 % 含む原子燃料 1 kg が核分裂したときのエネルギー E は，

$$E = \Delta mc^2 = 0.09\times10^{-2}\times3\times10^{-2}\times(3\times10^8)^2$$
$$= 2.43\times10^{12}\,[\text{J}]$$

解説

中性子がウラン 235 の原子核に入射すると，多くの場合，原子核は安定を失って 2 種類の原子核に分裂し，その際に熱エネルギーが発生するとともに 2～3 個の高速中性子が発生する。これを核分裂といい，このとき新しく発生した中性子は減速材で減速されて熱中性子になり，別のウラン 235 を核分裂させるように，核分裂が次々に起こることを連鎖反応という。また，ウラン 235 が核分裂した後の原子の質量は，核分裂前の質量よりわずかに小さく，この質量差を質量欠損という。ウラン 235 が 1 回核分裂すると，約 0.09 % の質量欠損が生じて約 200 MeV のエネルギーが放出される。このエネルギーを核分裂エネルギー E といい，アインシュタインの式より $E = \Delta mc^2$ [J] で表される。

問 5　　出題分野＜自然エネルギー＞　　難易度 ★★★　重要度 ★★★

　太陽光発電は，　(ア)　を用いて，光のもつエネルギーを電気に変換している。エネルギー変換時には，　(イ)　のように　(ウ)　を出さない。

　すなわち，　(イ)　による発電では，数千万年から数億年間の太陽エネルギーの照射や，地殻における変化等で優れた燃焼特性になった燃料を電気エネルギーに変換しているが，太陽光発電では変換効率は低いものの，光を電気エネルギーへ瞬時に変換しており長年にわたる　(エ)　の積み重ねにより生じた資源を消費しない。そのため環境への影響は小さい。

　上記の記述中の空白箇所(ア)，(イ)，(ウ)及び(エ)に当てはまる組合せとして，最も適切なものを次の(1)～(5)のうちから一つ選べ。

	(ア)	(イ)	(ウ)	(エ)
(1)	半導体	化石燃料	排気ガス	環境変化
(2)	半導体	原子燃料	放射線	大気の対流
(3)	半導体	化石燃料	放射線	大気の対流
(4)	タービン	化石燃料	廃　熱	大気の対流
(5)	タービン	原子燃料	排気ガス	環境変化

問 6　　出題分野＜送電，配電＞　　難易度 ★★☆　重要度 ★★☆

　架空送配電線路の誘導障害に関する記述として，誤っているものを次の(1)～(5)のうちから一つ選べ。

(1)　誘導障害には，静電誘導障害と電磁誘導障害とがある。前者は電力線と通信線や作業者などとの間の静電容量を介しての結合に起因し，後者は主として電力線側の電流経路と通信線や他の構造物との間の相互インダクタンスを介しての結合に起因する。

(2)　平常時の三相3線式送配電線路では，ねん架が十分に行われ，かつ，各電力線と通信線路や作業者などとの距離がほぼ等しければ，誘導障害はほとんど問題にならない。しかし，電力線のねん架が十分でも，一線地絡故障を生じた場合には，通信線や作業者などに静電誘導電圧や電磁誘導電圧が生じて障害の原因となることがある。

(3)　電力系の中性点接地抵抗を高くすること及び故障電流を迅速に遮断することは，ともに電磁誘導障害防止策として有効な方策である。

(4)　電力線と通信線の間に導電率の大きい地線を布設することは，電磁誘導障害対策として有効であるが，静電誘導障害に対してはその効果を期待することはできない。

(5)　通信線の同軸ケーブル化や光ファイバ化は，静電誘導障害に対しても電磁誘導障害に対しても有効な対策である。

令和4 (2022)
令和3 (2021)
令和2 (2020)
令和元 (2019)
平成30 (2018)
平成29 (2017)
平成28 (2016)
平成27 (2015)
平成26 (2014)
平成25 (2013)
平成24 (2012)
平成23 (2011)
平成22 (2010)
平成21 (2009)
平成20 (2008)

問5の解答　　出題項目＜太陽光発電＞　　答え　（1）

太陽光発電は，pn接合の**半導体**で作られた太陽電池によって，自然エネルギーである太陽光のエネルギーを直接電気エネルギーに変換するものである。光から電気への直接変換であるため，エネルギー変換時において，**化石燃料**のように**排気ガス**を出さないクリーンな発電方式である。原理は，**図5-1**に示すように，シリコンなどの半導体に光が入射したときに起こる光電効果を利用している。

石炭・石油・天然ガスなどの**化石燃料**は，数千万年から数億年間の太陽エネルギーの照射や地殻における変化等，長年にわたる**環境変化**の積み重ねにより優れた燃料特性になったもので，いわば過去の太陽エネルギーの蓄積である。この化石燃料による発電は，燃料を燃焼させることにより電気エネルギーに変換している。これに対して太陽光発電は，変換効率は10〜20％と低いものの，光を電気エネルギーに瞬時に変換しており，二酸化炭素を排出せず環境への影響は小さい。

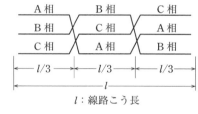

図5-1　太陽光発電の原理

問6の解答　　出題項目＜誘導障害，中性点接地方式＞　　答え　（4）

（1）　正。電力線と通信線が接近して施設されている場合，電力線の電圧や電流により通信線が影響を受けることを誘導障害といい，静電誘導障害と電磁誘導障害とがある。前者は電力線と通信線や作業者などとの間の静電容量を介しての結合に，後者は電力線と通信線や他の構造物との間の相互インダクタンスを介しての結合に起因する。

（2）　正。**図6-2**に示すように，電線路の全区間を3等分し，各区間で電線の位置を入れ替えることをねん架という。三相架空送配電線路が十分ねん架されていれば，各線のインダクタンスおよび静電容量はそれぞれ等しくなって電気的不平衡はなくなり，変圧器中性点に現れる残留電圧を減少させ，付近の通信線に対する電磁的および静電的な誘導障害を軽減させることができる。しかし，電力線のねん架が十分でも，1線地絡故障時には，通信線や作業者などに静電誘導電圧や電磁誘導電圧が生じて障害の原因となることがある。

（3）　正。電力系統の中性点接地抵抗を高くすることにより1線地絡電流を抑制でき，また，故障電流を迅速に遮断することは，ともに電磁誘導障害防止対策として有効な方策である。

（4）　誤。電力線と通信線との間に導電率の大きい遮へい線を設置することは，**静電誘導障害と電磁誘導障害の両方の防止対策として効果が期待できる。**

（5）　正。通信線に金属被覆ケーブルや光ファイバケーブルを使用し，金属被覆に接地工事を施すことは，静電誘導障害防止対策に有効であり，通信線にアルミ被誘導遮へいケーブルや光ファイバケーブルを使用し，通信線に避雷器を設置することは電磁誘導障害防止対策に有効である。

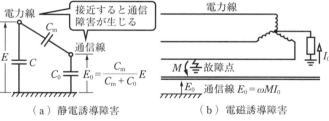

（a）静電誘導障害　　　（b）電磁誘導障害

図6-1　誘導障害

図6-2　ねん架

問7　出題分野＜送電，配電＞　　難易度 ★★★　重要度 ★★★

次の文章は，送配電線路での過電圧に関する記述である。

送配電系統の運転中には，様々な原因で，公称電圧ごとに定められている最高電圧を超える異常電圧が現れる。このような異常電圧は過電圧と呼ばれる。

過電圧は，その発生原因により，外部過電圧と内部過電圧に大別される。

外部過電圧は主に自然雷に起因し，直撃雷，誘導雷，逆フラッシオーバに伴う過電圧などがある。このうち一般の配電線路で発生頻度が最も多いのは　(ア)　に伴う過電圧である。

内部過電圧の代表的なものとしては，遮断器や断路器の動作に伴って発生する　(イ)　過電圧や，(ウ)　時の健全相に現れる過電圧，さらにはフェランチ現象による過電圧などがある。

また，過電圧の波形的特徴から，外部過電圧や，内部過電圧のうちの　(イ)　過電圧は　(エ)　過電圧，(ウ)　やフェランチ現象に伴うものなどは　(オ)　過電圧と分類されることもある。

上記の記述中の空白箇所(ア)，(イ)，(ウ)，(エ)及び(オ)に当てはまる組合せとして，正しいものを次の(1)～(5)のうちから一つ選べ。

	(ア)	(イ)	(ウ)	(エ)	(オ)
(1)	誘導雷	開閉	一線地絡	サージ性	短時間交流
(2)	直撃雷	アーク間欠地絡	一線地絡	サージ性	短時間交流
(3)	直撃雷	開閉	三相短絡	短時間交流	サージ性
(4)	誘導雷	アーク間欠地絡	混触	短時間交流	サージ性
(5)	逆フラッシオーバ	開閉	混触	短時間交流	サージ性

問8　出題分野＜変電，送電＞　　難易度 ★★★　重要度 ★★★

受変電設備や送配電設備に設置されるリアクトルに関する記述として，誤っているものを次の(1)～(5)のうちから一つ選べ。

(1) 分路リアクトルは，電力系統から遅れ無効電力を吸収し，系統の電圧調整を行うために設置される。母線や変圧器の二次側・三次側に接続し，負荷変動に応じて投入したり切り離したりして使用される。

(2) 限流リアクトルは，系統故障時の故障電流を抑制するために用いられる。保護すべき機器と直列に接続する。

(3) 電力用コンデンサに用いられる直列リアクトルは，コンデンサ回路投入時の突入電流を抑制し，コンデンサによる高調波障害の拡大を防ぐことで，電圧波形のひずみを改善するために設ける。コンデンサと直列に接続し，回路に並列に設置する。

(4) 消弧リアクトルは，三相電力系統において送電線路にアーク地絡を生じた場合，進相電流を補償し，アークを消滅させ，送電を継続するために用いられる。三相変圧器の中性点と大地間に接続する。

(5) 補償リアクトル接地方式は，66kVから154kVの架空送電線において，対地静電容量によって発生する地絡故障時の充電電流による通信機器への影響を抑制するために用いられる。中性点接地抵抗器と直列に補償リアクトルを接続する。

問7の解答　出題項目＜過電圧＞　　答え　（1）

過電圧には，電力系統外部から侵入してくる外部過電圧と，電力系統内部に起因する内部過電圧とがある。外部過電圧は主に自然雷に起因し，直撃雷，誘導雷，逆フラッシオーバによるものがあり，配電線路では，**誘導雷**に伴う過電圧の発生頻度が最も多い。内部過電圧は，遮断器や断路器の開閉操作によって発生する過渡的な過電圧である**開閉過電圧**，**一線地絡事故時**の健全相に現れる過電圧，軽負荷時のフェランチ現象による過電圧，間欠アーク地絡による過電圧などがある。

また，過電圧の波形的特徴から，外部過電圧や，内部過電圧のうちの**開閉過電圧**は**サージ性過電圧**，**一線地絡事故時**やフェランチ現象による過電圧は**短時間交流過電圧**に分類される。

解説

鉄塔頂部または架空地線に落雷した場合，鉄塔の接地抵抗と雷電流との積に起因する鉄塔の電圧上昇が起こり，架空地線と電線間またはがいし装置のアークホーン間でフラッシオーバを生じ，電力線に雷電圧が侵入することがあり，これを逆フラッシオーバという。

非接地系の送電線路でアーク地絡が生じたとき，アークが消弧と再点弧を交互に繰り返し異常電圧を発生することがあり，これを間欠アーク地絡による過電圧という。

問8の解答　出題項目＜調相設備，中性点接地方式＞　　答え　（5）

（1）　正。分路リアクトルは，軽負荷時に長距離送電線や大容量のケーブル系統の進相電流を補償（遅れ無効電力を吸収）し，系統電圧の上昇を抑えるために設置される。母線や変圧器の二次側・三次側に接続し，負荷変動に応じて投入したり切り離したりして使用される。

（2）　正。限流リアクトルは，主回路と直列に接続し，系統故障時の故障電流（短絡電流）を制限するために用いられる。

（3）　正。電力用コンデンサのリアクタンスは，周波数が高い高調波に対してリアクタンスは小さな値となることから大きな高調波電流を流すことになる。

電力用コンデンサに用いられる直列リアクトルは，コンデンサ回路を系統に接続したときの突入電流を抑制するとともに，特に第5高調波インピーダンスを小さくすることにより系統電圧のひずみを防止して高調波障害の拡大を防止するために設置する。コンデンサと直列に接続し，回路に並列に設置する。

（4）　正。消弧リアクトルは，三相電力系統において送電線路にアーク地絡を生じた場合，対地静電容量と並列共振させて進相電流を補償し，アークを速やかに消滅させて送電を継続するため，三相変圧器の中性点と大地間に接続する。

（5）　誤。補償リアクトル接地方式は，都市部のケーブル系統増加に伴う対地充電電流の増大対策として，66 kV から 154 kV の架空送電線路において，対地静電容量によって発生する地絡故障時の充電電流による通信機器への影響を抑制や健全相電圧の異常上昇を抑制するために用いられ，補償リアクトルを中性点接地抵抗と**並列**に接続することによって対地充電電流を補償する方式である。

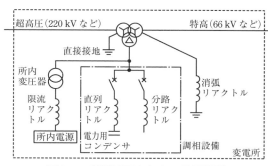

図 8-1　各種リアクトルの使用箇所

令和4（2022）令和3（2021）令和2（2020）令和元（2019）平成30（2018）平成29（2017）平成28（2016）平成27（2015）平成26（2014）平成25（2013）平成24（2012）平成23（2011）平成22（2010）平成21（2009）平成20（2008）

問9 出題分野＜配電＞ 　難易度 ★★★ 　重要度 ★★★

　一次電圧 6 400［V］，二次電圧 210［V］/105［V］の柱上変圧器がある。図のような単相 3 線式配電線路において三つの無誘導負荷が接続されている。負荷 1 の電流は 50［A］，負荷 2 の電流は 60［A］，負荷 3 の電流は 40［A］である。L₁ と N 間の電圧 V_a［V］，L₂ と N 間の電圧 V_b［V］，及び変圧器の一次電流 I_1［A］の値の組合せとして，正しいものを次の（1）〜（5）のうちから一つ選べ。

　ただし，変圧器から低圧負荷までの電線 1 線当たりの抵抗を 0.08［Ω］とし，変圧器の励磁電流，インピーダンス，低圧配電線のリアクタンス，及び C 点から負荷側線路のインピーダンスは考えないものとする。

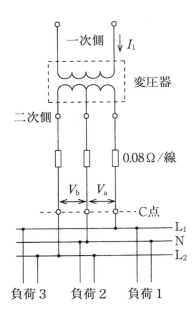

	V_a[V]	V_b[V]	I_1[A]
（1）	98.6	96.2	3.12
（2）	97.0	97.8	3.28
（3）	97.0	97.8	2.95
（4）	96.2	98.6	3.12
（5）	98.6	96.2	3.28

令和
4
(2022)

令和
3
(2021)

令和
2
(2020)

令和
元
(2019)

平成
30
(2018)

平成
29
(2017)

平成
28
(2016)

平成
27
(2015)

平成
26
(2014)

平成
25
(2013)

平成
24
(2012)

平成
23
(2011)

平成
22
(2010)

平成
21
(2009)

平成
20
(2008)

問 9 の解答　　出題項目＜単相 3 線式＞　　　　　　答え　（1）

　設問の図を描き直すと**図 9-1** のようになり，負荷電流を $i_1=50[\mathrm{A}]$，$i_2=60[\mathrm{A}]$，$i_3=40[\mathrm{A}]$ とすると，変圧器二次側の電流 i_a，i_b，$i_\mathrm{n}[\mathrm{A}]$ は，

$$i_\mathrm{a}=i_1+i_3=50+40=\ 90[\mathrm{A}]$$
$$i_\mathrm{b}=i_2+i_3=60+40=100[\mathrm{A}]$$
$$i_\mathrm{n}=i_2-i_1=60-50=\ 10[\mathrm{A}]$$

　上側の外線での電圧降下を V_1，下線での電圧降下を V_2，中性線での電圧降下を V_n とすると，電圧 V_a，$V_\mathrm{b}[\mathrm{V}]$ は，

$$V_\mathrm{a}=105-v_1+v_\mathrm{n}=105-0.08i_\mathrm{a}+0.08i_\mathrm{n}$$
$$=105-0.08(90-10)=98.6[\mathrm{V}]$$
$$V_\mathrm{b}=105-v_\mathrm{n}-v_2=105-0.08i_\mathrm{n}-0.08i_\mathrm{b}$$
$$=105-0.08(10+100)=96.2[\mathrm{V}]$$

　次に，変圧器二次側の容量 P は，

$$P=105\times i_\mathrm{a}+105\times i_\mathrm{b}$$

$$=105\times(i_\mathrm{a}+i_\mathrm{b})=105\times(90+100)$$
$$=19\,950[\mathrm{V\cdot A}]$$

　変圧器の一次側入力＝二次側入力であるから，変圧器の一次電流 $I_1[\mathrm{A}]$ は，

$$I_1=\frac{P}{6\,400}=\frac{19\,950}{6\,400}\fallingdotseq3.12[\mathrm{A}]$$

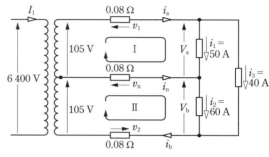

図 9-1　単相 3 線式配電線路

問10 出題分野＜変電＞ | 難易度 ★★★ | 重要度 ★★★

　次の文章は，発変電所用避雷器に関する記述である。

　避雷器はその特性要素の　(ア)　特性により，過電圧サージに伴う電流のみを大地に放電させ，サージ電流に続いて交流電流が大地に放電するのを阻止する作用を備えている。このため，避雷器は電力系統を地絡状態に陥れることなく過電圧の波高値をある抑制された電圧値に低減することができる。この抑制された電圧を避雷器の　(イ)　という。一般に発変電所用避雷器で処理の対象となる過電圧サージは，雷過電圧と　(ウ)　である。避雷器で保護される機器の絶縁は，当該避雷器の　(イ)　に耐えればよいこととなり，機器の絶縁強度設計のほか発変電所構内の　(エ)　などをも経済的，合理的に決定することができる。このような考え方を　(オ)　という。

　上記の記述中の空白箇所(ア)，(イ)，(ウ)，(エ)及び(オ)に当てはまる組合せとして，正しいものを次の(1)～(5)のうちから一つ選べ。

	(ア)	(イ)	(ウ)	(エ)	(オ)
(1)	非直線抵抗	制限電圧	開閉過電圧	機器配置	絶縁協調
(2)	非直線抵抗	回復電圧	短時間交流過電圧	機器寿命	保護協調
(3)	大容量抵抗	制限電圧	開閉過電圧	機器配置	保護協調
(4)	大容量抵抗	再起電圧	短時間交流過電圧	機器寿命	絶縁協調
(5)	無誘導抵抗	制限電圧	開閉過電圧	機器配置	絶縁協調

問 10 の解答　　出題項目＜避雷器＞　　　　答え　（1）

　避雷器は，その特性要素の**非直線性**によって，過電圧サージに伴う電流のみを大地に放電させ，サージ電流に続いて交流電流が大地に流れるのを阻止する機能を持っている。

　避雷器が放電しているとき，避雷器と大地との両端に残留するインパルス電圧，つまり電力系統を地絡状態に陥れることなく過電圧の波高値をある抑制された電圧値にすることができ，この抑制された電圧を避雷器の**制限電圧**，避雷器が放電を開始する電圧を放電開始電圧という。

　発変電所用避雷器で処理の対象になる過電圧サージは，雷過電圧サージと**開閉過電圧**サージである。

　避雷器で保護される機器の絶縁は，その避雷器の**制限電圧**に耐えればよい。その上で，発変電所構内に設置される機器，装置の絶縁強度の協調を図り，**機器配置**も含めて最も合理的かつ経済的な絶縁設計を行い，系統全体の信頼度を向上させることを**絶縁協調**という。

解説

　避雷器は，雷過電圧や開閉過電圧を大地に放電することにより，その大きさを制限して送配電系統に設置される電力機器や線路を保護し，さらに，放電後に引き続き流れる商用周波数の続流を短時間のうちに遮断し，系統の正常な状態を乱すことなく現状に自復する機能をもつ装置である。

　この特性は，**図 10-1** に示すように，放電開始電圧と制限電圧とで規定される。前者は放電を開始する電圧であり，後者は避雷器が放電しているときに避雷器の端子間に現れる電圧である。この制限電圧は，電力機器の絶縁強度より十分低い必要がある。避雷器で保護される電力機器の絶縁は，避雷器の制限電圧に耐えればよいことになる。

Point 避雷器の性能は放電開始電圧と制限電圧で決定される。

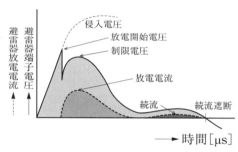

図 10-1　避雷器の特性

問 11 出題分野＜地中送電＞ 難易度 ★★★ 重要度 ★★★

次の文章は，マーレーループ法に関する記述である。

マーレーループ法はケーブル線路の故障点位置を標定するための方法である。この基本原理は (ア) ブリッジに基づいている。図に示すように，ケーブルAの一箇所においてその導体と遮へい層の間に地絡故障を生じているとする。この場合に故障点の位置標定を行うためには，マーレーループ装置を接続する箇所の逆側端部において，絶縁破壊を起こしたケーブルAと，これに並行する絶縁破壊を起こしていないケーブルBの (イ) どうしを接続して，ブリッジの平衡条件を求める。ケーブル線路長を L，マーレーループ装置を接続した端部側から故障点までの距離を x，ブリッジの全目盛を 1 000，ブリッジが平衡したときのケーブルAに接続されたブリッジ端子までの目盛の読みを a としたときに，故障点までの距離 x は (ウ) で示される。

なお，この原理上，故障点の地絡抵抗が (エ) ことがよい位置標定精度を得るうえで必要である。

ただし，ケーブルA，Bは同一仕様，かつ，同一長とし，また，マーレーループ装置とケーブルの接続線，及びケーブルどうしの接続線のインピーダンスは無視するものとする。

上記の記述中の空白箇所(ア)，(イ)，(ウ)及び(エ)に当てはまる組合せとして，正しいものを次の(1)～(5)のうちから一つ選べ。

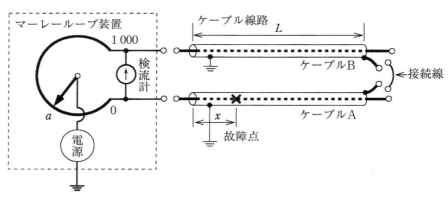

	(ア)	(イ)	(ウ)	(エ)
(1)	シェーリング	導体	$2L - \dfrac{aL}{500}$	十分高い
(2)	ホイートストン	導体	$\dfrac{aL}{500}$	十分低い
(3)	ホイートストン	遮へい層	$\dfrac{aL}{500}$	十分低い
(4)	シェーリング	遮へい層	$2L - \dfrac{aL}{500}$	十分高い
(5)	ホイートストン	導体	$\dfrac{aL}{500}$	十分高い

令和
4
(2022)

令和
3
(2021)

令和
2
(2020)

令和
元
(2019)

平成
30
(2018)

平成
29
(2017)

平成
28
(2016)

平成
27
(2015)

平成
26
(2014)

平成
25
(2013)

平成
24
(2012)

平成
23
(2011)

平成
22
(2010)

平成
21
(2009)

平成
20
(2008)

問 11 の解答　出題項目＜故障点標定＞　答え　（2）

　マーレーループ法は，ケーブル線路の故障点位置を標定するための方法で，**ホイートストンブリッジ**の原理を応用したものである。

　マーレーループ装置を接続する箇所の逆側端部において，絶縁破壊を起こしたケーブル A と，これに並行する絶縁破壊を起こしていないケーブル B の**導体**どうしを接続して，ブリッジの平衡条件を求める。抵抗は距離（長さ）に比例するので，ケーブルの単位長さ当たりの線路抵抗を r [Ω/km]とすると，ブリッジの平衡条件より，

$$(1\,000-a)\cdot rx = a\cdot r(2L-x)$$

$$1\,000x - ax = 2aL - ax$$

$$\therefore\ x = \frac{2aL}{1\,000} = \frac{aL}{500}$$

　故障点の地絡抵抗 R_g は故障ケーブル A の線路抵抗に加算されるため，R_g が大きいと精度が悪くなることから地絡抵抗は**十分低い**ことがよい位置測定精度を得るために必要である。

解説••••••••••••••••••••••••••••••

　電力ケーブルの絶縁破壊による故障には，短絡故障，地絡故障および断線故障等があるが，約 9 割が地絡故障であり，中でも 1 線地絡故障が大部分を占める。

　マーレーループ法で 1 線地絡したケーブルの故障点を特定する場合の等価回路は**図 11-1** のようになり，故障点を経由してホイートストンブリッジ回路が構成されるため，このブリッジ回路から故障点までの距離の測定が可能となる。

　故障心線が断線していないことと，ケーブルの健全な心線があるか，あるいは健全な並行回路があることが適用条件である。

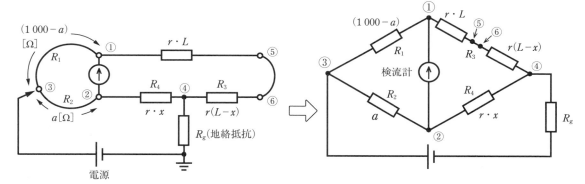

図 11-1　マーレーループ法の等価回路

問 12　出題分野＜配電＞　難易度 ★★★　重要度 ★★★

次の文章は，スポットネットワーク方式に関する記述である。

スポットネットワーク方式は，ビルなどの需要家が密集している大都市の供給方式で，一つの需要家に　(ア)　回線で供給されるのが一般的である。

機器の構成は，特別高圧配電線から断路器，　(イ)　及びネットワークプロテクタを通じて，ネットワーク母線に並列に接続されている。

また，ネットワークプロテクタは，　(ウ)　，プロテクタ遮断器，電力方向継電器で構成されている。

スポットネットワーク方式は，供給信頼度の高い方式であり，　(エ)　の単一故障時でも無停電で電力を供給することができる。

上記の記述中の空白箇所(ア)，(イ)，(ウ)及び(エ)に当てはまる組合せとして，正しいものを次の(1)〜(5)のうちから一つ選べ。

	(ア)	(イ)	(ウ)	(エ)
(1)	1	ネットワーク変圧器	断路器	特別高圧配電線
(2)	3	ネットワーク変圧器	プロテクタヒューズ	ネットワーク母線
(3)	3	遮断器	プロテクタヒューズ	ネットワーク母線
(4)	1	遮断器	断路器	ネットワーク母線
(5)	3	ネットワーク変圧器	プロテクタヒューズ	特別高圧配電線

令和
4
(2022)

令和
3
(2021)

令和
2
(2020)

令和
元
(2019)

平成
30
(2018)

平成
29
(2017)

平成
28
(2016)

平成
27
(2015)

平成
26
(2014)

平成
25
(2013)

平成
24
(2012)

平成
23
(2011)

平成
22
(2010)

平成
21
(2009)

平成
20
(2008)

問 12 の解答　出題項目＜ネットワーク方式＞　　答え　（5）

　スポットネットワーク方式は，**図 12-1** に示すように，通常，**3 回線**で供給され，特別高圧配電線から受電用断路器，**ネットワーク変圧器**，プロテクタヒューズ，ネットワークプロテクタリレー，プロテクタ遮断器を介してネットワーク母線に並列に接続され，地中線とするのが一般的である。この方式は，大都市の大型ビルが多数存在する超過密地域で，高い信頼度が要求される場合に採用される。

　スポットネットワーク方式の保護装置としてはネットワークプロテクタが使用されるが，これは自動再閉路特性および閉路制御の機能を最も簡単な構造のもとに満足させるようにした一種の遮断装置で，**プロテクタヒューズ**，プロテクタ遮断器，電力方向継電器で構成される。

　この方式は，**特別高圧配電線**の 1 回線またはネットワーク変圧器に単一故障が発生しても，これを切り離すことで残った設備で，無停電で電力を供給できるため供給信頼度が高い。また，ネットワーク変圧器から電源側の系統事故を変圧器低圧側のネットワークプロテクタで検出して保護するため，受電用遮断器やその保護装置の省略が可能であり，設置スペースの縮小と経費の節減ができるメリットがある。

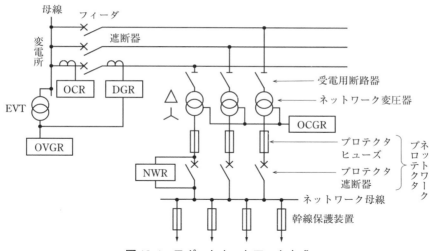

図 12-1　スポットネットワーク方式

問 13 出題分野＜配電＞ 　難易度 ★★★　重要度 ★★★

配電線路の電圧調整に関する記述として，誤っているものを次の（1）～（5）のうちから一つ選べ。

（1）　配電線のこう長が長くて負荷の端子電圧が低くなる場合，配電線路に昇圧器を設置することは電圧調整に効果がある。

（2）　電力用コンデンサを配電線路に設置して，力率を改善することは電圧調整に効果がある。

（3）　変電所では，負荷時電圧調整器・負荷時タップ切換変圧器等を設置することにより電圧を調整している。

（4）　配電線の電圧降下が大きい場合は，電線を太い電線に張り替えたり，隣接する配電線との開閉器操作により，配電系統を変更することは電圧調整に効果がある。

（5）　低圧配電線における電圧調整に関して，柱上変圧器のタップ位置を変更することは効果があるが，柱上変圧器の設置地点を変更することは効果がない。

問 14 出題分野＜電気材料＞ 　難易度 ★★★　重要度 ★★★

電気絶縁材料に関する記述として，誤っているものを次の（1）～（5）のうちから一つ選べ。

（1）　直射日光により，絶縁物の劣化が生じる場合がある。

（2）　多くの絶縁材料は温度が高いほど，絶縁強度の低下や誘電損の増加が生じる。

（3）　絶縁材料中の水分が少ないほど，絶縁強度は低くなる傾向がある。

（4）　電界や熱が長時間加わることで，絶縁強度は低下する傾向がある。

（5）　部分放電は，絶縁物劣化の一要因である。

問13の解答　出題項目＜電圧調整＞

（1）　正。配電線のこう長が長くて負荷の端子電圧が低くなる場合，配電線路の途中に昇圧器（ステップ式自動電圧調整器（LVR）など）を設置することは電圧調整に効果がある。

（2）　正。電力用コンデンサを配電線路に設置して力率を改善することは電圧調整に効果がある。

（3）　正。配電用変電所の送出電圧を調整する方法には，母線電圧を調整する方法，回線ごとに調整する方法，両者の併用などがあり，電圧調整器として負荷時電圧調整器または負荷時タップ切換変圧器が使用される。

（4）　正。配電線路のこう長が長くて電圧降下が大きい場合は，電線の太線化によって電圧降下そのものを軽減したり，隣接する配電線との開閉操作により配電系統を変更したりすることは電圧調整に効果がある。

（5）　誤。低圧配電線路の電圧調整は，柱上変圧器のタップ調整や柱上変圧器の設置位置変更によって行う。したがって，**柱上変圧器の設置地点を変更する**ことも**電圧調整に効果がある**。

解説 ••••••••••••••••••••••••••••••

低圧配電線の計画において，柱上変圧器の設置位置の検討は重要である。柱上変圧器は，できるだけ負荷が密集する箇所に近い地点に設置し，電圧降下を小さくしなければならない。

柱上変圧器のタップ調整は，**図 13-1** に示すように，二次側（低圧側）の電圧 V_2 は 105 V および 210 V の一定で，一次側（高圧側）の電圧 V_1 は，定格電圧 6 600 V を中心に 5 個程度の選択タップ（6 150～6 750 V）をもっている。タップ調整は簡単で効果も大きいため一般に用いられるが，現地での人手による調整となるため頻繁な変更は難しい。

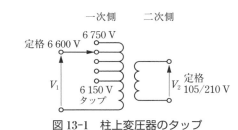

一次側　　　二次側
6 750 V
定格 6 600 V
V_1　6 150 V タップ　V_2　定格 105/210 V

図 13-1　柱上変圧器のタップ

問14の解答　出題項目＜絶縁材料＞

（1）　正。直射日光により，絶縁物の劣化が生じる場合がある。

（2）　正。多くの絶縁材料は温度が高いほど，絶縁強度の低下や誘電損の増加が生じる。

（3）　誤。絶縁材料中の水分が少ないほど，**絶縁強度は高くなる**傾向がある。

（4）　正。電界や熱が長時間加わることで，絶縁強度は低下する傾向がある。

（5）　正。部分放電は，絶縁劣化の一要因である。

解説 ••••••••••••••••••••••••••••••

電気材料は，保管または通常使用中における様々な要因でその特性が劣化し，なかでも有機材料を多く用いる絶縁材料で多く発生する。

電気絶縁材料の劣化原因は，電気的要因，熱的要因，機械的要因および環境的要因に大別されるが，実際にはこれらの要因が複雑に絡み合っている場合が多い。

電気的要因による劣化は，過大な電圧が加わったときに内部に生じるコロナ放電による絶縁低下や，通常の電圧でも時間の経過とともに絶縁低下を起こす電圧劣化である。

熱的要因による劣化は，膨張や収縮によるひずみの発生や空げき等による絶縁低下，温度上昇による絶縁物の化学的変化による絶縁低下がある。

機械的要因による劣化は，機械的な衝撃や摩擦などによる絶縁低下がある。

環境的要因による劣化は，湿気の多い場所での使用による絶縁劣化，紫外線・酸・アルカリ等にさらされる場所での使用による絶縁低下がある。

令和 4 (2022)
令和 3 (2021)
令和 2 (2020)
令和元 (2019)
平成 30 (2018)
平成 29 (2017)
平成 28 (2016)
平成 27 (2015)
平成 26 (2014)
平成 25 (2013)
平成 24 (2012)
平成 23 (2011)
平成 22 (2010)
平成 21 (2009)
平成 20 (2008)

B 問 題 (配点は1問題当たり(a)5点, (b)5点, 計10点)

問15 出題分野＜汽力発電＞ 難易度 ★★☆ 重要度 ★★★

定格出力500[MW], 定格出力時の発電端熱効率40[%]の汽力発電所がある。重油の発熱量は44 000 [kJ/kg]で, 潜熱の影響は無視できるものとして, 次の(a)及び(b)の問に答えよ。

ただし, 重油の化学成分を炭素85[%], 水素15[%], 水素の原子量を1, 炭素の原子量を12, 酸素の原子量を16, 空気の酸素濃度を21[%]とし, 重油の燃焼反応は次のとおりである。

$$C+O_2 \quad \rightarrow \quad CO_2$$

$$2H_2+O_2 \quad \rightarrow \quad 2H_2O$$

(a) 定格出力にて, 1時間運転したときに消費する燃料重量[t]の値として, 最も近いものを次の(1)～(5)のうちから一つ選べ。

(1) 10 (2) 16 (3) 24 (4) 41 (5) 102

(b) このとき使用する燃料を完全燃焼させるために必要な理論空気量※[m³]の値として, 最も近いものを次の(1)～(5)のうちから一つ選べ。

ただし, 1[mol]の気体標準状態の体積は22.4[L]とする。

※理論空気量：燃料を完全に燃焼するために必要な最小限の空気量(標準状態における体積)

(1) 5.28×10^4 (2) 1.89×10^5 (3) 2.48×10^5

(4) 1.18×10^6 (5) 1.59×10^6

問 15 （a）の解答　出題項目＜熱サイクル・熱効率，LNG・石炭・石油火力＞　答え　（5）

定格出力 $P_G=500[\mathrm{MW}]$ にて 1 時間運転したときの発電電力量 W_G は，

$$W_G=1[\mathrm{h}]\times P_G[\mathrm{MW}]=500\times10^3[\mathrm{kW\cdot h}]$$

これを熱量 Q_G に換算すると，

$$\begin{aligned}Q_G&=3\,600[\mathrm{kJ/kW\cdot h}]\times W_G[\mathrm{kW\cdot h}]\\&=3\,600\times500\times10^3=1\,800\times10^6[\mathrm{kJ}]\end{aligned}$$

一方，定格出力にて 1 時間運転したときに消費する燃料重量を $B[\mathrm{kg}]$，重油の発熱量を $H[\mathrm{kJ/kg}]$ とすると，ボイラに供給される重油の総発熱量 $Q=BH[\mathrm{kJ}]$ である。ここで，発電端熱効率 η_P は，

$$\eta_P=\frac{W_G}{Q}=\frac{1\,800\times10^6}{BH}$$

よって，定格出力にて 1 時間運転したときに消費する燃料重量 B は，

$$\begin{aligned}B&=\frac{1\,800\times10^6}{H\eta_P}=\frac{1\,800\times10^6}{44\,000\times0.40}\\&\fallingdotseq102.27\times10^3[\mathrm{kg}]\quad\rightarrow\quad102\,\mathrm{t}\end{aligned}$$

Point 1 W＝1 J/s より 1 W·s＝1 J の関係があるから，これを 1 時間当たりに換算すると，

$$1[\mathrm{W\cdot s}]=1[\mathrm{W\cdot s}]\times\frac{1}{3\,600\left[\dfrac{\mathrm{s}}{\mathrm{h}}\right]}=\frac{1}{3\,600}[\mathrm{W\cdot h}]=1[\mathrm{J}]$$

$$\therefore\ 1[\mathrm{W\cdot h}]=3\,600[\mathrm{J}]\quad\rightarrow\quad1\,\mathrm{kW\cdot h}=3\,600\,\mathrm{kJ}$$

問 15 （b）の解答　出題項目＜LNG・石炭・石油火力＞　答え　（4）

まず，炭素が完全燃焼するために必要な理論空気量を求める。

化学反応式 $\mathrm{C}+\mathrm{O_2}\rightarrow\mathrm{CO_2}$ より，1 kmol の炭素 C が完全燃焼するためには 1 kmol の酸素 $\mathrm{O_2}$，つまり気体標準状態で 22.4 kL＝22.4 m³ の理論酸素量が必要である。炭素 1 kmol の質量は 12 kg なので，炭素 1 kg を完全燃焼するのに必要な理論酸素量 O_C は，

$$O_C=\frac{22.4}{12}[\mathrm{m^3/kg}]$$

重油の化学成分で炭素は 85 %，空気中の酸素濃度は 21 % であるから，重油 1 kg 中の炭素が完全燃焼するために必要な理論空気量 A_C は，

$$A_C=\frac{0.85\,O_C}{0.21}=\frac{0.85\times22.4}{0.21\times12}[\mathrm{m^3/kg}]$$

次に，水素が完全燃焼するために必要な理論空気量を求める。

化学反応式 $\mathrm{H_2}+\dfrac{1}{2}\mathrm{O_2}\rightarrow\mathrm{H_2O}$ より，1 kmol の水素 $\mathrm{H_2}$ が完全燃焼するためには，$\dfrac{1}{2}$ kmol の酸素 $\mathrm{O_2}$，つまり気体標準状態で $\dfrac{22.4}{2}$ kL＝$\dfrac{22.4}{2}$ m³ の理論酸素量が必要である。水素 1 kmol の質量は 2 kg なので，水素 1 kg を完全燃焼するのに必要な理論酸素量 O_H は，

$$O_H=\frac{\dfrac{22.4}{2}}{2}=\frac{22.4}{4}[\mathrm{m^3/kg}]$$

重油の化学成分で水素は 15 %，空気中の酸素濃度は 21 % であるから，重油 1 kg 中の水素が完全燃焼するために必要な理論空気量 A_H は，

$$A_H=\frac{0.15\,O_H}{0.21}=\frac{0.15\times22.4}{0.21\times4}[\mathrm{m^3/kg}]$$

したがって，102 t の燃料を完全燃焼させるために必要な理論空気量 A は，

$$\begin{aligned}A&=102\times10^3\times(A_C+A_H)\\&=102\times10^3\times\left(\frac{0.85\times22.4}{0.21\times12}+\frac{0.15\times22.4}{0.21\times4}\right)\\&\fallingdotseq1.18\times10^6[\mathrm{m^3}]\end{aligned}$$

解説 ··

化学の基本的な知識を次にまとめる。

① 物質を構成する原子や分子などの個数をもとに表した物質の数量を，物質量という。物質量の単位は[mol]を用いる。

② 物質の原子量または分子量に[g]の単位をつけると，物質 1 mol の質量となる。また，1 mol の気体標準状態（0 ℃，1 気圧における気体）の体積は，物質の種類によらず 22.4 L である。

③ 気体の水素や酸素は，2 個の原子（H，O）が結合した分子（$\mathrm{H_2}$，$\mathrm{O_2}$）として存在する。

令和4 (2022)　令和3 (2021)　令和2 (2020)　令和元 (2019)　平成30 (2018)　平成29 (2017)　平成28 (2016)　平成27 (2015)　平成26 (2014)　平成25 (2013)　平成24 (2012)　平成23 (2011)　平成22 (2010)　平成21 (2009)　平成20 (2008)

| 問16 | 出題分野＜変電＞ | 難易度 ★★★ | 重要度 ★★★ |

変電所に設置された一次電圧 66[kV]，二次電圧 22[kV]，容量 50[MV·A]の三相変圧器に，22[kV]の無負荷の線路が接続されている。その線路が，変電所から負荷側 500[m]の地点で三相短絡を生じた。

三相変圧器の結線は，一次側と二次側が Y－Y 結線となっている。

ただし，一次側からみた変圧器の1相当たりの抵抗は 0.018[Ω]，リアクタンスは 8.73[Ω]，故障が発生した線路の1線当たりのインピーダンスは(0.20＋j0.48)[Ω/km]とし，変圧器一次電圧側の線路インピーダンス及びその他の値は無視するものとする。次の(a)及び(b)の問に答えよ。

(a) 短絡電流[kA]の値として，最も近いものを次の(1)～(5)のうちから一つ選べ。
   (1) 0.83　　(2) 1.30　　(3) 1.42　　(4) 4.00　　(5) 10.5

(b) 短絡前に，22[kV]に保たれていた三相変圧器の母線の線間電圧は，三相短絡故障したとき，何[kV]に低下するか。電圧[kV]の値として，最も近いものを次の(1)～(5)のうちから一つ選べ。
   (1) 2.72　　(2) 4.71　　(3) 10.1　　(4) 14.2　　(5) 17.3

令和
4
(2022)

令和
3
(2021)

令和
2
(2020)

令和
元
(2019)

平成
30
(2018)

平成
29
(2017)

平成
28
(2016)

平成
27
(2015)

平成
26
(2014)

平成
25
(2013)

平成
24
(2012)

平成
23
(2011)

平成
22
(2010)

平成
21
(2009)

平成
20
(2008)

問16（a）の解答　出題項目＜変圧器，短絡故障＞　答え （5）

巻数比 $a=66/22=3$ とすると，二次側に換算した変圧器の1相当たりのインピーダンス $\dot{Z}_\mathrm{T}$ は，

$$\dot{Z}_\mathrm{T}=r_{t2}+\mathrm{j}x_{t2}=(0.018+\mathrm{j}8.73)\times\left(\frac{1}{a}\right)^2$$

$$=(0.018+\mathrm{j}8.73)\times\left(\frac{1}{3}\right)^2$$

$$=0.002+\mathrm{j}0.97\,[\Omega]$$

故障点までの距離は 500 m なので，故障点までの線路インピーダンス $\dot{Z}_l$ は，

$$\dot{Z}_l=r_2+\mathrm{j}x_2=(0.20+\mathrm{j}0.48)\times\left(\frac{500}{1\,000}\right)$$

$$=0.10+\mathrm{j}0.24\,[\Omega]$$

図16-1 に示すように，故障点から電源側をみた合成インピーダンス $\dot{Z}$ は，

$$\dot{Z}=\dot{Z}_\mathrm{T}+\dot{Z}_l$$

$$=(0.002+\mathrm{j}0.97)+(0.10+\mathrm{j}0.24)$$

$$=0.102+\mathrm{j}1.21\,[\Omega]$$

したがって，変圧器二次側の電圧を V_2 とすると，三相短絡電流 I_s は，

$$I_\mathrm{s}=\frac{V_2/\sqrt{3}}{Z}=\frac{22\times10^3/\sqrt{3}}{\sqrt{0.102^2+1.21^2}}$$

$$\fallingdotseq10.46\times10^3\,[\mathrm{A}]\quad\rightarrow\quad10.5\,\mathrm{kA}$$

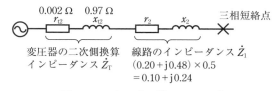

図16-1　インピーダンスマップ

問16（b）の解答　出題項目＜変圧器，短絡故障＞　答え （2）

図16-2 に示すように，三相短絡故障時の線間電圧 V' は，線路インピーダンス $\dot{Z}_l$ に三相短絡電流が流れたときの電圧降下なので，線路インピーダンス $\dot{Z}_l$ の絶対値 Z_l は，

$$Z_l=\sqrt{0.10^2+0.24^2}\,[\Omega]$$

したがって，三相短絡故障時の線間電圧 V' は，

$$V'=\sqrt{3}\,Z_lI_\mathrm{s}=\sqrt{3}\,Z_l\frac{V_2/\sqrt{3}}{Z}=\frac{Z_l}{Z}V_2$$

$$=\frac{\sqrt{0.10^2+0.24^2}}{\sqrt{0.102^2+1.21^2}}\times22\times10^3$$

$$\fallingdotseq4.71\times10^3\,[\mathrm{V}]=4.71\,[\mathrm{kV}]$$

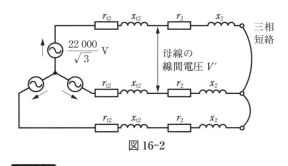

図16-2

解説

オーム法で計算する場合，変圧器の一次側からみた回路インピーダンスと二次側からみた回路イ

ンピーダンスとでは値が異なるため，どちらかに換算する必要がある。

変圧比が $n:1$ の変圧器の電圧 E，電流 I，インピーダンス Z に，高圧側の添え字として H，低圧側の添え字として L を付けて表すと，

$$Z_\mathrm{H}=\frac{E_\mathrm{H}}{I_\mathrm{H}}=\frac{nE_\mathrm{L}}{\dfrac{I_\mathrm{L}}{n}}=n^2\frac{E_\mathrm{L}}{I_\mathrm{L}}=n^2Z_\mathrm{L}$$

つまり，高圧側からみた変圧器のインピーダンス Z_H は，低圧側からみたインピーダンス Z_L の n^2 倍になる。

これとは逆に，低圧側からみた変圧器のインピーダンス Z_L は，高圧側からみたインピーダンス Z_H の $1/n^2$ 倍になる。

一方，回路インピーダンスを百分率インピーダンスで表すと，高圧側，低圧側の区別なく同じ百分率インピーダンス値となるため換算が不要になる。

$$\%Z_\mathrm{H}=\frac{I_\mathrm{BH}Z_\mathrm{H}}{E_\mathrm{BH}}\times100=\frac{\dfrac{I_\mathrm{BL}}{n}n^2Z_\mathrm{L}}{nE_\mathrm{BL}}\times100$$

$$=\frac{I_\mathrm{BL}Z_\mathrm{L}}{E_\mathrm{BL}}\times100=\%Z_\mathrm{L}$$

問 17　出題分野＜配電＞　　難易度 ★★★　重要度 ★★★

単相 2 線式配電線があり，この末端に 300[kW]の需要家がある。

この配電線の途中，図に示す位置に 6 300[V]/6 900[V]の昇圧器を設置して受電端電圧を 6 600[V]に保つとき，次の(a)及び(b)の問に答えよ。

ただし，配電線の 1 線当たりの抵抗は 1[Ω/km]，リアクタンスは 1.5[Ω/km]とし，昇圧器のインピーダンスは無視するものとする。

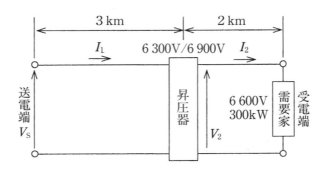

（ a ）　末端の需要家が力率 1 の場合，受電端電圧を 6 600[V]に保つとき，昇圧器の二次側の電圧 V_2 [V]の値として，最も近いものを次の(1)〜(5)のうちから一つ選べ。

　　(1)　6 691　　　(2)　6 757　　　(3)　6 784　　　(4)　6 873　　　(5)　7 055

（ b ）　末端の需要家が遅れ力率 0.8 の場合，受電端電圧を 6 600[V]に保つとき，送電端の電圧 V_S [V]の値として，最も近いものを次の(1)〜(5)のうちから一つ選べ。

　　(1)　6 491　　　(2)　6 519　　　(3)　6 880　　　(4)　7 016　　　(5)　7 189

問 17 （a）の解答　出題項目＜電圧降下＞　　答え　（3）

図 **17-1** に示すように，昇圧器二次側における配電線 1 線当たりのインピーダンス $\dot{Z}_2$ は，

$$\dot{Z}_2 = r_2 + jx_2 = (1 + j1.5) \times 2 = 2 + j3 \, [\Omega]$$

受電端電圧を V_r [V]，昇圧器二次側の電流を I_2 [A]，力率を $\cos\theta$ とすると，需要家の負荷電力 $P = VI_2\cos\theta$ なので，$\cos\theta = 1$ のときの電流 I_2 は，

$$I_2 = \frac{P}{V\cos\theta} = \frac{300 \times 10^3}{6\,600 \times 1} = \frac{1\,000}{22} \, [\text{A}]$$

したがって，力率 $\cos\theta = 1$ ($\sin\theta = 0$) のときの昇圧器二次側の電圧 V_2 は，単相 2 線式であるから電圧降下の近似式を用いると，

$$V_2 = V_r + 2I_2(r_2\cos\theta + x_2\sin\theta)$$
$$= 6\,600 + 2 \times \frac{1\,000}{22} \times (2 \times 1)$$
$$\fallingdotseq 6\,782 \, [\text{V}] \quad \rightarrow \quad 6\,784 \, \text{V}$$

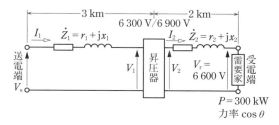

図 17-1　昇圧器一次側・二次側の配電線

問 17 （b）の解答　出題項目＜電圧降下＞　　答え　（4）

遅れ力率 $\cos\theta = 0.8$ のときの昇圧器二次側の電流 I_2 は，

$$I_2 = \frac{P}{V\cos\theta} = \frac{300 \times 10^3}{6\,600 \times 0.8} = \frac{3\,000}{52.8} \, [\text{A}]$$

よって，遅れ力率 $\cos\theta = 0.8$ のときの昇圧器二次側の電圧 V_2 は，電圧降下の近似式を用いると，

$$V_2 = V_r + 2I_2(r_2\cos\theta + x_2\sin\theta)$$
$$= V_r + 2I_2(r_2\cos\theta + x_2\sqrt{1-\cos^2\theta})$$
$$= 6\,600 + 2 \times \frac{3\,000}{52.8} \times (2 \times 0.8 + 3 \times \sqrt{1-0.8^2})$$
$$\fallingdotseq 6\,986.4 \, [\text{V}]$$

V_1，I_1 を昇圧器一次側に換算した電圧 V_1，電流 I_1 は，

$$V_1 = V_2 \times \frac{6\,300}{6\,900} = 6\,986.4 \times \frac{6\,300}{6\,900} \fallingdotseq 6\,378.9 \, [\text{V}]$$

$$I_1 = I_2 \times \frac{6\,900}{6\,300} = \frac{3\,000}{52.8} \times \frac{6\,900}{6\,300} \fallingdotseq 62.23 \, [\text{A}]$$

昇圧器一次側における配電線 1 線当たりのインピーダンス $\dot{Z}_1$ は，

$$\dot{Z}_1 = r_1 + jx_1 = (1 + j1.5) \times 3 = 3 + j4.5 \, [\Omega]$$

したがって，送電端電圧 V_s は，電圧降下の近似式を用いると，

$$V_s = V_1 + 2I_1(r_1\cos\theta + x_1\sin\theta)$$
$$= 6\,378.9 + 2 \times 62.23$$
$$\times (3 \times 0.8 + 4.5 \times \sqrt{1-0.8^2})$$

$$\fallingdotseq 7\,014 \, [\text{V}] \quad \rightarrow \quad 7\,016 \, \text{V}$$

解説

本題では電圧降下を求める際，電圧の位相差が小さいものとして近似式を用いた。電圧降下の近似式は，図 **17-2** に示すベクトル図において，位相差 δ が小さく，$\overline{\text{OD}} \fallingdotseq \overline{\text{OC}}$ となるので，

$$\overline{\text{OC}} = \overline{\text{OA}} + \overline{\text{AB}} + \overline{\text{BC}}$$

となり，これを式で表すと次のようになる。

$$V_s = V_1 + 2I_1(r_1\cos\theta + x_1\sin\theta)$$
$$V_2 = V_r + 2I_2(r_2\cos\theta + x_2\sin\theta)$$

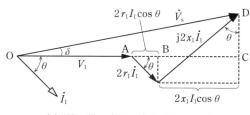

（a）昇圧器一次側回路のベクトル図

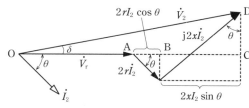

（b）昇圧器二次側回路のベクトル図

図 17-2　ベクトル図

令和
4
(2022)

令和
3
(2021)

令和
2
(2020)

令和
元
(2019)

平成
30
(2018)

平成
29
(2017)

平成
28
(2016)

平成
27
(2015)

平成
26
(2014)

平成
25
(2013)

平成
24
(2012)

平成
23
(2011)

平成
22
(2010)

平成
21
(2009)

平成
20
(2008)

電力 | 平成 22 年度（2010 年度）

A 問 題（配点は 1 問題当たり 5 点）

問1　出題分野＜水力発電＞　難易度 ★★★　重要度 ★★★

次の文章は，水車に関する記述である。

衝動水車は，位置水頭を　(ア)　に変えて，水車に作用させるものである。この衝動水車は，ランナ部で　(イ)　を用いないので，　(ウ)　水車のように，水流が　(エ)　を通過するような構造が可能となる。

上記の記述中の空白箇所(ア)，(イ)，(ウ)及び(エ)に当てはまる語句として，正しいものを組み合わせたのは次のうちどれか。

	(ア)	(イ)	(ウ)	(エ)
(1)	圧力水頭	速度水頭	フランシス	空気中
(2)	圧力水頭	速度水頭	フランシス	吸出管中
(3)	速度水頭	圧力水頭	フランシス	吸出管中
(4)	速度水頭	圧力水頭	ペルトン	吸出管中
(5)	速度水頭	圧力水頭	ペルトン	空気中

問2　出題分野＜汽力発電＞　難易度 ★★★　重要度 ★★★

火力発電所の環境対策に関する記述として，誤っているのは次のうちどれか。

(1) 燃料として天然ガス(LNG)を使用することは，硫黄酸化物による大気汚染防止に有効である。

(2) 排煙脱硫装置は，硫黄酸化物を粉状の石灰と水との混合液に吸収させ除去する。

(3) ボイラにおける酸素濃度の低下を図ることは，窒素酸化物低減に有効である。

(4) 電気集じん器は，電極に高電圧をかけ，ガス中の粒子をコロナ放電で放電電極から放出される正イオンによって帯電させ，分離・除去する。

(5) 排煙脱硝装置は，窒素酸化物を触媒とアンモニアにより除去する。

問1の解答　　出題項目＜水車関係＞　　答え（5）

　水車は，水のもつエネルギー（位置・速度・圧力）を機械エネルギー（軸の回転の運動エネルギー）に変換するもので，衝動水車と反動水車に大別される。

　このうち衝動水車は，位置水頭を**速度水頭**に変えてランナに作用させるもので，代表的なものに**ペルトン水車**がある。この衝動水車は，ランナ部で**圧力水頭**を用いないので，水流が**空気中**を通過するような構造が可能となる。

解説

　反動水車は，圧力水頭をもった水流をランナに作用させるもので，フランシス水車，斜流水車，プロペラ水車などがある。

　代表的な衝動水車であるペルトン水車は，**図1-1**に示すように，ノズルから出た水をバケットに作用させる構造になっており，水の流れる方向に水車が回転する。流量はニードル弁で調節し，負荷急減時などはデフレクタによって高速水流をバケットからそらし，水車バケットの回転速度の上昇を防ぐ。

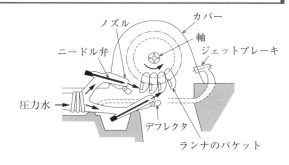

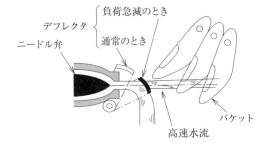

図1-1　ペルトン水車

問2の解答　　出題項目＜環境対策＞　　答え（4）

　（1）正。天然ガス（LNG）は硫黄を含まないので，これを燃料として使用することは，硫黄酸化物 SO_x による大気汚染防止に有効である。

　（2）正。排煙脱硫装置は，現在では硫黄酸化物をアルカリ性吸収液（石灰の懸濁液，水酸化ナトリウム溶液など）に吸収させ，化学処理して副生品（石こう）として回収する湿式法が主流となっている。

　（3）正。窒素酸化物は，燃焼温度が高いほど，また過剰空気が多いほど発生量が多くなるので，燃焼用空気の酸素濃度を低下することは，窒素酸化物の生成を抑制する効果がある。

　（4）誤。電気集じん器の原理は，**図2-1**に示すように，放電極に負の高電圧をかけて，コロナ放電を起こさせると，放電極から集じん極に向かって負イオンの流れが生じるとともに，両電極間に直流の高電界が形成される。そこにガスを導

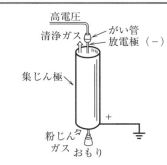

図2-1　円筒形電気集じん器

入すると，ガス中の粒子は**負イオン**により帯電し，これを電界の作用（クーロン力）によってガス中から電気的に分離捕集するものである。

　（5）正。排煙脱硝装置は，排ガス中にアンモニアガスを注入して約300～400℃の温度条件で触媒を用いて選択的に反応させ，窒素酸化物を含んだガスを窒素ガスと水蒸気に還元分解するアンモニア選択接触還元法が主流となっている。

問3　出題分野＜汽力発電＞　難易度 ★★★　重要度 ★★★

　複数の発電機で構成されるコンバインドサイクル発電を，同一出力の単機汽力発電と比較した記述として，誤っているのは次のうちどれか。

(1)　熱効率が高い。

(2)　起動停止時間が長い。

(3)　部分負荷に対応するため，運転する発電機数を変えるので，熱効率の低下が少ない。

(4)　最大出力が外気温度の影響を受けやすい。

(5)　蒸気タービンの出力分担が少ないので，その分復水器の冷却水量が少なく，温排水量も少なくなる。

問4　出題分野＜原子力発電＞　難易度 ★★★　重要度 ★★★

　わが国における商業発電用の加圧水型原子炉(PWR)の記述として，正しいのは次のうちどれか。

(1)　炉心内で水を蒸発させて，蒸気を発生する。

(2)　再循環ポンプで炉心内の冷却水流量を変えることにより，蒸気泡の発生量を変えて出力を調整できる。

(3)　高温・高圧の水を，炉心から蒸気発生器に送る。

(4)　炉心と蒸気発生器で発生した蒸気を混合して，タービンに送る。

(5)　炉心を通って放射線を受けた蒸気が，タービンを通過する。

問3の解答　出題項目＜コンバインドサイクル＞　　　　答え（2）

（1）正。熱効率は，汽力発電の約43％に対して，1 450℃級コンバインドサイクル発電では約59％と高いので，キロワット時当たりの燃料消費量が少なく，燃料が節約できる。

（2）誤。コンバインドサイクル発電はガスタービンを使用した小容量機の組み合わせのため，熱容量が小さく，負荷変化率を大きくとれ，**短時間での起動停止が容易**にできる。起動時の暖気に要する熱量および時間が少なくて済み，8時間停止後の起動時間は約1時間と短い。

（3）正。小容量機（「軸」）を複数台組み合わせて大容量プラント（「系列」）を構成しているため，出力の増減を運転台数の増減で行うことによって，部分負荷においても定格出力と同等の高い熱効率が得ることができる。

（4）正。ガスタービンの出力が外気温度の影響を受けやすいため，最大出力も外気温度に影響される。

（5）正。蒸気タービンの分担出力はプラント全体の約1/3と小さいので，温排水量は同容量の汽力発電所の6割程度と少なくなる。

解説

図3-1に排熱回収方式のコンバインドサイクル発電の構成を示す。

ガスタービンの圧縮機の吸込み空気容量は大気温度に関係なくほぼ一定であるため，大気温度が上昇すると空気の密度が減少し，吸込み空気質量は減少する。ガスタービンの出力は吸込み空気質量に比例するため，大気温度の上昇とともに出力は減少することとなる。これに対応するため，大気温度の高い夏場には圧縮機の吸込み空気を冷却する手法がとられている。

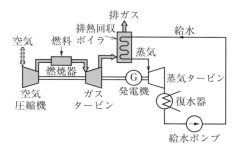

図3-1　排熱回収方式のコンバインドサイクル発電

問4の解答　出題項目＜PWRとBWR＞　　　　答え（3）

（1）誤。冷却材が炉心内で沸騰し，発生した蒸気が水と分離されて直接タービンに送られるのは，沸騰水型（BWR）である。

（2）誤。BWRは，再循環ポンプで炉心内の冷却水流量を変えることにより，原子炉内のボイド（蒸気泡）の発生量が変化し中性子の減速効率が増減するため，出力を調整することができる。

（3）正。加圧水型（PWR）は，一次冷却材と二次冷却材に分けられ，一次冷却材は炉心で沸騰しないように加圧器で加圧されている。原子炉で加熱された高温・高圧の一次冷却材は，蒸気発生器で二次冷却材に熱を伝えた後，一次冷却材ポンプで炉心に送り込まれる。

（4）誤。炉心と蒸気発生器で発生した蒸気を混合してタービンへ送るような原子炉はない。

（5）誤。BWRは，冷却材が原子炉内で沸騰し，発生した蒸気が直接タービンに送られるため，放射線を受けた蒸気がタービンを通過することからタービン側でも放射線対策が必要である。

解説

PWRは**図4-1**に示すように，蒸気発生器で発生した蒸気がタービンに送られ，放射性物質を帯びた蒸気がタービンへ送られないため，タービン系統の点検・保守が容易である。

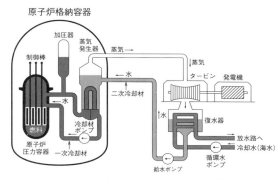

図4-1　加圧水型原子炉（PWR）

令和4（2022）令和3（2021）令和2（2020）令和元（2019）平成30（2018）平成29（2017）平成28（2016）平成27（2015）平成26（2014）平成25（2013）平成24（2012）平成23（2011）平成22（2010）平成21（2009）平成20（2008）

| 問5 | 出題分野＜自然エネルギー＞ | 難易度 ★★★ | 重要度 ★★★ |

次の文章は，風力発電に関する記述である。

風として運動している同一質量の空気が持っている運動エネルギーは，風速の $\boxed{\text{（ア）}}$ 乗に比例する。また，風として風力発電機の風車面を通過する単位時間当たりの空気の量は，風速の $\boxed{\text{（イ）}}$ 乗に比例する。したがって，風車面を通過する空気の持つ運動エネルギーを電気エネルギーに変換する風力発電機の変換効率が風速によらず一定とすると，風力発電機の出力は風速の $\boxed{\text{（ウ）}}$ 乗に比例することとなる。

上記の記述中の空白箇所（ア），（イ）及び（ウ）に当てはまる数値として，正しいものを組み合わせたのは次のうちどれか。

	（ア）	（イ）	（ウ）
（1）	2	2	4
（2）	2	1	3
（3）	2	0	2
（4）	1	2	3
（5）	1	1	2

| 問6 | 出題分野＜配電＞ | 難易度 ★★★ | 重要度 ★★★ |

50[Hz]，200[V]の三相配電線の受電端に，力率0.7，50[kW]の誘導性三相負荷が接続されている。この負荷と並列に三相コンデンサを挿入して，受電端での力率を遅れ0.8に改善したい。

挿入すべき三相コンデンサの無効電力容量[kV·A]の値として，最も近いのは次のうちどれか。

（1） 4.58 　　（2） 7.80 　　（3） 13.5 　　（4） 19.0 　　（5） 22.5

問5の解答　出題項目＜風力発電＞　答え　（2）

風としての空気がもつ運動エネルギー W は，空気の質量を $m[\mathrm{kg}]$，風速を $V[\mathrm{m/s}]$ とすると次式で表されるため，**風速の2乗に比例**する。

$$W=\frac{1}{2}mV^2[\mathrm{J}]$$

また，受風時間を $t[\mathrm{s}]$，空気密度を $\rho[\mathrm{kg/m^3}]$，ロータの投影面積（風車の受風面積）を $A[\mathrm{m^2}]$ とすると，

$$\frac{m}{t}=\rho AV[\mathrm{kg/s}]$$

となり，風として風車面を通過する単位時間当たりの空気の量 m/t は，**風速の1乗に比例**する。

風車の出力係数 C_p を用いると，風車で得られるエネルギー P は，

$$P=\frac{1}{2}C_\mathrm{p}\rho AV^3[\mathrm{W}]$$

となるので，風力発電機の出力は，風車の受風面積に比例し，**風速の3乗に比例**することとなる。

解説 ・・・・・・・・・・・・・・・・・・・・・・・

理想風車の最大出力 P_m は，

$$P_\mathrm{m}=\frac{8}{27}\rho AV^3[\mathrm{W}]$$

風車が風のもつエネルギーをすべて吸収したときに得られる出力 P_0 は，

$$P_0=\frac{1}{2}\rho AV^3[\mathrm{W}]$$

これらから，理想風車の最大効率 η_m は，

$$\eta_\mathrm{m}=\frac{P_\mathrm{m}}{P_0}=\frac{16}{27}\fallingdotseq0.593$$

この結果から，理想的な風車から取り出せるエネルギーでも風のもつエネルギーの 59.3 % を超えることができないことがわかる。

自然風の中から風車を利用して取り出すことのできるエネルギーの割合，つまり風力発電の効率は出力係数 C_p と呼ばれ，出力係数 C_p の最大値は 0.593（ベッツ限界）であり，実際に最適設計されたプロペラ形風車で最大 0.45 程度である。

図5-1 に風車の構造（概略図）を示す。

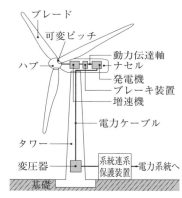

図5-1　風車の構造

問6の解答　出題項目＜力率改善＞　答え　（3）

誘導性三相負荷の無効電力 Q_1 は，有効電力を $P[\mathrm{kW}]$，負荷力率を $\cos\theta_1$ とすると，

$$Q_1=P\tan\theta_1=P\frac{\sin\theta_1}{\cos\theta_1}$$

有効電力 $P[\mathrm{kW}]$ が一定であるから，力率を $\cos\theta_2$ に改善したときの無効電力 Q_2 は，

$$Q_2=P\tan\theta_2=P\frac{\sin\theta_2}{\cos\theta_2}$$

したがって，**図6-1** に示すように，力率を $\cos\theta_1$ から力率を $\cos\theta_2$ に改善するために必要なコンデンサ容量 Q_c は，

$$Q_\mathrm{c}=Q_1-Q_2=P\left(\frac{\sin\theta_1}{\cos\theta_1}-\frac{\sin\theta_2}{\cos\theta_2}\right)$$
$$=50\left(\frac{\sqrt{1-0.7^2}}{0.7}-\frac{\sqrt{1-0.8^2}}{0.8}\right)\fallingdotseq13.5[\mathrm{kvar}]$$

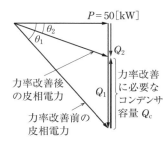

図6-1　ベクトル図

問7 出題分野＜変電＞ 　難易度 ★★☆ 　重要度 ★★★

　大容量発電所の主変圧器の結線を一次側三角形，二次側星形とするのは，二次側の線間電圧は相電圧の　(ア)　倍，線電流は相電流の　(イ)　倍であるため，変圧比を大きくすることができ，　(ウ)　に適するからである。また，一次側の結線が三角形であるから，　(エ)　電流は巻線内を環流するので二次側への影響がなくなるため，通信障害を抑制できる。

　一次側を三角形，二次側を星形に接続した主変圧器の一次電圧と二次電圧の位相差は，　(オ)　[rad]である。

　上記の記述中の空白箇所(ア)，(イ)，(ウ)，(エ)及び(オ)に当てはまる語句，式又は数値として，正しいものを組み合わせたのは次のうちどれか。

	(ア)	(イ)	(ウ)	(エ)	(オ)
(1)	$\sqrt{3}$	1	昇 圧	第3調波	$\dfrac{\pi}{6}$
(2)	$\dfrac{1}{\sqrt{3}}$	$\sqrt{3}$	降 圧	零 相	0
(3)	$\sqrt{3}$	$\dfrac{1}{\sqrt{3}}$	昇 圧	高周波	$\dfrac{\pi}{3}$
(4)	$\sqrt{3}$	$\dfrac{1}{\sqrt{3}}$	降 圧	零 相	$\dfrac{\pi}{3}$
(5)	$\dfrac{1}{\sqrt{3}}$	1	昇 圧	第3調波	0

令和
4
(2022)

令和
3
(2021)

令和
2
(2020)

令和
元
(2019)

平成
30
(2018)

平成
29
(2017)

平成
28
(2016)

平成
27
(2015)

平成
26
(2014)

平成
25
(2013)

平成
24
(2012)

平成
23
(2011)

平成
22
(2010)

平成
21
(2009)

平成
20
(2008)

| 問 7 の解答 | 出題項目＜変圧器＞ | 答え　（1） |

　図 7-1 に示すとおり，変圧器の星形（Y）結線の線間電圧は相電圧の $\sqrt{3}$ 倍で，線電流と相電流は同じである。大容量発電所の主変圧器の結線は，次の理由から一次側を三角形（Δ），二次側を星形（Y）にした Δ－Y 結線が採用される。

　①　二次側 Y 結線の線間電圧は相電圧の $\sqrt{3}$ **倍**，線電流は相電流と同じで 1 倍である。また，発電機電圧は技術的・経済的に高電圧にできないため変圧器を用いて**昇圧**する必要があることから，変圧比の大きくとれる Δ－Y 結線が適している。

　②　Δ 結線がない Y－Y 結線の中性点を接地すると，励磁電流に含まれる第 3 調波電流が大地へ流れ，通信線へ誘導障害を与える恐れがある。そこで，一次側の Δ 結線で**第 3 調波**電流を環流することで二次側への影響がなくなり，通信線への誘導障害などを抑制できる。

　③　二次側を Y 結線とすることにより，中性点を系統側に合わせた接地方式とすることができ

る。

　しかし，Δ－Y 結線の一次電圧と二次電圧の位相は，**図 7-2** に示すように，二次電圧が一次電圧に対して位相が $\pi/6\,[\mathrm{rad}]$ 進むため，変圧器の並行運転をするときなどに注意する必要がある。

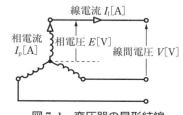

図 7-1　変圧器の星形結線

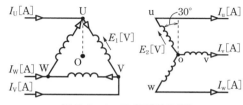

図 7-2　Δ－Y 結線変圧器

問 8　　出題分野＜送電，配電＞　　　難易度 ★★★　　重要度 ★★★

　一般に，三相送配電線に接続される変圧器は $\Delta-Y$ 又は $Y-\Delta$ 結線されることが多く，Y 結線の中性点は接地インピーダンス Z_n で接地される。この接地インピーダンス Z_n の大きさや種類によって種々の接地方式がある。中性点の接地方式に関する記述として，誤っているのは次のうちどれか。

（1）　中性点接地の主な目的は，1 線地絡などの故障に起因する異常電圧（過電圧）の発生を抑制したり，地絡電流を抑制して故障の拡大や被害の軽減を図ることである。中性点接地インピーダンスの選定には，故障点のアーク消弧作用，地絡リレーの確実な動作などを勘案する必要がある。

（2）　非接地方式（$Z_n \to \infty$）では，1 線地絡時の健全相電圧上昇倍率は大きいが，地絡電流の抑制効果が大きいのがその特徴である。わが国では，一般の需要家に供給する 6.6[kV] 配電系統においてこの方式が広く採用されている。

（3）　直接接地方式（$Z_n \to 0$）では，故障時の異常電圧（過電圧）倍率が小さいため，わが国では，187[kV] 以上の超高圧系統に広く採用されている。一方，この方式は接地が簡単なため，わが国の 77[kV] 以下の下位系統でもしばしば採用されている。

（4）　消弧リアクトル接地方式は，送電線の対地静電容量と並列共振するように設定されたリアクトルで接地する方式で，1 線地絡時の故障電流はほとんど零に抑制される。このため，遮断器によらなくても地絡故障が自然消滅する。しかし，調整が煩雑なため近年この方式の新たな採用は多くない。

（5）　抵抗接地方式（$Z_n =$ ある適切な抵抗値 $R[\Omega]$）は，わが国では主として 154[kV] 以下の送電系統に採用されており，中性点抵抗により地絡電流を抑制して，地絡時の通信線への誘導電圧抑制に大きな効果がある。しかし，地絡リレーの検出機能が低下するため，何らかの対応策を必要とする場合もある。

問8の解答　　出題項目＜中性点接地方式＞　　　　　　　　答え　（3）

（1）　正。中性点接地の主な目的は，①雷などにより生じる1線地絡などの故障に起因する異常電圧（過電圧）の発生を抑制する，②地絡電流を抑制して故障の拡大や被害の軽減を図る，などである。このことから，中性点接地インピーダンスはなるべく低くし，地絡事故時に中性点を流れる電流が大きいことが望ましいが，地絡電流が大きくなると，付近の通信線に対して電磁誘導障害を与えるなどの悪影響がある。つまり，故障点のアーク消弧作用，地絡リレーの確実な動作などを勘案して選定する必要がある。

（2）　正。非接地方式は，他の中性点接地方式に比べて地絡電流は抑制することができるが，線路の静電容量により充電電流が流れるため，1線地絡時における健全相の対地電圧は正常時の$\sqrt{3}$倍に上昇する。わが国では，6.6 kV 配電系統で広く採用されている。

（3）　誤。直接接地方式は，地絡電流が流れても中性点の電位上昇はなく，健全相の電位はほとんど上昇しないため，187 kV 以上の超高圧送電線路で広く採用されている。しかし，地絡事故時に中性点を流れる電流が大きくなり，付近の通信線に対して電磁誘導障害を与えるおそれがあることから，**77 kV 以下の低い系統には用いられない**。

（4）　正。消弧リアクトル接地方式は，送電線の対地静電容量と並列共振するように設定されたリアクトルで，1線地絡時の故障電流をほとんど零に抑制し，アークを自然消滅させ，送電を継続させる。

（5）　正。抵抗接地方式は，抵抗を通じて中性点を接地する方式で，中性点抵抗により地絡電流を抑制して，通信線への誘導電圧抑制に効果がある。しかし，地絡リレーの検出機能が低下するため，対応策を必要とする場合もある。

令和 4 (2022)
令和 3 (2021)
令和 2 (2020)
令和元 (2019)
平成 30 (2018)
平成 29 (2017)
平成 28 (2016)
平成 27 (2015)
平成 26 (2014)
平成 25 (2013)
平成 24 (2012)
平成 23 (2011)
平成 22 (2010)
平成 21 (2009)
平成 20 (2008)

問9　出題分野＜変電＞　難易度 ★★★　重要度 ★★★

　計器用変成器において，変流器の二次端子は，常に　(ア)　負荷を接続しておかねばならない。特に，一次電流（負荷電流）が流れている状態では，絶対に二次回路を　(イ)　してはならない。これを誤ると，二次側に大きな　(ウ)　が発生し　(エ)　が過大となり，変流器を焼損する恐れがある。また，一次端子のある変流器は，その端子を被測定線路に　(オ)　に接続する。

　上記の記述中の空白箇所(ア)，(イ)，(ウ)，(エ)及び(オ)に当てはまる語句として，正しいものを組み合わせたのは次のうちどれか。

	(ア)	(イ)	(ウ)	(エ)	(オ)
(1)	高インピーダンス	開　放	電　圧	銅　損	並　列
(2)	低インピーダンス	短　絡	誘導電流	銅　損	並　列
(3)	高インピーダンス	短　絡	電　圧	鉄　損	直　列
(4)	高インピーダンス	短　絡	誘導電流	銅　損	直　列
(5)	低インピーダンス	開　放	電　圧	鉄　損	直　列

問10　出題分野＜送電＞　難易度 ★★★　重要度 ★★★

　架空電線が電線と直角方向に毎秒数メートル程度の風を受けると，電線の後方に渦を生じて電線が上下に振動することがある。これを微風振動といい，これが長時間継続すると電線の支持点付近で断線する場合もある。微風振動は　(ア)　電線で，径間が　(イ)　ほど，また，張力が　(ウ)　ほど発生しやすい。対策としては，電線にダンパを取り付けて振動そのものを抑制したり，断線防止策として支持点近くをアーマロッドで補強したりする。電線に翼形に付着した氷雪に風が当たると，電線に揚力が働き複雑な振動が生じる。これを　(エ)　といい，この振動が激しくなると相間短絡事故の原因となる。主な防止策として，相間スペーサの取り付けがある。また，電線に付着した氷雪が落下したときに発生する振動は，　(オ)　と呼ばれ，相間短絡防止策としては，電線配置にオフセットを設けることなどがある。

　上記の記述中の空白箇所(ア)，(イ)，(ウ)，(エ)及び(オ)に当てはまる語句として，正しいものを組み合わせたのは次のうちどれか。

	(ア)	(イ)	(ウ)	(エ)	(オ)
(1)	軽　い	長　い	大きい	ギャロッピング	スリートジャンプ
(2)	重　い	短　い	小さい	スリートジャンプ	ギャロッピング
(3)	軽　い	短　い	小さい	ギャロッピング	スリートジャンプ
(4)	軽　い	長　い	大きい	スリートジャンプ	ギャロッピング
(5)	重　い	長　い	大きい	ギャロッピング	スリートジャンプ

問9の解答　出題項目＜計器用変成器＞　答え（5）

計器用変成器は，直接測定することができない高電圧や大電流などを計器や保護継電器，制御装置などの使用に適した電圧・電流に変成するもので，計器用変圧器と変流器とがある。

変流器の二次端子は，通常，計器や継電器などの**低インピーダンス**負荷を接続して短絡状態にしておかなければならない。特に，一次電流（負荷電流）が流れている状態で，絶対に二次回路を**開放**してはならない。これを誤ると，一次電流はすべて変流器の励磁電流となって過励磁となり，鉄心の温度を著しく上昇させるとともに，二次側に大きな**電圧**が発生し，**鉄損**が過大となって変流器を焼損する恐れがある。また，一次端子のある変流器は，その端子を被測定線路と**直列**に**接続**しなければならない。

解説

変流器は，通常の使用状態では鉄心中の一次側と二次側の磁束が打ち消し合って，励磁電流に相当する低い磁束密度に保たれているが，二次側を開放すると，一次側の磁束を打ち消す二次電流が流れなくなってしまう。

図9-1に計器用変成器（高圧用）を示す。

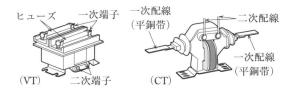

計器用変圧器（VT）	変流器（CT）
$\frac{v_1}{v_2} = \frac{n_1}{n_2}$（変圧比）	$\frac{i_1}{i_2} = \frac{n_2}{n_1}$（変流比）

図9-1　計器用変成器（高圧用）

問10の解答　出題項目＜電線の振動＞　答え（1）

架空電線に一様な微風が吹くと，電線の背後に空気の渦が生じ，これにより電線に生じた交番上下力の周波数が電線の固有振動数の一つと一致すると，電線が上下に振動することがある（微風振動）。振動が長時間継続すると電線が疲労劣化し，クランプ取り付け部の支持点付近で断線する場合もある。微風振動は，直径が大きい割に**軽い電線**で，**径間が長い**ほど，また，**張力が大きい**ほど発生しやすい。対策としては，振動エネルギーを吸収させるため支持点付近にダンパを取り付けて振動を抑制したり，断線防止対策として支持点近くをアーマロッドで補強したりする。

電線に翼形に付着した氷雪に風が当たると，電線に揚力が働き複雑な振動が生じる。これを**ギャロッピング**といい，電線の断面積が大きいほど，単導体よりも多導体に発生しやすい。激しい振動は相間短絡事故につながり，主な防止策としては相間スペーサの取り付けがある。また，付着した氷雪が脱落したときに電線が跳ね上がる振動は**スリートジャンプ**と呼ばれ，相間短絡防止策には，電線配置にオフセットを十分設ける，電線の水平配列化，相間スペーサの取り付けなどがある。

解説

図10-1に架空送電線の自然現象の模式図を示す。

　（a）微風振動　　（b）ギャロッピング　　（c）相間スペーサ　　（d）オフセット

図10-1　架空送電線の自然現象と防止対策

| 問 11 | 出題分野＜地中送電＞ | 難易度 ★★★ | 重要度 ★★★ |

地中電力ケーブルの送電容量を増大させる現実的な方法に関する記述として，誤っているのは次のうちどれか。

(1) 耐熱性を高めた絶縁材料を採用する。

(2) 地中ケーブル線路に沿って布設した水冷管に冷却水を循環させ，ケーブルを間接的に冷却する。

(3) OF ケーブルの絶縁油を循環・冷却させる。

(4) CV ケーブルの絶縁体中に冷却水を循環させる。

(5) 導体サイズを大きくする。

| 問 12 | 出題分野＜配電＞ | 難易度 ★★★ | 重要度 ★★★ |

配電線路の開閉器類に関する記述として，誤っているのは次のうちどれか。

(1) 配電線路用の開閉器は，主に配電線路の事故時の事故区間を切り離すためと，作業時の作業区間を区分するために使用される。

(2) 柱上開閉器は，気中形と真空形が一般に使用されている。操作方法は，手動操作による手動式と制御器による自動式がある。

(3) 高圧配電方式には，放射状方式（樹枝状方式），ループ方式（環状方式）などがある。ループ方式は結合開閉器を設置して線路を構成するので，放射状方式よりも建設費は高くなるものの，高い信頼度が得られるため負荷密度の高い地域に用いられる。

(4) 高圧カットアウトは，柱上変圧器の一次側の開閉器として使用される。その内蔵の高圧ヒューズは変圧器の過負荷時や内部短絡故障時，雷サージなどの短時間大電流の通過時に直ちに溶断する。

(5) 地中配電系統で使用するパッドマウント変圧器には，変圧器と共に開閉器などの機器が収納されている。

令和4 (2022)
令和3 (2021)
令和2 (2020)
令和元 (2019)
平成30 (2018)
平成29 (2017)
平成28 (2016)
平成27 (2015)
平成26 (2014)
平成25 (2013)
平成24 (2012)
平成23 (2011)
平成22 (2010)
平成21 (2009)
平成20 (2008)

問11の解答　出題項目＜送電容量＞　　答え　（4）

　地中電力ケーブルの送電容量を制限する大きな要因は，導体抵抗損と絶縁物の誘電損による絶縁物の温度上昇である。

（1）正。耐熱性を向上させる方法として，耐熱性を高めた絶縁材料を採用する。

（2）正。発生する熱を除去する方法として，ケーブルを強制冷却させる。この方法には，外部冷却方式と内部冷却方式とがある。ケーブルを外部から冷却する外部冷却方式には，管路式の管路を利用して冷却水を循環させる直接水冷却方式，ケーブル線路に沿って布設した冷却水通路を別に設けて間接的に冷却する間接冷却方式がある。

（3）正。OFケーブルの絶縁油を循環・冷却させる方法は，ケーブル内部に冷却媒体を通す内部冷却方式の一つで，絶縁油以外に水を冷却媒体とするものもある。管路を利用する場合は，循環水圧力に耐え，かつ，漏水が生じないように施設しなければならない。

（4）誤。CVケーブルは，導体の絶縁材に固体絶縁材料の架橋ポリエチレンを使用したもので，構造上，絶縁体中に冷却水を流せるような管路を設置することはできず，**絶縁体中に冷却水を循環させることはできない。**

（5）正。導体サイズを大きくすることは，損失低減の方法の一つで，このほか，絶縁材料に比誘電率の小さいポリエチレンの使用などがある。

問12の解答　出題項目＜配電系統，配電系統構成機材＞　　答え　（4）

（1）正。配電線路用の区分開閉器は，主に作業停電などの停電範囲の縮小と，高圧配電線路の事故時の事故区間切り離しを目的に使用される。

（2）正。柱上開閉器は，消弧媒体で区別すると気中開閉器，真空開閉器，ガス開閉器に分けられ，一般には気中形と真空形が使用されている。操作方法は，現地で手動操作する手動式と自動制御で遠隔操作する自動式がある。

（3）正。高圧配電方式には，放射状方式（樹枝状方式），ループ方式（環状方式）などがある。放射状方式は，幹線から分岐線を樹木の枝状に伸ばしていくものである。ループ方式は，結合開閉器を設置して配電線をループ状にするもので，放射状方式より建設費は高くなるものの，高い信頼度が得られるため比較的需要密度の高い地域に多く用いられる。

（4）誤。高圧カットアウトは，磁器製の容器の中にヒューズを内蔵したもので，柱上変圧器の一次側に施設してその開閉を行うほか，過負荷や短絡電流をヒューズの溶断で保護する。**図12-1**に示すように，磁器製のふたにヒューズ筒を取付

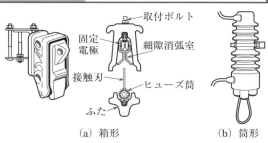

図12-1　高圧カットアウト

け，ふたの開閉により電路の開閉ができる箱形カットアウトと，磁器製の内筒内にヒューズ筒を収納して，その取付け・取外しにより電路の開閉ができる筒形カットアウトがある。高圧ヒューズは，変圧器の過負荷や内部短絡故障時に溶断するが，電動機の始動電流や雷サージによって溶断しないことが要求されるため，**短時間過大電流に対して溶断しにくくした放出形ヒューズが一般に使用される。**

（5）正。パッドマウント変圧器は地中配電用として使用され，変圧器と共に負荷開閉器，接地開閉器，低圧母線，低圧配線用遮断器などの機器が収納されている。

問 13　出題分野＜配電＞　難易度 ★★★　重要度 ★★★

配電設備に関する記述の正誤を解答群では「正：正しい文章」又は「誤：誤っている文章」と書き表している。正・誤の組み合わせとして，正しいのは次のうちどれか。

a.　V 結線は，単相変圧器 2 台によって構成し，Δ 結線と同じ電圧を変圧することができる。一方，Δ 結線と比較し変圧器の利用率は $\dfrac{\sqrt{3}}{2}$ となり出力は $\dfrac{\sqrt{3}}{3}$ 倍になる。

b.　長距離で負荷密度の比較的高い商店街のアーケードでは，上部空間を利用し変圧器を設置する場合や，アーケードの支持物上部に架空配電線を施設する場合がある。

c.　架空配電線と電話線，信号線などを，同一支持物に施設することを共架といい，全体的な支持物の本数が少なくなるので，交通の支障を少なくすることができ，電力線と通信線の離隔距離が緩和され，混触や誘導障害が少なくなる。

d.　ケーブル布設の管路式は，トンネル状構造物の側面の受け棚にケーブルを布設する方式である。特に変電所の引き出しなどケーブル条数が多い箇所には共同溝を利用する。

	a	b	c	d
（1）	正	誤	正	正
（2）	誤	正	正	誤
（3）	正	正	誤	誤
（4）	誤	正	誤	誤
（5）	誤	誤	正	正

問 14　出題分野＜電気材料＞　難易度 ★★☆　重要度 ★★★

絶縁油は変圧器や OF ケーブルなどに使用されており，一般に絶縁破壊電圧は大気圧の空気と比べて 　(ア)　，誘電正接は空気よりも 　(イ)　。電力用機器の絶縁油として古くから 　(ウ)　 が一般的に用いられてきたが，OF ケーブルやコンデンサでより優れた低損失性や信頼性が求められる仕様のときには 　(エ)　 が採用される場合もある。

上記の記述中の空白箇所(ア)，(イ)，(ウ)及び(エ)に当てはまる語句として，正しいものを組み合わせたのは次のうちどれか。

	（ア）	（イ）	（ウ）	（エ）
（1）	低　く	小さい	植物油	シリコーン油
（2）	高　く	大きい	鉱物油	重合炭化水素油
（3）	高　く	大きい	植物油	シリコーン油
（4）	低　く	小さい	鉱物油	重合炭化水素油
（5）	高　く	大きい	鉱物油	シリコーン油

令和
4
(2022)

令和
3
(2021)

令和
2
(2020)

令和
元
(2019)

平成
30
(2018)

平成
29
(2017)

平成
28
(2016)

平成
27
(2015)

平成
26
(2014)

平成
25
(2013)

平成
24
(2012)

平成
23
(2011)

平成
22
(2010)

平成
21
(2009)

平成
20
(2008)

問 13 の解答　出題項目＜配電系統，地中配電＞　答え（3）

a.　正。**図 13-1** に示すように，Δ 結線の線電流は相電流の $\sqrt{3}$ 倍であるが，V 結線の線電流は相電流と同じになるため，変圧器 1 台の容量を P [V·A]とすると，V 結線の出力は，

V 結線出力 ＝ $\sqrt{3}$ × 線間電圧 × 線電流（相電流）
　　　　　＝ $\sqrt{3}\,VI = \sqrt{3}\,P$ [V·A]

Δ 結線の出力は $3P$[V·A]であるから，Δ 結線の出力に対する V 結線の出力は，

$$\frac{\text{V 結線出力}}{\text{Δ 結線出力}} = \frac{\sqrt{3}\,P}{3P} = \frac{\sqrt{3}}{3}$$

また，変圧器の利用率は，

$$\text{変圧器利用率} = \frac{\sqrt{3}\,P}{2P} = \frac{\sqrt{3}}{2}$$

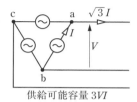 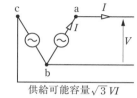

供給可能容量 $3VI$　　　供給可能容量 $\sqrt{3}\,VI$

図 13-1　Δ 結線と V 結線

b.　正。長距離で負荷密度の高い商店街のアーケードでは，上部空間を有効利用して変圧器を設置する場合や，アーケードの支持物上部に架空配電線を施設する場合がある。

c.　誤。架空配電線と架空弱電流電線を共架すると，電力線と通信線の離隔距離が短くなり，**混触や誘導障害が発生しやすくなる**。

d.　誤。**図 13-2** に示すように，管路式は数孔から十数孔のダクトをもったコンクリート管路の中にケーブルを布設する方法で，ケーブル条数の多い幹線などに用いられる。トンネル状構造物の側面の受け棚にケーブルを布設する方式は**暗きょ式**で，発変電所の引出し口などケーブルを多条数布設する場合に用いられる。

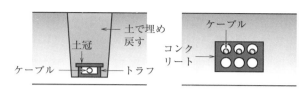

（a）直接埋設式　　　（b）管路式

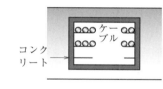

（c）暗きょ式

図 13-2　地中送電線路の布設方式

問 14 の解答　出題項目＜絶縁材料＞　答え（2）

　絶縁油は，変圧器，油入ケーブル，コンデンサなどの油入電気機器の絶縁に使用されている。絶縁破壊電圧は 50 kV/mm 程度で，大気圧の空気（3 kV/mm）と比較して非常に**高い**が，温度や不純物によって大きく影響を受ける。誘電正接は，空気よりも**大きい**。

　絶縁耐力，誘電率および冷却性能の向上などを目的として用いられる絶縁油には，流動点・粘度が低く，引火点が高いこと，人畜に無害で不燃性であること，熱的・化学的に安定であり，フィルムなどの共存材料との共存性があること，誘電率が大きく誘電正接が低いこと，絶縁耐力が高く部分放電によって発生するガスの吸収能力があることなどの性能が要求される。これらをほぼ満足するものとして，古くから**鉱物油**（鉱油）が一般的に用いられてきた。しかし，誘電率が低く可燃性で劣化しやすいなどの欠点があるため，アークなどの原因によって引火し，火災となる危険性のあるところでは，それらを改良した合成油が使用される。OF ケーブルやコンデンサでより優れた低損失性や信頼性が求められる仕様のときは，**重合炭化水素油**が採用される場合もある。シリコーン油は，熱が加わると水素を発生しやすく吸湿性が高いため採用されない。

B 問 題 （配点は1問題当たり(a)5点，(b)5点，計10点）

問15 出題分野＜汽力発電＞ 難易度 ★★★ 重要度 ★★★

最大発電電力 600[MW]の石炭火力発電所がある。石炭の発熱量を 26 400[kJ/kg]として，次の(a)及び(b)に答えよ。

(a) 日負荷率 95.0[%]で 24 時間運転したとき，石炭の消費量は 4 400[t]であった。発電端熱効率[%]の値として，最も近いのは次のうちどれか。

なお，日負荷率[%] = $\dfrac{平均発電電力}{最大発電電力} \times 100$ とする。

(1) 37.9　　(2) 40.2　　(3) 42.4　　(4) 44.6　　(5) 46.9

(b) タービン効率 45.0[%]，発電機効率 99.0[%]，所内比率 3.00[%]とすると，発電端効率が 40.0[%]のときのボイラ効率[%]の値として，最も近いのは次のうちどれか。

(1) 40.4　　(2) 73.5　　(3) 87.1　　(4) 89.8　　(5) 92.5

令和
4
(2022)

令和
3
(2021)

令和
2
(2020)

令和
元
(2019)

平成
30
(2018)

平成
29
(2017)

平成
28
(2016)

平成
27
(2015)

平成
26
(2014)

平成
25
(2013)

平成
24
(2012)

平成
23
(2011)

平成
22
(2010)

平成
21
(2009)

平成
20
(2008)

問 15（a）の解答 　出題項目＜熱サイクル・熱効率，LNG・石炭・石油火力＞ 　答え　（3）

最大発電電力を P_m，日負荷率を a とすると，24 時間運転したときの発電電力量 W は，日負荷率の定義から，

$$W = P_m \times 24[\text{h}] \times a = 600 \times 24 \times 0.95$$
$$= 13\,680[\text{MW·h}] = 13\,680 \times 10^3[\text{kW·h}]$$

図 15-1 に示すように，石炭の消費量を $B[\text{kg}]$，石炭の発熱量を $H[\text{kJ/kg}]$ とすると，消費した石炭の総発熱量 Q は，

$$Q = BH = 4\,400 \times 10^3 \times 26\,400$$
$$= 1.1616 \times 10^{11}[\text{kJ}]$$

電力量と熱量の関係は，$1\,\text{kW·h} = 3\,600\,\text{kJ}$ であるから，発電端熱効率 η_P は，

$$\eta_P = \frac{\text{発電電力量（熱量換算値）}}{\text{消費した石炭の総発熱量}}$$

$$= \frac{3\,600\,W}{Q} = \frac{3\,600 \times 13\,680 \times 10^3}{1.1616 \times 10^{11}}$$

$$\fallingdotseq 0.424 \quad \rightarrow \quad 42.4\,\%$$

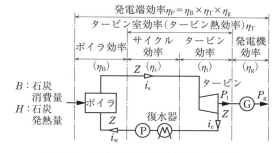

図 15-1　火力発電所の熱ダイヤグラム

問 15（b）の解答 　出題項目＜熱サイクル・熱効率＞ 　答え　（4）

一般に，復水器損失を含まないタービン単体の効率であるタービン効率は 80～90 %，熱サイクル効率は 45～50 % であるため，タービン室効率＝（タービン単体の効率）×（熱サイクル効率）は 36～45 % である。問題に与えられているタービン効率 45.0 % は，オーダーから判断すると，タービン単体の効率ではなく，タービン室効率を指すものと解釈される。

ボイラ効率を η_B，タービン室効率を η_T，発電機効率を η_g とすると，発電端熱効率 η_P は，

$$\eta_P = \eta_B \eta_T \eta_g$$

したがって，ボイラ効率 η_B は，

$$\eta_B = \frac{\eta_P}{\eta_T \eta_g} = \frac{0.400}{0.450 \times 0.990} \fallingdotseq 0.897\,9 \quad \rightarrow \quad 89.8\,\%$$

解 説

タービン効率とは，蒸気のもつ熱エネルギーがどれだけタービンで機械エネルギーに変換するのかという割合を表したもので，タービン単体でのエネルギー変換効率である。熱サイクル効率は 45～50 % となる。

所内比率は，発電端熱効率の代わりに送電端熱効率が与えられているとき必要であるが，本問は

使用しなくても解くことができる。

各種効率を整理すると，次のようになる。

① ボイラ効率

$$\eta_B = \frac{\text{ボイラで発生した蒸気の発熱量}}{\text{ボイラに供給した燃料の発熱量}} = \frac{Z(i_s - i_w)}{BH}$$

② 熱サイクル効率

$$\eta_c = \frac{\text{タービンで消費した熱量}}{\text{ボイラで発生した蒸気の発熱量}} = \frac{i_s - i_e}{i_s - i_w}$$

③ タービン効率

$$\eta_t = \frac{\text{タービンで発生した機械的出力（熱量換算値）}}{\text{タービンで消費した熱量}}$$
$$= \frac{3\,600\,P_t}{Z(i_s - i_e)}$$

④ タービン室効率（タービン熱効率）

$$\eta_T = \frac{\text{タービンで発生した機械的出力（熱量換算値）}}{\text{ボイラで発生した蒸気の発熱量}} = \frac{3\,600\,P_t}{Z(i_s - i_w)}$$

⑤ 発電端熱効率

$$\eta_P = \frac{\text{発電機で発生した電気出力（熱量換算値）}}{\text{ボイラに供給した燃料の発熱量}}$$
$$= \frac{3\,600\,P_g}{BH} = \eta_B \eta_c \eta_t \eta_g$$

問 16 出題分野＜変電＞ ｜難易度 ★★★｜ ｜重要度 ★★★｜

　定格容量 80[MV・A]，一次側定格電圧 33[kV]，二次側定格電圧 11[kV]，百分率インピーダンス 18.3[%]（定格容量ベース）の三相変圧器 T_A がある。三相変圧器 T_A の一次側は 33[kV] の電源に接続され，二次側は負荷のみが接続されている。電源の百分率内部インピーダンスは，1.5[%]（系統基準容量 80[MV・A]ベース）とする。なお，抵抗分及びその他の定数は無視する。次の（a）及び（b）に答えよ。

（a）　将来の負荷変動等は考えないものとすると，変圧器 T_A の二次側に設置する遮断器の定格遮断電流の値[kA]として，最も適切なものは次のうちどれか。

　　（1）　5　　　　（2）　8　　　（3）　12.5　　　（4）　20　　　（5）　25

（b）　定格容量 50[MV・A]，百分率インピーダンスが 12.0[%] の三相変圧器 T_B を三相変圧器 T_A と並列に接続した。40[MW] の負荷をかけて運転した場合，三相変圧器 T_A の負荷分担[MW]の値として，正しいのは次のうちどれか。ただし，三相変圧器群 T_A と T_B にはこの負荷のみが接続されているものとし，抵抗分及びその他の定数は無視する。

　　（1）　15.8　　　（2）　19.5　　　（3）　20.5　　　（4）　24.2　　　（5）　24.6

問 16 （a）の解答　　出題項目＜変圧器，開閉装置＞　　　　　答え　（5）

変圧器 T_A の二次側に設置する遮断器 CB は，図 16-1 の点 F_1 における三相短絡電流を遮断できなければならない。

変圧器一次側から電源側をみた百分率インピーダンスを $\%Z_S$，変圧器 T_A の百分率インピーダンスを $\%Z_A$ とすると，各百分率インピーダンスは基準容量が 80 MV·A で同じであるから，点 F_1 から電源側をみた 80 MV·A ベースの百分率インピーダンス $\%Z$ は，

$$\%Z = \%Z_A + \%Z_S = 18.3 + 1.5 = 19.8 [\%]$$

基準電流を I_n[A]，変圧器二次側の定格線間電圧を V_n[V] とすると，基準容量 P_n は次式で表されるから，

$$P_n = \sqrt{3} V_n I_n [\text{V·A}] \qquad \therefore\ I_n = \frac{P_n}{\sqrt{3} V_n} [\text{A}]$$

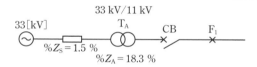

図 16-1　インピーダンスマップ

よって，三相短絡電流 I_s は，

$$I_s = \frac{100}{\%Z} \times I_n = \frac{100}{\%Z} \times \frac{P_n}{\sqrt{3} V_n}$$

$$= \frac{100}{19.8} \times \frac{80 \times 10^6}{\sqrt{3} \times 11 \times 10^3} \fallingdotseq 21.21 \times 10^3 [\text{A}]$$

$$= 21.21 [\text{kA}]$$

したがって，遮断器の遮断電流は上記の値以上必要であるから，定格遮断電流は 25 kA となる。

問 16 （b）の解答　　出題項目＜変圧器＞　　　　　答え　（3）

まず，各変圧器の百分率インピーダンス値を同じ基準容量にそろえる。

変圧器 T_A の容量 80 MV·A を基準容量 P_n とすると，変圧器 T_B の百分率インピーダンス $\%Z_B = 12.0 [\%]$（$P_B = 50$ MV·A 基準）を基準容量 $P_n = 80$[MV·A] に換算した値 $\%Z_B'$ は，

$$\%Z_B' = \%Z_B \frac{P_n}{P_B} = 12.0 \times \frac{80}{50} = 19.2 [\%]$$

図 16-2 に変圧器 T_A，T_B を並列運転したときの等価回路を示す。負荷分担は並列インピーダンスの電流分布と同じように考えられ，同一基準容量換算の百分率インピーダンスに反比例するから，$P_L = 40$[MW] の負荷を加えたとき，変圧器 T_A の負荷分担 P_a は，

$$P_a = \frac{\%Z_B'}{\%Z_A' + \%Z_B'} P_L = \frac{19.2}{18.3 + 19.2} \times 40$$

```
       T_A  P_a  %Z_A'
   ┌────[====]────┐
   │              │
   │   T_B  P_b  %Z_B'  │
電源 ○   ─[====]─   ┃負荷
   │              ┃ P_L
   └──────────────┘
```

図 16-2　変圧器の並行運転

$$= 20.48 \fallingdotseq 20.5 [\text{MW}]$$

解説 ‥‥‥‥‥‥‥‥‥‥‥‥‥‥‥‥

2 台の変圧器 A，B を並行運転する場合，各々の定格出力 P_A，P_B に比例した負荷分担 P_a，P_b で運転するには，同一基準容量に換算した各変圧器のインピーダンス $\%Z_A'$，$\%Z_B'$ を定格出力に反比例させる必要がある。

$$\frac{P_a}{P_b} = \frac{VI_a}{VI_b} = \frac{I_a}{I_b} = \frac{\%Z_B'}{\%Z_A'}$$

上式で分担負荷の比を定格出力の比，

$$\frac{P_a}{P_b} = \frac{P_A}{P_B}$$

にするためには，

$$\frac{P_A}{P_B} = \frac{\%Z_B'}{\%Z_A'}$$

にする必要がある。

つまり，負荷分担は同一基準容量に換算した $\%Z$ に反比例する。

また，三相短絡容量 P_s は次式で求められる。

$$P_s = \frac{100}{\%Z} \times P_b = \frac{100}{\%Z} \times \sqrt{3} V_b I_b$$

$$= \frac{100}{\%Z} \times \sqrt{3} V_b \times \frac{\%Z}{100} \times I_s = \sqrt{3} V_b I_s [\text{V·A}]$$

令和 4 (2022)
令和 3 (2021)
令和 2 (2020)
令和元 (2019)
平成 30 (2018)
平成 29 (2017)
平成 28 (2016)
平成 27 (2015)
平成 26 (2014)
平成 25 (2013)
平成 24 (2012)
平成 23 (2011)
平成 22 (2010)
平成 21 (2009)
平成 20 (2008)

問 17 出題分野＜配電＞ 難易度 ★☆☆ 重要度 ★★★

　図は単相 2 線式の配電線路の単線図である。電線 1 線当たりの抵抗と長さは，a–b 間で 0.3[Ω/km]，250[m]，b–c 間で 0.9[Ω/km]，100[m]とする。次の(a)及び(b)に答えよ。

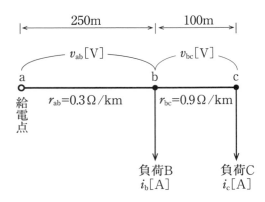

（ a ）　b–c 間の 1 線の電圧降下 v_{bc}[V]及び負荷 B と負荷 C の負荷電流 i_b，i_c[A]として，正しいものを組み合わせたのは次のうちどれか。

　　ただし，給電点 a の線間の電圧値と負荷点 c の線間の電圧値の差を 12.0[V]とし，a–b 間の 1 線の電圧降下 v_{ab} = 3.75[V]とする。負荷の力率はいずれも 100[%]，線路リアクタンスは無視するものとする。

	v_{bc}[V]	i_b[A]	i_c[A]
(1)	2.25	10.0	40.0
(2)	2.25	25.0	25.0
(3)	4.50	10.0	25.0
(4)	4.50	0.0	50.0
(5)	8.25	50.0	91.7

（ b ）　次に，図の配電線路で抵抗に加えて a–c 間の往復線路のリアクタンスを考慮する。このリアクタンスを 0.1[Ω]とし，b 点には無負荷で i_b = 0[A]，c 点には受電電圧が 100[V]，遅れ力率 0.8，1.5[kW]の負荷が接続されているものとする。

　　このとき，給電点 a の線間の電圧値と負荷点 c の線間の電圧値[V]の差として，最も近いのは次のうちどれか。

（ 1 ）　3.0　　　（ 2 ）　4.9　　　（ 3 ）　5.3　　　（ 4 ）　6.1　　　（ 5 ）　37.1

問17（a）の解答　　出題項目＜電圧降下＞　　　　　答え　（2）

単相2線式なので，1線当たりの電圧降下で考える。給電点aと負荷点cの線間電圧の差は，1線当たりの電圧降下 v_{ac} は 12.0/2[V]となる。b–c間の電圧降下 v_{bc} は，ここから a–b 間の電圧降下 v_{ab} を引けば求められるので，

$$v_{bc}=v_{ac}-v_{ab}=\frac{12.0}{2}-3.75=2.25\,[\mathrm{V}]$$

図 17-1 に示すように，b–c 間の1線の電圧降下 v_{bc} は，

$$v_{bc}=r_{bc}l_{bc}i_c$$

よって，負荷電流 i_c は，

$$i_c=\frac{v_{bc}}{r_{bc}l_{bc}}=\frac{2.25}{0.9\times0.1}=25\,[\mathrm{A}]$$

次に，a–b 間に流れる電流 i_{ab} は，

$$i_{ab}=i_b+i_c$$

a–b 間の1線の電圧降下 v_{ab} は，

$$v_{ab}=r_{ab}l_{ab}i_{ab}=r_{ab}l_{ab}(i_b+i_c)$$

よって，負荷電流 i_b は，

$$i_b=\frac{v_{ab}}{r_{ab}l_{ab}}-i_c=\frac{3.75}{0.3\times0.25}-25=25\,[\mathrm{A}]$$

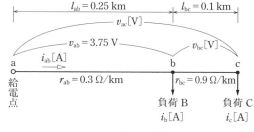

図 17-1　単線図

問17（b）の解答　　出題項目＜電圧降下＞　　　　　答え　（4）

a–b 間および b–c 間の1線当たりの抵抗 r_{ab} および r_{bc} は，

$$r_{ab}=0.3\,[\Omega/\mathrm{km}]\times0.25\,[\mathrm{km}]=0.075\,[\Omega]$$

$$r_{bc}=0.3\,[\Omega/\mathrm{km}]\times0.1\,[\mathrm{km}]=0.09\,[\Omega]$$

a–c 間の1線当たりの抵抗 r は，

$$r=r_{ab}+r_{bc}=0.075+0.09=0.165\,[\Omega]$$

a–c 間の往復線路のリアクタンスは 0.1 Ω なので，1線当たりのリアクタンス x は 0.05 Ω となる。

点 c の受電電圧を v，負荷 c の力率を $\cos\theta$，負荷電流を i_c とすると，有効電力 $P\,[\mathrm{W}]$ は，

$$P=vi_c\cos\theta$$

よって，負荷電流 i_c は，

$$i_c=\frac{P}{v\cos\theta}=\frac{1.5\times10^3}{100\times0.8}=18.75\,[\mathrm{A}]$$

図 17-2 に示すように，給電点aと負荷点cの線間電圧の差 v_{ac} は，

$$
\begin{aligned}
v_{ac}&=2i_c(r\cos\theta+x\sin\theta)\\
&=2i_c(r\cos\theta+x\sqrt{1-\cos^2\theta})\\
&=2\times18.75\times\left(0.165\times0.8+\frac{0.1}{2}\times\sqrt{1-0.8^2}\right)\\
&=6.075\fallingdotseq6.1\,[\mathrm{V}]
\end{aligned}
$$

解説

図 17-3 に示す単相2線式配電線路のベクトル図は図 17-4 のように表される。通常は位相差 δ が小さいため，$\overline{OD}\fallingdotseq\overline{OC}$ となるから，

$$\overline{OC}=\overline{OA}+\overline{AB}+\overline{BC}$$

となり，これを式で表すと次のようになる。

$$V_s=V_r+2I_2(R\cos\theta+X\sin\theta)$$

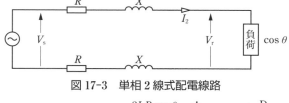

図 17-3　単相2線式配電線路

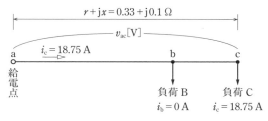

図 17-2　単線図

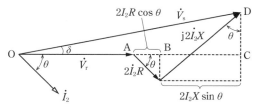

図 17-4　ベクトル図

令和4（2022）
令和3（2021）
令和2（2020）
令和元（2019）
平成30（2018）
平成29（2017）
平成28（2016）
平成27（2015）
平成26（2014）
平成25（2013）
平成24（2012）
平成23（2011）
平成22（2010）
平成21（2009）
平成20（2008）

電　力 平成 21 年度（2009 年度）

A 問 題（配点は 1 問題当たり 5 点）

問1　出題分野＜水力発電＞

難易度 ★★★　重要度 ★★★

水力発電所において，有効落差 100[m]，水車効率 92[%]，発電機効率 94[%]，定格出力 2 500[kW] の水車発電機が 80[%] 負荷で運転している。このときの流量[m³/s]の値として，最も近いのは次のうちどれか。

（1）　1.76　　　（2）　2.36　　　（3）　3.69　　　（4）　17.3　　　（5）　23.1

問2　出題分野＜汽力発電＞

難易度 ★★☆　重要度 ★★☆

タービン発電機の水素冷却方式について，空気冷却方式と比較した場合の記述として，誤っているのは次のうちどれか。

（1）　水素は空気に比べ比重が小さいため，風損を減少することができる。

（2）　水素を封入し全閉形となるため，運転中の騒音が少なくなる。

（3）　水素は空気より発電機に使われている絶縁物に対して化学反応を起こしにくいため，絶縁物の劣化が減少する。

（4）　水素は空気に比べ比熱が小さいため，冷却効果が向上する。

（5）　水素の漏れを防ぐため，密封油装置を設けている。

問1の解答　出題項目＜出力関係＞　　答え（2）

流量を $Q[\mathrm{m^3/s}]$，有効落差を $H[\mathrm{m}]$，水車効率を η_t，発電機効率を η_g とすると，水力発電所の発電機出力 P_G は，

$$P_G = 9.8QH\eta_t\eta_g\,[\mathrm{kW}]$$

これより，80 % 負荷で運転しているときの流量 $Q_{0.8}$ は，

$$0.8P_G = 9.8Q_{0.8}H\eta_t\eta_g\,[\mathrm{kW}]$$

$$\therefore\ Q_{0.8} = \frac{0.8P_G}{9.8H\eta_t\eta_g} = \frac{0.8 \times 2\,500}{9.8 \times 100 \times 0.92 \times 0.94}$$

$$\fallingdotseq 2.36\,[\mathrm{m^3/s}]$$

解説

総落差，有効落差，損失落差は，**図 1-1** に示すように次の関係がある。

総落差 ＝ 有効落差 ＋ 損失落差

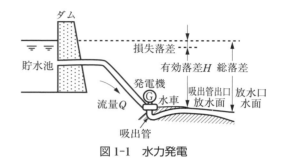

図 1-1　水力発電

問2の解答　出題項目＜タービン関係＞　　答え（4）

（1）　正。水素は空気に比べ比重が小さいため，風損を 10 % 程度に減少することができる。

（2）　正。水素を封入し全閉形となるため，運転中の騒音が少なくなる。

（3）　正。水素は不活性で，空気より絶縁物に対して化学反応を起こしにくいため，絶縁物の劣化が減少する。

（4）　誤。水素は**比熱が大きく**，熱伝導もよいため，冷却効果が優れている。

（5）　正。回転子軸の固定子枠貫通部からの水素の漏れを防ぐため，密封油装置を設けている。

解説

大容量タービン発電機の冷却には，水素ガス直接冷却方式が採用されている。ただし，回転子コイルと固定子コイルのうち，固定子コイルには水直接冷却方式が採用されることもある。なお，水素ガス直接冷却方式では，中空導体中に水素ガスを流して回転子コイルまたは固定子コイルを冷却し，水直接冷却方式では，中空導体中に水を流して固定子コイルを冷却する。

冷却媒体に水素ガスを用いる理由は，水素が比較的安価で，空気と比較して次のような特徴があるためである。

①　水素の密度は空気の約 7 % と軽いので，風損が 10 % 程度に減少し，発電機効率が 0.5〜1

% 向上する。

②　通風は軸に取り付けた内部通風機を使用するので，全閉形となって運転中の騒音が少ない。

③　水素は不活性で，空気よりもコロナ発生電圧が高いことから，絶縁物の劣化が少なく寿命が長くなる。

④　水素は，比熱が空気の 14 倍，熱伝導率が空気の 7 倍と大きいので，冷却効果が優れている。

空気が容積で 25〜95 % 混入すると，水素が酸素と反応して水素爆発の危険性があるため，次のような安全上の対策が必要となる。

①　水素純度を 95 % 以上に高く保つ。

②　回転子軸の固定子枠貫通部からの水素の漏れを防ぐため，軸受の内側に密封油装置を設ける。

③　軸受・固定子枠などを気密構造とし，固定子外枠は耐爆構造とする。

④　機内空気（水素）を水素（空気）に入れ換える場合，両者が混合しないように，空気を炭酸ガスに置換する装置を設ける。

⑤　水素ガスの純度や圧力を適正に保つために，計測・監視装置を設ける。

補足　封入する水素の圧力を高くすると冷却効果を大きくできるため，発電機容量の増大とともに高い圧力値（0.1〜0.4 MPa）が採用される。

令和4（2022）
令和3（2021）
令和2（2020）
令和元（2019）
平成30（2018）
平成29（2017）
平成28（2016）
平成27（2015）
平成26（2014）
平成25（2013）
平成24（2012）
平成23（2011）
平成22（2010）
平成21（2009）
平成20（2008）

問3　出題分野＜汽力発電＞　難易度 ★★★　重要度 ★★★

汽力発電所における，熱効率の向上を図る方法として，誤っているのは次のうちどれか。

（1） タービン入口の蒸気として，高温・高圧のものを採用する。

（2） 復水器の真空度を低くすることで蒸気はタービン内で十分に膨張して，タービンの羽根車に大きな回転力を与える。

（3） 節炭器を設置し，排ガスエネルギーを回収する。

（4） 高圧タービンから出た湿り飽和蒸気をボイラで再熱し，再び高温の乾き飽和蒸気として低圧タービンに用いる。

（5） 高圧及び低圧のタービンから蒸気を一部取り出し，給水加熱器に導いて給水を加熱する。

問4　出題分野＜原子力発電＞　難易度 ★★★　重要度 ★★★

次の文章は，原子力発電に関する記述である。

原子力発電は，原子燃料が出す熱で水を蒸気に変え，これをタービンに送って熱エネルギーを機械エネルギーに変えて，発電機を回転させることにより電気エネルギーを得るという点では， (ア) と同じ原理である。原子力発電では，ボイラの代わりに (イ) を用い， (ウ) の代わりに原子燃料を用いる。現在，多くの原子力発電所で燃料として用いている核分裂連鎖反応する物質は (エ) であるが，天然に産する原料では核分裂連鎖反応しない (オ) が99[%]以上を占めている。このため，発電用原子炉にはガス拡散法や遠心分離法などの物理学的方法で (エ) の含有率を高めた濃縮燃料が用いられている。

上記の記述中の空白箇所(ア)，(イ)，(ウ)，(エ)及び(オ)に当てはまる語句として，正しいものを組み合わせたのは次のうちどれか。

	（ア）	（イ）	（ウ）	（エ）	（オ）
（1）	汽力発電	原子炉	自然エネルギー	プルトニウム239	ウラン235
（2）	汽力発電	原子炉	化石燃料	ウラン235	ウラン238
（3）	内燃力発電	原子炉	化石燃料	プルトニウム239	ウラン238
（4）	内燃力発電	燃料棒	化石燃料	ウラン238	ウラン235
（5）	太陽熱発電	燃料棒	自然エネルギー	ウラン235	ウラン238

問3の解答　出題項目＜熱サイクル・熱効率＞　答え　（2）

（1）正。高温・高圧の蒸気を採用して，タービン入口の蒸気温度，蒸気圧力を高くする。

（2）誤。復水器の真空度を<u>高くする</u>（タービン出口の排気圧力を低くする）ことで蒸気はタービン内で十分に膨張して，タービンの羽根車に大きな回転力を与える。

（3）正。節炭器や空気予熱器を設置して，煙道ガスを通る排ガスエネルギーを回収する。

（4）正。高圧タービンで膨張した蒸気は過熱蒸気から飽和蒸気になるが，飽和蒸気はタービン翼との摩擦損失が大きくタービン効率を低下させ，またタービン翼を浸食する。そこで，高圧タービンから出た蒸気を再びボイラ内の再熱器で過熱蒸気にして，低圧タービンに用いる。

（5）正。復水器で冷却水（海水）に放出される熱量（熱損失）を少なくするため，タービンで膨張途中の蒸気を一部取り出し（抽気という），給水加熱器に導いて給水を加熱する。

解説

復水器は，タービンの排気を冷却凝縮し，背圧を真空に保つことによりタービン室効率を高くするとともに，凝縮復水した水を回収する装置である。なお，「復水器の真空度を高める」とは「排気圧力を低くする」ことと同じ意味である。

汽力発電所の熱効率を向上させるには，タービンで仕事に利用される熱量をできるだけ多くし，外部に捨てる熱損失量をできるだけ少なくすればよい。電気事業用の汽力発電所では，**図 3-1** に示すように，基本のランキンサイクルに再熱サイクルと再生サイクルを加えた再熱再生サイクルが一般的に採用されている。

なお再生サイクルでは，蒸気の一部を抽気して給水を加熱するためタービンの仕事量は減少するが，復水器での熱損失が少なくなるので，系統全体としての熱効率は向上する。

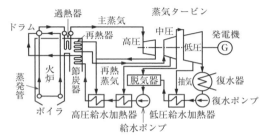

図 3-1　再熱再生サイクル

問4の解答　出題項目＜核分裂エネルギー＞　答え　（2）

原子力発電は，原子燃料が出す熱で水を蒸気に変え，これをタービンに送って熱エネルギーを機械エネルギーに変えて，発電機を回転させることにより電気エネルギーを得るという点では，**汽力発電**と同じ原理である。原子力発電では，ボイラの代わりに**原子炉**を用い，**化石燃料**の代わりに原子燃料を用いる。

現在，多くの原子力発電所で燃料として用いている核分裂連鎖反応する物質は**ウラン 235** であるが，天然に産する原料では核分裂連鎖反応しない**ウラン 238** が 99 ％ 以上を占めている。このため，発電用原子炉にはガス拡散法や遠心分離法などの物理学的方法で**ウラン 235** の含有率を高めた濃縮燃料が用いられている。

解説

ウランの原料は，ウラン鉱石から精製した天然ウランである。天然ウランには質量数の異なる三種類のウラン（同位元素）が含まれており，ウラン 238 が 99 ％ 以上，ウラン 235 が 0.7 ％ 程度で，ウラン 248 はごくわずかである。軽水炉において核分裂が継続して起こるためには，ウラン 235 の一定以上の含有率（3～5 ％）が必要となる。

同位元素は質量数（質量）が異なるだけで化学的性質は同じなので，化学的方法ではなく物理学的方法によりウラン 235 の含有率を高めて（濃縮して），濃縮燃料（低濃縮ウラン）とする。

問 5　　出題分野＜自然エネルギー＞　　｜難易度｜ ★★★　｜重要度｜ ★★★

　バイオマス発電は，植物等の　(ア)　性資源を用いた発電と定義することができる。森林樹木，サトウキビ等はバイオマス発電用のエネルギー作物として使用でき，その作物に吸収される　(イ)　量と発電時の　(イ)　発生量を同じとすることができれば，環境に負担をかけないエネルギー源となる。ただ，現在のバイオマス発電では，発電事業として成立させるためのエネルギー作物等の　(ウ)　確保の問題や　(エ)　をエネルギーとして消費することによる作物価格への影響が課題となりつつある。

　上記の記述中の空白箇所(ア)，(イ)，(ウ)及び(エ)に当てはまる語句として，正しいものを組み合わせたのは次のうちどれか。

	（ア）	（イ）	（ウ）	（エ）
（1）	無　機	二酸化炭素	量　的	食　料
（2）	無　機	窒素化合物	量　的	肥　料
（3）	有　機	窒素化合物	質　的	肥　料
（4）	有　機	二酸化炭素	質　的	肥　料
（5）	有　機	二酸化炭素	量　的	食　料

問 6　　出題分野＜変電＞　　｜難易度｜ ★★★　｜重要度｜ ★★☆

電力系統における変電所の役割と機能に関する記述として，誤っているのは次のうちどれか。

（1）　構外から送られる電気を，変圧器やその他の電気機械器具等により変成し，変成した電気を構外に送る。

（2）　送電線路で短絡や地絡事故が発生したとき，保護継電器により事故を検出し，遮断器にて事故回線を系統から切り離し，事故の波及を防ぐ。

（3）　送変電設備の局部的な過負荷運転を避けるため，開閉装置により系統切換を行って電力潮流を調整する。

（4）　無効電力調整のため，重負荷時には分路リアクトルを投入し，軽負荷時には電力用コンデンサを投入して，電圧をほぼ一定に保持する。

（5）　負荷変化に伴う供給電圧の変化時に，負荷時タップ切換変圧器等により電圧を調整する。

問5の解答　出題項目＜各種発電＞　　答え（5）

葉緑体をもつ植物は，太陽エネルギーを用いて水と二酸化炭素から有機物を合成し（光合成という），体内に蓄え，これを燃焼することでエネルギーを得る。このように，植物等の生命体は有機物で構成されているため，燃料として電気や熱をつくることができる。

バイオマス発電は，植物等の**有機性資源**を用いた発電と定義することができる。森林樹木のほかサトウキビ等もバイオマス発電用のエネルギー作物として使用できる。発電所では発電時に燃焼による二酸化炭素が排出されるが，森林等の作物に吸収される**二酸化炭素**量と発電時の**二酸化炭素**発生量を同じにすることができれば，環境に負担をかけないエネルギー源（実質的な二酸化炭素排出量がゼロとなる「カーボンニュートラル」なエネルギー源）となる。

バイオマス発電は環境への悪影響が少なく，地球温暖化対策に関し有力な発電方法であるが，発電事業として成立させるためのエネルギー作物等の**量的確保**の問題や**食料**をエネルギーとして消費

することによる作物価格への影響が課題である。

解説

再生可能エネルギーとしてのバイオマス発電は，太陽光発電や風力発電と異なり出力が自然任せではないことや，発電だけでなく熱も有効活用できる。ほかにも貯蔵性・代替性，膨大な賦在量などの長所をもつが，単位質量当たりの発熱量が低い，食料用途との競合などの課題もある。**図5-1**にバイオマス発電の種類を示す。

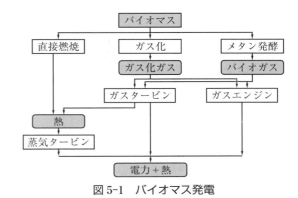

図5-1　バイオマス発電

問6の解答　出題項目＜変電所＞　　答え（4）

（1）正。電気設備技術基準では「変電所」とは，構外から伝送される電気を構内に施設した変圧器，回転変流機，整流器その他の電気機械器具により変成する所であって，変成した電気をさらに構外に伝送するものをいう，と定義されている。

（2）正。送電線路で短絡や地絡事故が発生したとき，保護継電器により事故を検出し，遮断器で事故回線を系統から切り離し，事故の波及を防ぐ。

（3）正。送変電設備の局所的な過負荷運転を避けるため，変電所に設置される変圧器の負荷状況や送り出し送電線の負荷状況を監視しながら，開閉装置により系統切換を行って電力潮流を調整する。

（4）誤。変電所における無効電力調整は，負荷電流が遅れ力率になって電圧降下が大きい**重負荷時**には**電力用コンデンサを投入**し，夜間などの

軽負荷時には負荷電流が進み力率になって電圧が上昇するため電力用コンデンサを開放するとともに**分路リアクトルを投入**して電圧上昇を抑制する。

（5）正。負荷変化に伴う供給電圧の変化時に，負荷時タップ切換変圧器等により電圧を調整する。

解説

図6-1に変電所の設備構成の概略を示す。

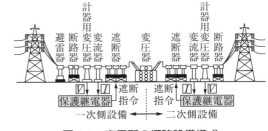

図6-1　変電所の概略設備構成

問 7 出題分野＜送電＞　　　難易度 ★★★　　重要度 ★★★

　　交流三相 3 線式 1 回線の送電線路があり，受電端に遅れ力率角 θ[rad]の負荷が接続されている。送電端の線間電圧を V_s[V]，受電端の線間電圧を V_r[V]，その間の相差角は δ[rad]である。

　　受電端の負荷に供給されている三相有効電力[W]を表す式として，正しいのは次のうちどれか。

　　ただし，送電端と受電端の間における電線 1 線当たりの誘導性リアクタンスは X[Ω]とし，線路の抵抗，静電容量は無視するものとする。

（1）　$\dfrac{V_s V_r}{X} \cos \delta$　　　（2）　$\dfrac{\sqrt{3}\, V_s V_r}{X} \cos \theta$　　　（3）　$\dfrac{V_s V_r}{X} \sin \delta$

（4）　$\dfrac{\sqrt{3}\, V_s V_r}{X} \sin \delta$　　　（5）　$\dfrac{V_s V_r}{X \sin \delta} \cos \theta$

問 8 出題分野＜配電＞　　　難易度 ★★★　　重要度 ★★★

22(33)[kV]配電系統に関する記述として，誤っているのは次のうちどれか。

（1）　6.6[kV]の配電線に比べ電圧対策や供給力増強対策として有効なので，長距離配電の必要となる地域や新規開発地域への供給に利用されることがある。

（2）　電気方式は，地絡電流抑制の観点から中性点を直接接地した三相 3 線方式が一般的である。

（3）　各種需要家への電力供給は，特別高圧需要家へは直接に，高圧需要家へは途中に設けた配電塔で 6.6[kV]に降圧して高圧架空配電線路を用いて，低圧需要家へはさらに柱上変圧器で 200〜100[V]に降圧して，行われる。

（4）　6.6[kV]の配電線に比べ 33[kV]の場合は，負荷が同じで配電線の線路定数も同じなら，電流は $\dfrac{1}{5}$ となり電力損失は $\dfrac{1}{25}$ となる。電流が同じであれば，送電容量は 5 倍となる。

（5）　架空配電系統では保安上の観点から，特別高圧絶縁電線や架空ケーブルを使用する場合がある。

問7の解答　　出題項目＜送電電力＞　　　　　　　　答え　（3）

図7-1（a）に三相3線式送電線の1相当たりの等価回路を示し，図（b）に負荷電流と送受電端電圧のベクトル図を示す。

図（b）の線分 $\overline{\mathrm{AB}}$ の長さは，

$$\overline{\mathrm{AB}} = E_\mathrm{s} \sin \delta = XI \cos \theta$$

$$\therefore\ I \cos \theta = \frac{E_\mathrm{s}}{X} \sin \delta$$

ここで，三相電力 P は，

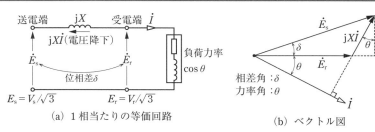

(a) 1相当たりの等価回路　　　　(b) ベクトル図

図7-1　三相3線式送電線

$$P = 3E_\mathrm{r} I \cos \theta = 3E_\mathrm{r} \frac{E_\mathrm{s}}{X} \sin \delta$$

$$= 3 \frac{V_\mathrm{r}}{\sqrt{3}} \frac{V_\mathrm{s}}{\sqrt{3} X} \sin \delta = \frac{V_\mathrm{s} V_\mathrm{r}}{X} \sin \delta$$

問8の解答　　出題項目＜配電系統，中性点接地方式＞　　答え　（2）

（1）　正。特別高圧配電は 20 kV 級配電方式とも呼ばれ，6.6 kV 配電線に比べ電圧対策や供給力増強対策として有効なので，長距離配電の必要となる地域や新規開発への供給に利用されることがある。

（2）　誤。配電電圧は 22 kV または 33 kV であり，三相3線式の中性点**抵抗接地方式**が主に採用されている。この方式は，中性点を 100～数百 A の電流が流れる抵抗器で接地し，地絡故障時の地絡電流を電磁誘導障害防止のため抑制しつつ，保護リレーの動作を確実にし，地絡故障時の健全相の電圧上昇も抑制できる。

（3）　正。各種需要家への電力供給は，特別高圧需要家へは 22 kV または 33 kV で直接に，高圧需要家へは途中に設けた配電塔で 6.6 kV に降圧して高圧架空配電線路を用いて，低圧需要家へはさらに柱上変圧器で 200～100 V に降圧して，行われる。

（4）　正。6.6 kV の配電線に比べ 33 kV の場合（電圧が5倍の場合）は，負荷が同じで配電線の線路定数も同じなら，電流は 1/5 となり，電力損失は電流の2乗に比例する（$p = I^2 r$）ため 1/25 となる。さらに送電容量 P は，電流が同じであれば $5P$，つまり5倍となる（$P = VI$）。

（5）　正。架空配電系統では保安上の観点か

ら，特別高圧絶縁電線や架空ケーブルを使用する場合がある。

解説 ‥‥‥‥‥‥‥‥‥‥‥‥‥‥‥‥‥‥‥

20 kV 級配電の供給方式には地中配電方式と架空配電方式とがあり，前者は都市部の大規模ビルなどの超過密地域，後者は都心埋立地，大規模ニュータウン，工業団地などの高圧・特別高圧負荷が集中する地域に適用されている。

特高 22（33）kV 配電系統を**図 8-1** に，高圧 6.6 kV 配電系統を**図 8-2** に示す。

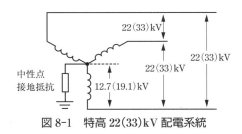

図 8-1　特高 22（33）kV 配電系統

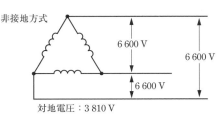

図 8-2　高圧 6.6 kV 配電系統

令和
4
(2022)

令和
3
(2021)

令和
2
(2020)

令和
元
(2019)

平成
30
(2018)

平成
29
(2017)

平成
28
(2016)

平成
27
(2015)

平成
26
(2014)

平成
25
(2013)

平成
24
(2012)

平成
23
(2011)

平成
22
(2010)

平成
21
(2009)

平成
20
(2008)

問9 出題分野＜送電＞ 難易度 ★★★ 重要度 ★★☆

電力系統における直流送電について交流送電と比較した次の記述のうち，誤っているのはどれか。

（1） 直流送電線の送・受電端でそれぞれ交流‐直流電力変換装置が必要であるが，交流送電のような安定度問題がないため，長距離・大容量送電に有利な場合が多い。

（2） 直流部分では交流のような無効電力の問題はなく，また，誘電体損がないので電力損失が少ない。そのため，海底ケーブルなど長距離の電力ケーブルの使用に向いている。

（3） 系統の短絡容量を増加させないで交流系統間の連系が可能であり，また，異周波数系統間連系も可能である。

（4） 直流電流では電流零点がないため，大電流の遮断が難しい。また，絶縁については，公称電圧値が同じであれば，一般に交流電圧より大きな絶縁距離が必要となる場合が多い。

（5） 交流‐直流電力変換装置から発生する高調波・高周波による障害への対策が必要である。また，漏れ電流による地中埋設物の電食対策も必要である。

問10 出題分野＜配電＞ 難易度 ★★☆ 重要度 ★★★

こう長2[km]の交流三相3線式の高圧配電線路があり，その端末に受電電圧6 500[V]，遅れ力率80[%]で消費電力400[kW]の三相負荷が接続されている。

いま，この三相負荷を力率100[%]で消費電力400[kW]のものに切り替えたうえで，受電電圧を6 500[V]に保つ。高圧配電線路での電圧降下は，三相負荷を切り替える前と比べて何倍になるか，最も近いのは次のうちどれか。

ただし，高圧配電線路の1線当たりの線路定数は，抵抗が0.3[Ω/km]，誘導性リアクタンスが0.4[Ω/km]とする。また，送電端電圧と受電端電圧との相差角は小さいものとする。

（1） 1.6　　　（2） 1.3　　　（3） 0.8　　　（4） 0.6　　　（5） 0.5

令和 4 (2022)
令和 3 (2021)
令和 2 (2020)
令和元 (2019)
平成 30 (2018)
平成 29 (2017)
平成 28 (2016)
平成 27 (2015)
平成 26 (2014)
平成 25 (2013)
平成 24 (2012)
平成 23 (2011)
平成 22 (2010)
平成 21 (2009)
平成 20 (2008)

問 9 の解答　　出題項目＜直流送電＞　　　　答え　（4）

（1）　正。直流送電の送・受電端で交直変換装置や無効電力供給設備が必要であるが，交流送電のように安定度の問題がなく，長距離・大容量送電に適している。

（2）　正。直流部分では無効電流による損失がなく，ケーブルでは誘電損がないので電力損失が少ない。また，充電電流がなく，フェランチ効果がないため，海底ケーブルなどの長距離の電力ケーブルの使用に適している。

（3）　正。直流連系しても短絡容量が増加しないため交流系統間の連系が可能であり，周波数の異なる交流系統の連系も可能である。

（4）　誤。直流電流は電流零点がないため高電圧・大電流の遮断が難しい。一方，直流系統の絶縁は，交流系統に比べて電圧の最大値と実効値が等しく，**絶縁強度の低減が可能**であるので絶縁設計上有利である。

（5）　正。交直変換装置から高調波・高周波が発生するので，フィルタを設置する等の高調波障害対策が必要である。また，漏れ電流による地中埋設物の電食対策も必要である。

解 説

交流の場合，最大電圧は公称電圧の $\sqrt{2}$ 倍なので，公称電圧が同じでも，最大電圧は交流の方が $\sqrt{2}$ 倍大きな値となる。絶縁対策は最大電圧に対して行うため，交流電圧の方が大きな絶縁距離を必要とする。

直流送電の主な利点は，以下のとおりである。

①　直流送電は，交流のリアクタンス分がないため，交流送電における発電機の同期化力に起因する安定度の問題がない。

②　長距離送電線や海底ケーブルなど大きな静電容量をもつ線路に交流送電する場合，大きな充電電流が流れる。直流送電する場合，線路に電圧が印加されれば，その後，充電電流は流れない。

③　周波数に無関係であるため，異なった周波数の連系（非同期連系）が容易である。

④　直流送電は，有効電力は供給するが無効電力の伝達はしないので，系統の短絡容量を増大することなく電力系統を連系することができる。

⑤　プラスとマイナスの 2 導体で送電できるほか，帰路用として大地を利用する大地帰路方式を採用すれば 1 導体ですみ，さらに経済的である。

問 10 の解答　　出題項目＜電圧降下＞　　　　答え　（5）

1 線当たりの抵抗を $r[\Omega]$，1 線当たりのリアクタンスを $x[\Omega]$ とすると，三相 3 線式配電線の電圧降下 v は，

$$v=\sqrt{3}\,I(r\cos\theta+x\sin\theta)[\mathrm{V}] \qquad ①$$

一方，三相 3 線式配電線の受電端電圧を V，線路電流を I，力率を $\cos\theta$ とすると，負荷電力 P より，

$$P=\sqrt{3}\,VI\cos\theta$$

$$\therefore\ I=\frac{P}{\sqrt{3}\,V\cos\theta} \qquad ②$$

①式に②式を代入すると，

$$v=\sqrt{3}\,\frac{P}{\sqrt{3}\,V\cos\theta}(r\cos\theta+x\sin\theta)$$

$$=\frac{P}{V\cos\theta}(r\cos\theta+x\sin\theta) \qquad ③$$

$r=0.3\times2=0.6[\Omega]$，$x=0.4\times2=0.8[\Omega]$ であり，$\cos\theta=80[\%]$，$P=400[\mathrm{kW}]$ の三相負荷が接続されているときの電圧降下 v_1 は，③式より，

$$v_1=\frac{400\times10^3}{6\,500\times0.8}(0.6\times0.8+0.8\times\sqrt{1-0.8^2})$$

$$=\frac{400\times10^3}{6\,500\times0.8}\times0.96$$

$\cos\theta=100[\%]$，$P=400[\mathrm{kW}]$ の三相負荷が接続されているときの電圧降下 v_2 は，③式より，

$$v_2=\frac{400\times10^3}{6\,500\times1.0}(0.6\times1.0)=\frac{400\times10^3}{6\,500}\times0.6$$

よって，負荷切り替え前後の電圧降下の比は，

$$\frac{v_2}{v_1}=\frac{\dfrac{400\times10^3}{6\,500}\times0.6}{\dfrac{400\times10^3}{6\,500\times0.8}\times0.96}=\frac{0.6\times0.8}{0.96}=0.5$$

問11　出題分野＜地中送電＞　難易度 ★★★　重要度 ★★★

　電圧 33[kV]，周波数 60[Hz]，こう長 2[km]の交流三相 3 線式地中電線路がある。ケーブルの心線 1 線当たりの静電容量が 0.24[μF/km]，誘電正接が 0.03[%]であるとき，このケーブルの心線 3 線合計の誘電体損[W]の値として，最も近いのは次のうちどれか。

（1）　9.4　　　　（2）　19.7　　　　（3）　29.5　　　　（4）　59.1　　　　（5）　177

問12　出題分野＜変電，配電＞　難易度 ★★★　重要度 ★★★

　配電で使われる変圧器に関する記述として，誤っているのは次のうちどれか。図を参考にして答えよ。

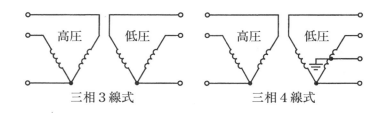

三相 3 線式　　　　　三相 4 線式

（1）　柱上に設置される変圧器の容量は，50[kV·A]以下の比較的小型のものが多い。

（2）　柱上に設置される三相 3 線式の変圧器は，一般的に同一容量の単相変圧器の V 結線を採用しており，出力は Δ 結線の $\dfrac{1}{\sqrt{3}}$ 倍となる。また，V 結線変圧器の利用率は $\dfrac{\sqrt{3}}{2}$ となる。

（3）　三相 4 線式(V 結線)の変圧器容量の選定は，単相と三相の負荷割合やその負荷曲線及び電力損失を考慮して決定するので，同一容量の単相変圧器を組み合わせることが多い。

（4）　配電線路の運用状況や設備実態を把握するため，変圧器二次側の電圧，電流及び接地抵抗の測定を実施している。

（5）　地上設置形の変圧器は，開閉器，保護装置を内蔵し金属製のケースに納めたもので，地中配電線供給エリアで使用される。

問 11 の解答　出題項目＜電力損失・許容電流＞　　答え（4）

図 11-1（a）に示すように，ケーブルに相電圧 E[V]が印加されると，図（b）のような等価回路となり，ケーブルの静電容量 C[F/km]による充電電流 I_C と，その抵抗分 R[Ω/km]により損失電流 I_R が流れる。

線間電圧を V[V]，周波数を f[Hz]，1 線当たりの静電容量を C[F/km]，1 線当たりの抵抗を R[Ω/km]，ケーブルのこう長を l[km]とすると，3 線合計の誘電体損 W_d は，

$$W_d = 3EI_R = \sqrt{3}\,VI_R\,[\text{W}] \qquad ①$$

一方，誘電正接を $\tan\delta$ とすると，図（c）のベクトル図より，

$$I_R = I_C \tan\delta\,[\text{A}] \qquad ②$$

の関係があるから，①式に②式を代入すると，

$$W_d = \sqrt{3}\,VI_C \tan\delta\,[\text{W}] \qquad ③$$

となり，さらに I_C は，

$$I_C = \omega Cl E = 2\pi f Cl E = 2\pi f Cl \frac{V}{\sqrt{3}} \qquad ④$$

と求められる。③式に④式を代入すると，

$$\begin{aligned}
W_d &= \sqrt{3}\,V \times 2\pi f Cl \frac{V}{\sqrt{3}} \tan\delta = 2\pi f Cl V^2 \tan\delta \\
&= 2\pi \times 60 \times 0.24 \times 10^{-6} \times 2 \times (33 \times 10^3)^2 \times 0.03 \times 10^{-2} \\
&\fallingdotseq 59.12\,[\text{W}] \quad \rightarrow \quad 59.1\ \text{W}
\end{aligned}$$

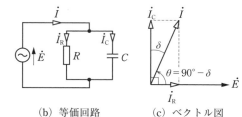

(a) 誘電体　　(b) 等価回路　　(c) ベクトル図

図 11-1　充電電流

問 12 の解答　出題項目＜変圧器，配電系統構成機材＞　　答え（3）

（1）正。柱上に設置される変圧器の容量は，50 kV・A 以下の比較的小型ものが多い。

（2）正。柱上に設置される三相 3 線式の変圧器は，一般的に同容量の単相変圧器の V 結線を採用しており，出力は Δ 結線の $\frac{1}{\sqrt{3}}$ 倍，利用率は Δ 結線の $\frac{\sqrt{3}}{2}$ となる。

（3）誤。三相負荷に対しては，同一容量の単相変圧器 2 台を V 結線にして供給する。また，単相負荷と三相負荷が混在する場合には，**異容量**の単相変圧器を V 結線にした三相 4 線式で供給する。つまり，「同一容量の単相変圧器を組み合わせることが多い」は誤りである。

（4）正。配電線路の運用状況や設備実態を把握するため，変圧器二次側の電圧，電流および接地抵抗（主に B 種接地）の測定を実施している。

（5）正。地上設置形の変圧器は，開閉器，保護装置を内蔵し金属製のケースに収めたもので，

地中配電線供給エリアで使用される。

▶ **解 説** ◀ ·······················

図 12-1 に示す三相 4 線式（V 結線）は，電灯需要と動力需要とが混在する地域で使用される配電方式である。単相電灯負荷 100 V と三相動力負荷 200 V の電圧比が 1：2 であるため，V 結線の三相 3 線式 200 V 線路と，単相 3 線式 100 V 線路とを組み合わせた形となる。

両変圧器の容量の選定にあたっては，単相，三相負荷の割合およびその負荷曲線（時間的な変動）を考慮する必要がある。

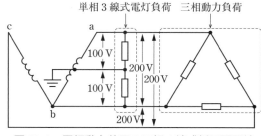

単相 3 線式電灯負荷　　三相動力負荷

図 12-1　電灯動力共用の三相 4 線式低圧配電線

問13 出題分野＜配電＞

難易度 ★★☆ 重要度 ★★☆

次のa～dは配電設備や屋内設備における特徴に関する記述で，誤っているものが二つある。それらの組み合わせは次のうちどれか。

a. 配電用変電所において，過電流及び地絡保護のために設置されているのは，継電器，遮断器及び断路器である。

b. 高圧配電線は大部分，中性点が非接地方式の放射状系統が多い。そのため経済的で簡便な保護方式が適用できる。

c. 架空低圧引込線には引込用ビニル絶縁電線(DV電線)が用いられ，地絡保護を主目的にヒューズが取り付けてある。

d. 低圧受電設備の地絡保護装置として，電路の零相電流を検出し遮断する漏電遮断器が一般的に取り付けられている。

（1） aとb 　　　（2） aとc 　　　（3） bとc 　　　（4） bとd 　　　（5） cとd

問14 出題分野＜電気材料＞

難易度 ★☆☆ 重要度 ★★☆

固体絶縁材料の劣化に関する記述として，誤っているのは次のうちどれか。

（1） 膨張，収縮による機械的な繰り返しひずみの発生が，劣化の原因となる場合がある。

（2） 固体絶縁物内部の微小空げきで高電圧印加時のボイド放電が発生すると，劣化の原因となる。

（3） 水分は，CVケーブルの水トリー劣化の主原因である。

（4） 硫黄などの化学物質は，固体絶縁材料の変質を引き起こす。

（5） 部分放電劣化は，絶縁体外表面のみに発生する。

問 13 の解答　　出題項目＜配電系統，保護方式＞　　答え　（2）

a. 誤。配電用変電所において，短絡故障による過電流保護は過電流継電器で検出し，地絡保護は地絡過電圧継電器と地絡方向継電器で検出し，遮断器で故障電流を遮断するため，**継電器と遮断器**が設置される。なお断路器は，負荷電流が流れていない電圧が印加された無電流回路を開閉するために用いられる。

b. 正。高圧配電線の大部分は，中性点が非接地方式の放射状系統が採用される。そのため経済的で簡便な保護方式が適用できる。

c. 誤。低圧回路用で一般家庭への引き込み用として用いられるのは，引込用ビニル絶縁電線（DV 電線）である。またヒューズは，**短絡故障による過電流保護**を主目的に取り付けるもので，地絡保護を主目的にしたものではない。

d. 正。低圧受電設備の地絡保護装置として，電路の零相電流を検出し遮断する漏電遮断器が一般的に取り付けられている。

解説 ‥‥‥‥‥‥‥‥‥‥‥‥‥‥‥

図 13-1 に高圧配電線路の保護方式を示す。

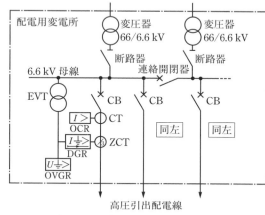

図 13-1　高圧配電線の保護方式

問 14 の解答　　出題項目＜絶縁材料＞　　答え　（5）

（1）正。膨張，収縮による機械的な繰り返しひずみの発生が，劣化の原因となる場合がある。

（2）正。固体絶縁物内部の微小空げきで高電圧印加時に発生するボイド放電や，絶縁体外表面で起きるコロナ放電などの部分放電は，劣化の原因となる。

（3）正。CV ケーブルに発生する水トリーは，絶縁体中に侵入した水と異物，ボイド，突起などの欠陥に加わる局部的な高電界との相乗効果によるもので，中心の導体から外側の電界の方向に沿って，トリー状（木の枝状）の欠陥が発生・進展し，ケーブルの絶縁寿命を著しく低下させる。

（4）正。硫黄などの化学物質は，固体絶縁材料の変質を引き起こす。

（5）誤。部分放電劣化は，絶縁体外表面に生じる部分放電のほか，**絶縁物内部の空げき（ボイド）に生じるボイド放電によっても発生する。**

解説 ‥‥‥‥‥‥‥‥‥‥‥‥‥‥‥

固体絶縁材料の劣化は，電気的要因，熱的要因，機械的要因および環境的要因が複雑に絡み合っている場合が多い。

電気的要因による電圧劣化では，過電圧が印加されると絶縁物内部の空げきで発生するボイド放電，絶縁体外表面で起きる表面放電などの部分放電が促進されて，劣化が進行する。

熱的要因による劣化は，負荷電流に基づく発生熱による絶縁材料の温度上昇によって，特に有機絶縁材料は酸化，重合，解重合などの化学反応を伴う熱劣化が進む。

機械的要因による劣化は，負荷電流や短絡事故等の故障電流による電磁力，運転中の機械的振動，電磁的振動，熱膨張収縮による応力の影響がある。

環境的要因による劣化は，日光の直射，周囲温度，風雨など気象条件によって劣化が進行する。

令和 4 (2022)
令和 3 (2021)
令和 2 (2020)
令和元 (2019)
平成 30 (2018)
平成 29 (2017)
平成 28 (2016)
平成 27 (2015)
平成 26 (2014)
平成 25 (2013)
平成 24 (2012)
平成 23 (2011)
平成 22 (2010)
平成 21 (2009)
平成 20 (2008)

B 問 題 （配点は1問題当たり(a)5点，(b)5点，計10点）

問15 出題分野＜汽力発電＞ 　|難易度 ★★★| 　|重要度 ★★★|

　最大出力600[MW]の重油専焼火力発電所がある。重油の発熱量は44 000[kJ/kg]で，潜熱は無視するものとして，次の(a)及び(b)に答えよ。

（a）　45 000[MW·h]の電力量を発生するために，消費された重油の量が9.3×10^3[t]であるときの発電端効率[%]の値として，最も近いのは次のうちどれか。

　（1）　37.8　　　（2）　38.7　　　（3）　39.6　　　（4）　40.5　　　（5）　41.4

（b）　最大出力で24時間運転した場合の発電端効率が40.0[%]であるとき，発生する二酸化炭素の量[t]として，最も近い値は次のうちどれか。

　　なお，重油の化学成分は重量比で炭素85.0[%]，水素15.0[%]，原子量は炭素12，酸素16とする。炭素の酸化反応は次のとおりである。

　　　$C + O_2 \rightarrow CO_2$

　（1）　3.83×10^2　　　（2）　6.83×10^2　　　（3）　8.03×10^2　　　（4）　9.18×10^3

　（5）　1.08×10^4

問15 （a）の解答　　出題項目＜熱サイクル・熱効率＞　　答え　（3）

設問における電力量[kW・h]と熱量[kJ]の関係は，1 W＝1 J/s より 1 kW・h＝3 600 kJ であるから，発電電力量 W_G＝45 000[MW・h]を熱量に換算すると，

$$W_G＝3 600×45 000×10^3＝1.62×10^{11}[kJ]$$

重油の消費量を B[kg]，重油の発熱量を H

[kJ/kg]とすると，消費した重油の総発熱量 Q は，

$$Q＝BH＝9.3×10^3×10^3×44 000$$
$$＝4.092×10^{11}[kJ]$$

したがって，発電端熱効率 η_P は，

$$\eta_P＝\frac{W_G}{Q}＝\frac{1.62×10^{11}}{4.092×10^{11}}×100≒39.6[\%]$$

問15 （b）の解答　　出題項目＜熱サイクル・熱効率・LNG・石炭・石油火力＞　　答え　（4）

最大出力 P_G＝600[MW]とすると，最大出力で 24 時間運転した場合の発電電力量 W_{24} は，

$$W_{24}＝24×P_G＝24×600×10^3$$
$$＝1.44×10^7[kW・h]$$

これを[kJ]に換算すると，

$$W_{24}＝3 600×1.44×10^7＝5.184×10^{10}[kJ]$$

24 時間にボイラに供給される重油の総発熱量を Q_{24} とすると，発電端熱効率 η_P は次式で表されるから，

$$\eta_P＝\frac{W_{24}}{Q_{24}}　　\therefore　Q_{24}＝\frac{W_{24}}{\eta_P}　　①$$

一方，最大出力で 24 時間運転した場合の重油消費量を B_{24}[kg]とすると，24 時間にボイラに供給される重油の総発熱量 Q_{24} は次式で表されるから，

$$Q_{24}＝B_{24}H[kJ]　　\therefore　B_{24}＝\frac{Q_{24}}{H}　　②$$

②式に①式を代入すると，最大出力で 24 時間運転したときの重油消費量 B_{24} は，

$$B_{24}＝\frac{W_{24}}{H\eta_P}≒\frac{5.184×10^{10}}{44 000×0.400}[kg]$$

二酸化炭素 CO_2 は，燃料中の炭素 C が燃焼した場合に発生する。題意より，炭素 1 kmol の質量は 12 kg であり，これが燃焼すると，1 kmol の二酸化炭素，つまり質量（12＋2×16＝）44 kg の二酸化炭素が発生する。

題意より，重油の化学成分は重量比で炭素 85.0 ％であるから，重油 1 kg 中の炭素が燃焼したときに発生する二酸化炭素の量 m は，

$$m＝0.850×\frac{44}{12}＝\frac{37.4}{12}[kg/kg]$$

したがって，24 時間に発生する二酸化炭素の量 M は，

$$M＝B_{24}m＝\frac{5.184×10^{10}}{44 000×0.400}×\frac{37.4}{12}$$
$$＝9.18×10^6[kg]＝9.18×10^3[t]$$

解説

物質を構成する原子や分子などの個数をもとに表した物質の数量を，物質量という。物質量の単位は[mol]を用いる。

物質の原子量または分子量に[g]の単位をつけると，物質 1 mol の質量となる。また，1 mol の気体標準状態（0℃，1 気圧における気体）の体積は，物質の種類によらず 22.4 L である。

〈重油専焼火力発電所の場合〉

炭素が燃焼したときの化学反応式は，

$$C＋O_2　\rightarrow　CO_2$$

であるから，原子量を炭素 12，酸素 16 とすると，炭素 12 kg の燃焼で発生する二酸化炭素の質量は，

$$12＋2×16＝44[kg]$$

〈コンバインドサイクル発電所の場合〉

メタン CH_4 が燃焼したときの化学反応式は，

$$CH_4＋2O_2　\rightarrow　CO_2＋2H_2O$$

であるから，水素 H の原子量を 1 とすると，メタン 1 kmol の質量は，

$$12＋4×1＝16[kg]$$

となり，これが燃焼することで発生する二酸化炭素の質量は，

$$12＋2×16＝44[kg]$$

令和4 (2022)
令和3 (2021)
令和2 (2020)
令和元 (2019)
平成30 (2018)
平成29 (2017)
平成28 (2016)
平成27 (2015)
平成26 (2014)
平成25 (2013)
平成24 (2012)
平成23 (2011)
平成22 (2010)
平成21 (2009)
平成20 (2008)

問16　出題分野＜送電＞　　　　難易度 ★★☆　　重要度 ★★★

　図のような交流三相3線式の系統がある。各系統の基準容量と基準容量をベースにした百分率インピーダンスが図に示された値であるとき，次の（a）及び（b）に答えよ。

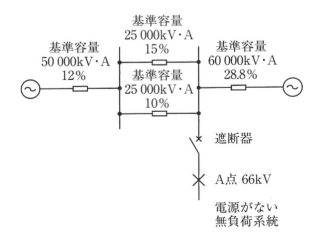

（a）　系統全体の基準容量を 50 000[kV・A]に統一した場合，遮断器の設置場所からみた合成百分率インピーダンス[%]の値として，正しいのは次のうちどれか。

（1）　4.8　　　（2）　12　　　（3）　22　　　（4）　30　　　（5）　48

（b）　遮断器の投入後，A 点で三相短絡事故が発生した。三相短絡電流[A]の値として，最も近いのは次のうちどれか。

　　ただし，線間電圧は 66[kV]とし，遮断器から A 点までのインピーダンスは無視するものとする。

（1）　842　　　（2）　911　　　（3）　1 458　　　（4）　2 104　　　（5）　3 645

問16（a）の解答　出題項目＜百分率インピーダンス＞　答え　(2)

百分率インピーダンスは基準容量に比例するので，百分率インピーダンス値を，$50\,000\,\mathrm{kV\cdot A}$ を基準容量とした値に統一すると，

$$\%Z_\mathrm{A}=12[\%]$$

$$\%Z_\mathrm{l1}=15\times\frac{50\,000}{25\,000}=30[\%]$$

$$\%Z_\mathrm{l2}=10\times\frac{50\,000}{25\,000}=20[\%]$$

$$\%Z_\mathrm{B}=28.8\times\frac{50\,000}{60\,000}=24[\%]$$

図 16-1 に示すように，遮断器の設置場所から左側の A 系統の合成百分率インピーダンス $\%Z_\mathrm{A0}$ は，

$$\%Z_\mathrm{A0}=\%Z_\mathrm{A}+\frac{\%Z_\mathrm{l1}\%Z_\mathrm{l2}}{\%Z_\mathrm{l1}+\%Z_\mathrm{l2}}=12+\frac{30\times20}{30+20}$$

$$=24[\%]$$

遮断器の設置場所から電源側をみた合成百分率インピーダンス $\%Z_0$ は，左側の A 系統と右側の B 系統が並列接続になっているから，

$$\%Z_0=\frac{\%Z_\mathrm{A0}\%Z_\mathrm{B}}{\%Z_\mathrm{A0}+\%Z_\mathrm{B}}=\frac{24\times24}{24+24}=12[\%]$$

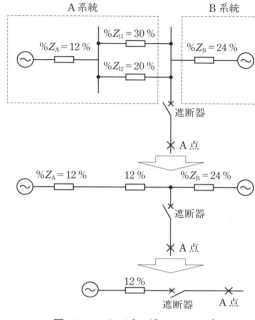

図 16-1　インピーダンスマップ

問16（b）の解答　出題項目＜短絡・地絡＞　答え　(5)

基準電流を $I_\mathrm{n}[\mathrm{A}]$，事故点の定格線間電圧を $V_\mathrm{n}[\mathrm{V}]$ とすると，基準容量 P_n は次式で表されるから，

$$P_\mathrm{n}=\sqrt{3}\,V_\mathrm{n}I_\mathrm{n}[\mathrm{V\cdot A}]\qquad\therefore\ I_\mathrm{n}=\frac{P_\mathrm{n}}{\sqrt{3}\,V_\mathrm{n}}[\mathrm{A}]$$

よって，A 点での三相短絡電流 I_s は，

$$I_\mathrm{s}=\frac{100}{\%Z}\times I_\mathrm{n}=\frac{100}{\%Z}\times\frac{P_\mathrm{n}}{\sqrt{3}\,V_\mathrm{n}}$$

$$=\frac{100}{12}\times\frac{50\,000\times10^3}{\sqrt{3}\times66\times10^3}\fallingdotseq3\,645[\mathrm{A}]$$

解説 ･･････････････････････････

発電機や変圧器には定格容量があり，その定格容量を基準容量として百分率インピーダンス $\%Z$ が表示されている。これを自己容量基準表示という。

図 16-2（a）に示すように，自己容量基準で表

された回路は，そのままでは単純に並列計算できないが，図（b）のようにすべてを統一した基準容量に換算すれば並列計算できる。

（a）基準容量に換算前　　　（b）基準容量に換算後
　（並列計算できない）　　　（並列計算できる）

$\%Z_1,\ \%Z_2,\ \%Z_3$：自己容量基準表示の％インピーダンス
$\%Z_1',\ \%Z_2',\ \%Z_3'$：基準容量に換算した％インピーダンス

図 16-2　$\%Z$ の並列計算

Point 三相短絡電流，短絡容量を求める計算では，まず，各百分率（％）インピーダンスを基準容量にそろえる。その次に事故点から電源側を見た合成百分率インピーダンスを求める。

問 17　　出題分野＜配電＞　　難易度 ★★★　重要度 ★★★

　配電線に 100[kW]，遅れ力率 60[%]の三相負荷が接続されている。この受電端に 45[kvar]の電力用コンデンサを接続した。次の（a）及び（b）に答えよ。

　ただし，電力用コンデンサ接続前後の電圧は変わらないものとする。

（a）　電力用コンデンサを接続した後の受電端の無効電力[kvar]の値として，最も近いのは次のうちどれか。

　　（1）　56　　　　（2）　60　　　　（3）　75　　　　（4）　88　　　　（5）　133

（b）　電力用コンデンサ接続前と後の力率[%]の差の大きさとして，最も近いのは次のうちどれか。

　　（1）　5　　　　（2）　15　　　　（3）　25　　　　（4）　55　　　　（5）　75

問 17 （a）の解答　　出題項目＜電力損失，力率改善＞　　答え　（4）

　三相負荷の有効電力を P[kW]，電力用コンデンサ接続前の負荷の無効電力を Q_1[kvar]，力率を $\cos\theta_1$，電力用コンデンサ Q_C[kvar]接続後の負荷の無効電力を Q_2[kvar]，力率を $\cos\theta_2$ とすると，図 17-1 のベクトル図が描ける。

　電力用コンデンサ接続前の負荷の無効電力 Q_1 は，

$$Q_1 = P\tan\theta_1 = P\frac{\sin\theta_1}{\cos\theta_1} = 100\times\frac{\sqrt{1-0.6^2}}{0.6}$$

$$\fallingdotseq 133[\text{kvar}]$$

　電力用コンデンサ接続後の受電端の無効電力 Q_2 は，

$$Q_2 = Q_1 - Q_C = 133 - 45 = 88[\text{kvar}]$$

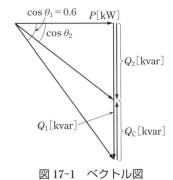

図 17-1　ベクトル図

問 17 （b）の解答　　出題項目＜電力損失，力率改善＞　　答え　（2）

　電力用コンデンサ接続後の力率 $\cos\theta_2$ は，図 17-1 のベクトル図より，

$$\cos\theta_2 = \frac{P}{\sqrt{P^2+Q_2{}^2}} = \frac{100}{\sqrt{100^2+88^2}} \fallingdotseq 0.751$$

$$\rightarrow\quad 75.1\%$$

　したがって，電力用コンデンサ接続前後の力率の差は，

$$\cos\theta_2 - \cos\theta_1 = 75.1 - 60 = 15.1[\%]\quad\rightarrow\quad 15\%$$

解 説

　図 17-2 において，遅れ力率 $\cos\theta$，有効電力 P [kW]の三相平衡負荷の皮相電力 S[kV·A]および無効電力 Q[kvar]の関係は，

$$S = \frac{P}{\cos\theta}$$

$$Q = S\sin\theta = \frac{P}{\cos\theta}\sin\theta[\text{kvar}]$$

　ここで，図 17-3 に示すように，負荷と並列に電力用コンデンサ Q_C[kvar]を接続したとき，両者の皮相電力の合成値 $\dot{S'}$[kV·A]は，

$$\dot{S'} = (\text{有効電力}) + j(\text{無効電力})$$

$$= P + jQ_C - jQ = P + jQ_C - j\frac{P}{\cos\theta}\sin\theta$$

$$= P + j\left(Q_C - \frac{\sin\theta}{\cos\theta}P\right)$$

　したがって，絶対値 S' は，

$$S' = \sqrt{P^2 + \left(Q_C - \frac{\sin\theta}{\cos\theta}P\right)^2}[\text{kV·A}]$$

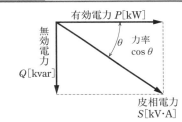

図 17-2　ベクトル図

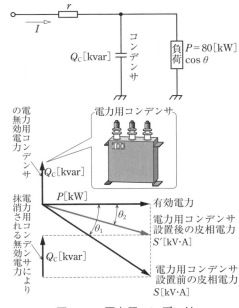

図 17-3　電力用コンデンサ

電力 平成20年度（2008年度）

問1　出題分野＜水力発電＞　難易度 ★★★　重要度 ★★★

次の文章は，水力発電に関する記述である。

水力発電は，水の持つ位置エネルギーを水車により機械エネルギーに変換し，発電機を回す。水車には衝動水車と反動水車がある。　(ア)　には　(イ)　，プロペラ水車などがあり，揚水式のポンプ水車としても用いられる。これに対し，　(ウ)　の主要な方式である　(エ)　は高落差で流量が比較的少ない場所で用いられる。

水車の回転速度は構造上比較的低いため，水車発電機は一般的に極数を　(オ)　するよう設計されている。

上記の記述中の空白箇所(ア)，(イ)，(ウ)，(エ)及び(オ)に当てはまる語句として，正しいものを組み合わせたのは次のうちどれか

	（ア）	（イ）	（ウ）	（エ）	（オ）
（1）	反動水車	ペルトン水車	衝動水車	カプラン水車	多 く
（2）	衝動水車	フランシス水車	反動水車	ペルトン水車	少なく
（3）	反動水車	ペルトン水車	衝動水車	フランシス水車	多 く
（4）	衝動水車	フランシス水車	反動水車	斜流水車	少なく
（5）	反動水車	フランシス水車	衝動水車	ペルトン水車	多 く

問2　出題分野＜水力発電＞　難易度 ★★★　重要度 ★★★

水力発電に関する記述として，誤っているのは次のうちどれか。

（1）　水管を流れる水の物理的性質を示す式として知られるベルヌーイの定理は，力学的エネルギー保存の法則に基づく定理である。

（2）　水力発電所には，一般的に短時間で起動・停止ができる，耐用年数が長い，エネルギー変換効率が高いなどの特徴がある。

（3）　水力発電は昭和30年代前半までわが国の発電の主力であった。現在では，国産エネルギー活用の意義があるが，発電電力量の比率が小さいため，水力発電の電力供給面における役割は失われている。

（4）　河川の1日の流量を年間を通して流量の多いものから順番に配列して描いた流況曲線は，発電電力量の計画において重要な情報となる。

（5）　水力発電所は落差を得るための土木設備の構造により，水路式，ダム式，ダム水路式に分類される。

問1の解答　　出題項目＜水車関係＞　　　　　答え　（5）

反動水車は，圧力エネルギーを持った流水をランナに作用させるもので，**フランシス水車**，斜流水車，プロペラ水車などがある。**衝動水車**は，速度エネルギーを持った流水をランナに作用させるもので，代表的なものに**ペルトン水車**がある。ペルトン水車は，高落差，小水量の発電所に採用され，ノズルの使用数を増減することにより，部分負荷でも高効率の運転が可能であるという特徴がある。

水車の回転速度は，構造上低速であり，周波数を f[Hz]，極数を p とすると，定格回転速度 N_n は次式で表されるため，回転速度が低いということは，磁極数は**多く**なる。

$$N_n = \frac{120f}{p}[\text{min}^{-1}]$$

発電機の構造は，回転子は突極形をしており，軸形は立軸形が採用されている。

解説 ••••••••••••••••••••

水車発電機は原動機である水車の比速度に限界があるため，落差，使用水量，水車形式により最も適した回転速度があり，一般的には 75～1 200 min^{-1} なので遠心力からの制約は少なく，回転子は突極形になる。

問2の解答　　出題項目＜発電方式，水圧管・ベルヌーイの定理＞　　答え　（3）

（1）　正。ベルヌーイの定理は，力学的エネルギー保存の法則に基づく定理である。

（2）　正。水力発電所は，①一般的に非常に短い時間で起動・停止ができる，②耐用年数が長い，③エネルギー変換効率が高い，などの特徴がある。起動から3分程度で系統に並列でき，5分程度で定格出力にできる。変換効率は出力によって異なるが，85 % 以上と高い数値が得られている。

（3）　誤。水力発電は，昭和40年度頃までは発電設備，発電電力量とも40 % 程度を占める主力の電源であったが，現在は発電設備で20 % 程度，発電電力量で10 % 程度まで低下しているが，起動・並列や出力調整が速いなどの特徴を活かして，流れ込み式はベース供給力として，調整池式・貯水池式・揚水式はピーク供給力として，現在においても**電力供給面において重要な役割を果たしている**。また，純国産自然エネルギーとしての活用や再生可能エネルギーとしても注目されている。

（4）　正。流況曲線は，**図2-1** に示すように，河川流量のある値が，年間何日あるかを横軸に示したものである。

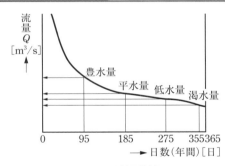

図 2-1　流況曲線

（5）　正。水力発電所は落差を得るための土木設備の構造により，水路式，ダム式，ダム水路式に分類される。

解説 ••••••••••••••••••••

水路式発電所：河川の上流で川をせき止め取水口から水路で発電所に導き，その間で落差を得て発電する方式である。

ダム式発電所：地盤の堅固な場所にダムを築きこれによって得た落差を利用し発電する方式である。

ダム水路式発電所：ダム式と水路式を組み合わせた方式で，河川の上流にダムを築き，水路で発電所まで水を導きダムと水路によって落差を得て発電する方式である。

令和4 (2022)　令和3 (2021)　令和2 (2020)　令和元 (2019)　平成30 (2018)　平成29 (2017)　平成28 (2016)　平成27 (2015)　平成26 (2014)　平成25 (2013)　平成24 (2012)　平成23 (2011)　平成22 (2010)　平成21 (2009)　平成20 (2008)

問3 出題分野＜汽力発電＞ 難易度 ★★★ 重要度 ★★☆

図は，汽力発電所の基本的な熱サイクルの過程を，体積 V と圧力 P の関係で示した PV 線図である。

図の汽力発電の基本的な熱サイクルを ［(ア)］ という。A→B は，給水が給水ポンプで加圧されボイラに送り込まれる ［(イ)］ の過程である。B→C は，この給水がボイラで加熱され，飽和水から乾き飽和蒸気となり，さらに加熱され過熱蒸気となる ［(ウ)］ の過程である。C→D は，過熱蒸気がタービンで仕事をする ［(エ)］ の過程である。D→A は，復水器で蒸気が水に戻る ［(オ)］ の過程である。

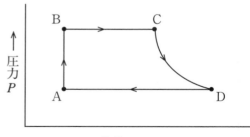

上記の記述中の空白箇所(ア)，(イ)，(ウ)，(エ)及び(オ)に当てはまる語句として，正しいものを組み合わせたのは次のうちどれか。

	(ア)	(イ)	(ウ)	(エ)	(オ)
(1)	ランキンサイクル	断熱圧縮	等圧受熱	断熱膨張	等圧放熱
(2)	ブレイトンサイクル	断熱膨張	等圧放熱	断熱圧縮	等圧放熱
(3)	ランキンサイクル	等圧受熱	断熱膨張	等圧放熱	断熱圧縮
(4)	ランキンサイクル	断熱圧縮	等圧放熱	断熱膨張	等圧受熱
(5)	ブレイトンサイクル	断熱圧縮	等圧受熱	断熱膨張	等圧放熱

問4 出題分野＜原子力発電＞ 難易度 ★★★ 重要度 ★★★

わが国の商業発電用原子炉のほとんどは，軽水炉と呼ばれる型式であり，それには加圧水型原子炉(PWR)と沸騰水型原子炉(BWR)の2種類がある。

PWR の熱出力調整は主として炉水中の ［(ア)］ の調整によって行われる。一方，BWR では主として ［(イ)］ の調整によって行われる。なお，両型式とも起動又は停止時のような大幅な出力調整は制御棒の調整で行い，制御棒の ［(ウ)］ によって出力は上昇し，［(エ)］ によって出力は下降する。

上記の記述中の空白箇所(ア)，(イ)，(ウ)及び(エ)に当てはまる語句として，正しいものを組み合わせたのは次のうちどれか。

	(ア)	(イ)	(ウ)	(エ)
(1)	ほう素濃度	再循環流量	挿 入	引抜き
(2)	再循環流量	ほう素濃度	引抜き	挿 入
(3)	ほう素濃度	再循環流量	引抜き	挿 入
(4)	ナトリウム濃度	再循環流量	挿 入	引抜き
(5)	再循環流量	ほう素濃度	挿 入	引抜き

令和
4
(2022)

令和
3
(2021)

令和
2
(2020)

令和
元
(2019)

平成
30
(2018)

平成
29
(2017)

平成
28
(2016)

平成
27
(2015)

平成
26
(2014)

平成
25
(2013)

平成
24
(2012)

平成
23
(2011)

平成
22
(2010)

平成
21
(2009)

平成
20
(2008)

問3の解答　　出題項目＜熱サイクル・熱効率＞　　答え　（1）

　汽力発電所の蒸気サイクルの基本は，1854年にランキンによって考案された<u>ランキンサイクル</u>である。

　各過程における状態変化は次のとおりである。

A→B：給水が給水ポンプで加圧される<u>断熱圧縮</u>

B→C：給水がボイラで加熱されて飽和水から飽和蒸気になり，さらに過熱器で過熱蒸気となる<u>等圧受熱</u>

C→D：タービンで仕事をする<u>断熱膨張</u>

D→A：復水器で蒸気が水に戻る<u>等圧放熱</u>

解説

　図3-1(a)に汽力発電所の構成を，図(b)にこの発電所の圧力Pと体積Vとの関係を表したP-V線図を示す。

A→B(断熱圧縮)：復水器で冷却された飽和水を給水ポンプで加圧してボイラに供給する過程を示す。

B→C(等圧受熱)：加圧された給水をボイラで加熱して飽和水の状態から飽和温度まで加熱する等圧加熱，飽和水となった給水をボイラでさらに加熱することにより乾き飽和蒸気となる等温等圧変化，飽和蒸気をさらに過熱器で過熱して過熱蒸気にする等圧加熱の過程を示す。

　加圧された給水は圧力一定のままボイラで加熱されるが，ある温度で上昇は停止する。このときの温度をその圧力に対する飽和温度といい，

飽和温度にある水を飽和水という。飽和水をさらに加熱するとその一部が気体となって体積は著しく増加する。この現象を気化といい，蒸発中は加えた熱量のすべてが気化に費やされ，飽和温度，飽和圧力は一定のままで水と蒸気が共存している状態にある蒸気を飽和蒸気という。蒸気の中に水が残っている状態を湿り飽和蒸気，蒸気だけになった状態を乾き飽和蒸気という。乾き飽和蒸気を圧力一定のままボイラでさらに加熱すると，再び温度は上昇して過熱蒸気になる。

C→D(断熱膨張)：過熱器を出た過熱蒸気がタービン内で断熱膨張してタービンを回転させて機械的エネルギーに変換される過程を示す。

D→A(等圧放熱)：蒸気タービンの排気を復水器で冷却して飽和水に戻す過程を示す。

　等温等圧変化で，復水器のチューブ(管)の中を通っている海水によって湿り飽和蒸気が冷却され，すべて飽和水に戻される。

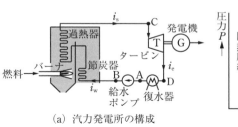

(a) 汽力発電所の構成　　(b) *P-V*線図

図3-1　汽力発電

問4の解答　　出題項目＜PWRとBWR＞　　答え　（3）

　わが国の商業発電用原子炉のほとんどは，軽水炉と呼ばれる型式であり，それには加圧水型原子炉(PWR)と沸騰水型原子炉(BWR)の2種類がある。

　原子炉の熱出力調整方法は，起動・停止時のような大幅な出力調整は，制御棒を操作し炉心の反応度を制御して行うが，燃料の燃焼に伴い出力を

維持するようなゆっくりとした出力調整は，PWRでは炉水中の<u>ほう素濃度</u>を変化し，BWRでは<u>再循環流量</u>を変化させて行う。

　制御棒を炉心から<u>引抜く</u>と中性子の吸収がなくなって反応度が添加されて<u>出力が上昇</u>し，反対に炉心に<u>挿入</u>すると中性子を吸収するため反応度が低下して<u>出力は下降</u>する。

問 5　　出題分野＜自然エネルギー＞　　　難易度 ★★★　重要度 ★★★

電気エネルギーの発生に関する記述として，誤っているのは次のうちどれか。

（1）　風力発電装置は風車，発電機，支持物などで構成され，自然エネルギー利用の一形態として注目されているが，発電電力が風速の変動に左右されるという特徴を持つ。

（2）　わが国は火山国でエネルギー源となる地熱が豊富であるが，地熱発電の商用発電所は稼働していない。

（3）　太陽電池の半導体材料として，主に単結晶シリコン，多結晶シリコン，アモルファスシリコンが用いられており，製造コスト低減や変換効率を高めるための研究が継続的に行われている。

（4）　燃料電池は振動や騒音が少ない，大気汚染の心配が少ない，熱の有効利用によりエネルギー利用率を高められるなどの特長を持ち，分散形電源の一つとして注目されている。

（5）　日本はエネルギー資源の多くを海外に依存するので，石油，天然ガス，石炭，原子力，水力など多様なエネルギー源を発電に利用することがエネルギー安定供給の観点からも重要である。

問 6　　出題分野＜変電＞　　　難易度 ★★★　重要度 ★★★

変電所に設置される機器に関する記述として，誤っているのは次のうちどれか。

（1）　周波数変換装置は，周波数の異なる系統間において，系統又は電源の事故後の緊急応援電力の供給や電力の融通等を行うために使用する装置である。

（2）　線路開閉器(断路器)は，平常時の負荷電流や異常時の短絡電流及び地絡電流を通電でき，遮断器が開路した後，主として無負荷状態で開路して，回路の絶縁状態を保つ機器である。

（3）　遮断器は，負荷電流の開閉を行うだけではなく，短絡や地絡などの事故が生じたとき事故電流を迅速確実に遮断して，系統の正常化を図る機器である。

（4）　三巻線変圧器は，一般に一次側及び二次側を Y 結線，三次側を Δ 結線とする。三次側に調相設備を接続すれば，送電線の力率調整を行うことができる。

（5）　零相変流器は，三相の電線を一括したものを一次側とし，三相短絡事故や 3 線地絡事故が生じたときのみ二次側に電流が生じる機器である。

問 5 の解答　　出題項目＜各種発電＞　　　　　　　　　　　答え　（2）

（1）　正。風力発電装置は，風車，発電機，支持物などで構成される。風力発電は，風車によって風力エネルギーを回転エネルギーに変換し，さらに，その回転エネルギーを発電機によって電気エネルギーに変換し利用するもので，自然エネルギー利用の一形態として注目されているが，発電電力が風向，風速などの気象条件に左右されるため発電出力の変動が大きいという特徴がある。

（2）　誤。地下のマグマ等の熱によって加熱された地下水は，高温の熱水あるいは蒸気となっており，そこから高温・高圧の蒸気を取り出してその蒸気でタービンを回し，発電を行う方法が地熱発電である。わが国はエネルギー源となる地熱が豊富にあるため，**現在稼動している地熱発電所の総出力は約 550 MW** となっている。

（3）　正。太陽電池の種類は，シリコン系，化合物系，有機系に大別される。シリコン系には，結晶系シリコンとアモルファス系シリコンがあり，結晶系の単結晶シリコンは最も古くから使わ

れており，多結晶シリコンは大量生産に適している。アモルファスはガラスや金属などの基板の上に薄い膜状のアモルファスシリコンを形成させたもので，製造工程が簡単で少ない材料で作れる。

製造コスト低減や変換効率を高めるための研究が継続的に行われている。

（4）　正。燃料電池は，①環境上の制約を受けない（騒音や振動が小さい，燃焼ガスが少ない），②環境汚染の心配が少ない，③発電効率は 40〜45 ％ 程度であるが，排熱利用も行うコージェネレーションシステムの適用により総合効率 80 ％ 程度が可能，などの特長を持っており，環境に優しい分散型電源に適した発電システムとして期待されている。

（5）　正。日本はエネルギー資源の多くを海外に依存するので，石油，天然ガス，石炭，原子力，水力など多様なエネルギー源を発電に利用することがエネルギー安定供給の観点からも重要であり，これを電源のベストミックスという。

問 6 の解答　　出題項目＜変圧器，開閉装置，計器用変成器＞　　　　答え　（5）

（1）　正。周波数変換装置は，周波数が異なる系統間において，系統または電源の事故後の緊急応援電力の供給や電力の融通等を行うために使用する装置である。

（2）　正。線路開閉器（断路器）は，平常時の負荷電流や異常時の短絡電流および地絡電流を通電でき，遮断器が開路した後に無負荷電流を開路して，回路の絶縁状態を保つ機器である。その構造上，大きな電流を開閉することはできないが流すことはできる。

（3）　正。遮断器は，負荷電流の開閉を行うだけでなく，短絡や地絡などの事故電流を迅速確実に遮断して，系統の正常化を図る機器である。遮断器の種類には，油遮断器，空気遮断器，磁気遮断器，真空遮断器，ガス遮断器などがある。

（4）　正。三巻線変圧器は，一般に一次側および

二次側を Y 結線，三次側を Δ 結線とし，三次側に調相設備を接続すれば力率調整を行うことができる。

（5）　誤。**図 6-1** に示すように，零相変流器は地絡事故が発生したときに二次側に電流が流れ，それを地絡継電器で検出して事故を判別するが，常時あるいは**三相短絡事故時は各相電流のベクトル和は 0 で，二次側には電流は流れない。**

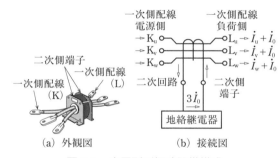

（a）外観図　　　　　（b）接続図

図 6-1　変電所の概略設備構成

問7 出題分野＜送電＞ 難易度 ★★★ 重要度 ★★★

送配電線路や変電機器等におけるコロナ障害に関する記述として，誤っているのは次のうちどれか。

(1) 導体表面にコロナが発生する最小の電圧はコロナ臨界電圧と呼ばれる。その値は，標準の気象条件(気温 20[℃]，気圧 1 013[hPa]，絶対湿度 11[g/m³])では，導体表面での電位の傾きが波高値で約 30[kV/cm]に相当する。

(2) コロナ臨界電圧は，気圧が高くなるほど低下し，また，絶対湿度が高くなるほど低下する。

(3) コロナが発生すると，電力損失が発生するだけでなく，導体の腐食や電線の振動などを生じるおそれもある。

(4) コロナ電流には高周波成分が含まれるため，コロナの発生は可聴雑音や電波障害の原因にもなる。

(5) 電線間隔が大きくなるほど，また，導体の等価半径が大きくなるほどコロナ臨界電圧は高くなる。このため，相導体の多導体化はコロナ障害対策として有効である。

問8 出題分野＜変電＞ 難易度 ★★★ 重要度 ★★★

一次電圧 66[kV]，二次電圧 6.6[kV]，容量 80[MV・A]の三相変圧器がある。一次側に換算した誘導性リアクタンスの値が 4.5[Ω]のとき，百分率リアクタンスの値[%]として，最も近いのは次のうちどれか。

(1) 2.8　　(2) 4.8　　(3) 8.3　　(4) 14.3　　(5) 24.8

問7の解答　　出題項目＜コロナ＞　　　　　　　　　　答え（2）

（1）　正。電線表面から外の電位の傾きは，電線の表面で最大となり，その値がある電圧以上になると空気の絶縁力が失われてジージーという低い音や薄白い光を発生するようになり，この現象をコロナ放電という。コロナが発生する最小の電圧をコロナ臨界電圧といい，コロナ臨界電圧は，標準の気象条件（気温20℃，気圧1 013 hPa，絶対湿度11 g/m³）では，導体表面での電位の傾きが波高値で約30 kV/cm であり，電線の表面状態，電線の太さ，気象条件，線間距離などによって変化する。

（2）　誤。コロナ臨界電圧は，**気圧が高くなるほど上昇**し，絶対湿度が高くなるほど低下する。さらに，コロナ損は晴曇天時より高湿度時の方が増加する。単導体を用いた三相送電線のコロナ臨界電圧 E_0 は次式で求められる。

$$E_0 = 48.8 m_0 m_1 \delta^{\frac{2}{3}}\left(1 + \frac{0.301}{\sqrt{\delta r}}\right) r \log_{10} \frac{D}{r} \text{[V]}$$

ただし，m_0：電線の表面係数（0.8～1.0），m_1：天候係数（晴天時1.0，雨天時0.8），$\delta : \dfrac{0.290 b}{273 + t}$，

t：気温[℃]，b：気圧[hPa]，r：電線半径[cm]，D：等価線間距離[cm]

（3）　正。コロナが発生すると，電気エネルギーの一部が音，光，熱などに変換されて電力損失（コロナ損）が生じる。また，放電箇所は局部的に温度が上昇し，空気中の窒素により硝酸が生じるため電線の腐食を進行させる。さらに，電線の振動（コロナ振動）なども発生するおそれがある。

（4）　正。コロナ電流には高調波成分が含まれるため，コロナの発生により可聴雑音や電波障害の原因になる。これはコロナ放電で漏れた電力の一部が，種々の周波数の電波となって放出され，コロナノイズとなってラジオやテレビの雑音になるためである。

（5）　正。電線間隔が大きくなるほど，また，導体の等価半径が大きくなるほどコロナ臨界電圧は高くなることから，多導体化は導体の等価半径が大きくなるため，電線表面の電位の傾きが減少し，コロナ臨界電圧が15～20 % 程度上昇する。

問8の解答　　出題項目＜変圧器＞　　　　　　　　　　答え（3）

定格容量を P_n[V・A]，定格線間電圧を V_n[V] とすると，一次側に換算した誘導性リアクタンスの値が $X = 4.5$[Ω] のとき，その百分率リアクタンス %X は，

$$\%X = \frac{XP_n}{V_n^2} \times 100 = \frac{4.5 \times 80 \times 10^6}{(66 \times 10^3)^2} \times 100$$
$$\fallingdotseq 8.26 \text{[%]}$$

解説 ・・・・・・・・・・・・・・・・・・・・・

Z[Ω] のインピーダンスに定格電流 I_n[A] を流したときに生じる電圧降下 ZI_n[V] が定格相電圧 E_n に対して何%になるかを表したものを %インピーダンスといい，三相回路の %インピーダンス %Z は，

$$\%Z = \frac{ZI_n}{E_n} \times 100 = \frac{\sqrt{3} ZI_n}{V_n} \times 100 \text{[%]}$$

ただし，Z：インピーダンス[Ω]，I_n：定格電流[A]，E_n：定格相電圧[V]，V_n：定格線間電圧[V]

また，定格容量を P_n とすると，定格電流 I_n は次式で表されるから，

$$I_n = \frac{P_n}{\sqrt{3} V_n} \text{[A]}$$

%Z は次式で表される。

$$\%Z = \frac{\sqrt{3} ZI_n}{V_n} \times 100 = \frac{\sqrt{3} Z \dfrac{P_n}{\sqrt{3} V_n}}{V_n} \times 100$$
$$= \frac{ZP_n}{V_n^2} \times 100 \text{[%]}$$

なお，上記の式によりインピーダンス Z[Ω] をリアクタンス X[Ω] に置き換えたものを百分率リアクタンス %X という。

令和4 (2022)　令和3 (2021)　令和2 (2020)　令和元 (2019)　平成30 (2018)　平成29 (2017)　平成28 (2016)　平成27 (2015)　平成26 (2014)　平成25 (2013)　平成24 (2012)　平成23 (2011)　平成22 (2010)　平成21 (2009)　平成20 (2008)

問9　出題分野＜送電＞

難易度 ★★★　重要度 ★★★

架空送電線路の構成要素に関する記述として，誤っているのは次のうちどれか。

(1) アークホーン　　　：がいしの両端に設けられた金属電極をいい，雷サージによるフラッシオーバの際生じるアークを電極間に生じさせ，がいし破損を防止するものである。

(2) トーショナルダンパ：着雪防止が目的で電線に取り付ける。風による振動エネルギーで着雪を防止し，ギャロッピングによる電線間の短絡事故などを防止するものである。

(3) アーマロッド　　　：電線の振動疲労防止やアークスポットによる電線溶断防止のため，クランプ付近の電線に同一材質の金属を巻き付けるものである。

(4) 相間スペーサ　　　：強風による電線相互の接近及び衝突を防止するため，電線相互の間隔を保持する器具として取り付けるものである。

(5) 埋設地線　　　　　：塔脚の地下に放射状に埋設された接地線，あるいは，いくつかの鉄塔を地下で連結する接地線をいい，鉄塔の塔脚接地抵抗を小さくし，逆フラッシオーバを抑止する目的等のため取り付けるものである。

問10　出題分野＜送電＞

難易度 ★★★　重要度 ★★★

送配電線路や変電所におけるがいしの塩害とその対策に関する記述として，誤っているのは次のうちどれか。

(1) がいしの塩害による地絡事故は，雷害による地絡事故と比べて再閉路に失敗する場合の割合が多い。

(2) がいしの塩害は，フラッシオーバ事故に至らなくても可聴雑音や電波障害の原因にもなる。

(3) がいしの塩害発生は，海塩等の水溶性電解質物質の付着密度だけでなく，塵埃などの不溶性物質の付着密度にも影響される。

(4) がいしの塩害に対する基本的な対策は，がいしの沿面距離を伸ばすことや，がいし連の直列連結個数を増やすことである。

(5) がいしの塩害対策として，絶縁電線の採用やがいしの洗浄，がいし表面へのはっ水性物質の塗布等がある。

令和
4
(2022)

令和
3
(2021)

令和
2
(2020)

令和
元
(2019)

平成
30
(2018)

平成
29
(2017)

平成
28
(2016)

平成
27
(2015)

平成
26
(2014)

平成
25
(2013)

平成
24
(2012)

平成
23
(2011)

平成
22
(2010)

平成
21
(2009)

平成
20
(2008)

問 9 の解答　出題項目＜架空送電線，電線の振動＞　答え　(2)

（1）　正。アークホーンは，**図 9-1**（a）のようにがいしの両端に設けられた金属電極をいい，がいし装置でフラッシオーバが発生した場合，アークホーン間でアークを発生させ，アークをがいしから引き離すことによって，がいしがアーク熱で破損することを防止する。また，アークによって電線が溶断することを防止する効果もある。

（2）　誤。**微風振動の防止対策**として，振動エネルギーを吸収させるために電線支持点付近にダンパ（トーショナルダンパ，ストックブリッジダンパ，バイブレスダンパなど）を取り付ける方法が用いられる。トーショナルダンパは，図（b）のように亜鉛のような鉄のおもりを 1～2 個クランプの両側に取り付け，上下振動のエネルギーをねじり振動に変化させる。ねじり振動は，電線のより線間の摩擦によってエネルギーを吸収されるため，減衰が非常に速いことから振動防止に効果的である。

（3）　正。アーマロッドは，電線の振動疲労防止やアークスポットによる電線溶断防止のため，クランプ付近の電線に同一材質の金属を巻き付けて補強するものである（図（a））。

（4）　正。相間スペーサは，強風（特にギャ

ロッピング）による電線相互の近接および衝突を防止するため，電線相互の間隔を保持する器具として取り付けるものである。

（5）　正。逆フラッシオーバを防止するためには，できるだけ鉄塔の接地抵抗を小さくし，雷電流による電位上昇を低減することが必要である。通常，鉄塔の接地抵抗は 25 Ω が目標値とされるが，鉄塔の基礎体だけで目標値に達しない場合は，埋設地線，接地シート，接地抵抗低減剤，接地棒の深電極化などが採用される。埋設地線は，山地で 50 cm，平地で 80 cm の深さに埋設され，亜鉛メッキ鉄より線が用いられ，設置方式には放射型，平行型，連続型などがある。

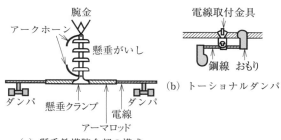

（b）トーショナルダンパ

（a）懸垂鉄塔腕金部の構成

図 9-1　架空送電線の各種構成品

問 10 の解答　出題項目＜塩害対策＞　答え　(5)

（1）　正。がいしの塩害による地絡事故は，雷害による地絡事故と比べて再閉路に失敗する割合が多い（塩分付着で地絡が再発する）。

（2）　正。がいしの塩害は，コロナ放電が発生しやすくなるため，フラッシオーバ事故に至らなくても可聴雑音や電波障害の原因にもなる。

（3）　正。がいしの塩害発生は，海塩等の水溶性電解物質の付着密度だけでなく，塵埃などの不溶性物質の付着密度にも影響される。

（4）　正。がいしの塩害に対する基本的な対策は，がいしの沿面距離を長くすることや，がいし連の直列連結個数を増やすことである。

（5）　誤。絶縁電線とは，一般に電力用ケーブル，通信用ケーブルおよび巻線以外の電線・ケー

ブルの総称であり，その構成は主として導体，絶縁体，保護被覆からなる。**絶縁電線の採用は**，樹木などが裸電線と接触して地絡事故に至るのを防止することや**感電防止が主目的であり，がいしの塩害対策とは無関係**である。

解説 ⊳ ……………………………………………

塩害防止対策としては，絶縁強化と汚損防止があり，絶縁強化としては，①懸垂がいしの個数増加（過絶縁），②長幹がいし，スモッグがいし，耐塩がいしの採用などがあり，汚損防止としては，③活線がいし洗浄の実施，④シリコーンコンパウンドなどのはっ水性物質のがいし表面への塗布，⑤送電線ルートの適正な選定などがある。

問 11　　出題分野＜地中送電＞　　難易度 ★★★　重要度 ★★☆

地中電線路の絶縁劣化診断方法として，関係ないものは次のうちどれか。

（1）　直流漏れ電流法
（2）　誘電正接法
（3）　絶縁抵抗法
（4）　マーレーループ法
（5）　絶縁油中ガス分析法

問 12　　出題分野＜地中送電，配電＞　　難易度 ★★☆　重要度 ★★★

　架空配電線路と比較したときの地中配電線路の一般的な特徴に関する記述として，誤っているのは次のうちどれか。

（1）　架空設備が地中化されることにより，街並みの景観が向上する。
（2）　設備の建設費用は，架空配電線路より高額である。
（3）　変圧器等を施設するためのスペースが歩道などに必要である。
（4）　台風や雷に際しては，架空配電線路より設備事故が発生しにくいため，供給信頼度が高い。
（5）　いったん線路の損壊事故が発生した場合の復旧は，架空配電線路の場合より短時間で済む場合が多い。

令和
4
(2022)

令和
3
(2021)

令和
2
(2020)

令和
元
(2019)

平成
30
(2018)

平成
29
(2017)

平成
28
(2016)

平成
27
(2015)

平成
26
(2014)

平成
25
(2013)

平成
24
(2012)

平成
23
(2011)

平成
22
(2010)

平成
21
(2009)

平成
20
(2008)

問 11 の解答　　出題項目＜故障点標定＞　　答え　(4)

　地中電線路の絶縁診断方法としては，次のような方法がある。

　① **絶縁抵抗法**：メガ（絶縁抵抗計）により，ケーブルとシースの絶縁抵抗を測定する方法である。

　② **直流漏れ電流法**：ケーブル絶縁体に直流高電圧を印加して検出される漏れ電流，または電流の時間変化を測定し，絶縁体の劣化状態を判定する方法である。

　③ **直流成分法**：商用周波電流中の直流成分を接地線より測定する方法である。直流成分は，活線で測定される交流課電下における水トリー劣化CV ケーブルの充電電流中の微小な成分である。

　④ **誘電正接法（tan δ 法）**：高圧シェーリングブリッジなどで測定する方法である。

　⑤ **部分放電法**：ケーブルにボイドや外傷などの欠陥があると，部分放電劣化が起き，絶縁破壊に至る場合があるため，部分放電の有無を測定器により測定する方法である。

　⑥ **絶縁油中ガス分析法**：OF ケーブル線路から定期的に絶縁油をサンプリングして，その特性のレベルと変化を調査することにより，劣化の要因とその程度を推定する方法である。

　マーレーループ法は，地中電線路の故障点の位置を測定する方法で，地中電線路の絶縁劣化診断には直接関係がない。

解説

　漏れ電流の時間特性は，**図 11-1** に示すように直流電圧印加から時間の経過とともに減少し，ついには一定になる。この電流は，絶縁体の変位電流，吸収電流および漏れ電流が合成されたもので，変位電流と吸収電流はすぐに減衰するので絶縁状態の判定には漏れ電流が使われる。

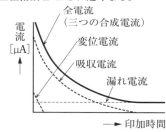

$$IP = \frac{電圧印加 1 分後の電流値}{電圧印加 10 分後の電流値}$$

絶縁物が湿気を帯びて劣化するほど，
正極指数 IP は 1 に近くなる。

図 11-1　直流漏れ電流法

問 12 の解答　　出題項目＜架空送電との比較，地中配電＞　　答え　(5)

　(1)　正。架空設備が地中化されることにより街並みの景観が向上する。

　(2)　正。設備の建設費用は架空電線路より高額である。

　(3)　正。地上用変圧器等を施設するためのスペースが歩道などに必要である。

　(4)　正。台風や雷に際しては，架空配電線路より設備事故が発生しにくいため，供給信頼度が高い。

　(5)　誤。架空配電線路は雷害や台風などの影響を受けやすいが，目視点検が容易で遠くからでも事故点の確認がしやすい。一方，地中配電線路は，露出部分が少ないため事故の確率は少ないが，いったん線路の損壊事故が発生すると，目視確認ができないため事故点の発見が困難であり，復旧にも時間がかかる。

解説

　架空電線路と比較した場合の地中電線路の特徴は次のとおりである。

　①　雷，風水害などの自然災害や他物接触などによる事故が少ないので供給信頼度が高い。

　②　同一ルートにケーブルを多条布設することができ，高需要密度地域などへの供給に適している。

　③　都市美観を損なうことがない。

　④　露出充電部分が少ないので，安全性が高い。

　①　同じ送電容量の場合，建設費が著しく高い。

　②　損壊箇所の目視確認が容易でなく，復旧にも時間がかかる。

　③　地中ケーブルは絶縁物の温度上昇制約があるため，導体断面積が同一の場合，送電容量が小さい。

問 13　出題分野＜配電＞

難易度 ★★★　重要度 ★★★

次の文章は，配電線路の電圧調整に関する記述である。

配電線路より電力供給している需要家への供給電圧を適正範囲に維持するため，配電用変電所では，一般に　(ア)　によって，負荷変動に応じて高圧配電線路への送出電圧を調整している。高圧配電線路においては，一般的に線路の末端になるほど電圧が低くなるため，高圧配電線路の電圧降下に応じ，柱上変圧器の　(イ)　によって二次側の電圧調整を行っていることが多い。また，高圧配電線路の距離が長い場合など，　(イ)　によっても電圧降下を許容範囲に抑えることができない場合は，　(ウ)　や，開閉器付電力用コンデンサ等を高圧配電線路の途中に施設することがある。さらに，電線の　(エ)　によって電圧降下そのものを軽減する対策をとることもある。

上記の記述中の空白箇所(ア)，(イ)，(ウ)及び(エ)に当てはまる語句として，正しいものを組み合わせたのは次のうちどれか。

	(ア)	(イ)	(ウ)	(エ)
(1)	配電用自動電圧調整器	タップ調整	負荷時タップ切換変圧器	太線化
(2)	配電用自動電圧調整器	取　替	負荷時タップ切換変圧器	細線化
(3)	負荷時タップ切換変圧器	タップ調整	配電用自動電圧調整器	細線化
(4)	負荷時タップ切換変圧器	タップ調整	配電用自動電圧調整器	太線化
(5)	負荷時タップ切換変圧器	取　替	配電用自動電圧調整器	太線化

問 14　出題分野＜電気材料＞

難易度 ★★★　重要度 ★★★

次の文章は，発電機，電動機，変圧器などの電気機器の鉄心として使用される磁心材料に関する記述である。

永久磁石材料と比較すると磁心材料の方が磁気ヒステリシス特性(B-H 特性)の保磁力の大きさは　(ア)　，磁界の強さの変化により生じる磁束密度の変化は　(イ)　ので，透磁率は一般に　(ウ)　。

また，同一の交番磁界のもとでは，同じ飽和磁束密度を有する磁心材料同士では，保磁力が小さいほど，ヒステリシス損は　(エ)　。

上記の記述中の空白箇所(ア)，(イ)，(ウ)及び(エ)に当てはまる語句として，正しいものを組み合わせたのは次のうちどれか。

	(ア)	(イ)	(ウ)	(エ)
(1)	大きく	大きい	大きい	大きい
(2)	小さく	大きい	大きい	小さい
(3)	小さく	大きい	小さい	大きい
(4)	大きく	小さい	小さい	小さい
(5)	小さく	小さい	大きい	小さい

問 13 の解答　　出題項目＜電圧調整＞　　答え　（4）

需要家への供給電圧を適正範囲に維持するため，配電線路では配電用変電所(送出電圧)，高圧線路(線路電圧)，柱上変圧器(低圧線電圧)において電圧調整が行われる。

高圧配電線路の電圧は，負荷の変動によって変動するため，負荷の軽重によって生じる低圧線電圧の変動が，許容電圧範囲内になるように配電用変電所の送出電圧を調整する。その方法には，母線電圧を調整する方法，回線ごとに調整する方法，両者の併用などがあり，電圧調整器としては**負荷時タップ切換変圧器**が使用される。

高圧配電線路の電圧は，一般的に線路の末端に近づくほど降下するため，柱上変圧器を設置する場所の線路電圧に応じた**タップ調整**を実施し，送出電圧の調整とともに低圧線電圧が許容電圧幅に入るようにする。高圧配電線路の電圧降下が特に大きい場合など，送出電圧および柱上変圧器の**タップ調整**では電圧降下を許容範囲に抑えることができない場合は，線路中に線路用電圧調整器を設置する。これには負荷変動に応じて自動的に調整する**配電用自動電圧調整器**，開閉器付電力用コンデンサなどがある。さらに，電線の**太線化**によって電圧降下そのものを軽減する対策をとることもある。

解 説

電気機器類は，定格電圧で最良の性能を発揮するように設計されているため，負荷への供給電圧は一定値にしておくことが望ましい。しかし，負荷の使用状態が常に変動している配電線では，これは技術的に不可能なことで，定格電圧に対してある変動幅を設け，その範囲内におさまるように配電線電圧を調整することが行われる。**図 13-1**に各種電圧調整機器の回路図を示す。

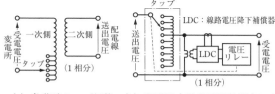

(a) 負荷時タップ切換　　(b) 配電用自動電圧調整器(LVR)
　　　変圧器(LRT)

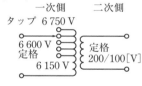

(c) 柱上変圧器のタップ調整

図 13-1　電圧調整機器の回路図

問 14 の解答　　出題項目＜鉄心材料＞　　答え　（2）

磁心材料は，永久磁石材料と比較すると磁気ヒステリシス特性(B-H特性)の**保磁力の大きさは小さく**，磁界の強さの変化により生じる**磁束密度の変化は大きい**ので，**透磁率は一般的に大きい。**

また，同一の交番磁界のもとでは，同じ飽和磁束密度を有する磁心材料同士では，**保磁力が小さいほどヒステリシス損は小さい。**

解 説

図 14-1に磁心材料のB-H曲線を示す。永久磁石材料は，残留磁束および保磁力の大きいものがよいが，磁心材料はB-H曲線上のヒステリシス曲線の面積が小さく，エネルギー損失が小さいものが適している。また，B-H曲線の傾きが大

きい(透磁率が大きい)ものがよい。同じ飽和磁束密度の材料の場合，保磁力が小さいほどヒステリシス損は小さくなる。保磁力が小さければ小さい磁化力によって大きな磁束密度を発生するので比透磁率が大きくなり，ヒステリシス損は小さくなるので磁心材料に適することになる。

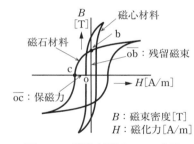

図 14-1　磁心材料のB-H曲線

令和 4 (2022)
令和 3 (2021)
令和 2 (2020)
令和元 (2019)
平成 30 (2018)
平成 29 (2017)
平成 28 (2016)
平成 27 (2015)
平成 26 (2014)
平成 25 (2013)
平成 24 (2012)
平成 23 (2011)
平成 22 (2010)
平成 21 (2009)
平成 20 (2008)

B 問 題 （配点は 1 問題当たり（a）5 点，（b）5 点，計 10 点）

問 15　出題分野＜汽力発電＞　　難易度 ★★★　重要度 ★★★

　汽力発電所において，定格容量 5 000[kV·A]の発電機が 9 時から 22 時の間に下表に示すような運転を行ったとき，発熱量 44 000[kJ/kg]の重油を 14[t]消費した。この 9 時から 22 時の間の運転について，次の（a）及び（b）に答えよ。ただし，所内率は 5[%]とする。

発電機の運転状態

時　　刻	皮相電力[kV·A]	力　率[%]
9 時～13 時	4 500	遅れ 85
13 時～18 時	5 000	遅れ 90
18 時～22 時	4 000	進み 95

（a）　発電端の発電電力量[MW·h]の値として，正しいのは次のうちどれか。
　　（1）　12　　　　（2）　23　　　　（3）　38　　　　（4）　53　　　　（5）　59

（b）　送電端熱効率[%]の値として，最も近いのは次のうちどれか。
　　（1）　28.8　　　（2）　29.4　　　（3）　31.0　　　（4）　31.6　　　（5）　32.2

令和
4
(2022)

令和
3
(2021)

令和
2
(2020)

令和
元
(2019)

平成
30
(2018)

平成
29
(2017)

平成
28
(2016)

平成
27
(2015)

平成
26
(2014)

平成
25
(2013)

平成
24
(2012)

平成
23
(2011)

平成
22
(2010)

平成
21
(2009)

平成
20
(2008)

問 15（a）の解答　　出題項目＜LNG・石炭・石油火力＞　　答え　（4）

9 時から 22 時の間の発電電力量 W_G は，各時間帯の皮相電力を K[kV・A]，力率を $\cos\theta$，時間を h[h] とすると，

$$
\begin{aligned}
W_G &= \sum K \cos\theta\, h \\
&= 4\,500 \times 0.85 \times 4 + 5\,000 \times 0.90 \times 5 \\
&\quad + 4\,000 \times 0.95 \times 4 \\
&= 53 \times 10^3 [\mathrm{kW \cdot h}] = 53 [\mathrm{MW \cdot h}]
\end{aligned}
$$

問 15（b）の解答　　出題項目＜LNG・石炭・石油火力，熱サイクル・熱効率＞　　答え　（2）

図 15-1 に示すように，重油消費量を B[kg]，重油の発熱量を H[kJ/kg] とすると，重油の総発熱量 Q は，

$$Q = BH = 14 \times 10^3 \times 44\,000 = 6.16 \times 10^8 [\mathrm{kJ}]$$

所内電力を P_L，所内率を L とすると，送電電力 P_S は，

$$P_S = P_G - P_L = P_G\left(1 - \frac{P_L}{P_G}\right) = P_G(1 - L)$$

電力量も同様に考えられるから，送電端電力量 W_S は，

$$
\begin{aligned}
W_S &= W_G(1 - L) = 53 \times 10^3 \times (1 - 0.05) \\
&= 50.35 \times 10^3 [\mathrm{kW \cdot h}]
\end{aligned}
$$

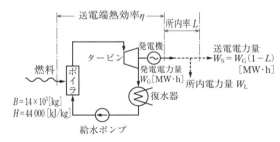

図 15-1　エネルギーフロー図

電力量[kW・h]と熱量[kJ]の関係は，

$$1[\mathrm{kW \cdot h}] = 3\,600[\mathrm{kJ}]$$

であるから，送電端熱効率 η は，

$$
\begin{aligned}
\eta &= \frac{\text{送電電力量(熱量換算値)}}{\text{使用した重油の総発熱量}} = \frac{3\,600\,W_S}{Q} \\
&= \frac{3\,600 \times 50.35 \times 10^3}{6.16 \times 10^8} \fallingdotseq 0.294\,3 \rightarrow 29.4\,\%
\end{aligned}
$$

解説 ･････････････････････････

皮相電力 S[kV・A] は，**図 15-2** に示すとおり，有効電力 P[kW] と無効電力 Q[kvar] のベクトル

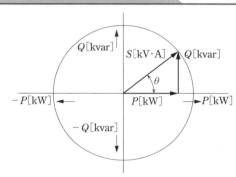

図 15-2　発電機の運転曲線

和となる。力率を $\cos\theta$ とすると，P と Q は次式で表される。

$$P = S[\mathrm{kV \cdot A}] \times \cos\theta\ [\mathrm{kW}]$$

$$Q = S[\mathrm{kV \cdot A}] \times \sin\theta\ [\mathrm{kvar}]$$

発電された電力の一部は，発電所内の照明やポンプ，送風機などの電動機などに消費され，その電力を所内電力 P_L という。発電電力 P_G に対する所内電力 P_L の割合を所内比率または所内率といい，次式で表される。

$$L = \frac{P_L}{P_G}$$

したがって，送電電力 P_S は，

$$P_S = P_G - P_L = P_G\left(1 - \frac{P_L}{P_G}\right) = P_G(1 - L)$$

この考え方は電力量の場合も同様である。

Point 汽力発電所の熱効率を求める場合は，機械的出力や電気出力を熱量[J]に換算して単位を合わせる。

$$1[\mathrm{kW \cdot h}] = 3\,600[\mathrm{kJ}]$$

問 16　出題分野＜送電＞　　難易度 ★★★　重要度 ★★★

電線 1 線の抵抗が 5[Ω]，誘導性リアクタンスが 6[Ω]である三相 3 線式送電線について，次の(a)及び(b)に答えよ。

(a)　この送電線で受電端電圧を 60[kV]に保ちつつ，かつ，送電線での電圧降下率を受電端電圧基準で 10[%]に保つには，負荷の力率が 80[%](遅れ)の場合に受電可能な三相皮相電力[MV·A]の値として，最も近いのは次のうちどれか。

（1）　27.4　　　（2）　37.9　　　（3）　47.4　　　（4）　56.8　　　（5）　60.5

(b)　この送電線の受電端に，遅れ力率 60[%]で三相皮相電力 63.2[MV·A]の負荷を接続しなければならなくなった。この場合でも受電端電圧を 60[kV]に，かつ，送電線での電圧降下率を受電端電圧基準で 10[%]に保ちたい。受電端に設置された調相設備から系統に供給すべき無効電力[Mvar]の値として，最も近いのは次のうちどれか。

（1）　12.6　　　（2）　15.8　　　（3）　18.3　　　（4）　22.1　　　（5）　34.8

問 16 （a）の解答　出題項目＜電圧降下＞　　　　　答え　（3）

図 **16-1** に示すように，線電流を $I[\mathrm{A}]$，1 線当たりの抵抗を $R[\Omega]$，1 線当たりのリアクタンスを $X[\Omega]$，負荷の力率を $\cos\theta$ とすると，三相 3 線式送電線の電圧降下 v は，近似式を用いると，

$$v=\sqrt{3}\,I(R\cos\theta+X\sin\theta)[\mathrm{V}]$$

負荷の三相皮相電力を $W[\mathrm{V\cdot A}]$，受電端電圧を V_r とすると，線路電流 I は次式で表されるから，

$$I=\frac{W}{\sqrt{3}\,V_\mathrm{r}}[\mathrm{A}]$$

三相 3 線式送電線の電圧降下 v は，

$$v=\sqrt{3}\,\frac{W}{\sqrt{3}\,V_\mathrm{r}}(R\cos\theta+X\sin\theta)$$

$$=\frac{W}{V_\mathrm{r}}(R\cos\theta+X\sin\theta)[\mathrm{V}]$$

一方，電圧降下率 ε は，

$$\varepsilon=\frac{v}{V_\mathrm{r}}=\frac{W}{V_\mathrm{r}{}^2}(R\cos\theta+X\sin\theta)$$

電圧降下率を 10 % 以下に保つために受電可能な三相皮相電力 W は，

$$0.1\geqq\frac{W}{V_\mathrm{r}{}^2}(R\cos\theta+X\sin\theta)$$

$$0.1\geqq\frac{W}{(60\times10^3)^2}(5\times0.8+6\times\sqrt{1-0.8^2})$$

$$\therefore\ W\leqq\frac{0.1\times(60\times10^3)^2}{5\times0.8+6\times0.6}$$

$$W\leqq47.4\times10^6[\mathrm{V\cdot A}]=47.4[\mathrm{MV\cdot A}]$$

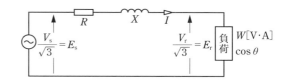

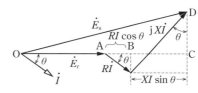

図 16-1　単相等価回路とベクトル図

問 16 （b）の解答　出題項目＜電圧降下＞　　　　　答え　（4）

図 **16-2** に示すように，負荷の力率を $\cos\theta=60$ [%]，三相皮相電力を $W=63.2[\mathrm{MV\cdot A}]$ とすると，三相有効電力 P_r と三相無効電力 Q_r は，

$$P_\mathrm{r}=W\cos\theta=63.2\times0.6=37.92[\mathrm{MW}]$$

$$Q_\mathrm{r}=W\sin\theta=63.2\times\sqrt{1-\cos^2\theta}$$

$$=63.2\times\sqrt{1-0.6^2}=50.56[\mathrm{Mvar}]$$

調相設備を接続した後の力率を $\cos\theta'$ とすると，電圧降下率 ε' は，

$$\varepsilon'=\frac{P_\mathrm{r}}{V_\mathrm{r}{}^2\cos\theta'}(R\cos\theta'+X\sin\theta')$$

$$=\frac{P_\mathrm{r}}{V_\mathrm{r}{}^2}(R+X\tan\theta')$$

$$0.1=\frac{37.92\times10^6}{(60\times10^3)^2}(5+6\tan\theta')$$

$$\therefore\ \tan\theta'=\frac{\dfrac{0.1\times(60\times10^3)^2}{37.92\times10^6}-5}{6}$$

$$\fallingdotseq0.748\,9$$

電圧降下率を 10 % に保った場合の三相無効電力 Q' は，

$$Q'=P_\mathrm{r}\tan\theta'=37.92\times0.748\,9\fallingdotseq28.4[\mathrm{Mvar}]$$

したがって，調相設備の容量 Q_C は，

$$Q_\mathrm{C}=Q_\mathrm{r}-Q'=50.56-28.4=22.16[\mathrm{Mvar}]$$

電圧降下率 ε を次のようにして解いてもよい。

$$\varepsilon=\frac{W}{V_\mathrm{r}{}^2}(R\cos\theta+X\sin\theta)=\frac{(P_\mathrm{r}R+Q_\mathrm{r}X)}{V_\mathrm{r}{}^2}$$

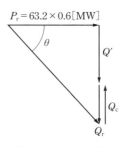

図 16-2　ベクトル図

令和 **4**（2022）
令和 **3**（2021）
令和 **2**（2020）
令和 **元**（2019）
平成 **30**（2018）
平成 **29**（2017）
平成 **28**（2016）
平成 **27**（2015）
平成 **26**（2014）
平成 **25**（2013）
平成 **24**（2012）
平成 **23**（2011）
平成 **22**（2010）
平成 **21**（2009）
平成 **20**（2008）

問17 出題分野＜配電＞　　難易度 ★★★　重要度 ★★★

　図のような三相高圧配電線路 A-B がある。B点の負荷に電力を供給するとき，次の（a）及び（b）に答えよ。

　ただし，配電線路の使用電線は硬銅より線で，その抵抗率は $\frac{1}{55}$ [Ω·mm²/m]，線路の誘導性リアクタンスは無視するものとし，A点の電圧は三相対称であり，その線間電圧は6 600[V]で一定とする。また，B点の負荷は三相平衡負荷とし，一相当たりの負荷電流は200[A]，力率100[%]で一定とする。

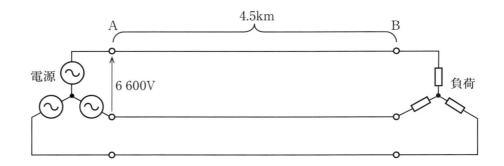

（a）　配電線路の使用電線が各相とも硬銅より線の断面積が60[mm²]であったとき，負荷B点における線間電圧[V]の値として，最も近いのは次のうちどれか。

　（1）　6 055　　　（2）　6 128　　　（3）　6 205　　　（4）　6 297　　　（5）　6 327

（b）　配電線路 A-B 間の線間の電圧降下を300[V]以内にすることができる電線の断面積[mm²]を次のうちから選ぶとすれば，最小のものはどれか。

　　　ただし，電線は各相とも同じ断面積とする。

　（1）　60　　　（2）　80　　　（3）　100　　　（4）　120　　　（5）　150

令和
4
(2022)

令和
3
(2021)

令和
2
(2020)

令和
元
(2019)

平成
30
(2018)

平成
29
(2017)

平成
28
(2016)

平成
27
(2015)

平成
26
(2014)

平成
25
(2013)

平成
24
(2012)

平成
23
(2011)

平成
22
(2010)

平成
21
(2009)

平成
20
(2008)

問 17 （a）の解答　出題項目＜電圧降下＞　　答え（2）

抵抗率を ρ [Ω·mm²/m]，断面積を S [mm²]，導体の長さを l [m] とすると，1 線当たりの抵抗 r は，

$$r=\rho\frac{l}{S}=\frac{1}{55}\times\frac{4.5\times10^3}{60}=\frac{75}{55}[\Omega]$$

線路の誘導性リアクタンスは無視するから，線電流を I [A]，1 線当たりの抵抗を r [Ω]，負荷の力率を $\cos\theta$ とすると，三相 3 線式送電線の電圧降下 v は，

$$v=\sqrt{3}\,Ir\cos\theta=\sqrt{3}\times200\times\frac{75}{55}\times1$$

$$\fallingdotseq472.4[\mathrm{V}]$$

したがって，A 点の電圧を V_A とすると，負荷 B 点における線間電圧 V_B は，

$$V_\mathrm{B}=V_\mathrm{A}-v=6\,600-472.4\fallingdotseq6\,128[\mathrm{V}]$$

問 17 （b）の解答　出題項目＜電圧降下，電線の最小断面積＞　　答え（3）

A-B 間の電圧降下 v_AB を 300 V 以内にすることができる電線の抵抗を r' [Ω]，断面積を S' [mm²] とすると，次式が成り立つ。

$$v_\mathrm{AB}\geqq\sqrt{3}\,Ir'\cos\theta$$

$$v_\mathrm{AB}\geqq\sqrt{3}\,I\rho\frac{l}{S'}\cos\theta$$

$$\therefore\ S'\geqq\frac{\sqrt{3}\,I\rho l\cos\theta}{v_\mathrm{AB}}$$

$$=\frac{\sqrt{3}\times200\times\dfrac{1}{55}\times4.5\times10^3\times1}{300}=94.5[\mathrm{mm}^2]$$

したがって，これに一番近く最小の 100 mm² を選択する。

解説

図 **17-1** に示す三相高圧配電線路に電流 $\dot{I}$ [A] が流れると，線路の抵抗 R [Ω] とリアクタンス X [Ω] により，電圧降下が生じる。よって，受電端に力率 $\cos\theta$ の負荷を接続したときの送電端電圧 $\dot{E}_\mathrm{A}$ のベクトル図を，受電端電圧 $\dot{E}_\mathrm{B}$ を基準として描けば図 **17-2** のようになる。

ベクトル図から送電端電圧 $\dot{E}_\mathrm{A}$ は，

$$\dot{E}_\mathrm{A}=E_\mathrm{B}+(IR\cos\theta+IX\sin\theta)$$
$$+\mathrm{j}(IX\cos\theta-IR\sin\theta)$$

となるので，その絶対値 E_A は，

$$E_\mathrm{A}=\sqrt{(E_\mathrm{B}+(IR\cos\theta+IX\sin\theta))^2+(IX\cos\theta-IR\sin\theta)^2}$$

上式の根号内第 2 項は，第 1 項に比べて小さいので無視すると，次の近似式になる。

$$E_\mathrm{A}\fallingdotseq E_\mathrm{B}+I(R\cos\theta+X\sin\theta)[\mathrm{V}]$$

この近似式は，ごく短い送電線や高圧配電線路の電圧降下に用いて十分である。

上式を線間電圧に換算すると，送電端電圧 $V_\mathrm{A}=\sqrt{3}\,E_\mathrm{A}$，受電端電圧 $V_\mathrm{B}=\sqrt{3}\,E_\mathrm{B}$ であるから，

$$V_\mathrm{A}\fallingdotseq V_\mathrm{B}+\sqrt{3}\,I(R\cos\theta+X\sin\theta)[\mathrm{V}]$$

線間電圧降下 v は，

$$v=V_\mathrm{A}-V_\mathrm{B}=\sqrt{3}\,I(R\cos\theta+X\sin\theta)[\mathrm{V}]$$

なお，送電線路の亘長が 100 km 程度以上になると，集中定数回路として取り扱うと誤差が大きくなるので，線路定数が線路に沿って一様に分布した分布定数回路（分布定数モデル）として考えなければならない。

Point 三種の電圧降下の問題は，特に断りがない限り近似式を用いて計算してよい。

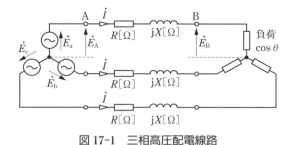

図 17-1　三相高圧配電線路

図 17-2　ベクトル図

MEMO

執筆者 (五十音順)

植田　福広（電験一種）
岡部　浩之（電験一種）
田沼　和夫（電験一種）

協力者 (五十音順)

北爪　　清（電験一種）
郷　　冨夫（電験一種）

電験三種　電力の過去問題集

2022 年 12 月 9 日　　第 1 版第 1 刷発行

編　　者　オーム社
発 行 者　村上和夫
発 行 所　株式会社　オーム社
　　　　　郵便番号　101-8460
　　　　　東京都千代田区神田錦町 3-1
　　　　　電話　03(3233)0641（代表）
　　　　　URL　https://www.ohmsha.co.jp/

© オーム社 2022

印刷・製本　三美印刷
ISBN978-4-274-22977-0　Printed in Japan

本書の感想募集　https://www.ohmsha.co.jp/kansou/
本書をお読みになった感想を上記サイトまでお寄せください．
お寄せいただいた方には，抽選でプレゼントを差し上げます．

電験三種　やさしく学ぶ 理論　改訂 2 版

早川　義晴　著　　■A5 判・398 頁　　■定価（本体 2,200 円【税別】）

主要目次

1 章　直流回路を学ぶ／2 章　交流回路を学ぶ／3 章　三相交流回路を学ぶ／4 章　静電気とコンデンサを学ぶ／5 章　静磁気と磁界，電流の磁気作用を学ぶ／6 章　電子工学を学ぶ／7 章　電気・電子計測を学ぶ

電験三種　やさしく学ぶ 電力　改訂 2 版

早川　義晴・中谷　清司　共著

■A5 判・304 頁　　■定価（本体 2,200 円【税別】）

主要目次

1 章　水力発電を学ぶ／2 章　火力発電を学ぶ／3 章　原子力発電および地熱，太陽光，風力，燃料電池発電を学ぶ／4 章　変電所を学ぶ／5 章　送電，配電系統を学ぶ／6 章　配電線路と設備の運用，低圧配電を学ぶ／7 章　電気材料を学ぶ

電験三種　やさしく学ぶ 機械　改訂 2 版

オーム社　編　　■A5 判・416 頁　　■定価（本体 2,200 円【税別】）

主要目次

1 章　直流機を学ぶ／2 章　同期機を学ぶ／3 章　誘導機を学ぶ／4 章　変圧器を学ぶ／5 章　パワーエレクトロニクスを学ぶ／6 章　電動機応用を学ぶ／7 章　照明を学ぶ／8 章　電熱と電気加工を学ぶ／9 章　電気化学を学ぶ／10 章　自動制御を学ぶ／11 章　電子計算機を学ぶ

電験三種　やさしく学ぶ 法規　改訂 2 版

中辻　哲夫　著　　■A5 判・344 頁　　■定価（本体 2,200 円【税別】）

主要目次

1 章　電気関係法規を学ぶ／2 章　電気設備の技術基準・解釈を学ぶ／3 章　電気施設管理を学ぶ

もっと詳しい情報をお届けできます．
◎書店に商品がない場合または直接ご注文の場合も右記宛にご連絡ください．　➡

ホームページ　https://www.ohmsha.co.jp/
TEL／FAX　TEL.03-3233-0643 FAX.03-3233-3440